生态恢复的原理与实践

李洪远　莫训强　○　主　编　　第二版

孟伟庆　吕铃钥　贺梦璇　○　副主编

U0230710

化学工业出版社

·北京·

本书在参考丰富的国内外生态恢复文献的基础上，系统介绍了退化生态系统恢复的理论方法与国内外实践案例。全书分上、下两篇，上篇包括第 1～第 10 章，系统介绍了退化生态系统的形成、类型与特征，全球退化生态系统恢复状况，生态恢复的基本理论以及森林生态系统、水域生态系统、湿地生态系统、草地生态系统、海洋与海岸带生态系统、废弃地、路域生态系统、城市自然生态恢复等主要生态系统类型恢复的原理和技术方法。下篇包括第 11～第 18 章，按照以上生态系统类型，分别选取国内外典型生态恢复案例作了详细的介绍。

本书资料丰富、内容充实、图文并茂，可供生态、林业、水利、矿业、环境工程、景观设计、城市规划等领域的科研、设计与管理人员使用，也可作为高等院校相关专业的研究生教材。

图书在版编目（CIP）数据

生态恢复的原理与实践/李洪远，莫训强主编. —2 版. —北京：化学工业出版社，2016.5（2022.1重印）
ISBN 978-7-122-26183-0

Ⅰ.①生… Ⅱ.①李…②莫… Ⅲ.①生态系生态学 Ⅳ.①Q148

中国版本图书馆 CIP 数据核字（2016）第 018188 号

责任编辑：满悦芝　　　　　　　　装帧设计：刘亚婷
责任校对：边　涛

出版发行：化学工业出版社（北京市东城区青年湖南街 13 号　邮政编码 100011）
印　　装：北京七彩京通数码快印有限公司
787mm×1092mm　1/16　印张 21　字数 516 千字　2022 年 1 月北京第 2 版第 5 次印刷

购书咨询：010-64518888　　　　　　售后服务：010-64518899
网　　址：http://www.cip.com.cn
凡购买本书，如有缺损质量问题，本社销售中心负责调换。

定　价：78.00 元

第二版前言

近年来，国内外生态恢复研究与实践发展迅速，每两年一次的国际生态恢复学会大会对推动各国生态恢复的理论与技术方法研究起到了积极的作用。就我国而言，虽然生态恢复工程实践明显增多，但在技术方法和恢复效果评价等方面与国外仍有较大差距，国际影响力明显不足。究其原因，与国内对于生态恢复原理方法、目标设定、不同尺度的技术体系以及恢复途径选择等认识存在缺陷有关。因此，编写一本系统介绍国内外生态恢复理论与实践经验的书籍，对于指导国内生态恢复实践很有必要。

2005年1月，我们在参考丰富的国内外生态恢复文献的基础上，编写出版了《生态恢复的原理与实践》一书，系统介绍了退化生态系统恢复的理论基础、全球五大洲生态恢复的概况、典型自然生态系统恢复的原理与实践案例以及人类干扰影响较大的生态系统类型的恢复。本书面世11年来，在国内生态、环境、水利、林业、景观设计、城市规划等领域得到广泛引用，并被数十所高校作为研究生教材或考研参考书，影响范围很广。应各行业同仁和广大读者的要求，我们从2013年开始着手编写第二版。与第一版相比，第二版主要在以下内容进行了修订：第一，整体框架上全书分成了两部分，上篇突出理论方面的内容，重点介绍生态恢复的原理和方法；下篇突出实践方面的内容，重点突出国内外生态恢复的实践案例。第二，上篇的理论部分，在章节设置上与第一版相比局部有些调整，内容进一步精炼，去掉了各章后面所附简单的实例介绍，以便于集中在下篇作详细介绍。第三，增加了下篇的应用与实践，案例介绍的内容相对于第一版要完整丰富。而且，案例章节的设置与前面理论部分对应，对于每一种类型的生态系统，前面有理论方法的介绍，后面有应用案例的详解。

全书共分为18章。上篇包括第1～第10章，系统介绍了退化生态系统的形成、类型与特征、全球退化生态系统恢复状况、生态恢复的基本理论以及主要生态系统类型恢复的原理和技术方法。下篇包括第11～第18章，按照生态系统类型，分别选取国内外典型生态恢复案例进行了详细的介绍。

本书第二版由李洪远、莫训强任主编，孟伟庆、吕铃钥、贺梦璇任副主编，最后由李洪远对全书统稿。参加本书编写的还有王芳、杨佳楠、李馨、熊善高、梁耀元、陈小奎、王英、高歆、冯海云、李姝娟、蔡喆。

第一版由李洪远、鞠美庭主编，参加编写的有何迎、孟伟庆、常青、苏锋、姬亚芹、张裕芬、权佳、王英、陈小奎。

同时本书也参考了部分最新文献的成果、图表与数据，主要参考文献列于各章正文之后，在此谨向作者致以诚挚的谢意。

限于资料的掌握程度，本书难以全面概括国内外生态恢复理论研究的最新成果与生态恢复实践的最新成就，特别是受篇幅所限，对国内生态恢复实践介绍较少。同时，书中错误与不当之处在所难免，敬请各领域专家和广大读者批评指正。

编者
2016年3月

目 录

上篇

生态恢复原理与方法

1 退化生态系统恢复概述

生态系统是一个既具有耗散结构，又具有平衡趋向性的非线性开放系统。生态系统是处于变化状态的一种动态系统，其正常发展变化总是会受到各种各样的干扰，原有的平衡会不断被打破。退化生态系统实际上是生态系统演替的一种类型，其形成原因既可能是自然干扰，也可能是人为干扰。

1.1 退化生态系统及其成因

1.1.1 退化生态系统的定义

退化生态系统（degraded ecosystem）是指生态系统在自然或人为干扰下形成的偏离自然状态的生态系统。与健康生态系统（healthy ecosystem）相比，退化生态系统是一种"畸变"的生态系统。退化生态系统的物种组成、群落或系统结构改变，生物多样性减少，生物生产力降低，土壤和微环境恶化，生物间相互关系改变（见图1.1）（Chapman，1992；Daily，1995）。不同的生态系统，其退变的表现形式也各不相同。

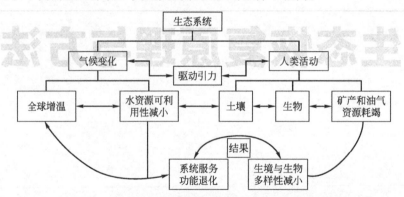

图1.1　退化生态系统驱动力与演变过程示意图（引自赵哈林等，2009）

章家恩（1999）认为在研究生态退化时，应把人自身纳入生态系统加以考虑，研究人类-自然复合生态系统的结构、功能、演替及其发展，因为环境恶化、经济贫困、社会动荡、文化落后等都是人类-自然-经济复合生态系统退化的重要诊断特征。

1.1.2 退化生态系统的成因

在经典生态学中，干扰被认为是影响群落结构和演替的重要因素。退化生态系统形成的直接原因是人类活动，部分来源于自然灾害，有时候两者叠加发生作用，归根结底都是由干扰作用导致。干扰打破了原有生态系统的平衡状态，使系统的结构和功能发生变化和障碍，形成破坏性波动或恶性循环，从而导致系统的退化。表1.1是干扰常用的概念及含义。

干扰的类型很多，按干扰动因划分为自然干扰和人为干扰；按干扰来源划分为内源干扰和外源干扰；按干扰性质化分为破坏性干扰和增益性干扰。本书着重于自然干扰与人为干扰。

表 1.1　干扰常用的概念及含义

概念	定义
1. 分布	空间分布,包括与地理的、地形的、环境的以及群落梯度的关系
2. 频度	在一个时间段内事件发生的平均次数
3. 重发间隔	频度的倒数,两次扰动之间的平均时间
4. 周转期限	将整个研究区域扰动一遍所需的平均时间
5. 预测性	重发间隔方差的反函数
6. 面积或大小	被扰动的面积。该面积可以表示为每次事件的面积,每个时间段中的面积,每个时间段、每次干扰类型的总面积,通常以总有效面积的百分数给出
7. 强度值	每次每单位面积上该事件的物理力(对火因素来说,每个时间段、每单位面积所释放的热量)
8. 严重程度	对有机体、群落或生态系统的影响(例如被移走植物的基底面积)
9. 协同效应	其他扰动对该事件的效应(例如干旱会提高火的作用强度,昆虫损害会提高植物对风暴的敏感性)

注:引自 Pickett S T A,1985;魏斌,1996。

(1) 自然干扰　Pickett(1985)曾把自然干扰定义为"使生态系统生物群落和种群结构受到破坏,使资源基础的有效性或物理环境发生改变而在时间上相对离散的事件",例如火灾、冰雹、洪水冲击、雪压、异常的霜冻、酸雨、地震、泥石流、滑坡、病虫害侵袭和干旱等自然干扰因素。

自然干扰又可分为物理因素和生物因素。其中物理因素多指环境因素,例如高温胁迫、低温胁迫、干燥胁迫、火烧、冰雹、风暴、雪压和雪暴、洪涝、潮汐、地震、河岸和海岸冲击、沉淀、地表运动过程等;生物因素有捕食或放牧,伤害或取代其他有机体的非捕食行为(如草地哺乳动物和蚂蚁的挖掘),以及生态系统中大型食肉动物的消失所导致的食草动物的压力减轻,进而造成植被动态过程的深刻变化等。

(2) 人为干扰　人为干扰是区别于自然干扰的另一种主要干扰方式,是指由于人类生产、生活和其他社会活动形成的干扰体对自然环境和生态系统施加的各种影响。日益频繁的人为干扰对各生态系统所带来的严重的生态冲击(ecological backlashes)。如农业生产为主的区域,主要人为干扰是对森林植被的开垦和对土壤微生物区系的影响;草原区则是超载放牧和由此造成的"三化"使生态环境出现恶性循环;林区是过量采伐及对生物多样性的破坏;水域是过度捕捞及对水生生物资源的危害;环境污染如农药、杀虫剂和各种大气污染的区域差异更大。人为干扰往往叠加在自然干扰之上,共同加速生态系统的退化。

人类对生态系统干扰的形式和途径很多,它们产生的效应和表现形式也多种多样(见表1.2)。

人类对生态系统的直接干扰还会产生许多间接的影响,如森林的砍伐不仅使区域的生态环境发生变化,而且还对河流流域的径流造成影响,使河流的水文特征改变。樵采不仅直接对草原植被的再生造成危害,同时还因植被状况的改变而间接影响着土壤盐分和地下水资源分布的变化。水域的污染不仅直接危害了水生生物的生存安全,而且还能通过生物对有害物质的富集而对人类的健康构成威胁。所以,人为干扰具有广泛性、多变性、潜在性、协同性、累积性和放大性等特点。

表 1.2　人类对生态系统干扰的方式与效应

人为干扰方式			效应
资源的过度利用	土地资源的过度利用	土地资源过度开发利用	破坏原有生态系统的结构与功能,引起生态环境变化,导致土地生产潜力的衰竭,在一些风蚀、水蚀严重的地区,造成土地资源的破坏
		土地掠夺式经营	
		土地资源反复不合理利用	
	草地过度放牧		土壤覆盖度降低,加速土壤风蚀或水蚀;植物根系数量减少,土壤固结能力减弱,表土破碎,下层土壤紧实;进入土壤的有机质减少,物种循环受阻
	滥采、滥挖、滥伐		目标植物的生长受抑制,种群数量减少,植物资源受到破坏;植被覆盖度降低,生态系统的生态服务功能下降;植被受到破坏,下垫面微环境明显改变;土壤层破损,易形成地表侵蚀
	野生动物资源的过度利用		动物种类减少,甚至濒危;野生动物很可能在短期内消亡
	矿产资源的过度使用		超速开采导致矿山生态系统无法按照计划分步骤地进行转型或进一步开发新的资源;滥采滥挖导致资源浪费
	生境破坏与丧失		生物物种,特别是珍稀物种失去生存空间而濒危或者灭绝,物种多样性减少
水资源利用不合理	上游用水量过多		下游地表径流减少,引起地下水位下降,造成绿洲萎缩,生态系统退化
	滥建水库塘坝		下游河流断流或供水不足,引起植被退化;蓄水后导致河水倒灌,导致洪灾发生;引发泥沙淤积,威胁生态安全
	大量抽取地下水		水位急剧下降,在降水不足的情况下,植被大面积衰退甚至死亡;地表下陷,导致生态系统退化;海水倒灌,引发土地的次生盐渍化
生态系统经验管理不善	农业管理措施		导致农业资源、养殖资源、森林资源和其他资源受损,甚至耗损,引起生态系统退化
	养殖管理方式		
	其他不合理管理方式		
环境污染	酸雨污染		土壤酸化、贫瘠,对植物产生毒害
	农药污染		土壤重金属超标,土壤退化,农作物产量和品质下降,通过径流、淋失作用污染地表水和地下水
	化肥污染		土壤和水体的养分元素增加,污染土壤,进而进入食品中
	重金属污染		造成土壤和水体污染,在动植物体内积累,形成二次污染
	空气污染		对生物造成直接危害,导致植物大面积死亡,影响人类呼吸,导致疾病发生

1.1.3　生态系统退化的过程

生态退化可以是在人为干扰或自然干扰下生态系统的"逆行演替",也可以是复合生态系统的失调和失衡,它既可以是连续过程,也可以是不连续过程,其基本特征是生态系统合理结构的解体、服务功能的衰退,但生态系统的退化过程或程度取决于生态系统的结构或过程受干扰的程度(Brown 和 Lugo,1994)。据此可以把生态系统的退化过程归纳为:突变过程、渐变过程、跃变过程、间断不连续过程及其复合退化过程(见图 1.2)。

(1)突变过程　指在受到特别强烈的干扰下,生态系统表现出强烈的退化过程。突变过程的主要特点是,驱动系统退化的干扰力远远大于系统自身的抵抗力,退化所经历的时间短,退化迅速,退化程度较为严重。退化后系统恢复能力弱,系统靠自身自然恢复极慢,恢复重建工作艰巨。生态系统的这种突变过程目前最典型的例子有大型采矿导致生态系统迅速转变成废坑地的过程、泥石流导致的植被的退化过程、火山突然爆发导致的植被退化过程等。

（2）跃变过程　在受到持续的干扰作用下，生态系统最初并未表现出十分明显的退化或并未退化，但干扰的持续、破坏性进一步累积到一定程度后，生态系统突然剧烈退化的过程即为跃变过程。跃变过程基本特点是，干扰是持续的，作用时间较长，退化速度前期慢或未退化，而后期突然加快，系统自身抵抗力逐渐丧失。退化后系统靠自身可以自然恢复，但恢复所需的时间长短不一。如大气污染胁迫下的森林生态系统的退化过

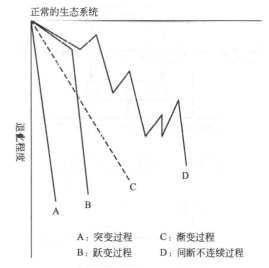

图 1.2　生态系统退化过程的几种类型示意图（引自包维楷，陈庆恒，1999）

程、水污染胁迫下的湖泊水生生态系统的退化过程，草地持续超载放牧干扰下的草地生态系统的退化过程等。与突变退化过程相比，跃变过程干扰持续期较长，退化速度相对慢。

（3）渐变过程　渐变过程是指干扰后，生态系统表现出退化速度较一致、退化程度逐渐加重的退化过程。最明显的例子是陡坡开垦耕地连续种植作物，土壤生态系统的逐渐退化过程。

（4）间断不连续过程　指周期性干扰作用下，生态系统表现出的退化过程。在此过程中，干扰存在时，系统在退化，而在两次干扰的间隙（无干扰），生态系统有一定程度的恢复。如热带雨林的轮歇刀耕火种下的土壤退化过程。与其他退化过程最明显的区别是整个退化过程中包含有明显的恢复阶段。

（5）复合退化过程　除上述典型的退化过程外，在目前生态系统退化过程中，也有的表现为上述几种类型的组合变化，即复合退化过程。如我国西南的亚高山暗针叶林大面积被伐的过程，为突变过程，若得不到及时更新，就进一步退化为"红白刺"灌丛或箭竹灌丛（若得到及时更新就逐渐恢复），这个过程就是渐变退化过程。

以正常的生态系统（相对稳定的生态系统）退化到荒漠状态的渐变过程为例，生态系统的退化过程大体可分为以下几个阶段（见图1.3）。

第一阶段，植物种群及其年龄结构发生变化，优势种群年龄结构向右位移，老龄个体居优，中幼龄个体少，更新不成功。由于优势种的衰退，一些演替中间阶段种类种群得以发展，泛化种（generalists）种群也扩大。如草地系统中牧草种群退化，有毒、有害草种群数量增加；污染区森林结构退化，首先是树木，接着是高大的灌木，最后是矮小的灌木和草本植物。同时，以植物为依存的动物种群数量和年龄结构发生不良变化。该阶段退化较轻，通过消除干扰因素，自然恢复是容易成功的。

第二阶段，在第一阶段的基础上进一步退化，生物多样性下降，生产力下降，植物种类发生明显变化，其捕食者及其共生生物减少或消失；初级生产力下降导致次级生产力也降低，进一步导致腐生的微生物种类变化和生产力的降低。土壤退化尚滞后于这些变化，表现不明显。逆转这个退化阶段须花费大量的人力、物力，通过人为调控，结合自然恢复能力可

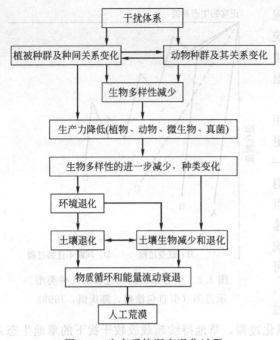

图 1.3　生态系统渐变退化过程
示意图（引自包维楷，陈庆恒，1999）

以恢复，但所需时间较长，如横断山区云冷杉林采伐后，未能及时更新留下的"红白刺"灌丛的恢复。

第三阶段，植被覆盖度减小，土壤侵蚀严重，水土流失加剧，环境严重退化，植物种类主要是一些耐旱的阳生广布种（r-对策种），植物无性繁殖能力强。在相对短时间内通过自然恢复几乎是不可能的事，必须先改善或重建非生物环境，减少水土流失，增加土壤渗透性，提高土壤的水分维持能力，保护土壤表层，增加肥力，调整土壤盐基作用和创造适宜于幼苗定居的微生境（microsite），如横断山区的干旱河谷（包括岷江上游部分干旱河谷）。

第四阶段，植物几乎完全丧失，形成"人工沙漠"（human-made desert），即荒漠状态。如岷江上游汶川的沙窝子、茂县的飞鸿桥一带，北方的沙漠化地区等。这个阶段退化最为严重，而扭转退化决定于气候条件及土壤条件；恢复重建困难大，需结合工程措施，长期坚持不懈的努力，更需足够的资金支持。

生态系统退化的上述过程不仅决定于前面阐述过的诸多干扰体系的单独作用，更重要的也更普遍存在的是决定于诸多干扰体系的复合增效作用，还决定于系统类型及其对干扰的抵抗力和恢复能力。而山地生态系统由于其脆弱性和边缘性，在同等干扰条件下，其退化速度更快，退化程度更深，其环境退化往往在第一阶段就明显表现出来。因而其恢复和重建的难度较一般系统更困难、更具有挑战性。

1.1.4　生态系统的退化程度诊断

退化生态生态系统作为一种"病态"的生态系统，在实际研究工作中，如何正确地对其进行定性或定量评价，是研究退化生态系统时首先要遇到和必须解决的问题，也是进行生态恢复与重建的前提和基础。

1.1.4.1　退化程度的表达方式

目前对于退化生态系统，其退化程度的表达方式可以归结为 3 种：第一种，以轻度、中度、重度、极度或一、二、三……等级来表示；第二种，使用"可自然恢复"（即解除干扰后可在自然状态下恢复）、人工促进恢复（即在人类导入一定的因子如水、肥料、种子等状态下可以恢复）和重建恢复的几种退化程度等来表示；第三种，把退化程度和生态系统的演替阶段相联系来确定。

可以看出，前两种表达方式仅能反映出相对退化程度的信息；第三种方式把生态系统退化程度诊断的研究与生态系统演替相联系，这样不但能更精确地表示出生态系统退化的程度，而且还能为生态恢复提供更多有意义的信息。

1.1.4.2 退化程度的诊断途径

理论上讲，生态系统发生了退化，将会在该生态系统的组成、结构、功能与服务等方面有所表现，因而诊断途径有生物途径、生境途径、生态系统功能/服务途径、景观途径、生态过程途径等（Potter，1985；Sehaeffer，1996；包维楷，2001；黄志霖，2002）。退化生态系统的退化程度诊断途径与指标（体系）如下。

（1）生物途径 指标比较直观而且容易获得，是主要的诊断途径。生物途径的指标包括：生物组成与结构，如植物、动物、微生物、生物多样性（指数）、盖度、密度、分布格局、年龄结构等；生物数量，如生物（占据）面积、总生物数量、各种生物的数量等；生物生产能力，如净初级生产力、生物量等；土壤生物部分，如土壤微生物、土壤动物、土壤中高等植物的根等（熊顺贵，2001）。

（2）生境途径 生境指气候条件和土壤条件。环境因子的变化一般不大，土壤因子的变化往往较大甚至很大，因而在生境诊断途径中更应重视土壤因子的变化。气候条件主要指降水量、气温、光照、空气湿度、风等级等，在气候条件的研究中，应重视小气候（如森林小气候、地形小气候等）的作用（贺庆棠，1991）。土壤理化性质包括土层厚度、土壤母质与成土矿物、土壤质地、土壤有机质、土壤的孔性与结构性、土壤水分、土壤空气和热量状况、土壤胶体及其对离子的吸附交换作用、土壤的化学性质和过程（土壤离子交换作用、土壤酸碱性、土壤的氧化还原作用、土壤缓冲性）、土壤养分（土壤中的氮素、磷素、钾素以及硫、钙、镁等微量元素，土壤养分平衡及有效性）等。

（3）生态系统功能/服务途径 1997年Daily将生态系统服务定义为：生态系统与生态过程所形成及所维持的人类赖以生存的自然环境条件与效用；并认为它不仅为人类提供了食品、医药及其他生产生活资料，还创造与维持了地球生命支持系统，形成了人类生存所必需的环境条件。蔡晓明（2000）把生态系统功能分为生态系统的物种流动、生态系统的能量流动、生态系统的物质循环、生态系统的信息流动、生态系统的价值流、生态系统的生物生产、生态系统中资源的分解作用等。生态系统发生退化的最终表现往往是生态系统功能与服务。随着对生态系统服务价值评估研究的深入，生态系统退化程度诊断的生态系统功能/服务途径将更具应用前景。

（4）景观途径 生态系统发生退化一般会在更大的尺度上即景观尺度上有所表现。生态系统退化的景观诊断是应加强的基础理论研究。包括景观组成，如嵌块体（大小、形状、个数和构型）、廊道（结构、类型）、基质与网络等；景观结构，如异质性，嵌块体、廊道和基质的构型，景观对比度等。

（5）生态过程途径 生态系统发生了退化，其生态过程特别是关键的生态过程必然有所变化，这就为生态过程途径的诊断奠定了基础。生态过程可以发生在不同的尺度水平上。生态学过程一般包括种群动态、种子或生物体的传播、捕食者和猎物的相互作用、群落演替、干扰扩散、养分循环等；生物的生理生化反应过程（如光合作用、呼吸作用等）的一些指标也可对生态系统退化程度诊断提供信息。

（6）诊断途径之间的相互关系 上述诊断途径之间既相互独立又相互联系、相互补充，也相互交叉，因而上述诊断途径的划分也不是绝对的，比如在研究一个生态系统中某一特定物种（如建群种）的生态学问题时，常会把该特定物种以外的其他物种以及非生命因子均作为生境因子来考虑。

1.1.4.3 退化程度诊断方法

由于退化生态系统是个相对的概念，因而退化程度诊断从方法论基础上更强调的是比较法。根据诊断时选用的指标数并结合诊断的途径，可把诊断方法分为单途径单因子诊断法、单途径多因子诊断法、多途径综合诊断法，也可分为单因子单途径诊断法、多因子单途径诊断法、多因子多途径诊断法（见表1.3）。

表1.3 生态系统退化程度诊断途径与诊断方法

诊断途径	诊断方法		
	单途径		多途径
	单途径单因子诊断法	单途径多因子诊断法	多途径综合诊断法
生物途径	√	√	√
生境途径	√	√	√
生态系统功能/服务途径	√	√	√
景观途径	√	√	√
生态过程途径	√	√	√
	单因子		多因子
	诊断方法		

注：引自杜晓军等，2003。

① 单途径单因子诊断法。选用某个诊断途径的某个指标进行诊断的方法即为单途径单因子诊断法。

对于生物途径来说，就是通过指示生物（植物、动物、微生物）的方法。以往对指示植物关注得比较多，但指示植物和群落的指示性有地方性和局限性。刘慎谔（1985）认为从演替角度来看，外来种是指示植物，它可以指示群落发展的方向。对于动物的指示作用也在被人们重视，如一些人开展了昆虫和其他节肢动物（arthropod）对生境监测的指示作用研究关注了无脊椎动物对恢复的指示作用等。土壤微生物特别是菌根真菌、固氮菌在生态恢复中的作用越来越受到重视。关于生物途径，指示功能群的研究是以后发展的一个重要方向。

对于其他途径来说，就是通过有指示意义的指标或因子来进行诊断，如一个生境因子等。

② 单途径多因子诊断法。选用一个诊断途径的多个指标进行诊断的方法即为单途径多因子诊断法。

③ 多途径综合诊断法。选用两个或两个以上诊断途径的指标进行诊断的方法即为多途径综合诊断法。

单途径多因子诊断法和多途径综合诊断法都是通过建立指标体系的方法来进行生态系统退化程度诊断的，不同的是前者的指标体系是来自一个途径的，而后者的指标体系是来自多个途径的。这两种方法由于要涉及多个因子，因而诊断过程中往往需要引入数学的分析方法，有时诊断模型的建立也是必要的。

与多因子诊断法（多途径综合诊断法、单途径多因子诊断法）比较，单因子诊断法（单途径单因子诊断法）相对比较简单。在进行生态系统退化程度诊断时，多因子诊断法一般比单因子诊断法的诊断结果更接近实际情况或者说能减小犯错误的比率，在条件允许的情况下建议优先选择多因子诊断法。

1.1.4.4 退化程度诊断流程

退化生态系统的退化程度诊断一般要经过以下环节：诊断对象的选定，诊断参照系统的确定，诊断途径的确定，诊断方法的确定，诊断指标（体系）的确定。其诊断流程见图1.4。

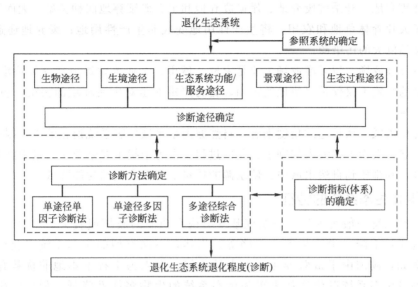

图 1.4 生态系统退化程度诊断图示（引自杜晓军等，2003）

1.2 退化生态系统类型与特征

1.2.1 退化生态系统的类型

根据生态系统受损后的直接结果，陈小勇（2004）将受损生态系统分为结构受损类型、片段化类型、混合类型三种；而根据生态系统的层次与尺度，章家恩（1999）把退化生态系统化分为局部生态系统、中尺度的区域退化生态系统和全球退化生态系统。根据生态系统的类型，彭少麟等（2000）将退化生态系统分为裸地（包括原生裸地和次生裸地）、森林采伐迹地、弃耕地、沙漠化地、采矿废弃地和垃圾堆放场六种类型。这个分类只适用于陆地系统，水域系统和大气系统也应该考虑在内。本书介绍常见的七种退化生态系统类型如下。

（1）裸地 裸地是没有植物生长的裸露地面，是群落形成、发育和演替的最初条件和场所。裸地可分为原生裸地和次生裸地两种。裸地的形成通常因较为极端的环境条件，例如恶劣气候、地形变迁、动物危害，但是规模最大和方式最为多样的，是人为活动。原生裸地主要是自然干扰所形成的，而次生裸地则多是人为干扰所造成的，如废弃地等。

（2）森林采伐迹地 森林采伐迹地是人为干扰形成的退化类型，其退化程度随采伐强度和频度而异。据估计，世界上曾经有 $6.5 \times 10^9 \, hm^2$ 森林，但在最近 8000 年内减少了 40%；其中近 $2.0 \times 10^9 \, hm^2$ 是 20 世纪以来人为干扰的直接结果。森林采伐或利用，将林地变为农业用地、牧业用地、新移民区基础设施和水坝水库等是森林永久消失的最主要原因。

（3）弃耕地 弃耕地是人为干扰形成的退化类型，其退化状态随弃耕的时间而异。弃耕的旱地每年还以 $9.0 \times 10^6 \sim 1.1 \times 10^7 \, hm^2$ 的速度在递增。

（4）沙漠化地 沙漠化地是由自然干扰或人为干扰而形成的荒漠化土地。目前全球荒漠

化土地面积达 $3.6 \times 10^9 \, hm^2$ 之多，其中轻微退化的有 $1.223 \times 10^9 \, hm^2$，中度退化的有 $1.267 \times 10^9 \, hm^2$，严重退化的超过 $1.0 \times 10^9 \, hm^2$，极度退化的有 $7.2 \times 10^7 \, hm^2$。我国荒漠化土地面积超过 $1.0 \times 10^9 \, hm^2$，占国土地总面积近 1/3。

（5）采矿废弃地　采矿废弃地是指采矿活动破坏的、非经治理而无法使用的土地。主要包括废石堆废弃地、开采坑废弃地、尾矿废弃地和采石矿废弃地四种类型。大面积的矿山废弃地毁坏了大片森林草地和农田，将生产性用地变成非生产性用地；废弃地还造成水土流失，同时又是巨大的污染源。

（6）垃圾堆放场　垃圾堆放场主要是家庭、城市、工业等垃圾或遗弃废物堆积的地方，对生态环境的影响不仅仅是对耕地的占用，更为严重的是对生活环境的污染，包括对大气、地下水等的污染。

（7）受损水域　从长远的角度来看，自然原因是水域生态系统退化的主要因素，但随着工业化的发展，人为干扰大大加剧了退化的过程。人为干扰主要来源于大量未经处理的生活和工业污水，其排放到自然水域中，使水源的质量下降，水域的功能降低。

1.2.2　退化生态系统的特征

退化生态系统一般表现为生态系统基本结构和功能的破坏或丧失、生物多样性下降、稳定性和抗逆性下降、生物生产力下降等。当然，不同类型的生态系统退化的表现是不一样的。例如，湖泊由于富营养化、外来种入侵、在人为干扰下本地非优势种取代历史上的优势种等生态系统退化往往表现为生态系统的生物多样性降低，但生物生产力不一定下降，有时反而会上升。从生态学角度分析，与正常生态系统相比，退化生态系统表现出如下特征。

（1）物种多样性降低　一个正常、稳定的天然植物群落是由各种各样的植物种类构成的，具有一定的多样性特征。但是一旦植被发生退化，群落的物种组成数量就会减少，生物多样性指数降低，从而导致群落物种结构趋于简单。当环境极度恶化时，群落中大部分物种都会消失，最终可能形成单一种群群落。

（2）层次结构简单化　生态系统退化后，反映在生物群落中的种群特征上，常表现为种类组成发生变化，优势种群结构异常；在群落层次上表现为群落结构的矮化，整体景观的破碎。例如，因过度放牧而退化的草原生态系统，最明显特征是牲畜喜食植物的种类减少，其他植被也因牧群的践踏，物种的丰富度减少、植物群落趋于简单化和矮小化，部分地段还因此而出现沙化和荒漠化。

（3）食物网结构变化　由于生态系统结构受到损害，层次结构简单化以及食物网的破裂，有利于系统稳定的食物网简单化，食物链缩短，部分链断裂和解环，单链营养关系增多，种间共生、附生关系减弱，甚至消失。如随着森林的消失，某些类群的生物如鸟类、动物、微生物也因失去了良好的栖居条件和隐蔽点及足够的食源而随之消失。由于食物网结构的变化，系统自组织自调节能力减弱。

（4）能量流动出现危机和障碍　由于退化生态系统食物关系的破坏，能量的转化及传递效率会随之降低。主要表现为：系统总光能固定的作用减弱，能量流规模降低，能流格局发生不良变化；能流过程发生变化。捕食过程减弱或消失，腐化过程弱化，矿化过程加强而吸储过程减弱；能流损失增多，能流效率降低。

（5）物质循环发生不良变化　生物循环主要在生命系统与活动库中进行。由于系统退化，层次结构简单化，食物网解链、解环或链缩短，断裂，甚至消失，使得生物循环的周转时间变短，周转率降低，因而系统的物质循环减弱，活动库容量变小，流量变小，生物的生态学过程减弱；地球化学循环主要在环境与储库中进行，由于生物循环减弱，活动库容量小，相对于正常的生态系统而言，生物难以滞留相对较多的物质于活动库中，而储存库容量增大，因而地球化学循环加强。

(6) 系统生产力下降　下降的原因在于：第一，光能利用率减弱；第二，由于竞争和对资源利用的不充分，光效率降低，植物为正常生长消耗在克服环境的不良影响上的能量（以呼吸作用的形式释放）增多，净初级生产力下降；第三，第一性生产者结构和数量的不良变化也导致次级生产力降低。

(7) 生态系统服务功能衰退　主要表现在：固定、保护、改良土壤及养分能力弱化；调节气候能力削弱；水分维持能力减弱，地表径流增加，引起土壤退化；防风、固沙能力弱化；净化空气、降低噪声能力弱化；美化环境等文化环境价值降低或丧失。

(8) 系统稳定性下降　稳定性是系统最基本的特征。正常系统中，生物相互作用占主导地位，环境的随机干扰较小，系统在某一平衡附近摆动。有限的干扰所引起的偏离将被系统固有的生物相互作用（反馈）所抗衡，使系统很快回到原来的状态。系统是稳定的，但在退化系统中，由于结构成分不正常，系统内在正反馈机制驱使下系统远离平衡，其内部相互作用太强，以至系统不能稳定下去。

综上所述，退化生态系统首先是组成和结构发生变化，导致其功能退化和生态过程弱化，引起系统自我维持能力减弱且不稳定。但系统成分与其结构的改变是系统退化的外在表现，功能退化才是受损的本质，因此退化生态系统功能的变化是生态系统退化程度判断的重要标志。但是另一方面，由于植物及其种群属于生态系统的第一性生产者，是生态系统有机物质最初来源和能量流动的基础。所以，植物群落的外貌形态和结构状况又通过系统中次级消费者、分解者的影响而决定着系统的动态，制约着系统的整体功能。因此，在退化生态系统中，结构与功能也是统一的，通过结构的变化，也可以推测出功能的改变。

1.3　全球退化生态系统现状

1.3.1　全球退化生态系统

人类不合理利用自然资源，对生态系统造成了严重的干扰，引发了一系列的生态环境问题，对人类的生存和经济的持续发展造成严重的威胁。

据估计，由于人类对土地的开发（主要指生境转换）导致了全球 $5.0 \times 10^9 \, hm^2$ 以上土地的退化，使全球 43% 的陆地植被生态系统的服务功能受到了影响。联合国环境署的调查表明：全球有 $2.0 \times 10^9 \, hm^2$ 土地退化（占全球有植被分布土地面积的 17%），其中轻度退化的（农业生产力稍微下降，恢复潜力很大）有 $7.5 \times 10^8 \, hm^2$，中度退化的（农业生产力下降更多，要通过一定的经济和技术投资才能恢复）有 $9.1 \times 10^8 \, hm^2$，严重退化的（没有进行农业生产，要依靠国际援助才能进行改良）有 $3.0 \times 10^8 \, hm^2$，极度退化的（不能进行农业生产和改良）有 $9.0 \times 10^6 \, hm^2$；全球荒漠化土地有 $3.6 \times 10^9 \, hm^2$ 以上（占全球干旱地面积的 70%，占地球陆地面积的 28%），且以每年 $2460 hm^2$ 的速度增长，其中轻微退化的 $1.223 \times 10^9 \, hm^2$，中度退化的 $1.267 \times 10^9 \, hm^2$，严重退化的有 $1.0 \times 10^9 \, hm^2$ 以上，极度退化的有 $7.2 \times 10^7 \, hm^2$，此外，弃耕的旱地每年还以 $9.0 \times 10^6 \, hm^2$ 的速度在递增；全球退化

的热带雨林面积有 $4.27×10^8$ hm^2，而且还在以 $0.154hm^2$/年的速度递增。联合国环境署还估计，1978—1991 年全球土地荒漠化造成的损失达 3000 亿～6000 亿美元，现在每年高达 423 亿美元，而全球每年进行生态恢复而投入的经费达 100 亿～224 亿美元。

1.3.1.1 森林生态系统退化现状

据报道，在大规模农业生产活动开始以前，全球的森立覆盖率比现在高 20% 以上，然而，1980—1995 年的 15 年间，发展中国家的森林覆盖率下降了 9% 左右。在拉丁美洲，大规模的牧业农场和水电站项目开发是森林消失的主要原因。在热带非洲，农田侵占和森林砍伐使该区森林生态系统正在变为碳的排放源。在亚洲，森林消失的面积几乎等于农业和发展项目的扩展面积。全球 145 个重要流域中，42 个流域的原生森林覆盖率下降了 75%，15 个流域的原生森林覆盖率下降了 95%。马里兰大学地理科学系教授马特·汉森（Matt Hansen）11 月在《科学》（*Science*）杂志发表报告《21 世纪森林覆盖变化高分辨率全球图景》（*High-Resolution Global Maps of 21st-Century Forest Cover Change*）。研究数据显示，全球每年有 1300 万公顷的森林消失，相当于英格兰面积的大小。这对于生态系统来说是巨大的打击，对于以林业为生的企业和群体也是致命的伤害。

退化后的森林生态系统生产力下降，生物多样性减少，调节气候的能力减弱，涵养水分、防风固沙的作用减弱，贮存生态系统营养元素的能力降低，野生动物的栖息地减少，引起水土流失、沙漠化等严重的生态问题。斯蒂尔表示，世界资源研究所将推出"全球森林观察"项目，希望通过实时更新数据，帮助人们提高森林管理水平，降低各国的森林砍伐率，保护地球生态环境。

1.3.1.2 草地生态系统退化现状

过度放牧和不适当的开垦，引起了大面积的草地退化，发生土壤侵蚀、土壤盐渍化和沼泽化，并进一步荒漠化，并严重损害了草地动物的生存。资料显示，全球草地面积为 $4.1×10^7$～$5.6×10^7$ km^2，覆盖陆地面积的 31%～43%，承载了近 8 亿人口。但是全世界草原有半数已经退化或者正在退化。据农业部统计，20 世纪 80 年代初，我国草地退化面积占草地总面积的 1/3。

1.3.2　我国退化生态系统

中国陆地总面积约 $9.6×10^6$ km^2，居世界第三位。境内有高山、中山、低山、丘陵、高原和平原，有 46 种土壤类型、29 种种植类型和 48 种土地利用类型。在陆地方面，全国 2/3 以上为山地和丘陵，只有 1/3 的平地。从总体来看，中国土地辽阔，资源总量大，生态系统类型齐全多样，中国各类资源人均值都低于世界平均水平，人均土地面积为世界的 1/3，森林资源为 1/6，草地资源为 1/3，特别是耕地资源只有世界人均的 1/3。

1.3.2.1 农田生态系统退化

1957 年中国耕地面积为 $1.2×10^8$ hm^2，人均耕地面积约 $0.19hm^2$。我国现有耕地 $1.33×10^8$ hm^2，人均耕地仅为 $0.11hm^2$，不及世界平均水平的一半，而在这些耕地中，退化土地达到 78% 左右。

农田退化的原因是：耕地重用轻养现象严重、肥料使用不当、土壤次生盐碱化现象、化肥农药大量施用、地下水污染、土壤侵蚀与板结。目前，我国受到有机物和化学品污染农田约 6000 多万公顷。其中有机污染物（农药、石油烃等）污染农田达 3600 多万公顷，农业污染面积约 $1.6×10^7hm^2$。

我国的盐碱地总面积达到 $9.9 \times 10^7 hm^2$，主要分布在华北地区、西北干旱区和东北地区，其中华北地区盐碱化耕地面积达到 $3.1375 \times 10^6 hm^2$，占全国盐碱地面积的 41.10%（张凤荣，2000）。

据估计，全国平均每年被工业建设和城镇发展等基本建设侵占的土地达 $4 \times 10^4 hm^2$。而对土地退化影响最大的不是这些建设本身，而是对周围未被占用的土地的影响，例如，露天开采毁坏地表土壤和植被，矿山废弃物中酸性、碱性或重金属成分通过径流、大气飘尘等造成土壤污染，导致土地废弃。

1.3.2.2 森林生态系统的退化现状

第七次全国森林清查数据表明，全国森林面积 $1.95 \times 10^8 hm^2$，森林覆盖率 20.36%。相比于第六次全国森林资源清查，森林面积净增 $2.05 \times 10^7 hm^2$，全国森林覆盖率由 18.21% 提高到 20.36%，上升了 2.15%。天然林面积蓄积明显增加，天然林面积净增 $3.93 \times 10^6 hm^2$，天然林蓄积净增 $6.76 \times 10^8 m^3$。森林质量有所提高，森林生态功能不断增强。

但是我国森林资源和发展仍然存在严重的问题，现状仍然非常严峻。

一是森林资源总量不足。我国森林覆盖率只有全球平均水平的 2/3，排在世界第 139 位。人均森林面积 $0.145 hm^2$，不足世界人均占有量的 1/4；人均森林蓄积 $10.151 m^3$，只有世界人均占有量的 1/7。全国乔木林生态功能指数 0.54，生态功能好的仅占 11.31%，生态脆弱状况没有根本扭转。生态问题依然是制约我国可持续发展最突出的问题之一，生态产品依然是当今社会最短缺的产品之一，生态差距依然是我国与发达国家之间最主要的差距之一。

二是森林资源质量不高。乔木林每公顷蓄积量 $85.88 m^3$，只有世界平均水平的 78%，平均胸径仅 13.3cm，人工乔木林每公顷蓄积量仅 $49.01 m^3$，龄组结构不尽合理，中幼龄林比例依然较大。森林可采资源少，有木材供需矛盾，森林资源的增长远不能满足经济社会发展对木材需求的增长。

三是林地保护管理压力增加。清查间隔五年内林地转为非林地的面积虽比第六次清查有所减少，但依然有 $8.31 \times 10^6 hm^2$，其中有林地转为非林地面积 $3.77 \times 10^6 hm^2$，征占用林地有所增加，局部地区乱垦滥占林地问题严重。

四是营造林难度越来越大。我国现有宜林地质量好的仅占 13%，质量差的占 52%；全国宜林地 60% 分布在内蒙古和西北地区。今后全国森林覆盖率每提高 1%，需要付出更大的代价。

1.3.2.3 水土流失现状

（1）水土流失现状　我国国土面积的 2/3 为承载力差的山地，是世界上水土流失最为严重的国家之一，水土流失遍及全国，各地流失的程度差别很大，总体上是强度高，发展快，成因复杂，危害严重。

我国水土流失面积达 $3.65 \times 10^6 km^2$，占国土资源总面积的 37%，而每年水土流失面积还以 $1 \times 10^4 hm^2$ 的速度递增，每年流失 $5.0 \times 10^9 hm^2$ 土壤，损失 $6.67 \times 10^4 hm^2$ 土地，使人地矛盾更加突出。1950—2000 年，我国累计水土流失综合治理面积 $8.59 \times 10^5 km^2$，其中修建基本农田 $1.333 \times 10^7 hm^2$，营造水土保持林 $4.333 \times 10^7 hm^2$。

（2）水土流失的分布

① 黄土高原剧烈流失区　该区为我国水土流失最为严重的区域，目前水土流失面积已

达 $4.3 \times 10^5 \text{hm}^2$，占总面积的 79.6%，侵蚀模数高达 $1 \times 10^4 \sim 1.2 \times 10^4 \text{t}/10^4 \text{hm}^2$，年泥沙流失为 $1.6 \times 10^9 \text{t}$。

② 长江、珠江流域强烈流失区 长江流域水土流失面积已达 $5.6 \times 10^5 \text{hm}^2$，年平均流失土壤 $2.24 \times 10^9 \text{t}$；珠江流域水土流失面积为 $7.675 \times 10^6 \text{hm}^2$，年平均流失土壤 $2.3 \times 10^8 \text{t}$。两流域也是我国主要的水土流失区。

③ 淮河、辽河流域及太行山、鲁中山区中度流失区 辽河水土流失占流域面积的 25.9%；太行山、鲁中山区水土流失面积约占总流域面积的 50%；淮河流域水土流失面积为 $5.50 \times 10^6 \text{hm}^2$。

④ 其他轻度流失区 我国东部湿润区的其他区域几乎都有轻度的水土流失发生。

1.3.2.4 草地生态系统的退化现状

我国天然草原约 $3.99 \times 10^8 \text{hm}^2$，占全国总面积的 41.6%，仅次于澳大利亚，居世界第二位，但是人均占有草地仅为 0.33hm^2。我国草地退化现象非常严重，退化面积大，退化速度快。草地资源调查资料表明，我国 20 世纪 70 年代草地退化面积占 10%，80 年代初占 20%，90 年代中期占 30%，目前已上升到 50% 以上，而且仍在以每年 $2.0 \times 10^6 \text{hm}^2$ 的速度发展。

在全球气候变化的大背景下，以及人为因素的强烈驱动下，使得我国草地大面积的严重退化。气候因素是草地退化的首要因素。中国草原是欧亚大陆草原的一部分，水热条件无论在时间上还是空间上都分布不均，草原这种不稳定的气候条件是引起草原植被及生产力变化的重要自然因素。其次，全球气候变化，特别是气候变暖引发的北方干旱化也是促使草地退化的重要因素。再次，长期以来，由于片面追求经济利益，重畜轻草，掠夺性经营，我国天然草原由于超载过牧和刈割导致退化。

1.3.2.5 荒漠化现状

(1) 土地荒漠化现状 中国是荒漠化危害严重的国家之一，荒漠化土地面积为 $2.62 \times 10^6 \text{hm}^2$，占国土面积的 27.3%，主要分布在西北、华北北部、东北西部及青藏高原的中、西部等 13 个省、自治区和直辖市，且以 $2460 \text{km}^2/\text{a}$ 的规模发展。全国每年因荒漠化造成的直接经济损失约为 642 亿元，平均每天损失 1.76 亿元。除较为明显的危害外，荒漠化又是一种慢性危害，以多种形式逐渐地、间接地显现，如长期的浮尘环境对当地动植物生态系统和人体健康的侵害，水资源短缺对干旱区经济发展的影响，这些不易被人立即觉察的、对自然和人类生态系统的各种侵性破坏，其影响范围更广、更深远，损失更大。

我国荒漠化是自然因素与人为因素综合作用的结果。其中人类活动是荒漠化发生的主要外因，如人类对水土、动植物资源使用不当，人口激增对现有土地生产的压力，社会管理体制的不善及政策上的失误等复杂的社会经济因素，使得我国土地荒漠化加剧的局面一时无法得到根本改观。

(2) 荒漠化土地的分布 土地荒漠化在我国干旱、半干旱、半湿润、湿润和高寒等地带都有发生，分布范围之广，在世界上是独具特色的。其分布形式呈现两个特点：一是荒漠化土地分布地区都是人类强度经济活动的地区；二是荒漠化土地呈片状或斑点状断续分布。

① 干旱地带 干旱地带主要分布在绿洲边缘和内陆河中下游及农场周围。如塔里本盆地南缘诸绿洲周围、塔里木河中下游一些农场周围。该区以沙质荒漠化为主，局部有盐渍化。

② 半干旱地带 按成因类型，半干旱地带主要包括：沙质草原以土壤风蚀，地表粗化，

流沙形成及固定沙丘活化为代表的退化土地，如河北坝上、内蒙古后山及科尔沁草原等；固定沙丘及沙丘草原过度放牧而形成的活化沙丘，如毛乌素沙地和呼伦贝尔沙地等；草原牧区，由于过度放牧所造成的草场退化，如呼伦贝尔草原和乌兰察布草原等；黄土高原北部沙黄土干旱农业地区及流水侵蚀、土壤风蚀形成的土地荒漠化，如陕西大部及山西北部等。

③ 半湿润地带　在嫩江下游、松花江下游平原、黄淮海平原呈斑点状分布着沙质荒漠化区，黄河中游黄土及黄土状堆积物地区分布着水蚀荒漠化区。

④ 湿润地带　该地带区除了在海滨沙地及一些河流下游及湖滨沙地因植被破坏形成沙质荒漠化土地外，其他地区为流水侵蚀形成以劣地及石质坟地为代表的荒漠化土地。如四川、云南、贵州和广西等省区连片的喀斯特地貌地区受到石漠化的严重威胁。

⑤ 高寒地带　高寒地带主要在西藏雅鲁藏布江，拉萨河及年楚河的河谷平原上，以河漫滩及阶地上的固定沙丘为基础，因植被破坏而形成沙地荒漠化土地。

1.3.2.6　湿地生态系统退化

湿地被人们称为"地球之肾"，湿地覆盖地球表面仅 6%，却为地球上 20% 的已知物种提供了生存环境，也正是因为这样的原因，湿地也给人类和陆地上的其他动物提供了源源不断的物质能源；联合国环境署 2002 年的权威研究数据显示，$1hm^2$ 湿地生态系统每年创造的价值高达 1.4 万美元，是热带雨林的 7 倍，是农田生态系统的 160 倍。而最新的湿地现状调查显示，中国湿地破坏严重。

我国湿地面积约为 $6.3×10^7 hm^2$，占国土总面积的 7%，占世界湿地面积的 11%，是世界上湿地面积最多的国家之一，而且类型复杂多样。但是我国湿地正受到严重的退化威胁，特别是近 50 年来湿地的退化，其速度更是令人震惊。50 年间，新疆湿地面积由 $2.8×10^6 hm^2$，降至 2001 年的 $1.48×10^6 hm^2$。被喻为"黄河蓄水池"的黄河玛曲段湿地，1990 年以来面积减少了 45%。三江平原 50 年间湿地损失 $1.37×10^4 km^2$，面积比例由原来的 52.49% 下降到 15.71%。滨海湿地面积累计丧失约 $2.19×10^6 hm^2$，损失过半。近 20 年间，中国湿地面积由 $3.66×10^5 km^2$ 减少到 $3.24×10^5 km^2$。

1.3.3　全球生态恢复状况

早在 1975 年 3 月，在美国弗吉尼亚工学院召开了首次题为"受损生态系统的恢复"国际会议，与会专家专门讨论了受损生态系统的恢复和重建及许多重要的生态学问题。近十多年来，国外在恢复生态学的理论与技术方面都进行了大量的研究工作。

美国是世界上最早的生态恢复研究与实践的国家之一。早在 20 世纪 30 年代就成功恢复了一片温带高草草原。随后在 60—70 年代就开始了北方阔叶林、混交林等生态系统的恢复试验研究，探讨采伐破坏及干扰后系统生态学过程的动态变化及其机制研究，取得了重要发现；在 90 年代开始了世界著名的佛罗里达大沼泽的生态修复研究与试验，至今仍在进行。而在法律方面，1933 年美国颁布了第一个土壤保护法律。美国两个比较重要的环境法律是 1969 年的《国家环境政策法案》（NEPA）和 1977 年的《表层采矿控制和改造法案》（SMCRA）。

欧盟各国通过一系列财政手段促进生态恢复建设，创造了很多良机。欧洲的每个国家也已开发出自己的自然保护标准和方法，这其中也包括了生态恢复活动。《欧盟生境指令》（92/43/EEC）也公布了优先生境，给每种类型的生境都下了定义，并试图在欧盟各城市和申请加入的国家内部对它们进行保护。其首要任务是创建欧洲生态网络。欧洲共同体国家特别是中北欧各国（如德国），对大气污染（酸雨等）胁迫下的生态系统退化（decline）研究较早，从森林营养健康和物质循环角度已开展了深入的研究，迄今已近 20 年，形成了独具特色的欧洲共同体森林退化和研究分享网络，并开展了大量的恢复试验研究。英国对工业革命以来留下的大面采矿地以及欧石楠灌丛地（heartland）的生态恢复研究最早，很深入。北欧国家对寒温带针叶林采伐迹地植被恢复开展了卓有成效的研究与试验。

在澳大利亚、非洲大陆和地中海沿岸的欧洲各国，研究的重点是干旱土地退化及其人工重建。此外，澳大利亚对采矿地的生态恢复也是一个研究历史长、研究深入的重点方向；美国、德国等国学者对南美洲热带雨林、英国和日本学者对东南亚的热带雨林采伐后的生态恢复也有较好的研究。在过去的 10 年中，为了管理好生态系统，大洋洲在改革和提高环境法律与政策方面也作了大量的努力（Shine，1993）。

Rapport 等将近年来西方恢复生态学的研究进展总结为如下三个方面的工作：一是退化生态系统营养物质积累和动态，提出资源比率的变化最终可导致群落物种组成成分的变化，即资源比率决定生态系统的演替过程；二是外来物种对退化生态系统的适应对策；三是生态环境的非稳定性机制。

国外生态恢复研究主要表现出如下特点：①研究对象的多元化。主要包括森林、草地、灌丛、水体、公路建设环境、机场、采矿地、山地灾害地段等在大气污染、重金属污染、放牧、采用等干扰体影响下的退化与自然恢复。②研究积累性好、综合性强，涉及生态功能群的方方面面如植被、土壤、气候、微生物、动物。③生态恢复研究的连续性强，特别注重受损后的自然生态学过程及其恢复机制研究。④注重理论与实验研究。

1.3.4 我国生态恢复状况

我国是世界上生态系统退化类型、山地生态系统退化最严重的国家之一。我国也是较早开始生态重建实践和研究的国家之一。从 20 世纪 50 年代开始，我国就开始了退化环境的长期定位观测试验和综合整治工作。50 年代末，华南地区退化坡地上开展了荒山绿化、植被恢复，70 年代，"三北"地区的防护林工程建设，80 年代长江中上游地区（包括岷江上游）的防护林工程建设、水土流失工程治理等一系列的生态恢复工程。80 年代末，在农牧交错区、风蚀水蚀交错区、干旱荒漠区、丘陵山地、干热河谷和湿地等退化或脆弱生态环境及其恢复重建方面也进行了大量的工作，90 年代开始的沿海防护建设研究，提出了许多切实可行的生态恢复与重建技术与模式。

自 1956 年我国第一个自然保护区——广东鼎湖山自然保护区建立以来，全国自然保护区事业呈现迅速发展的良好势头。近些年，自然生态系统保护和退化生态系统恢复重建受到我国政府的重视，据原国家环保总局 2004 年发布的统计数字显示，全国已有 2194 个自然保护区，其中国家自然保护区 226 处，占陆地国土面积的 14.8%。这些自然保护区对保护我国丰富的野生动植物、湿地、文化和风景等有着重要的作用，对改善生态环境、实施社会可持续发展战略也具有极为重要的意义。

在森林恢复方面，联合国气候变化峰会确定了到 2020 年我国森林面积比 2005 年增加 $4 \times 10^8 \, \mathrm{hm}^2$、森林蓄积量增加 $1.3 \times 10^9 \, \mathrm{m}^3$ 的目标。到目前，森林"双增"目标完成良好，森林蓄积增长目标已完成，森林面积增加目标已完成近六成。但清查结果反映森林面积增速开始放缓，森林面积增量只有上次清查的 60%，现有未成林造林地面积比上次清查少 $3.96 \times 10^6 \, \mathrm{hm}^2$，仅有 $6.50 \times 10^6 \, \mathrm{hm}^2$。同时，现有宜林地质量好的仅占 10%，质量差的多达 54%，且 2/3 分布在西北、西南地区，立地条件差，造林难度越来越大，成本投入越来高，见效也越来越慢，如期实现森林面积增长目标还要付出艰巨的努力。

自 1992 年加入《湿地公约》以来，我国政府认真履行了国际义务，开展了大量的工作，取得了显著成效。2000 年，国家林业局等 17 个部委共同颁布实施《中国湿地保护行动计划》，提出了我国湿地保护的指导思想和行动纲领；2001 年，全国野生动植物保护及自然保护区建设工程启动，明确了湿地保护的优先领域和建设重点。三江平原是我国平原区沼泽面积最大、最集中的地区，自新中国成立以来经过 50 多年的开发，湿地面积减少了近 $3.40 \times 10^6 \mathrm{hm}^2$，湿地垦殖率达 64%。自 20 世纪 50 年代末开展湿地研究工作以来，这一区域湿地资源的合理开发利用与保护一直是我国学者们研究的重点。截至 2002 年 6 月底，全国已建各类湿地自然保护区 353 处，共保护了 $1.6 \times 10^7 \mathrm{hm}^2$ 的天然湿地，我国政府已确定的 33 种国家重点保护水禽在这些保护区内得到了较好的保护。我国大力开展了国际合作，目前我国已有 21 块湿地被列为国际重要湿地，总面积达 $3.03 \times 10^6 \mathrm{hm}^2$，湿地的国际合作项目正在有序展开。

我国矿山废弃地生态恢复工作起步于 20 世纪 70 年代末，整个 80 年代基本上还处于零星、分散、小规模、低水平的状态。1988 年《土地复垦规定》的出台，使该项工作步入了法制轨道，1990—1995 年全国累计恢复各类废弃土地（包括撂荒地和轻、重工业废弃地）约 $5.33 \times 10^5 \mathrm{hm}^2$，其中 1526 家中、大型矿山企业恢复矿山废弃地面积约 $4.67 \times 10^4 \mathrm{hm}^2$。但该项工作在矿种之间和区域之间均存在较大差异，煤矿、铅锌矿、铁矿的恢复率较高（10% 以上）；内蒙古地区和长江中下游地区恢复率最高，分别达到 12.4% 和 15.7%，恢复率最低的青藏地区只有 0.6%。而据对 389 座乡镇小型矿山的抽查结果，乡镇小型矿山对土地的破坏十分严重，生态恢复接近于零。从复垦的效果来看，煤矿较好，非金属矿次之，而金属矿山最差。总的复垦质量远不如国外。

我国近 50 年来的生态恢复重建研究主要表现出如下特点：①试验实践重于基础理论研究，即注重生态恢复重建的试验与示范研究；②注重人工重建研究，特别注重恢复有效的植物群落模式试验，相对忽视自然恢复过程的研究；③大量集中于研究砍伐破坏后的森林和放牧干扰下的草地生态系统退化后的生物途径恢复，尤其是森林植被的人工重建研究；④注重恢复重建的快速性和短期性；⑤注重恢复过程中的植物多样性和小气候变化研究，相对忽视对动物、土壤生物（尤其是微生物）的研究；⑥对恢复重建的生态效益及评价研究较多，特别是人工林重建效益，还缺乏对生态恢复重建的生态功能和结构的综合评价；⑦近年来开始加强恢复重建的生态学过程的研究。

参 考 文 献

[1] 任海，彭少麟．恢复生态学导论．北京：科学出版社，2002.
[2] 戴天兴．城市环境生态学．北京：中国建材工业出版社，2002.
[3] 王伯荪．植物群落学．北京：高等教育出版社，1987.
[4] 章家恩．生态退化的形成原因探讨．生态科学，1999, 18 (3)：28-32.
[5] 彭少麟．恢复生态学与植被重建．生态科学，1996, 15 (2)：26-31.
[6] 孙楠等．退化生态系统恢复和重建的探讨．西北农林科技大学学报：自然科学版，2002, 30 (5)：135-139.
[7] 包维楷，陈庆恒．生态系统退化的过程及其特点．生态学杂志，1999, 18 (2)：36-42.
[8] 章基恩等．退化生态系统的诊断特征及其评价指标体系．长江流域资源与环境，1999, 8 (2)：215-220.
[9] 杜晓军，高贤明，马克平．生态系统退化程度诊断：生态恢复的基础与前提．植物生态学报，2003, 27 (5)：

700-708.

[10] 彭少麟.恢复生态学与退化生态系统的恢复.中国科学院院刊,2000,3:188-192.

[11] 张明亮,焦士兴.我国生态环境退化的问题分析及对策.国土与自然资源研究,2003,(3):32-34.

[12] 刘国华,傅伯杰等.中国生态退化的主要类型、特征及分布.生态学报,2000,20(1):13-19.

[13] 章家恩,徐琪.恢复生态学研究的一些基本问题探讨.应用生态学报,1999,10(1):109-113.

[14] 魏斌,张霞,吴热风.生态学中的干扰理论与应用实例.生态学杂志,1996,15(6):50-54..

[15] 陈利顶,傅伯杰.干扰的类型、特征及其生态学意义.生态学报,2000,20(4):581-586.

[16] 赵哈林,赵学勇,张铜会,李玉霖.恢复生态学通论.北京:科学出版社,2009.

[17] 包维楷,刘照光,刘庆.生态恢复重建研究与发展现状及存在的主要问题.世界科学研究与发展,2001,(2):44-48.

[18] 彭军,边艳勇,朱少杰.湿地的生态恢复研究综述.广东化工,2012,39(9):133-135.

[19] 杨晓艳,姬长生,王秀丽.我国矿山废弃地的生态恢复与重建.矿业快报,2008,10(10):22-25.

[20] 国家林业局森林资源管理司.第六次全国森林资源清查及森林状况.绿色中国,2005,(1):10-12.

[21] 任海,刘庆,李凌浩.恢复生态学导论.北京:科学出版社,2007.

[22] Pickett S T A and White P S. The ecology of natural disturbance and patch dynamics, Orlando: Academic Press, 1985.

[23] http://www.eedu.org.cn/Article/ecology/ecoappliacions/Restorationeco/200404/138.html.

[24] Likens, G E, Driscoll C T & Buso D C. Long-term effects of acid rain: response and recovery of a forested ecosystem. Science, 1996, 272: 244-246.

[25] Foster D R, Aber J D, Melillo J M, et al. Forest response to disturbanceand anthropogenic stress. BioScience, 1993, 47(7): 437-445.

[26] http://www.cnr.cn/news/200502/t20050224_321118.html.

[27] Tilman. Productivity and sustainability influenced by diversity ingrassland ecosystems. Nature, 1996, 379: 718-720.

[28] Rapport D J & Whitford W G. How ecosystems respond to stress. Bio-Science, 1999, 49(3): 193-204.

[29] http://blog.sina.com.cn/s/blog_774ee08b01017k7u.html.

[30] http://finance.china.com.cn/roll/20140407/2314984.shtml.

[31] Stralia. State of the Environment Australia. Collingwood: CSIRO Publishing, 1996.

2 生态恢复的基本原理

2.1 生态恢复概述

生态恢复的定义最重要的一个内容就是恢复的最终对象是什么，即以什么作为恢复的参照物或对比，评价恢复成功的合适标准是什么。Bradshaw（1987）认为，生态恢复是生态学有关理论的一种严格检验，它研究生态系统自身的性质、受损机理及修复过程。Cairns（1995）等将生态恢复的概念定义为：恢复被损害生态系统到接近它受干扰前的自然状况的管理与操作过程，即重建该系统干扰前的结构与功能及有关的物理、化学和生物学特征。Jordan（1995）认为，使生态系统回复到先前或历史上（自然或非自然的）的状态即为生态恢复。Egan（1996）认为，生态恢复是重建某区域历史上有的植物和动物群落，而且保持生态系统和人类的传统文化功能的持续性的过程。

以下介绍与生态恢复有关的几个概念。

恢复（restoration）：是指受损状态恢复到未被损害前的完美状态的行为，是完全意义上的恢复，既包括回到起始状态又包括完美和健康的含义。

修复（rehabilitation）：被定义为把一个事物恢复到先前的状态的行为，其含义与restoration 相似，但不包括达到完美状态的含义。因为我们在进行恢复工作时不一定要求必须恢复到起始状态的完美程度，因此这个词被广泛用于指所有退化状态的改良工作。

改造（reclamation）：是 1977 年在对美国露天矿治理和垦复法案进行立法讨论时被定义的，它比完全的生态恢复目标要低，它是产生一种稳定的、自我持续的生态系统。被广泛应用于英国和北美地区，结构上和原始状态相似但不一样，它没有回到原始状态的含义，但更强调达到有用状态（Jordan，1987）。

其他科学术语如：挽救（redemption）、更新（renewal）、再植（revegetation）、改进（enhancement）、修补（remediation）等这些概念从不同侧面反映了生态恢复与重建的基本意图。

生态恢复有如此多的术语，一方面说明恢复生态实践较多针对不同的实际问题采用不同的术语；另一方面也说明生态恢复从术语到概念尚需要规范和统一。

按照国际生态恢复学会（Society for Ecological Restoration）（1995）的详细定义，生态恢复是帮助研究恢复和管理原生生态系统的完整性（ecological integrity）的过程，这种生态整体包括生物多样性的临界变化范围、生态系统结构和过程、区域和历史内容以及可持续的社会实践等。生态恢复与重建的难度和所需的时间与生态系统的退化程度、自我恢复能力以及恢复方向密切相关，一般说来，退化程度较轻的和自我恢复能力较强的生态系统比较容易恢复，其所需的时间也较短。生态系统的自我恢复往往较慢，有些极度退化生态系统（如流动沙丘）如果没有人为措施，进行自然恢复则几乎不可能。

2.1.1 生态恢复的三个层次

对退化生态系统进行生态恢复，不同的层次上对生态恢复的理解各有不同，以下将从物种、种群、景观层次进行讨论。

2.1.1.1 物种层次

长期以来，现代生态恢复都受到遗传学和进化论思想的影响。20世纪70年代，A. D. Bradshaw和他的同事们在对工业贫瘠地改造的研究中，最重要的工作都是以进化论和植物对金属的选择性吸收原理为基础的。Sheail等的研究表明：在路边或一个适宜的地方创建一个物种丰富的牧场群落，首先要强调地方性品种和本地的植物资源。在北美，Michael Soule和其他人的一系列文章中都阐述过遗传性保护基础理论，强调人口数量和物种破坏等问题。

伴随着生态学中基础科学的发展，强调过程和功能的边缘学科得到发展。现在的恢复模式侧重于恢复物种的聚集地和种群，而不是恢复生态系统的功能，这种恢复包括遗传和进化的改变过程，同时造成物种的形成和灭绝。因此，在恢复计划中不仅要考虑适宜生存的遗传类型，还必须考虑随时间进化的远景问题和引进物种的遗传多样性的适应性问题。

(1) 遗传多样性模式　要实现恢复目标，首先要了解当代各物种的遗传结构。换句话说，就是首先要了解遗传的多样性的空间模型。当然，自然选择只是这些外力中的一项，其他的还包括不同形式的遗传转化和迁移。

瑞典植物学家GoteTuresson和北美的Carnegie实验组在20世纪30—40年代进行了一系列试验，他们的研究已经表明：不同植物的遗传转化模型通常与环境的转化相关；在相似栖息地的植物经常显示出相似的特点。大量的著作已经证实Turesson所谓的"遗传反映原产地"理论的正确性。

这种遗传多样性模式很明显的例子是：为一个具体的恢复计划选择遗传类型，应该首先考虑乡土种，这样成功的概率更大一些。

但是并不是说所有的物种都明显与遗传类型有关，或者说可能没有与之相适应的乡土物种资源。在一些情况下，乡土遗传类型是可取的，但不一定总是有效的，或者可能只是对一个恢复地的转化是最适合的而已。

(2) 遗传类型的选择

① 乡土种与非乡土种：提倡使用乡土种的观点主要是为了保护遗传多样性。非乡土物种对乡土种个体的基因纯正性和乡土种多样性是一种威胁。但也有一个相反的观点，认为非乡土种能给那些有潜在基因缺乏问题的种群带来新的不同基因，杂交是促进适应的强大动力。

对于具体的恢复计划，以上两种观点都有一定的合理性。然而，一般采用乡土种可以提高成功率，可以维持地方种群的遗传纯正性，可以避免引入的个体在将来引起生物入侵和导致生态系统功能和多样性的改变。

② 个体数量：恢复生态学中的一个关键问题是：为了避免潜在遗传和进化问题的发生，再生种群应该有多大？尽管我们能选择恰当的遗传类型，那么需要引入多少个体才能确保物种生存并适应进化中的改变呢？

Frankel和Soule（1981）在早期工作的基础上发展了"50/500的规则"。详细说就是一个有效的种群大小，50个个体是保证种内繁殖和适应性的最低要求，500个个体是防止基因变化和保证将来适应性所必需的。尽管"50/500的规则"遭到广泛的批评，特别是在普遍适应性方面。但它包括了一个观点，就是考虑了个体与生态恢复的关系。对这个问题有两个明显的尺度就是短期的适应性和长期的进化潜力，目前还很难确定能满足这两个目标的准确个体数量。

更重要的是，按计划需要提取的物种基因组样品也各不相同，这依赖于不同的恢复目标。在群落恢复中要通过恢复遗传多样性来维持进化潜力，这可能需要很多种群或同血统个体。相反的，只使用乡土遗传类型的种群恢复计划中，物种对地方环境的适应性已经很成功了。事实上，从遗传学和进化论的观点看，关键问题不是"该引入多少个体"（尽管这也是一个重要问题），而是"为达到恢复目标应该引入多少能代表遗传多样性的物种？"这不仅依赖于具体的目标，还依赖于物种间的遗传多样性的分布，还依赖于物种固有的生物特点，如繁殖系统、生活史、群落结构，还依赖于外来动力，如个体分布、选择历史和种群大小在过去的波动。

理论上，遗传多样性的鉴定应该在恢复中或引种之前进行，除非知道种群间遗传多样性的分布，否则没有办法设计采样计划。盲目的采样对不同的物种会造成不同的结果。

2.1.1.2 种群层次

Wheeler（1995）对植物群落的恢复进行了仔细思考，归纳得出恢复的合适终结点：在给定的运行规则下，恢复必须使栖息地能处于自我维持的半自然状态。这对动物群落的恢复也同样适用。对于植物和动物群落而言，恢复的要求非常相似，最终的产物必须是能自我维持的种群或群落。

（1）影响因素

① 栖息地的损失与破碎　栖息地的破坏包括两方面的内容：栖息地损失和栖息地破碎。虽然破碎对种群的影响与对栖息地本身造成的影响是不同的，但因为它们经常一起发生，所以也一起考虑。Fahrig（1997）把栖息地的损失和破碎区分开来，如果只发生栖息地的损失，那么斑块的规模将减小但是数目没有减小；当栖息地发生破碎的时候，栖息地斑块的数量将会增加；当栖息地的损失和破碎同时发生的时候，才会产生栖息地斑块减小和独立性增强的现象。尽管如此，超过一个稳定数目的斑块在规模上的减小将必然增加斑块之间基体栖息地的数量，进而增强斑块的独立性，形成破碎化。

区分栖息地的损失和破碎只有相对于区分单个栖息地的面积效应和空间安排效应时才显得很重要，它们对于单独物种数量的保护有重要意义。

对于栖息地的恢复，应该对栖息地斑块规模、空间组织有关的因素以及它们怎么影响种群生存进行检验，保证其能支持栖息地恢复或重建。恢复多少栖息地，怎样安排才能最有益于目标种群，这些在决定物种达到自我维持的目标所需要时应该认真考虑。

② 小种群问题　由于种群统计的随机性、环境的随机性、杂合性的缺失、遗传上的变化趋势以及近亲繁殖等原因，小种群很容易灭绝。

a. 种群统计的随机性　种群统计的随机性来源于种群个体中出生率和死亡率变化的随机性。种群数量越小，个体变化对平均率的影响越大。小的种群数量增加了种群的敏感性，更容易灭绝。

b. 环境随机性　环境随机性指的是环境变动对种群数量统计规律产生的影响。环境影响可能是直接的（通过灾难比如说水灾或火灾），也可能是间接的（例如气候年变化影响了植物）。一个给定规模的种群，环境变动产生影响的持续时间受环境变动的剧烈程度影响（V_e），也就是变动的总数量，r 表示种群自身固有的增长率，r 可由环境的变动来解释。当 $\overline{r} > V_e$ 时，持续的时间将随着种群规模的增加而增加。当 $V_e > \overline{r}$ 时，对于一个给定的种群规模，持续时间的增加将趋向于零增长。环境随机性就是这样通过增加 r 中的背景变动——这

21

是种群统计随机性一个无可避免的结果——来增加灭绝的可能性。

c. 杂合性的丧失 平均杂合性 H，是指在种群的一般个体中杂合的比例。由遗传偏差引起的杂合性下降，其速度是 N（种群数量）的一个函数，即种群的杂合性以每代 $1/(2N)$ 的速率下降（Wright，1931）。损失部分被突变速率所平衡，即 $H^* = 2Nm$，H^* 表示 m（基因变化中的突变投入）和遗传偏差造成的缺失之间的平衡。也就是说，N 越大，H 的收敛值也越大。来自杂合性低的种群个体通过对半致死隐形遗传性状的选择起作用，其健康水平降低。该性状在杂合性较高的同一物种种群中表达出来的可能性较小。

d. 近亲繁殖造成机能下降 完全没有亲缘关系的上一代产生的后代与从种群整体中随机抽取的个体有 75% 的杂合性；下降了 25%。如果一个种群几代之后规模还很小，那么近亲之间的交配将把其引向灭绝，因为减少的杂合性使后代暴露在半致死隐性遗传等影响下，降低了生育力，增加了死亡率。这最终将使种群越来越小，呈持续螺旋趋势下降。尽管如此，近亲繁殖也可能不再成为一个问题，甚至可能从基因库中消失，还可以提高其健康水平。

③ 物种对栖息地毁坏的反应 Tilman 等（1994）提出以下观点：种间相互作用和每一物种的特征使根据种群模型的预测复杂化。Dytham（1995）给出了一个模型：在一个可以栖息但不适于居住的方形地中放置两个竞争种，一个优势竞争种（扩散能力弱）和劣势竞争种（扩散能力强）。这一模型表明，在这样的搭配方式下，物种的扩散能力决定了它们对灭绝的抵制能力。在栖息地中等程度毁坏的条件下，扩散能力较好的物种在竞争中处于优势地位，可能在数量上迅速到达顶峰。实际上，栖息地毁坏的方式对两个物种的生存都有影响。随机的栖息地毁坏对种群的生存有着相对严重的影响。然而，如果对试验地进行有梯度的破坏，那么结果会出现一些小块种群密度比整体密度平均值高很多的区域，这样可能使局部地方物种生存或延迟灭绝。

（2）恢复地点的确定

① 边缘与中心种群 将目标放在具有历史分布的中心区域（最适宜的栖息地）还是放在周围的不规则栖息地上，可能会有不同的优点。分布于中心部分的种群和分布于边缘的种群有质的差别。分布于边缘的物种生存在异常的或不规则的环境中，最易于彼此分离，因此自然选择和遗传学上的变异会促进边缘种群的变异。边缘种群往往不那么密集并且比较不稳定，因此推断它们具有较高的灭绝可能性，因而从地理分布上看，一个正在退化的物种可能从分布的边缘向分布的中心退化。然而，实际上在有记载的 31 种陆栖爬行动物的退化过程，其中 74% 是向其分布的边缘方向退化。

考虑到它们的遗传及形态上的变异，一般认为对于保护遗传多样性来说，边缘种群可能是很重要的，这种重要性对于它们的大小和出现的频率似乎是不相称的，这给恢复生态学家们又增加了一个难题。

② 地形联系 为了有益于动物物种，土地使用计划有四种明显的选择：扩大栖息地面积；提高现存栖息地的质量；降低对周围栖息地的人为干扰；促进自然栖息地之间的联系。一处由斑块组成的地形，其任何特征都能便于小块栖息地之间的扩散，进而可能有利于物种生存。因此适宜栖息的楼梯石级或廊道的形成可能就是恢复的目标。一些物种仅仅能沿着特定的廊道扩散。

2.1.1.3 景观层次

目前关于生态恢复的绝大多数理论和方法研究都集中在个别区域（如采矿点等），但对于一些利用过度、管理不当等原因造成的景观功能削弱、景观结构改变的大面积区域，需要在更广的尺度，即景观的尺度上解决问题。景观尺度的生态恢复学虽然已经日益受到重视，但目前还处于初始阶段。

对于景观和区域层次生态恢复的重要性，人们的认识正在提高，并且景观层次项目的案例也开始增加。然而景观层次的生态恢复仍处于早期阶段，还需要时间来评估它们的有效性，时间和空间尺度问题也还需要新颖和完整的方法来解决。通常仅有一种方法能用来评估不同情况，那就是依靠计算机模型，而设计重复的景观级的试验通常是不可能的，恢复设计还需具有一定程度的适应性。

景观层次的恢复通常还要考虑多种问题，如具体的生物物理、社会和经济现状等，同时要平衡保护和生产。为了使生态恢复成功进行，恢复活动不仅需要有效的生态原理和信息，还需要经济可行和符合实际。

2.1.2 生态恢复的意义与类型

2.1.2.1 生态恢复的意义

对于目前人为因素和自然因素使原有生态系统遭受破坏的情况，Daily（1995 年）指出，基于以下 4 个原因人类进行生态恢复是非常必要和重要的。

① 资源的需要：需要增加作物产量满足人类需要。

② 环境变化的需要：人类活动已对地球的大气循环和能量流动产生了严重的影响。

③ 维持地球景观及物种多样性的需要：生物多样性依赖于人类保护和恢复生态环境。

④ 经济发展的需要：土地退化限制了国民经济的发展。

2.1.2.2 生态恢复的类型

对于不同的生态系统类型，其退化的表现是不一样的。由于生态恢复是针对不同的退化生态系统而进行的，所以决定了生态恢复类型繁多，主要的类型如下。

（1）森林生态恢复 森林作为陆地生态系统的主体和重要的可再生资源，在人类发展的历史中起着极为重要的作用。但由于人类的过度砍伐，使森林生态系统退化，严重的变成裸地。世界各地已开始通过封山育林、退耕还林、林分改造等进行林地生态恢复。

（2）水域生态恢复 所谓水域生态系统的恢复是指重建干扰前的功能及相应的物理、化学和生物特性，即在水体生态恢复过程中常常要求重建干扰前的物理条件，调整水和土壤中的化学条件，在水体中的植物、动物和微生物群落。

湿地是陆地和水生生态系统的过渡带，具有"地球之肾"之称。随着社会和经济的发展，全球约 80％的湿地资源丧失或退化。湿地生态恢复是指通过生物技术或生态工程对退化或消失的湿地进行修复或重建，再现干扰前的结构和功能，使其发挥原有的作用。

（3）草地生态恢复 草地退化是指草地在不合理人为因素干扰下，在其背离顶级的逆向演替过程中，表现出的植物生产力下降、质量降级、土壤理化和生物性状恶化，以及动物产品的下降等现象。全世界草地有半数已经退化或正在退化，我国草地严重退化面积占草地总面积的 1/3，草地生态恢复就是通过改进现存的退化草地或建立新草地两种方式来完成的。

（4）海洋与海岸带生态恢复 在全球经济迅速发展和人口激增的情况下，海洋对人类实现可持续发展起到了重要的作用。但随着海洋资源的开发和使用，海洋也受到了严重的污染。海岸带是陆地与海洋相互作用的交接地区，是人类社会繁荣发展最具潜力和活力的地区，但由于人口不断地向海岸带地区集聚，使海岸带面临的压力越来越大，资源和环境问题越来越严重。

(5) 废弃地生态恢复 由于自然资源的大量开采，不仅造成土壤和植被的破坏，而且导致水土流失，又是巨大的污染源。因此废弃地的整治在生态系统的恢复与重建中具有重要的地位。

2.2 生态恢复的理论基础

2.2.1 恢复生态学理论

2.2.1.1 恢复生态学的产生与内涵

恢复生态学研究起源于 100 年前的山地、草原、森林和野生生物等自然资源管理研究，其中 20 世纪初的水土保持、森林砍伐后再植的理论与方法在恢复生态学中沿用至今，例如 Phipps 于 1883 出版了有关森林再造的专著，其中有些理论至今可用。早在 20 世纪 30 年代就有干旱胁迫下农业生态系统恢复的实践。最早开展恢复生态学试验的是 Leopold，他与助手一起于 1935 年在威斯康星大学植物园恢复了一个 24hm² 的草场。随后他发现了火在维持及管理草场中的重要性。

恢复生态学（restoration ecology）是一门关于生态恢复的学科。任何一门学科的产生都是长期生产实践活动驱动的结果。同样学科的产生又促进了有关生产实践水平的提高。生态恢复实践为恢复生态学提供了发展理论的天地，反过来，恢复生态学又为开展生态恢复工作提供了理论基础。人类从事生态恢复的实践已有近百年的历史，但恢复生态学是 20 世纪80 年代迅速发展起来的一个现代应用生态学的分支学科，主要致力于那些在自然突变和人类活动影响下受到损害的自然生态系统的恢复与重建。近年来恢复生态学得到迅猛发展，显示了广阔的应用前景。

由于恢复生态学具理论性和实践性，从不同的角度看会有不同的理解，因此关于恢复生态学的定义有很多。国际生态恢复学会对恢复生态学定义如下：恢复生态学是研究如何修复由于人类活动引起的原生生态系统生物多样性和动态损害的学科。但这一定义尚未被大多数生态学家所认同。Dobson 等（1997）认为恢复生态学将继续提供重要的关于表达生态系统组装和生态功能恢复的方式，正像通过分离组装汽车来获得对汽车工程更深的了解一样，恢复生态学强调的是生态系统结构的恢复，其实质就是生态系统功能的恢复。

我国学者余作岳、彭少麟认为恢复生态学是研究生态系统退化的原因、退化生态系统恢复与重建的技术与方法、生态学过程和机理的学科。还有些学者认为恢复生态学是一种通过整合的方法研究在退化的迹地上如何组建结构和功能与原生生态系统相似的生态系统，并在此过程中如何检验已有的理论或生态假设的生态学分支学科。尽管对恢复生态学的定义多种多样，甚至还存在着一些争议，但总体上是以其功能来命名的。

当前在恢复生态学理论和实践方面走在前列的是欧洲和北美，在实践中走在前列的还有新西兰、澳大利亚和中国。其中欧洲偏重矿地恢复，北美偏重水体和林地恢复，而新西兰和澳大利亚以草原管理为主，中国则因人口偏多强调农业综合利用，最早的恢复生态学研究是中国科学院华南植物研究所余作岳等 1959 年在广东的热带沿海侵蚀台地上开展的退化生态系统的植被恢复技术与机理研究。

2.2.1.2 恢复生态学的研究对象和内容

(1) 恢复生态学的研究对象 恢复生态学的研究对象是那些在自然灾害和人类活动压力

条件下受到损害的自然生态系统的恢复与重建问题，涉及自然资源的持续利用、社会经济的持续发展和生态环境、生物多样性的保护等许多研究领域的内容。

（2）恢复生态学主要研究内容　根据恢复生态学的定义和生态恢复实践的要求，恢复生态学主要包括基础理论和应用技术两大领域的研究工作。

基础理论研究主要包括：生态系统结构、功能以及生态系统内在的生态学过程与相互作用机制；生态系统的稳定性、多样性、抗逆性、生产力、恢复力与可持续性；先锋与顶级生态系统发生、发展机理与演替规律；不同干扰条件下生态系统受损过程及其响应机制；生态系统退化的景观诊断及其评价指标体系；生态系统退化过程的动态监测、模拟、预警及预测；生态系统健康等。

应用技术研究主要包括：退化生态系统恢复与重建的关键技术体系；生态系统结构与功能的优化配置及其调控技术；物种与生物多样性的恢复与维持技术；生态工程设计与实施技术；环境规划与景观生态规划技术；主要生态系统类型区退化生态系统恢复与重建的优化模式试验示范与推广。

由此可见，恢复生态学研究的起点是在生态系统层次上，研究的内容十分综合而且主要是由人工设计控制的。因此，加强恢复生态学研究和开展典型退化生态系统恢复，不仅能推动传统生态学和现代生态学的深入和创新，而且能加强和促进边缘和交叉学科的相互联系、渗透和发展。

2.2.1.3　自我设计与人为设计理论

目前，自我设计与人为设计理论（self-design versus design theory）是唯一从恢复生态学中产生的理论，也在生态恢复实践中得到广泛应用。

自我设计理论认为，只要有足够的时间，随着时间的进程，退化生态系统将根据环境条件合理地组织自己并会最终改变其组分。而人为设计理论认为，通过工程方法和植物重建可直接恢复退化生态系统，但恢复的类型可能是多样的。这一理论把物种的生活史作为植被恢复的重要因子，并认为通过调整物种生活史的方法就可加快植被的恢复。这两种理论不同点在于：自我设计理论把恢复放在生态系统层次考虑，未考虑到缺乏种子库的情况，其恢复的只能是环境决定的群落；而人为设计理论把恢复放在个体或种群层次上考虑，恢复的可能是多种结果。这两种理论均未考虑人类干扰在整个恢复过程中的重要作用。

2.2.2　基础生态学理论

生态恢复应用了许多学科的理论，但最主要的以基础生态学理论为基础。这些理论主要有：限制因子原理、生态系统的结构理论、生态适宜性原理和生态位理论、生物群落演替理论、生物多样性理论等。

2.2.2.1　限制因子原理

（1）生态因子的概念　生态因子（ecological factors）是指环境中对生物生长、发育、生殖、行为和分布有直接或间接影响的环境要素。例如，温度、温度、食物、氧气、二氧化碳和其他相关生物等。生态因子中生物生存所不可缺少的环境条件，有时又称为生物的生存条件。所有生态因子构成生物的生态环境（ecological environment）。具体的生物个体和群体生活地段上的生态环境称为生境（habitat），其中包括生物本身对环境的影响。生态因子和环境因子是两个既有联系，又有区别的概念。

（2）生态因子的一般特征　环境中各种生态因子不是孤立存在的，而是彼此联系、互相促进、互相制约的，任何一个单因子的变化，都必将引起其他因子不同程度的变化及其反作用，这种关系，我们称为综合作用。但是在诸多环境因子中，它们对生物的作用是不相同的，其中有一个生态因子对生物起决定性的作用，我们称这一因子为主导因子。例如，光合作用时，光强是主导因子，温度和 CO_2 为次要因子；春化作用时，温度为主导因子，湿度和通气条件是次要因子。

另外，生态因子对生物的作用还有直接作用和间接作用之分，由于生物生长发育不同阶段对生态因子的需求不同，因此生态因子对生物的作用也具有阶段性。

环境中各种生态因子对生物的作用虽然不尽相同，但都各具重要性，尤其是起主导作用的因子，如果缺少，便会影响生物的正常发育，甚至造成其死亡。因此从总体上来讲，生态因子是不可代替的。

(3) 生态因子的限制性作用（限制因子原理） 生物的生存和繁殖依赖于各种生态因子的综合作用，其中限制生物生存和繁殖的关键性因子就是限制因子。任何一种生态因子只要接近或超过生物的耐受范围，它就会成为这种生物的限制因子。系统的生态限制因子强烈地制约着系统的发展，在系统的发展过程中往往同时有多个因子起限制作用，并且因子之间也存在相互作用。

德国学者利比希（J. V. Liebig）于 1840 年发表了《化学在农业和植物生理学中的应用》一书，指出土壤中矿物质是一切绿色植物唯一的养料，这种观点当时被称为"植物矿物质营养学说"，同时利比希又创立了"最小因子定律"，即在各种生长因子中，如有一个生长因子含量最少，其他生长因子即使很丰富，也难以提高作物产量。因此，作物产量是受最小养分所支配的。

(4) 生态恢复与限制因子原理 当一个生态系统被破坏之后，要进行恢复会遇到许多因子的制约，如水分、土壤、温度、光照等，生态恢复也是从多方面进行设计与改造生态环境和生物种群。但是在进行生态恢复时必须找出该系统的关键因子，找准切入点，才能进行恢复工作。例如，退化的红壤生态系统中土壤的酸度偏高，一般的作物或植物都不能生长，此时土壤酸度是关键因子，必须从改变土壤的酸度开始，进行系统的恢复，酸度降低了植物才能生长，植被才能恢复，土壤的其他性状才能得到改变。又如在干旱沙漠地带，由于缺水，植物不能生长，因此必须从水这一限制因子出发，先种一些耐旱性极强的草本植物，同时利用沙漠地区的地下水，营造耐旱灌木，一步一步地改变水分这一因子，从而逐步改变植物的种群结构。

明确生态系统的限制因子，有利于生态恢复的设计，有利于技术手段的确定，缩短生态恢复所必需的时间。

2.2.2.2 生态系统的结构理论

(1) 生态系统结构 生态系统是由生物组分与环境组分组合而成的结构有序的系统。所谓生态系统的结构系指生态系统中的组成成分及其在时间、空间上的分布和各组分间能量、物质、信息流的方式与特点。具体来说，生态系统的结构包括三个方面，即物种结构、时空结构和营养结构。

① 物种结构 又称为组分结构，是指生态系统由哪些生物种群所组成，以及它们之间的量比关系，如浙北平原地区农业生态系统中粮、桑、猪、鱼的量比关系，南方山区粮、果、茶、草、畜的物种构成及数量关系。

② 时空结构 生态系统中各生物种群在空间上的配置和在时间上的分布，构成了生态

系统形态结构上的特征。大多数自然生态系统的形态结构都具有水平空间上的镶嵌性，垂直空间上的层次性和时间分布上的发展演替特征，是组建合理恢复生态工程结构的借鉴。

③ 营养结构　生态系统中由生产者、消费者、分解者三大功能类群以食物营养关系所组成的食物链、食物网是生态系统的营养结构。它是生态系统中物质循环、能量流动和信息传递的主要路径。

(2) 合理的生态系统结构　建立合理的生态系统结构有利于提高系统的功能。生态结构是否合理体现在生物群体与环境资源组合之间的相互适应，充分发挥资源的优势，并保护资源的持续利用。从时空结构的角度，应充分利用光、热、水、土资源，提高光能的利用率。从营养结构的角度，应实现生物物质和能量的多级利用与转化，形成一个高效的、无"废物"的系统。从物种结构上，提倡物种多样性，有利于系统的稳定和持续发展。

(3) 生态系统结构理论在生态恢复中的应用　根据生态系统结构理论，生态恢复中应采用多种生物物种，实行农业物种、林业物种、牧业物种、渔业物种的结合，实现物种之间的能量、物质和信息的流动，在不同的地理位置上，安排不同的物种，如山区的生态恢复应以林业为主，丘陵的生态恢复以林、草相结合为主，平原地区的恢复则以农、渔、饲料、绿肥为主。

在垂直结构上实行农林业生产体系或农林系统。所谓农林系统或农林业系统（agro-forestry 或 agro-forestry system）是泛指在同一土地单元或农业生产系统中既包含木本植物又包含农作物或动物的一种土地利用系统。农林系统有助于控制毁林，恢复林业种群，有时有助于调节小气候和增进地力，提高产量。

在生态恢复中要注意食物链的"加环"。例如生态恢复中种植的草本植物可以用来饲养草食性动物，动物的粪便可以用来培肥土壤，加快土壤肥力的恢复。

2.2.2.3　生态适宜性原理和生态位理论

(1) 生态适宜性原理　生物由于经过长期的与环境的协同进化，对生态环境产生了生态上的依赖，其生长发育对环境产生了要求，如果生态环境发生变化，生物就不能较好地生长，因此产生了对光、热、温、水、土等方面的依赖性。

植物中有一些是喜光植物，而另一些则是喜阴植物。同样，一些植物只能在酸性土壤中才能生长，而有一些植物则不能在酸性土壤中生长。一些水生植物只能在水中才能生长，离开水体则不能成活。

因此种植植物必须考虑其生态适宜性，让最适应的植物或动物生长在最适宜的环境中。

(2) 生态位理论　生态位（niche）是生态学中一个重要概念，主要指在自然生态系统中一个种群在时间、空间上的位置及其与相关种群之间的功能关系。

关于生态位的定义有多个，是随着研究的不断深入而进行补充和发展的，美国学者 J. Grinell（1917）最早在生态学中使用生态位的概念，用以表示划分环境的空间单位和一个物种在环境中的地位。他认为生态位是一物种所占有的微环境，实际上，他强调的是空间生态位（spatial niche）的概念。英国生态学家 C. Elton（1927）赋予生态位以更进一步的含义，他把生态位看作"物种在生物群落中的地位与功能作用"。英国生态学家 G. E. Hutchinson（1957）发展了生态位概念，提出 n 维生态位（n-dimensional niche）。他以物种在多维空间中的适合性（fitness）去确定生态位边界，对如何确定一个物种所需要的生态位变得更清楚了。G. E. Hutchinson 生态位概念目前已被广泛接受。

因此，生态位可表述为：生物完成其正常生命周期所表现的对特定生态因子的综合位置。即用某一生物的每一个生态因子为一维（X_i），以生物对生态因子的综合适应性（Y）为指标构成的超几何空间。

（3）生态适宜性原理和生态位理论 在生态恢复中的应用根据生态适宜性原理，在生态恢复设计时要先调查恢复区的自然生态条件，如土壤性状、光照特性、温度等，根据生态环境因子来选择适当的生物种类，使得生物种类与环境生态条件相适宜。

根据生态位理论，要避免引进生态位相同的物种，尽可能使各物种的生态位错开，使各种群在群落中具有各自的生态位，避免种群之间的直接竞争，保证群落的稳定；组建由多个种群组成的生物群落，充分利用时间、空间和资源，更有效地利用环境资源，维持长期的生产力和稳定性。

2.2.2.4 生物群落演替理论

在自然条件下，如果群落遭到干扰和破坏，它还是能够恢复的，尽管恢复的时间有长短。首先是被称为先锋植物的种类侵入遭到破坏的地方并定居和繁殖。先锋植物改善了被破坏地的生态环境，使得更适宜的其他物种生存并被其取代。如此渐进直到群落恢复到它原来的外貌和物种成分为止。在遭到破坏的群落地点所发生的这一系列变化就是演替。

演替可以在地球上几乎所有类型的生态系统中发生。由于近期活跃的自然地理过程，如冰川退缩，侵蚀发生的那些地区的演替称为原生演替。次生演替指发生在起因于火灾、污染、耕耘等而使原先存在的植被遭到破坏的那些地区的演替。在火烧或皆伐后的林地如云杉林上发生的次生演替过程一般经过：迹地→杂草期→桦树期→山杨期→云杉期等阶段，时间可达几十年之久。弃耕地上发生的次生演替顺序为：弃耕地→杂草期→优势草期→灌木期→乔木期。可以看出，无论原生演替还是次生演替，都可以通过人为手段加以调控，从而改变演替速度或改变演替方向。例如在云杉林的火烧迹地上直接种植云杉，从而缩短演替时间。在弃耕地上种植茶树亦能改变演替的方向。

基于上述理论，生态恢复获得了认识论的基础。即生态恢复是在生态建设服从于自然规律和社会需求的前提下，在群落演替理论指导下，通过物理、化学、生物的技术手段，控制待恢复生态系统的演替过程和发展方向，恢复或重建生态系统的结构和功能，并使系统达到自维持状态。

2.2.2.5 生物多样性原理

生物多样性（biodiversity）是近年来生物学与生态学研究的热点问题。一般的定义是"生命有机体及其赖以生存的生态综合体的多样化（variety）和变异性（variability）"。按此定义，生物多样性是指生命形式的多样化（从类病毒、病毒、细菌、支原体、真菌到动物界与植物界），各种生命形式之间及其与环境之间的多种相互作用，以及各种生物群落、生态系统及其生境与生态过程的复杂性。

一般地讲，生物多样性包括遗传多样性、物种多样性、生态系统与景观多样性。保护生物多样性，首先是保护了地球上的种质资源，同时恢复生物多样性会增加生态系统功能过程的稳定性。具体来说，生物多样性高的生态系统有以下优势：①多样性高的生态系统内具有高生产力的种类出现的机会增加；②多样性高的生态系统内，营养的相互关系更加多样化，能量流动可选择的途径多，各营养水平间的能量流动趋于稳定；③多样性高的生态系统被干扰后对来自系统外种类入侵的抵抗能力增强；④多样性高的生态系统内某一个种所有个体间的距离增加，植物病体的扩散降低；⑤多样性高的生态系统内，各个种类充分占据已分化的生态位，从而系统对资源利用的效率有所提高。

生态恢复中应最大限度地采取技术措施，通过引进新的物种、配置好初始种类组成、种植先锋植物、进行肥水管理等，加快恢复与地带性生态系统（结构和功能）相似的生态系统。同时利用就地保护的方法，保护自然生境里的生物多样性，有利于人类对资源的可持续利用。

2.2.3 景观生态学理论

以往的恢复生态学中占主导的思想是通过排除干扰、加速生物组分的变化和启动演替过程使退化的生态系统恢复到某种理想的状态。许多案例表明，这些方法在生态恢复的早期阶段确实成效显著，但随着恢复过程的发展延续，许多新问题的出现超出了人们的预料，甚至导致生态恢复过程的前功尽弃。其中除了受现在的科学技术和方法所限，一个很重要的原因是没有考虑到景观格局的配置、时间尺度和空间尺度，因而没有收到良好的效果，没有在景观水平利用生态系统的整合性来保存和保护生态系统，进行退化生态系统的恢复。

景观生态学是研究景观单元的类型组成、空间格局及其与生态学过程相互作用的综合性学科，是地理学中景观学与生态学之间的交叉学科，20世纪60年代起源于欧洲，德国、荷兰、捷克成为三大景观生态学研究中心。以"生态恢复、设计与景观生态学"为主题的第15届国际恢复生态学大会（2003），真正把景观生态学与恢复生态学联系起来。大会强调生态恢复应该归类于设计的领域，类似于景观建筑和工程建筑，是人类有意识改变景观的决定，必须考虑人类的需求、美学原则等。同时，强调生态恢复与其他建筑设计要求不同，不仅仅考虑物理设计，而且所考虑的物理设计不能违背基本生态学原则。

景观生态学的理论与方法与传统生态学有着本质的区别，它注重人类活动对景观格局与过程的影响。退化和破坏了的生态系统和景观的保护与重建也是景观生态学的研究重点之一。景观生态学理论可以指导退化生态系统恢复实践，如为重建所要恢复的各种要素，使其具有合适的空间构型，从而达到退化生态系统恢复的目的；通过景观空间格局配置构型来指导退化生态系统恢复，使得恢复工作获得成功。因此，生态恢复是以生态系统为基点，而在景观尺度上来进行实践、设计与表达。退化生态系统恢复过程中的景观生态学理论应用主要有以下几个方面。

2.2.3.1 景观格局与景观异质性

景观异质性是景观的重要属性之一，《韦伯字典》将异质性定义为"由不相关或不相似的组分构成的"系统。异质性在生物系统的各个层次上都存在。景观格局一般指景观的空间分布，是指大小与形状不一的景观斑块在景观空间上的排列，是景观异质性的具体体现，又是各种生态过程在不同尺度上作用的结果。恢复景观是由不同演替阶段、不同类型的斑块构成的镶嵌体，这种镶嵌体结构由处于稳定和不稳定状态的斑块、廊道和基质构成。斑块、廊道和基质是景观生态学用来解释景观结构的基本模式，运用景观生态学这一基本模式，可以探讨退化生态系统的构成，可以定性、定量地描述这些基本景观元素的形状、大小、数目和空间关系，以及这些空间属性对景观中的运动和生态流的影响。例如，物种数量与生境面积之间的关系常表达为：

$$S = CA^Z$$

式中，S 为物种数量；A 为生境面积；C 为常数；Z 为常数。

景观生态学研究表明，斑块边缘由于边缘效应的存在而改变了各种环境因素，如光入射、空气和水的流动，从而影响了景观中的物质流动。同时，不同的空间特征也决定了某些生态学过程的发生和进行。斑块的形状和大小与边界特征（宽度、通透性、边缘效应等）对采取何种恢复措施和投入有很大关系，如紧密型形状有利于保蓄能量、养分和生物；松散型形状（长宽比很大或边界蜿蜒曲折）易于促进斑块内部与周围环境的相互作用，特别是能量、物质和生物方面的交换。如斑块内部边缘比较高，则养分交换和繁殖体的更新更容易。不同斑块的组合能够影响景观中物质和养分的流动，生物种的存在、分布和运动，其中斑块的分布规律影响大，并且这种运动在多尺度上存在，这种迁移无论是传播速率还是传播距离都与均质景观不同。总体而言，景观异质性或时空镶嵌性有利于物种的生存和延续及生态系统的稳定，如一些物种在幼体和成体不同生活史阶段需要两种完全不同栖息环境，还有不少物种随着季节变换或进行不同生命活动时（觅食、繁殖等）也需要不同类型栖息环境。所以通过一定人为措施，如营造一定砍伐格局、控制性火烧等，有意识地增加和维持景观异质性有时是必要的。

利用景观生态学的方法，能够根据周围环境的背景来建立恢复的目标，并为恢复地点的选择提供参考。这是因为景观中有某些点对控制水平生态过程有关键性的作用，抓住这些景观战略点（strategic points），将给退化生态系统恢复带来先手、空间联系及高效的优势。在退化生态系统的某些关键地段进行恢复措施有重要意义。在异相景观中，一些对退化生态系统恢复起关键作用的点，如一个盆地的进出水口，廊道的断裂处，一个具有"踏脚石（stepping stone）"作用的残余斑块，河道网络上的汇合口及河谷与山脊之交接处，在这些关键点上采取恢复措施可以达到事半功倍的效果。有研究表明对孤立区域的恢复不如对连接区域恢复所起的作用大。McChesney（1995）在废矿地恢复过程中比较了在恢复地和自然景观中的幼苗发生后，明确指出了在大尺度基质上选取恢复地点的重要性。Robinson Handel（1991）讨论了城市中垃圾填埋场的植被恢复，而这种恢复是依赖于周围植被残余斑块的介入成功地恢复的。对于退化生态系统恢复是否取得成功，迫切需要从景观生态学角度来评价，对于恢复生态学家们要从景观远景来评价是否恢复了退化生态系统受破坏以前的生态功能。由于所需要恢复的退化生态系统具有不同的特性，其描述参数都是不同的。描述斑块恢复是否取得成功的参数很多，但本底不同，其参数是不同的。如对于郊区环境下的斑块恢复的描述参数必然与城市的斑块恢复有所不同。在评价恢复工作是否取得成功时一个很重要的问题是：人为恢复的景观是否代表了未破坏前的景观。对于大尺度不同的空间动态和不同恢复类型都可利用景观指数如斑块形状、大小和镶嵌等来表示。如果可以将物质流动和动植物种群的发生与不同的景观属性联系起来，那么对景观属性的测定可以使恢复实施者们预见到所要构建的生态系统的反应并且可以提供新的、潜在的更具活力的成功恢复方案。如我国西部地区的各民族人民在长期的生产实践中已创造出很多成功的生态系统恢复模式，黄土高原小流域综合治理的农、草、林立体镶嵌模式，风沙半干旱区的林、草、田体系，牧区基本草场的围栏建设与定居点"小生物圈"恢复模式等，它们共同特点是采取增加景观异质性的办法创造新的景观格局，注意在原有的生态平衡中引进新的负反馈环，改单一经营为多种经营综合发展。

2.2.3.2 干扰

景观可以认为是在某一时刻处于动态平衡的体系，显然它受发展和干扰两种对立作用力的影响，在这种平衡过程中，最基本的景观特征（垂直结构、水平结构和粒径）因一种作用力超过另一种作用力而迅速发生变化。当未受干扰时，景观的水平结构趋于均质性，中度干扰会迅速增加其异质性，严重干扰则可能增加或减少其异质性。干扰在生态学各个层次水平（细胞、个体、种群、群落、生态系统、景观和区域）上都会发生并影响其他层次，但在不同层次上的机制、功能和效果各不一致。干扰对景观的作用往往表现为如下的5种空间过程：孔隙化，指在原有的景观上制造孔隙的过程，如风倒木或火烧形成的空地；分割，指一个景观组分被等宽的线状物（如道路等动力线）切割或划分的过程；碎裂化，指一个景观组分变成若干碎片的过程，通常是大面积不均匀地分割；萎缩，指某一景观组分斑块变小的过程；消失，指某一景观组分逐渐消失或被替代的过程。

干扰是景观异质性产生的主要动力，而景观生态学又是建立在异质性的基础上，由此不难理解干扰的重要性。干扰的后果既可能是积极的，同时更可能是消极的，积极的干扰有利于维持生物组分（生物多样性）和生态系统的总体稳定，消极的干扰将促进干扰作用的对象发生退化。现在的任务是判定干扰对景观的贡献，了解干扰的规律、强度、范围、后果以及景观的阻抗和恢复能力等，从而采取有效的生态措施或工程措施来改变或维护现有的景观。

干扰出现在从个体到景观的所有层次上。干扰是景观的一种重要的生态过程，它是景观异质性的主要来源之一，能够改变景观格局，同时又受制于景观格局。不同尺度、性质和来源的干扰是景观结构与功能变化的根据。在退化生态系统恢复过程中如果不考虑到干扰的影响就会导致初始恢复计划的失败，浪费大量的人力、物力和财力，却没有达到目的而得到令人失望的结果。从恢复生态学角度，其目标是寻求重建受干扰景观的模式，所以在恢复和重建受害生态系统的过程中必须重视各种干扰对景观的影响。退化生态系统恢复的投入同其受干扰的程度有关，如草地由于人类过度放牧干扰而退化，如果控制放牧则很快可以恢复，但当草地被野草入侵，且土壤成分已改变时，控制放牧就不能使草地恢复而需要投入的就更多。控制人类活动的方式与强度，补偿和恢复景观生态功能都会影响退化生态系统的恢复。如对土地利用方式的改变，对耕垦、采伐、放牧强度的调节，都将有效地影响到生态系统功能的发挥或恢复。对于退化生态系统恢复过程中可以适当地采取一些干扰措施以加速恢复，如对盐沼地增加水淹可以提高动植物利用边缘带的能力，从而加快恢复速率。因此可以通过一定的人为干扰使退化生态系统正向演替来推动退化生态系统的恢复。

2.2.3.3 尺度

由于景观是处于生态系统之上，大地理区域之下的中间尺度，许多土地利用和自然保护问题只有在景观尺度下才能有效地解决，全球变化的影响及反应在景观尺度上也变得非常重要，因而不同时间和空间的景观生态过程研究十分重要。退化生态系统的恢复可以分尺度研究。在生态系统尺度上揭示生态系统退化发生机理及其防治途径，研究退化生态系统生态过程与环境因子的关系，以及生态过渡带的作用与调控等。区域尺度上研究退化区生态景观格局时空演变与气候变化和人类活动的关系，建立退化区稳定、高效、可持续发展模式等。景观尺度上研究退化生态系统间的相互作用及其耦合机理，揭示其生态安全机制以及退化生态系统演化的动力学机制和稳定性机理等。对于退化生态系统的恢复研究在尺度上可以从土壤内部矿物质的组成扩展到景观水平。并且多种不同尺度上的生态学过程形成景观上的生态学现象。如矿质养分可以在一个景观中流入和流出，或者被风、水及动物从景观的一个生态系统到另一个生态系统重新分配。

尺度一致性即在时间和空间上必须同社会、行政和管理中相关的过程保持尺度一致性。随着世界经济的发展，农业、环境和自然保护问题的国际管理格局的形成，尺度将越来越大，这些不可避免地需要采用相关科学的研究方法。但是到目前为止，大多数科学研究结果均来源于小尺度（小区，小区域）研究，这些小尺度研究结果在某种程度上反映了一定大尺度问题研究，但是其准确程度有多大还不清楚，所以需要研究选择相关尺度的必要性及如何使用可靠的方式把一种尺度的成果推广应用到另一种尺度，但据 O'Neill（1992）等的等级理论，属于某一尺度的系统过程和性质即受约于该尺度，每一尺度都有其约束体系和临界值。但 King（1992）认为，不同等级上的生态系统之间存在信息交流，这种信息交流就构成了等级之间的相互联系，而这种联系使尺度上推和下推成为可能。所以利用景观生态学中的模型来完成尺度推绎问题，这其中必须特别重视景观、社会问题和决策过程中的尺度协调。在海岸区盐沼的恢复中显示了景观原理的尺度的重要性，很多研究都表明评价恢复工作是否取得成功都需要从大尺度来考虑，并且这是很多工作的主要目标。Broome（1998）得出恢复地周围环境很重要的原因是由于附近沙丘能够通过保留水而改变盐度。Sacco（1994）等讨论了随着恢复盐沼地的增加，底栖动物种群亦有所增加。Haven（1995）等亦有报道对不同的恢复盐沼地和受破坏之前的自然盐沼地的动物种群研究后得出研究区动物的分布与小溪流的存在与不同植物的分布密度有关，也与恢复区的大小和形状有关（未调查土壤本底的不同）。

2.3　生态恢复的机理与方法

2.3.1　生态恢复的目标与原则

2.3.1.1　生态恢复的目标

生态恢复应该有一个目标，实际上，无论使用什么样的定义，所有类型的"恢复"都应该被接受，不过应该在实用的基础上考虑到底进行怎么样的恢复。Hobbs 和 Norton（1996）认为恢复退化生态系统的目标包括：建立合理的内容组成（种类丰富度及多度）、结构（植被和土壤的垂直结构）、格局（生态系统成分的水平安排）、异质性（各组分由多个变量组成）、功能（诸如水、能量、物质流动等基本生态过程的表现）。事实上，进行生态恢复的目标不外乎四个，如果按短期与长期目标分还可将上述目标分得更细（章家恩，徐琪，1999）。

① 恢复诸如废弃矿地这样极度退化的生境。

② 提高退化土地上的生产力。

③ 在被保护的景观内去除干扰以加强保护。

④ 对现有生态系统进行合理利用和保护，维持其服务功能。

虽然恢复生态学强调对受损生态系统进行恢复，但恢复生态学的首要目标仍是保护自然的生态系统，因为保护在生态系统恢复中具有重要的参考作用；第二个目标是恢复现有的退化生态系统，尤其是与人类关系密切的生态系统；第三个目标是对现有的生态系统进行合理管理，避免退化；第四个目标是保持区域文化的可持续发展；其他的目标包括实现景观层次的整合性，保持生物多样性及保持良好的生态环境。Parker（1997）认为，恢复的长期目标应是生态系统自身可持续性的恢复，但由于这个目标的时间尺度太大，加上生态系统是开放的，可能会导致恢复后的系统状态与原状态不同。

总之，根据不同的社会、经济、文化与生活需要，人们往往会对不同的退化生态系统制定不同水平的恢复目标。但是无论对什么类型的退化生态系统，应该存在一些基本的恢复目标或要求，主要包括：①实现生态系统的地表基底稳定性；②恢复植被和土壤，保证一定的植被覆盖率和土壤肥力；③增加种类组成和生物多样性；④实现生物群落的恢复，提高生态系统的生产力和自我维持能力；⑤减少或控制环境污染；⑥增加视觉和美学享受。

2.3.1.2 退化生态系统恢复与重建的基本原则

退化生态系统的恢复与重建要求在遵循自然规律的基础上，通过人类的作用，根据技术上适当、经济上可行、社会能够接受的原则，使受害或退化生态系统重新获得健康并有益于人类生存与生活的生态系统重构或再生过程。

生态恢复与重建的原则一般包括自然法则、社会经济技术原则、美学原则3个方面（见图2.1）。自然法则是生态恢复与重建的基本原则，也就是说，只有遵循自然规律的恢复重建才是真正意义上的恢复与重建，否则只能是背道而驰，事倍功半。社会经济技术条件是生态恢复重建的后盾和支柱，在一定尺度上制约着恢复重建的可能性、水平与深度。美学原则是指退化生态系统的恢复重建应给人以美的享受。

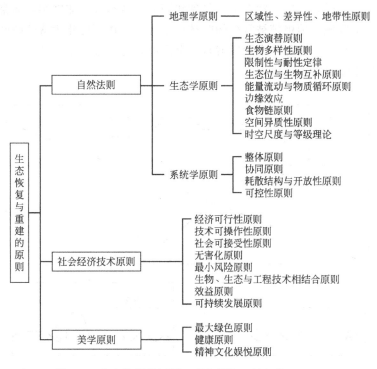

图 2.1 生态恢复的原则（引自任海、彭少麟，2002）

2.3.2 生态恢复的机理与途径

以往，恢复生态学中占主导的思想是通过排除干扰、加速生物组分的变化和启动演替过程使退化的生态系统恢复到某种理想的状态。在这一过程中，首先是建立生产者系统（主要指植被），由生产者固定能量，并通过能量驱动水分循环，水分带动营养物质循环。在生产者系统建立的同时或稍后再建立消费者、分解者系统和微生境。余作岳等通过近40年的恢复试验发现，在热带季雨林恢复过程中植物多样性导致了动物和微生物的多样性，而多样性可能导致群落的稳定性。

2.3.2.1 生态恢复机理

Hobbs 和 Mooney（1993）指出，退化生态系统恢复的可能发展方向包括：退化前状态、持续退化、保持原状、恢复到一定状态后退化、恢复到介于退化与人们可接受状态间的

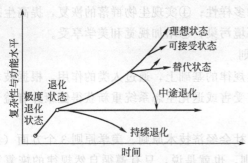
图 2.2　退化生态系统恢复的可能发展方向

替代的状态或恢复到理想状态（见图 2.2）。然而，也有人指出退化生态系统并不总是沿着单一方向恢复，也可能是在几个方向间进行转换并达到复合稳定状态（metastable states）。Hobbst Norton（1996）提出了一个临界阈值理论（见图 2.3）。

该理论假设生态系统有 4 种可选择的稳定状态，状态 1 是未退化的，状态 2 和状态 3 是部分退化的，状态 4 是高度退化的。在不同胁迫或同种胁迫不同强度压力下，生态系统可从状态 1 退化到状态 2 或状态 3；当去除胁迫时，生态系统又可从状态 2 和状态 3 恢复到状态 1。但从状态 2 或状态 3 退化到状态 4 要越过一个临界阈值，反过来，要从状态 4 恢复到状态 2 或状态 3 时非常难，通常需要大量的投入。例如在亚热带区域，顶极植被常绿阔叶林在干扰下会逐渐退化为落叶阔叶林、针阔叶混交林、针叶林和灌草丛，这每一个阶段就是一个阈值，每越过一个，恢复投入就更大，尤其是从灌草丛开始恢复时投入就更大。

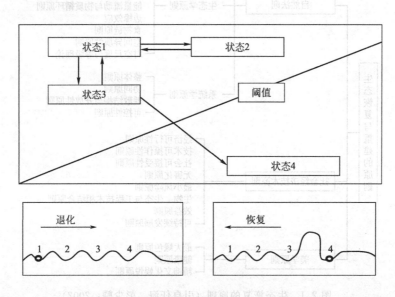
图 2.3　生态恢复阈限（引自任海，彭少麟，2002）

2.3.2.2　生态恢复途径

退化生态系统的恢复可以遵循两个模式途径：一是当生态系统受损不超负荷并是可逆的情况下，压力和干扰被去除后，恢复可以在自然过程中发生。如对退化草场进行围栏封育，经过几个生长季后草场的植物种类数量、植被盖度、物种多样性和生产力都能得到较好的恢复。另一种是生态系统的受损是超负荷的，并发生不可逆的变化，只依靠自然力已很难或不可能使系统恢复到初始状态，必须依靠人为的干扰措施，才能使其发生逆转。例如，对已经退化为流动沙丘的沙质草地，由于生境条件的极端恶化，依靠自然力或围栏封育是不能使植被得到恢复的，只有人为地采取固沙和植树种草措施才能使其得到一定程度的恢复。

2.3.3 生态恢复的技术与程序

2.3.3.1 生态恢复技术

由于不同退化生态系统存在着地域差异性，加上外部干扰类型和强度的不同，结果导致生态系统所表现出的退化类型、阶段、过程及其响应机理也各不相同。因此，在不同类型退化生态系统的恢复过程中，其恢复目标、侧重点及其选用的配套关键技术往往会有所不同（见表2.1）。

表 2.1 生态恢复技术体系

恢复类型	恢复对象	技术体系	技术类型
非生物环境因素	土壤	土壤肥力恢复技术	少耕、免耕技术；绿肥与有机肥施用技术；生物培肥技术（如 EM 技术）；化学改良技术；聚土改土技术；土壤结构熟化技术
		水土流失控制与保持技术	坡面水土保持林、草技术；生物篱笆技术；土石工程技术（小水库、谷坊、鱼鳞坑等）；等高耕作技术；复合农林牧技术
		土壤污染与恢复控制与恢复技术	土壤生物自净技术；施加抑制剂技术；增施有机肥技术；移土客土技术；深翻埋藏技术；废弃物的资源化利用技术
	大气	大气污染控制与恢复技术	新兴能源替代技术；生物吸附技术；烟尘控制技术
		全球变化控制技术	可再生能源技术；温室气候的固定转换技术（如利用细菌、藻类）；无公害产品开发与生产技术；土地优化利用与覆盖技术
	水体	水体污染控制技术	物理处理技术（如加过滤、沉淀剂）；化学处理技术；生物处理技术；氧化塘技术；水体富营养化控制技术
		节水技术	地膜覆盖技术；集水技术；节水灌溉（渗灌、滴灌）
生物因素	物种	物种选育与繁殖技术	基因工程技术；种子库技术；野生生物种的驯化技术
		物种引入与恢复技术	先锋种引入技术；土壤种子库引入技术；乡土种苗库重建技术；天敌引入技术；林草植被再生技术
	种群	物种保护技术	就地保护技术；迁地保护技术；自然保护区分类管理技术
		种群动态调控技术	种群规模、年龄结构、密度、性比例等调控技术
		种群行为控制技术	种群竞争、他感、捕食、寄生、共生、迁移等行为控制技术
	群落	群落结构优化配置与组建技术	林灌草搭配技术；群落组建技术；生态位优化配置技术；林分改造技术；择伐技术；透光抚育技术
		群落演替控制与恢复技术	原生与次生快速演替技术；封山育林技术；水生与旱生演替技术；内生与外生演替技术
生态系统	结构功能	生态评价与规划技术	土地资源评价与规划；环境评价与规划技术；景观生态评价与规划技术；4S辅助技术（RS、GIS、GPS、ES）
		生态系统组装与集成技术	生态工程设计技术；景观设计技术；生态系统构建与集成技术
景观	结构功能	生态系统间链接技术	生态保护区网格；城市农村规划技术；流域治理技术

注：引自任海、彭少麟，2002。

从生态系统的组成成分角度看，主要包括非生物系统的恢复和生物系统的恢复。无机环境的恢复技术包括水体恢复技术（如控制污染、去除富营养化、换水、积水、排涝和灌溉技术）、土壤恢复技术（如耕作制度和方式的改变、施肥、土壤改良、表土稳定、控制水土侵蚀、换土及分解污染物等）、空气恢复技术（如烟尘吸附、生物和化学吸附等）。生物系统的恢复技术包括植被（物种的引入、品种改良、植物快速繁殖、植物的搭配、植物的种植、林分改造等）、消费者（捕食者的引进、病虫害的控制）和分解者（微生物的引种及控制）的重建技术和生态规划技术（RS、GIS、GPS）的应用。

在生态恢复实践中，同一项目可能会应用上述多种技术。例如，余作岳等在极度退化的土地上恢复热带季雨林过程中，采用生物与工程措施相结合的方法，通过重建先锋群落、配置多层次多物种乡土树的阔叶林和重建复合农林业生态系统三个步骤取得了成功。总之，生态恢复中最重要的还是综合考虑实际情况，充分利用各种技术，通过研究与实践，尽快恢复生态系统的结构，进而恢复其功能，实现生态、经济、社会和美学效益的统一。

2.3.3.2 退化生态系统恢复与重建的程序

退化生态系统恢复的基本过程可以简单地表示为：基本结构组分单元的恢复→组分之间相互关系（生态功能）的恢复（第一生产力、食物网、土壤肥力、自我调控机能包括稳定性和恢复能力等）→整个生态系统的恢复→景观恢复。

而植被恢复是重建任何生物生态群落的第一步。植被恢复是以人工手段在短时期内使植被得以恢复，其过程通常是：适应性物种的进入→土壤肥力的缓慢积累，结构的缓慢改善（或毒性缓慢下降）→新的适应性物种的进入→新的环境条件的变化→群落建立。在进行植被恢复时应参照植被自然恢复的规律，解决物理条件、营养条件、土壤的毒性、合适的物种等问题。在选择物种时既要考虑植物对土壤条件的适应也要强调植物对土壤的改良作用，同时也要充分考虑物种之间的生态关系。

目前认为恢复中的重要程序包括：确定恢复对象的时空范围；评价样点并鉴定导致生态系统退化的原因及过程（尤其是关键因子）；找出控制和减缓退化的方法；根据生态、社会、经济和文化条件决定恢复与重建的生态系统的结构、功能目标；制定易于测量的成功标准；发展在大尺度情况下完成有关目标的实践技术并推广；恢复实践；与土地规划、管理部门交流有关理论和方法；监测恢复中的关键变量与过程，并根据出现的新情况作出适当的调整。上述程序可表述为如下操作过程（见图2.4）。

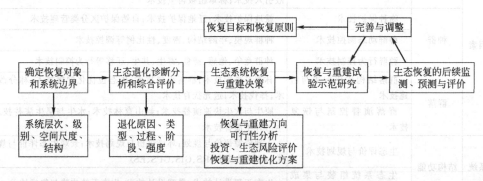

图2.4 退化生态系统恢复与重建的一般操作程序与内容（仿章家恩，1999）

① 首先应明确被恢复对象，确定退化系统的边界，包括生态系统的层次与级别、时空尺度与规模、结构与功能；然后对生态系统退化进行诊断，对生态系统退化的基本特征、退化原因、过程、类型、程度等进行详细的调查和分析。

② 结合退化生态系统所在区域的自然系统、社会经济系统和技术力量等特征，确定生态恢复目标，并进行可行性分析；在此基础上，建立优化模型，提出决策和具体的实施方案。

③ 对所获得的优化模型进行试验和模拟，并通过定位观测获得在理论上和实践上都具有可操作性的恢复与重建模式。

④ 对成功的恢复与重建模式进行示范推广，同时进行后续的动态监测、预测和评价。

2.3.4　生态恢复的判定标准

2.3.4.1　生态恢复的时间

对于土地管理者和恢复生态学研究者来说，比较关心的一个问题是被干扰的自然生物体（个体、种群甚至生态系统）目前的状态及其与原状的距离，以及恢复到或者接近其原来状态所需要的时间。生态恢复的时间不仅取决于被干扰对象本身的特性，如对干扰的抵抗力和恢复力，而且取决于被干扰的尺度和强度。退化生态系统恢复时间的长短与生态系统的类型、退化程度、恢复的方向和人为正干扰的程度等都有密切的关系。一般来说，退化程度较轻的生态系统恢复时间要短些；湿热地带的恢复要快于干冷地带。土壤环境的恢复要比生物群落的恢复时间要长得多。森林的恢复速度要比恢复农田和草地的恢复速度要慢一些。

Daily（1995）通过计算退化生态系统潜在的直接实用价值（potential direct instrumental value）后认为，火山爆发后的土壤要恢复成具生产力的土地需 3000～12 000 年，湿热区耕作转换后其恢复要 20 年左右（5～40 年），弃耕农地的恢复要 40 年，弃牧的草地要 4～8 年，而改良退化的土地需要 5～100 年（根据人类影响的程度而定）。此外，他还提出轻度退化生态系统的恢复要 3～10 年，中度的 10～20 年，严重的 50～100 年，极度的 200 多年。余作岳（1996）、彭少麟（1996）、任海和彭少麟（1999）等通过试验和模拟认为，热带极度退化的生态系统（没有 A 层土壤，面积大，缺乏种源）不能自然恢复，而在一定的人工启动下，40 年可恢复森林生态系统的结构，100 年恢复生物量，140 年恢复土壤肥力及大部分功能。

2.3.4.2　恢复成功的判定标准

恢复生态学家、资源管理者、政策制定者和公众希望知道恢复成功的标准何在，但由于生态系统的复杂性及动态性却使这一问题复杂化了。通常将恢复后的生态系统与未受干扰的生态系统进行比较，其内容包括关键种的多度及表现、重要生态过程的再建立、诸如水文过程等非生物特征的恢复。

有关生态恢复成功与否的指标和标准虽尚未建立，但以下问题在评价生态恢复时应重点考虑。

① 新系统是否稳定，并具有可持续性；

② 系统是否具有较高的生产力；

③ 土壤水分和养分条件是否得到改善；

④ 组分之间相互关系是否协调；

⑤ 所建造的群落是否能够抵抗新种的侵入。

参 考 文 献

[1] Martin R Perrow & Anthony J Davy. Handbook of Ecological Restoration. The United Kingdom：Cambridge University Press，2002.

[2] 任海，彭少麟. 恢复生态学导论. 北京：科学出版社，2002.

[3] 杨京平，卢剑波. 生态恢复工程技术. 北京：化学工业出版社，2002.

[4] 李铁民. 环境生物资源. 北京：化学工业出版社，2003.

[5] 包维楷，刘照光，刘庆. 生态恢复重建研究与发展现状及存在的主要问题. 世界科技研究与发展，2001，1：44-48.

[6] 李明辉，彭少麟等. 景观生态学与退化生态系统恢复. 生态学报，2003，23（8）：1622-1628.

[7] 邬建国. 景观生态学——格局、过程、尺度与等级. 北京：高等教育出版社，2000.

[8] 傅伯杰，陈利顶等．景观生态学原理与应用．北京：科学出版社，2003．

[9] McChesney C J, Koch J M & Bell D T. Jarrah t forest restoration in western Australia: canopy and topographic effects. Restoration Ecology, 1995, 3: 105-110.

[10] O'Neill R V, et al. Ahierachical neutral model for landscape analysis. Landscape Ecology, 1992, 7 (1): 55-62.

[11] Pobinson G R. & Handel S N. Forest restoration on a closed landfill: rapid addition of new species by bird dispersal. Conservation Biology, 1991, 7: 271-278.

[12] Broome S W, Seneca E D, Woodhouse W Jr. Tidal salt marsh restoration. Aquatic Botany. 1998, 32: 1-22.

[13] Sacco J N, Seneca E D, Wentworth T R. Infauna community development of artificially established salt marshes in North Carolina. Estuaries, 1994, 17: 489-500.

[14] Haven K J, Varnell L M. Bradshaw J G. An assessment of ecological conditions in a constructed tidal marsh and two natural reference tidal marshes in coastal Virginia. Ecological Engineering, 1995, 2: 221-225.

[15] 彭少麟，陆宏芳．生态恢复、设计与景观生态学——第十五届国际恢复生态学大会综述．生态学报，2003, 23 (12): 2747．

[16] 章家恩，徐琪．恢复生态学研究的一些基本问题探讨．应用生态学报．1999, 10 (1): 109-113．

[17] 章家恩，徐琪．生态退化研究的基本内容和与框架．水土保持通报，1997, 17 (3): 46-53．

[18] 于秀娟．工业与生态．北京：化学工业出版社，2003．

[19] 丁圣彦．生态学．北京：科学出版社，2004．

[20] 彭少麟，赵平，张经炜，恢复生态学与中国亚热带退化生态系统的恢复．中国科学基金，1995, 5: 279-283．

[21] 刘照光，包维楷．生态恢复重建的基本观点．世界科技研究与发展，2001, 23 (6): 31-35．

[22] 张光富，郭传友．恢复生态学研究历史．安徽师范大学学报：自然科学版，2000, 23 (4): 395-398．

[23] 彭少麟．恢复生态学研究进展及在中国热带亚热带的实践．四川师范大学学报：自然科学版，2000, 21 (3): 221-227．

[24] 彭少麟，陆宏芳．恢复生态学焦点问题．生态学报，2003, 23 (7): 1249-1256．

[25] 孙楠，李卫忠等．退化生态系统恢复与重建的探讨．西北农林科技大学学报：自然科学版，2002, 30 (5): 136-139．

[26] 陈怀顺，赵晓英．西北地区生态恢复对策．科技导报，2000, 8: 42-44．

[27] 胡珊，生态恢复设计的理论分析．中国环境科学学会成立20周年大会论文集，1999．

[28] 赵平，彭少麟，张经炜．生态系统的脆弱性与退化生态系统．热带亚热带植物学报，1998, 6 (3): 179-186．

[29] 丁运华．关于生态恢复几个问题的讨论．中国沙漠，2000, 20 (3): 341-343．

[30] 姚洪林，郝星海等．生态恢复与生态建设．内蒙古林业科技，2001, 增刊: 66-67．

[31] 彭红春，李海英，沈振西．国内生态恢复研究进展．四川草原，2000, 3: 1-4．

[32] 谢运球．恢复生态学．中国岩溶，2003, 22 (1): 28-34．

[33] 赵晓英，孙成权．恢复生态学及其发展．地球科学进展，1998, 13 (5): 474-479．

[34] 舒俭民，刘晓春．恢复生态学的理论基础、关键技术与应用前景．中国环境科学，1998, 35 (6): 540-543．

[35] 岑慧贤，王树功．生态恢复与重建．环境科学进展，1999, 7 (6): 110-115．

[36] 彭少麟．恢复生态学与植被重建．生态科学，1996, 15 (2): 26-31．

[37] 太湖科学资源网．http://www.tlpsr.com/web/body.php? id=393．

3 森林生态系统的恢复

森林是生物种类最多、生物生产量最高的一个陆地生态系统，它以巨大的生产力维持着各种类型的消费者。因降雨和温度（纬度和高度）不同，而形成了不同的森林群落和沿着南北梯度方向上的不同森林类型等级。森林生态系统具有多重功能，素有"农业水库"、"天然吸尘器"和"自然总调度"的美称。

但随着工业化的兴起，大片的森林被破坏，这是导致森林生态系统退化的主要原因。病虫害、干旱、洪涝、地震等自然灾害也会导致森林的退化。退化后的森林生态系统生产力下降，生物多样性减少，调节气候的能力减弱，涵养水分、防风固沙的作用减弱，贮存生态系统营养元素的能力降低，野生动物的栖息地减少，引起水土流失、沙漠化等严重的生态问题。本章重点介绍温带森林和热带雨林恢复的理论与实践。

3.1 温带森林的恢复

阔叶林和阔叶针叶混交林分布在温带地区，包括北美洲东部的大部分地区，欧洲的北部和西部，中国的东部和日本，同时在南美洲、澳大利亚的东南部和新西兰也有分布。在比较温暖和干旱的气候下，这些林地会演变成耐旱的常绿灌丛。在较高纬度或高海拔的地区，会演变成以针叶林为主的林地。在原始森林退化过程不同的国家情况相差很大，欧洲和亚洲的大部分以及北美洲约 55％ 的原始林（Bryant，et al，1997）都已经退化了。

两个世纪以来，由于人口增长、工业化和现代农业等，原始森林和半天然林退化的速率大大增加。目前，植树造林一般采用非天然树种取代原始森林，这进一步引起了林地分化。英国半天然林仅占林地总面积的 13％，自 1930 年以来，其中 38％ 的半天然林被人工林所取代，与日本和韩国比例相当（分别为 40％，32％）。因此，应该加大对原始森林的保护和林地的恢复。

3.1.1 温带天然林的特征

成熟的温带天然森林的一般性特征包括：不规则的树冠层结构、存在天然树种、古老的树种保存完好、大量的枯木和相对未受人类活动干扰的土壤等。在北美东部和欧洲大陆，受人类活动干扰比较小的情况下，高大乔木存活 200～500 年甚至更长不足为奇，有报道称太平洋西北部的花旗松（*Pseudotsuga menziesii*）已经存活了 800～1200 年。在适宜的地区，乔木能长到 35m 高，直径达 100cm（Franklin 等，1981）。在波兰的 Bialowieza 森林里，许多树直径可分别达到 200cm（欧洲小叶椴，*Tilia cordata*）、230cm（栎树，*Quercus species*）和 130cm（欧洲白蜡树，*Fraxinus excelsior*），树丛基部面积达 25～40m²/hm²，密度达 120～500 株/hm²，木材蓄积量为 200～500m³/hm²（Falinski，1986；Martin，1992），另外，人工林不具备天然林具有的多层次结构、不同的尺寸、优势种及其分布等。

3.1.1.1 枯木（dead wood）

枯木是温带天然林的一个重要组成部分，也是真菌、无脊椎动物、穴居的鸟类、蝙蝠等重要的避难所。枯木占据了森林5%～10%的部分空间（Falinski, 1986），影响着生态系统的营养级和植物区系分布。枯木与河道两旁林地间的综合作用对水域生态系统具有重要意义：减少河道侵蚀，将水域分成一系列的池塘或浅滩，静水为鱼类栖息提供了适宜的条件。在成熟林中，大的树木残骸（直径超过15cm）如断枝、枯枝和树枝等能积累达到$50～150m^3/hm^2$（Peterken, 2000）。大的树枝残骸经过长期积累慢慢地腐烂，为动物提供了长期而稳定可靠的栖息地，而在传统管理下，枯枝数量不到$5m^3/hm^2$。

在未受干扰的森林中，枯树为一些猛禽如苍鹰（*Accipter gentilis*）提供了栖息地，而森林中的洞穴却是森林鸟类重要的繁殖地点。以断枝、倒地的树干、腐烂的洞穴等形式存在的枯木对有些特殊物种非常重要。估计有20%的无脊椎动物将枯木提供的场所作为栖息地。在英国771种珍稀森林无脊椎动物中，大约有1/3需要不同种类的枯树。地衣是成熟林地中的特殊物种，仅有有限的扩散能力，依靠枯树存活。

3.1.1.2 关键种（key species）

原始林地中经常分布有一些次生林地或密灌丛中没有的物种。由于现存的区域太小而不能使原来的物种存活，或由于边缘效应变得越来越不适于生存。一些具有有限扩散能力的物种，就被限制在具有连续性森林覆盖的地区或成熟林的"小岛"内。这些物种经常被看作是成熟生境的标志，由于其相对稀缺性及属性特点，它们对于森林生态系统的形成至关重要，一些种类还可以作为生态系统恢复的指示器，大型物种能够反映生境整体特征的变化（如狼，*Canis lupus*），而栖息地小的小型物种可以反映森林环境的细微变化（Thompson 和 Anglestam, 1999）。

3.1.1.3 大生境要求的物种（species requiring large forest areas）

一些物种需要大面积的森林区域作为其领地，尤其是哺乳动物如狼和一些大型食草动物，最典型的例子是美洲狮（*Felis concolor*），需要最少$12900hm^2$的森林面积（Patton, 1992）；美洲驯鹿，最少是几千平方公里的森林面积（Chubbs 等，1993）。森林的破碎化使这些物种变得很脆弱，在较小的森林斑块内很可能会灭绝。

3.1.1.4 森林"内部"的物种（'interior' forest species）

一些物种利用森林的封闭型条件抵御外敌。北方斑点猫头鹰（*Strix occidentaliscaurina*），是美国西北部成熟针叶林中主要的物种，同样，许多植物由于其较强的耐阴性和不良环境适应能力如地衣、真菌、甲虫和软体动物等一起作为成熟林的指示生物。这些生物可以作为森林生态系统恢复的指示生物，也是恢复性管理的天然目标。

3.1.2 温带森林的干扰过程

3.1.2.1 自然干扰（natural disturbance）

在多种形式的自然的干扰下，局地气候和土壤条件的相互作用决定了温带森林的形态。风、火、干旱或洪水周期性的破坏导致了森林结构的异质性，大大影响了森林更新和演替的进程。这些影响在短时间内是看不到的，这就增加了实现恢复目标的难度。因此，管理者应该抓住自然干扰的根本特征，了解这些自然干扰的规模、频率和强度是如何相互作用促生不同类型特征的森林的（见图3.1）。

干扰的物理强度影响森林的恢复速率。自然灾害不仅会毁坏树木，如山体滑坡、火山爆发、洪涝灾害、严重的火烧等甚至会破坏土壤；次严重的干扰如风暴、低强度的火烧、干旱等只对树冠层有影响，而使乔木、灌木、埋藏的种子等保持原样，这些都有利于林地的

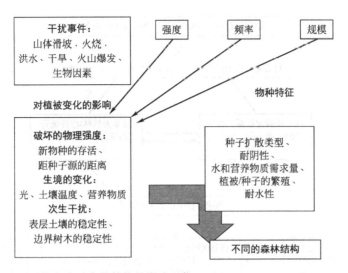

图 3.1　干扰方式对森林结构的影响（仿 Buckley Peter、Satoshiito，2002）

恢复。

3.1.2.2　风干扰（windthrow）

一般来说，在湿度适中的温带森林中，风干扰会导致较小的林间空地，例如，Runkle 对北美洲东部落叶林的研究表明，林间空地的面积一般小于 0.1hm²，面积较大的只占总面积的不到 10%。发生在美国和加拿大东部海岸的热带旋风和强劲风暴也有记载，气象记录和该地区的历史和植被研究表明，小规模风暴每隔 20～40 年发生一次，灾难性风暴每隔 100～150 年出现一次。风暴的风险分析可以为林地恢复管理者确定最小的天然林结构奠定基础。

3.1.2.3　火烧（burning）

火烧是森林生态系统中一个不可忽视的因素，它一方面对森林造成严重危害，因为大面积的森林火烧后森林环境发生急剧变化，主要是大气、水域和土壤等领域内的森林生态因子之间的生态平衡受到干扰，各种物质循环、能量流动和信息传递遭到破坏，导致森林生态平衡的破坏；另一方面，它又是自然界不可缺少的生态因素，一定频率、一定强度的火烧能维护森林生态平衡，在维持生物多样性方面起着重要作用。但不管林火对森林生态环境产生的是正面还是负面的作用，火烧之后林火迹地的植被恢复，是火烧后人们面临的一个重要问题。为了掌握森林火灾后迹地的变化及更新演替规律，使森林生态环境向良性发展，国内外许多专家都对林火迹地植被恢复从不同角度进行了众多研究。一个经典的例子就是 1988 年的火灾，8000km² 的美国黄石国家公园将近一半面积被大火烧毁（Romme 和 Despain，1989）。对明尼苏达州北部的针叶林所作的研究表明，该地区 20 世纪之前火烧的发生频率很高，这就是许多现代森林具有中龄林特征的原因。

3.1.3　制定恢复计划

在设计一个森林恢复方案时要充分考虑目标的可行性，如目前天然林的状态、实现目标的技术难度等。一些管理措施的效果是可以直接看到的，如种植经济林、原地造林、疏伐、种植观赏性树木等。但有一些间接影响是无法预测的，包括林地分割（导致孤立和边缘效应）、物种灭绝、外来种入侵、大气污染和气候变化等（见图 3.2）。

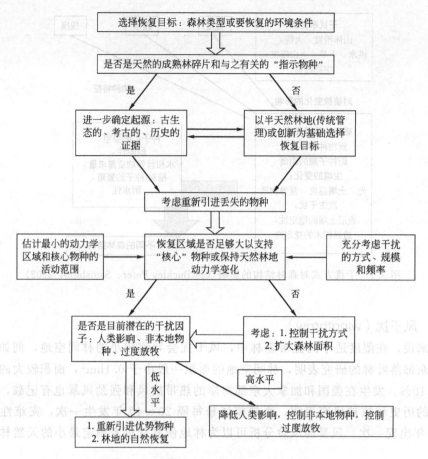

图 3.2　林地恢复路线（仿 Parviainen 等）

3.1.3.1　恢复的控制点

恢复计划的实施首先需要了解恢复以前的生境状况。缺乏基础数据会妨碍具体恢复目标的确定，但即使有综合数据，也不一定满足恢复计划的要求。Peterken（1996，2000）列出了 5 种天然状态以便于规划森林的保护目标（见表 3.1）。恢复的最高目标是恢复到原始状态，这就需要引进丢失的本地物种，需要在维护上大量投资。但是，这种"真正"的野生林地的观点忽略了森林状态的不可逆变化，包括分化、气候变化、外来种入侵等。

表 3.1　森林恢复中的天然状态

天然的状态	森林的起源和影响	需采取的行动
原始天然状态	未被人类严重影响的原始林，基于古生态学方法如花粉分析、图表和现代残余林地分析	尽可能在原地重建，在可能的地方重新引进丢失物种，控制食草动物促进自然状态的更新（只是一种假设）
现在天然状态	未受人类影响的现存森林，但是受到干扰（非人类影响的），如气候变化、自然的物种迁移	
后天然状态或继承的天然状态	原始林遗留下来的树木形成的森林，但是接受干扰性的改造和变化，包括过去的树种丢失	允许当地物种自由发展，但是排除外来物种。要控制食草动物以促进林地的自然更新（只是一种假设）

42

大然的状态	森林的起源和影响	需采取的行动
潜在的大然状态	人类影响全部去除后发展的类型,是自发的演替	允许本地种和外来种的自由发展
未来的天然状态	人类影响去除后现存森林经几个世纪发展后的森林,包括天然、非天然因素	

注：引自 Peterken，1996，2000。

3.1.3.2　林地的选择和适合性

如果附近地区有残留林地存在并且有准确的历史记录时，就可以比较容易地确定将要恢复的森林类型。另外，优先需要恢复的林地可以通过自然保护政策确定，再结合范围大小、天然性、代表性和历史记载等准则来选择优先恢复区域。但是，对于非指定地点的选择除了考虑恢复的潜力外，还有以下的几个标准。

① 具有成熟林特征，如有成熟的大树、有枯木积累等。

② 多样的树冠层组成，可能的话用以前的划分资料确定。

③ 存在入侵能力较差的"指示物种"。

④ 大的密集区，能满足核心物种的最小动态平衡面积的需求并保持自然干扰的动态变化。

⑤ 具有良好历史记录的地方，人类影响的范围能够确定。

⑥ 远离人类居住的地方。

⑦ 很少或没有外来种。

⑧ 与周围林地联系密切并且具有很好的整体性。

3.1.3.3　适度的人类干预

在欧洲，许多森林保护措施是在严格的没有人类的干预下操作的，Parviainen 等 (1991) 称之为"没有人类影响下的自由发展的森林"，但是不同的国家解释差别很大。各国的恢复林地面积大小差异也很大（见表 3.2）。

表 3.2　一些欧洲国家林地恢复大小　　　　　　　单位：hm²

国家	恢复林地的平均面积	最小面积	最大面积	恢复林地占半天然林面积的比例/%
捷克	243	2	2500	5.9
芬兰	4180	63	71171	7.3
荷兰	46	4	700	4.4
斯洛伐克	203	4	1800	1.2
俄罗斯	76750	100	721322	<0.01

注：引自 Parviainen 等，1999。

如果保护区仍具有非天然特征，就需要积极的管理，进行适度的干预。主要是通过移除非本地物种，重新引进消失的物种，以恢复生态系统的自然活力（见表 3.3）。如加拿大 Point Pelee 国家公园的恢复措施不仅包括居民的阶段性迁出，还包括人工造林等。

3.1.3.4　恢复区域的大小

理想的恢复区域面积应该足以承受干扰，有关自然干扰动力学的研究已经提供了一些结论。如在湿润的落叶林中每年 1% 的干扰率意味着每年干扰 1hm² 的森林，需要提供 100hm² 的同类森林。因此，对于干扰规模很大的森林，如受火烧、洪水灾害影响严重的林地，就需

表 3.3　林地恢复中最小的和有限的干预策略

干扰种类(性质)	非干预	最小干预
伐木和收获	不伐木	只沿进入路径安全性伐木
公众进入	严禁公众进入	选择路径限制性进入
外来物种	不采取行动	可能的地方消灭或限制
重新引进本地物种	不积极引进但鼓励进入	引进半野生放牧动物和食肉动物
控制放牧	不采取行动	控制食草动物数量到天然水平

注：引自 Peter Buckley 等，2000。

要相对较大的面积以承受严重的干扰。这种情况下，基于"平均"或正常事件所确定的最小面积就不准确。林业管理者可以用风险分析的办法来预测指定区域内自然干扰发生的可能性。

如果恢复区域的面积太小而不能够承受自然干扰，就需要采取积极的措施，这些措施包括扩大林地面积以增加抗干扰能力，或进行原位管理将干扰率降低到一个可接受的水平。

Pickett 和 Thompson（1978）将岛屿理论应用于自然保护中，指出一个有效的保护区必须具有足够的面积保持物种生存与灭绝之间的平衡。在森林恢复方案中，最小动态平衡面积（MDA）因森林类型的不同而有差异：易发生火烧的森林需要较大的面积，以适应火烧袭击并能够在较短的时间内恢复；而湿润的温性林需要较小的面积即可达到同样的平衡。为保证足够安全，理论上需要增大 MDA 以抵御周期性干扰。这个原则在保护大的、不受或少受干扰的区域中是很重要的，如美国的黄石公园。

3.1.4　林地恢复影响因素

3.1.4.1　气候变化和污染

气候变化和污染已经严重影响了森林的结构。通过对犹他刺柏（*Juniperus osteosperma*）的分布研究表明，在过去 4500 年中刺柏的分布发生了很大变化：大约 2500 年前的气候变冷破坏了许多刺柏林，但是随后的气候变暖又使该物种得到恢复。最近，气候进一步变暖，再加上放牧、火烧等综合作用加速了刺柏的迁移。英国南部橡树 250 年来的记录表明自从 1736 年有记载以来，其落叶时间提前了一周左右（Sparks，2000）。污染研究同样表明即使偏远的森林地带也不能躲过环境变化的影响。对欧洲森林健康追踪调查的结果显示，大气中 CO_2、O_3、氮氧化物、硫氧化物含量的增加对森林产生了明显的影响（Innes，1993）。

3.1.4.2　破碎化和商业砍伐

随着森林日益破碎化（fragmentation），岛屿生物地理学理论预测，现存的碎块会更加孤立。这反而增加了森林内部的物种的脆弱性，限制了它们的扩散和迁移，也限制了营养物质的循环。破碎化还提高了边缘与内部的相对比例，一些经验认为边缘效应会渗透到森林内部 50～150m，但在热带森林中边缘效应对距离林地边缘 1～5km 的物种也会产生影响（Laurance，2000）。具有广泛栖息地的物种，尤其是大型食肉动物和食草动物，对这种破碎化过程更为敏感，这些物种对生态系统的完整性具有重要的意义。因此，不仅需要保护森林核心区，还需要提供一定的缓冲区域。

3.1.5　林地恢复的原则和方法

3.1.5.1　恢复的原则

（1）地域性原则　由于不同区域具有不同的生态环境背景，如气候条件、地貌和水文条件等，这种地域的差异性和特殊性就要求我们在恢复与重建退化生态系统的时候，要因地制宜，具体问题具体分析，千万不能照搬照抄，而应在长期定位试验的基础上，总结经验，获取优化与成功模式，然后方可示范推广。

（2）生态学与系统学原则　生态学原则包括生态演替原则、食物链网、生态位原则等，生态学原则要求我们根据生态系统自身的演替规律分步骤、分阶段进行，循序渐进，不能急于求成。另一方面，在恢复与重建时，要从生态系统的层次上展开，要有整体系统思想。根据生物间及其与坏境间的共生、互惠和竞争关系，以及生态位和生物多样性原理，构建生态系统结构和生物群落，使物质循环和能量转化处于最大利用和最优循环状态，力求达到土壤、植被、生物同步和谐演进，只有这样，恢复后的生态系统才能稳步、持续地维持与发展。

（3）最小风险与最大效益原则　由于生态系统的复杂性以及某些环境要素的突变性，加之人们对生态过程及其内在运行机制认识的局限性，往往不可能对恢复与重建的后果以及生态最终演替方向进行准确的估计和把握，因此，在某种意义上，退化生态系统的恢复与重建具有一定的风险性。这就要求我们要认真、透彻地研究被恢复对象，经过综合地分析评价、论证，将其风险降到最低限度。同时，生态恢复往往又是一个高成本投入工程，因此，在考虑当前经济的承受能力的同时，又要考虑生态恢复的经济效益和收益周期，这是生态恢复与重建工作中十分现实而又为人们所关心的问题。保持最小风险并获得最大效益是生态系统恢复的重要目标之一，这是实现生态效益、经济效益和社会效益完美统一的必然要求。

3.1.5.2　恢复的方法

（1）封山育林　这是简便易行、经济省事的措施。中国南方封山育林可为阔叶树种创造适宜的生态条促使被破坏的林地的林木生长，或针叶林逐渐顺行演替为保持土地能力较高的针阔叶混交林，进而顺行演替为地带性的季风常绿阔叶林。

（2）林分改造　任何单独的造林系统都不能准确模拟自然干扰的规模和性质。不过，有些系统和自然状态的系统在结构和年龄组成上比较相近（Matthews，1989）。从表面上看大面积伐木就与火烧使天然林受到的破坏很相似。简单地说，小面积伐木（0.01～0.05hm²）去掉一些树木形成"补丁"，这样可以有效地保持一个封闭性和连续性的树冠层。一定时间内砍伐较大一片（如0.25hm²或更多）的话，对喜光树木有好处。由火烧或昆虫灾害引起的高频度的干扰容易形成单群或多群结构。

许多森林都种植了非本地物种，这种恢复方法只能达到有限的目的。但是，如果恢复林地和天然林之间有过渡林存在，并进行一些商业性操作以保持合适的物种多样性就能使系统达到一个平衡。日本南部的森林景观就是一个很好的例子（实例2）。当然，在森林中，保留大的"遗传"树木很必要，如Ferriskaan等（1993）提出了一个公式：每公顷应保留6～8棵成熟树，6～8株残桩，4～5棵伏地树。

日本横滨国立大学教授、著名植被生态学和环境保护学家宫脇昭（Akira Miyawaki）先生提出了宫脇造林法，这种方法与传统的造林方法，以及根据自然演替恢复森林相比，有以下不同：一是用该方法营造的森林是环境保护林，而不是用材林和风景林。二是造林用的种类是乡土种类，主要是建群种类和优势种类。并且强调多种类、多层次、密植、混合。三是成林时间短。根据演替理论和自然条件，一般的森林演替从荒山或没有树木的土地开始，到最终森林形成，至少要200～500年，或上千年，而宫脇法通常只要20～50年，时间缩短了。在目前世界环境仍在继续恶化，森林仍然遭到破坏的情况下，缩短时间就是加速环境改善，就是节约费用。四是管理简单。用宫胁法造林，一般在开始 1~3 年进行除草、浇水等管理，以后就任其自然，优胜劣汰，适者生存。宫胁教授认为，不管理就是最好的管理。

（3）透光抚育　即在先锋林中，对已生长着的一些建群树种进行透光抚育，或择伐一些先锋树种的个体以促进建群种的生长，尽早形成地带性植被，顺行演替为生态效益最高的地带性顶极群落。

（4）森林管理　合理的管理是林地恢复中必不可少的措施，如禁止乱砍滥伐林木，将所有风倒木、枯朽木都留在原地，让其腐烂在林地增加林地有机质等。应该把森林的生态作用和采伐利用结合起来，在充分发挥森林防护作用的同时实现对森林的利用，以实现森林生态功能完美地结合和统一。

（5）扩大现存林地面积　除了长期处理小的恢复区域策略外，扩大现存林地面积也是一种可选择的方法。通常的方法是通过建立缓冲区将小的几块林地连接起来，以避免在孤立区域内生物多样性减少。该方法包括在周围农田或草地中种植人工林地以保护核心区域，但需要满足：有可种植区；新建林地应该能迅速发展其自身的动态结构，同时能够为关键种的生长提供完整的生境；新建林地能被目标物种很快定居；新林地的组成与原始林地相似。

由于农田和草地的土壤条件与原来林地的土壤条件有很大差别，因此需要很长时间才能把农田和草地生态系统转变为森林生态系统。

在林地严重破碎化的地方，在成熟林碎片附近扩大森林面积，不仅减小分散，而且可以为关键种建立新的生境得以提高其数量。该方法在高度分散的苏格兰天然松林中得到了应用。

（6）效应带、效应岛造林方法　在火烧迹地运用边缘效应原理，采用效应带和效应岛的方式营造人工针叶林，与天然阔叶树形成针阔混交，这样可以充分发挥边缘效应作用，提高林分生长量加快森林的恢复速度。效应带造林就是在生有山杨、白桦等阔叶树的火烧迹地上，每栽植 2~4 行针叶树，中间设一个 4~6m 宽的阔叶树保留带，为诱导和培育天然阔叶树创造适宜生境条件，针叶树和阔叶树镶嵌分布，形成有序的针阔混交林。

白桦和山杨等阔叶树在火烧迹地上呈块状、团状分布，其频度又较高时，保留白桦和山杨，而在没有白桦和山杨分布或分布频度较低的地段，人工营造针叶树，这样针叶树在阔叶树中间就像"海岛"一样形成岛状分布，因此，称效应岛造林。这种造林方式由于开拓的边缘界面大小不同，所以效应也不尽相同，但运用起来比较灵活，易于调节针叶树和阔叶树之间的种间关系。

（7）火烧迹地　火烧迹地是通过火烧的手段把地表厚厚的植被烧掉，使其裸露出土壤。火烧后不但使土壤裸露出来，而且草木灰又是天然的肥料，有利于林木生长。但火烧必须选择好季节、时间，做好安全工作，否则会酿成大事故。

3.2　热带雨林的恢复

热带雨林是地球上生物多样性最多的生态系统，尽管占地不到地球面积的 7%，却为一半以上的植物和动物提供了栖息地（Wilson，1988）。热带雨林降雨量大（>1700mm/年），全年太阳辐射最强，持续高温（月平均 24℃），无霜期（Grainger，1993）。

热带雨林分布在赤道附近南北纬 23.5°之间的拉丁美洲、非洲和东南亚。目前最大分布区域在南美洲北部，其次在中美洲和加勒比海。在亚洲，巴布亚新几内亚大部分地区、菲律宾、印度尼西亚、马来西亚和新加坡都有热带雨林分布，尽管多数已被人为破坏，中非和马达加斯加岛的大部分地区曾分布有热带雨林，而非洲的多数是热带稀树草原。热带雨林是全球生物生产力最高的生态系统之一，相当于温带硬木林的2倍。但是，随着工业化的发展，大片的热带雨林遭到破坏，除了伐木所造成的破坏以外，数百万公顷的低地热带雨林已经或正在转为他用。在亚马孙河流域和中美洲，大面积的热带雨林已被砍光、烧光，转化成为草场或不毛之地。

破坏热带雨林所带来的最大灾难是生物多样性的丧失。随着热带雨林的减少和破碎化，很多物种都失去了它们的栖息地，生物生存和家畜品种所需要的野生基因型和医药资源也严重流失。热带雨林正以惊人的速率消失。食品与农业组织（FAO）（1999）估计东南亚和非洲仅剩不到1/3。非洲西部几乎所有森林被毁，中非保留了较大部分，但仅在1990—1995年就消失了3.5%，在中美洲剩余不到一半，南美洲亚马孙盆地的14%被破坏，这些数据只是不完全统计，因为没有考虑到间接影响，如由于狩猎、破碎化、选择性伐木、火烧、开发矿产资源等（Nepstadetal，1999）。

导致森林破坏的因素很复杂，如过度放牧、伐木出口、农业、人口增长、居住和火烧等；各因素之间又相互作用，导致森林破坏加剧。Cochraneetal（1999）认为，在亚马孙由于森林破坏导致降雨量减少，又导致火烧更频繁发生，破坏草地。由于人为加速排放温室气体火烧以后很可能加剧。

热带雨林的破坏对碳循环、土壤稳定性、水循环和生物多样性都有深刻影响。森林退化导致大量CO_2和其他气体释放到大气中，这又影响了全球气候，估计人为排放CO_2中有23%是由于热带森林被毁引起的（Houghton，1997）。热带森林还有助于保持水土流失，因为大部分营养物质存在于活的生物体中，50%的降雨量来源于植物蒸腾。破坏森林实质上改变了水和营养物质的循环，亚马孙地区的模型研究表明，降雨量下降20%会将森林全部变成草地（Shukla等，1990）。

本节主要讨论影响热带雨林自然恢复进程的因素和恢复的策略。由于热带雨林内物种的多样性和相互之间作用的复杂性，只是引进大量物种是不可行的。因此有必要识别恢复进程最受限制的阶段，然后提出加速自然恢复的策略。

3.2.1　恢复的限制因素

管理破坏的生态系统最方便的一个方法就是去除现有的压力（如放牧），允许生态系统自然恢复。对废弃的农田和砍伐过的林地大量研究表明，经过15～60年后，森林物种积累的生物量水平与原始林的相当（Delgado，2000）。不同地区的研究表明遭受严重干扰的森林恢复得慢。Chapman（1997）认为非洲废弃林的演替速度比拉丁美洲的慢，主要是缺乏定居较快的树种。研究表明在一些情况下让林地自然恢复是可行的，但是这很大程度上取决于该地区生态和破坏的状况。由于监控的时间太短，大多数情况下，很难确定在没有人类干扰情况下林地是否能恢复。图3.3所示为限制草地恢复的因素。

3.2.1.1　种子的可获性（seed availability）

缺乏种子是限制恢复的主要因素，主要是缺少种子传播途径。一些研究表明热带雨林树种一般在草地中没有。在经过长期耕种的农田中，最初植被的根系已经被破坏，不能继续生长。因此，如果要使农田恢复到森林，需要将热带雨林树种的种子播种到农田中。

3.2.1.2　种子萌发率（seed germination）

草地中的种子必须能发芽才能长成树苗。研究表明，种子发芽率相差很大，一些物种发

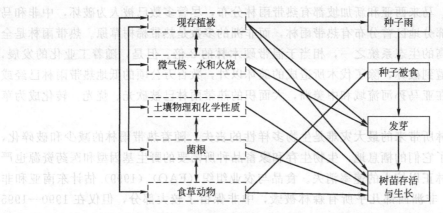

图 3.3 限制草地恢复的因素（实线框中是得到树苗的整个过程，
虚线框中是影响该过程的因素）（仿 Holl 等，2000）

芽率相当高，而另外一些却不能发芽。一些物种受微气候条件影响大，在没有牧草的地方发芽率较低。由于发芽率悬殊，很难作出结论说明种子发芽率对恢复的重要性。比较草地和原始林的发芽率得到有些物种在草地中发芽率相当低，但是不能认为发芽率是限制恢复的主要因素。

3.2.1.3 竞争（competition）

在已经获得树苗后，限制树苗生长的因素包括与入侵性植被竞争、微气候条件、火烧、缺乏土壤营养物和食草动物等，这些因素均会阻碍树苗的存活与生长。

限制树苗生长最主要的主要因素是入侵性物种，它们是人工植入或者是土地废弃后迅速侵入的。这些竞争性物种以多种方式限制恢复，包括遮阴，竞争土壤水分、营养物质和阳光，释放化学物质等。Holl 等（2000）发现阔叶树种的物种丰富度和覆盖率在牧草被清除的地方要比牧草稠密的地方高出 5 倍以上。Sun 和 Dickinson（1996）发现澳大利亚热带林中没有牧草的地方树苗的存活率较高。

在严重破坏的地方由于土壤湿度的降低，牧草实际上促进了恢复。在哥伦比亚的研究表明有草的地方比火烧过没有草的地方树种发芽率高，而且树苗成活率也高。与没草的草地相比草下面较高的湿度有助于种子发芽。这样看来，现存植被对森林恢复有正负两方面的效果，具体哪种效果起作用，取决于物种的入侵性、干扰的严重程度和生态系统的季节性。

3.2.1.4 微气候和火烧（microclimate and fire）

微气候条件也会影响树苗的存活和生长。农田的光照、空气质量和土壤温度比森林高，但土壤湿度比森林低，外来牧草能够适应强光和低的土壤湿度，这样微气候条件对种子发芽、树苗生长有负影响。另外在有明显干季的区域，火烧会严重阻碍树苗的生长，由于滥伐，引起降雨量减少，火烧越来越普遍，次生生长区太阳辐射增强导致植被含水量下降。大多数热带雨林树苗不适应火烧，火烧引起的损失使其退回到好几年前，这时牧草会很快重新生长。

3.2.1.5 土壤营养物和微生物群落（soil nutrients and microbial communities）

一些情况下，热带废弃林中营养物质的缺乏限制了树苗的生长，而磷是最常见的限制因素。有限的营养物质是否限制恢复是不确定的。例如互惠共生的研究结果表明，农田中树苗的生长受营养物质的限制，而其他研究却表明营养物质并不限制树苗的生长。这些不确定的结论可能反映了土壤类型和植物适应性的不同，多数热带雨林中覆盖着酸性土壤，其营养水平低，酸度高，许多情况下成熟林中营养物质很缺乏，因此植物对低营养状况有较强适应性。Janos（1980）认为热带雨林的恢复可能受菌根缺乏的限制，因为新入侵物种具有兼性菌根，而成熟林物种通常具有专性菌根。

3.2.1.6 食草动物（herbivores）

食草动物是阻碍树苗存活和生长的一个因素，有些地方食草动物是限制恢复的主要因素。Nepstad（1990）报道，种植在废弃农场中的 4 种树的树苗 16 大后有 30%～80%都被切叶蚁（*Atta sexdens*）破坏了。Holl 和 Quiros-Nietzen（1999）用本地树种做实验发现，64%的树苗（0.1～0.5m 高）在 2 年内被兔子破坏。毫无疑问，热带雨林中食草动物的影响不容忽视。

3.2.1.7 社会因素（social factors）

以上我们只讨论了阻碍热带雨林恢复的生态因子，并没有考虑社会和政治因素。实际上，社会因素往往是恢复的首要限制。例如大多数恢复方案实施主要的障碍就是资金和土地用途。尽管进行恢复的林地通过伐木和其他活动可以提供长期收入，但农业、畜牧等得到的短期收入会失去。所以应该尽量使多种土地用途与人们的短暂需求相平衡，保持生态系统的服务性。

其次，尽管近年来大多数国家人口增长速度下降，但人口的绝对数量仍在迅速增加。只要人口继续增加，恢复就得与人口增加引起的居住和农业需求相竞争。森林覆盖率变化反映了一系列复杂的因素不仅仅指人口数量，还有消费水平、消费模式和技术水平。热带雨林中提取的许多资源都被其他国家所消耗，如大多数木材被运往日本、欧洲和美国。所以人口控制、满足人们基本需求消费模式的变化都是热带雨林保护和恢复的必要组成部分。

3.2.2 加速恢复的策略

在严重退化地区，热带雨林的恢复速度太慢，因此需要采取措施加速恢复过程。但是热带雨林中物种众多，以至于只引进小部分物种在时间和成本上不允许。所以，恢复热带雨林必须侧重于促进演替而不是种植各种各样的植物。当然，引进一些值得保护的物种如大叶桃花心木（*Switenia macrophylla*）是必要的。

3.2.2.1 种植本地种树苗

加速热带雨林演替的通用方法就是种植生长快、耐干旱、能在低营养水平下生长的本地物种。种植树苗会提高恢复进程中的多样性，改善土壤结构和土壤营养物质的利用性。乔木能在恢复过程中调节气温和土壤温度，最终，所种的树苗会形成树冠层结构，为鸟类提供栖息地，促进种子的传播。热带雨林中树苗的种植和维护也面临挑战。首先，种子收集很困难，因为许多树种并不是每年都结籽，而且一些树种必须从树上收集种子才能确保高的发芽率；其次，对多数热带树种发芽所需的条件不了解；第三，许多种子干了以后就会失去活力，不能贮存；第四，在牧草稠密的地区，在 1～2 年内必须每隔几个月清除树苗周围的杂草以免将树苗遮住，并减少竞争；第五，树苗被捕食率高。

3.2.2.2 种植非本地种树苗作为保护树

种植本地种树苗加速恢复是一个很好的可行策略。但由于有些地区缺乏产生本地种树苗的苗圃，加上树苗生长速率慢、低存活率等使得这种方法受到限制。因此，种植非本地树种是促进恢复的替代方法。种树可以有效地阻止侵略性牧草的进入，提高营养水平，增加种子传播途径并促进本地种树苗的存活。使用非本地种作为保护种要充分考虑到其入侵性，潜在扩散能力和改变土壤化学成分的能力。

3.2.2.3 残存树的作用和小面积植树

天然林中残存树在增加种子传播途径、改善微气候条件和提高土壤营养水平方面起重要作用。如 Loik 和 Holl（1999）发现残存的树下面树苗的生长速率要快得多。同样，河流廊道的林带和防护林带都可以作为动物活动和种子传播的重要走廊，还可以提高树苗的存活率。因此，在砍伐区留下一些树及在农田中种植或保留一些树，会产生双重作用：当土地作农用时可以改善生境质量；当土地废弃时又可以促进恢复。

单独的树和孤立的小片林地在促进种子传播、树苗存活、生长方面的重要作用，意味着小面积植树可能是促进恢复的有效的方法。在恢复过程中，大面积的种植树苗会受到资金的限制。研究发现小片的乔木和灌木林地在废弃的草地中会快速蔓延，因此，小片种植不仅是低成本有效的，而且还会形成该生态系统空间的多样性。如果这种方法的效果得到证实，将是很实用的恢复手段。

3.2.2.4 种植灌木

灌木在改善废弃热带草地的不利条件和促进演替方面有很重要的作用。许多灌木可以吸引鸟类，增加种子传播概率。灌木能够改善微气候条件，提高土壤营养水平和阻止牧草的进入，有利于恢复。在演替的早期阶段，种植灌木可以促进乔木树苗的建群，加速林地的恢复。然而灌木不像大多数乔木那样每年会产生大量的种子，而且不易收集。因此，需要将足够的种子直接播种。

目前，有关种植灌木的方法研究较少，可能是因为灌木经济价值低。有时灌木入侵会使恢复停止，现在还不能够很好地解释原因，需要进一步研究。

3.2.2.5 建造人工鸟栖结构（artificial perching structures）

人工构筑鸟巢也是促进恢复的一种方法，尤其是在缺乏残存树木的草地中。热带雨林有 50%～90% 的乔木和将近 100% 的灌木靠动物传播种子，因此增加人工鸟栖结构可以吸引鸟类进入草地，从而使种子扩散增加。

Miriti（1998）等对人工鸟栖结构在热带森林中的作用进行了大量研究，研究表明它们对加速恢复的作用是有限的。所有这些研究都使用了 2～5m 高的顶部有鸟栖结构（横杆或平台）的树桩或树枝。结果表明，各种各样的鸟都会在树桩顶部的横杆上栖息，草地中横杆下面的植被确实有所增加，但大多是牧草或先锋物种，可能是因为蝙蝠是热带林地上较大种子的主要传播者。

3.2.2.6 去除现存植被（clearing existing vegetation）

Nepstad 等（1990）建议用火烧的方法去除现存植被来促进森林恢复，因为火烧可以减少草的竞争，提高土壤营养水平。尽管火烧会促进木本植物种类的最初生长，但是会对附近的生态系统和人类居住区形成威胁。即使有防火线，火烧也有可能蔓延超过安全地带而酿成火灾。用除草剂可以杀死草，但是有些硬质草类需要重复使用除草剂才能杀死，另外许多地方可能得不到除草剂，大面积使用除草剂成本不允许，而且会引起额外的土壤和水污染。Posada 等（2000）发现低密度引进食草动物会降低草的生物量，促进树苗生长，重新引进食草动物的风险会比火烧和使用除草剂低，但必须严格控制放牧时间。

3.2.2.7 火烧

尽管一个区域废弃时使用火烧的办法有助于恢复，但火烧会破坏大多数木本植物树苗，这就使演替进程倒退了。因此，在干季热带雨林恢复中应该防止火烧的发生。是否使用火烧，火烧的强度以及在多大的范围使用等还需要进一步研究。

参 考 文 献

[1] 于秀娟等. 工业与生态. 北京：化学工业出版社，2003.

[2] 李秋民，马沙平等. 环境生物资源. 北京：化学工业出版社，2003.

[3] 任海，彭少麟. 恢复生态学导论. 北京：科学出版社，2002.

[4] 张丽珍，张芸香等. 次生林区斑块形状动态与森林恢复过程分析. 生态学杂志，2003，22（2）：16-19.

[5] 包维楷，张镱锂等. 大渡河上游林区森林资源退化及其恢复与重建. 山地学报，2002，20（2）：194-198.

[6] 宋玉福，杨立强等. 大兴安岭火烧区森林恢复的研究. 森林防火，1996，2：16-17.

[7] 张玉荣. 湖南丘陵区森林恢复模式初探. 湖南林业科技，1995，2：22-26.

[8] 彭少麟. 恢复生态学研究进展及在中国热带亚热带的实践. 四川师范学院学报：自然科学版，2000，21（3）：221-227.

[9] 孔繁花，李秀珍等. 林火迹地森林恢复研究进展. 生态学杂志，2003，22（2）：60-64.

[10] 喻理飞，朱守谦等. 退化喀斯特森林恢复评价和修复技术. 贵州科学，2002，20（1）：7-13.

[11] Martin R Perrow, Anthony J Davy. Handbook of Ecological Restoration. The United Kingdom：Cambridge University Press，2002.

[12] 颜文洪. 全球性热带雨林的破碎化趋势与保护分析. 环境保护，2003，2：34-36.

[13] 沈泽昊，金义兴. 米心水青冈林采伐地的早期植被恢复和土壤环境动态. 植物生态学报，1995，19（4）：375-383.

[14] 李翠环，余树全等. 亚热带常绿阔叶林植被恢复研究进展. 浙江林学院学报，2002，19（3）：325-329.

[15] 章家恩，徐琪. 恢复生态学研究的一些基本问题探讨. 应用生态学报，1999，10（1）：109-113.

[16] Aide T Mitchell, Zimmerman Jess K, Herrera Luis, Rosario Maydee, Serrano Mayra. Recovery in abandoned tropical pasture in Puerto Rico. Forest Ecology and Management, 1995, 77-86.

[17] Fanta J. Rehabilitating degraded forests in Central Europe into self-sustaining forest ecosystems. Ecological Engineering, 1997, 8 (4)：289-297.

[18] de Souza Flaviana Maluf, Batista, Joís Ferreira. Restoration of seasonal semideciduous forests in Brazil：influence of age and restoration design on forest structure. Forest Ecology and Management, 2004, 191 (1-3)：185-200.

[19] Duncan R Scot, Chapman Colin A. Consequences of plantation harvest during tropical forest restoration in Uganda. Forest Ecology and Management, 2003, 173 (1-3)：235-250.

[20] Karen D Holl, Edgar Quiros-Nietzen. The effect of rabbit herbivory on reforestation of abandoned pasture in southern Costa Rica. Biological Conservation, 1999, 87：391-395.

[21] Laurance, W F, et al. Biomass collapse in Amazonian forest fragments. Science, 1997, 278：1117-1118.

[22] Cochrane, M A, et al. Positive feedbacks in the fire dynamics of closed canopy tropical forests. Science, 1999, 284：1832-1835.

[23] Parrotta John A, Turnbull John W, Jones Norman. Catalyzing native forest regeneration on degraded tropical lands. Forest Ecology and Management, 1997, 99：1-7.

[24] William G. Stanley, Florencia Montagnini. Biomass and nutrient accumulation in pure and mixed plantations of indigenous tree species grown on poor soils in the humid tropics of Costa Rica. Forest Ecology and Management, 1999, 113 (1)：91-103.

[25] Hardwick Kate, Healey John, Elliott Stephen, Garwood Nancy, Anusarnsunthorn Vilaiwan. Understanding and assisting natural regeneration processes in degraded seasonal evergreen forests in northern Thailand. Forest Ecology and Management, 1997, 99 (1-2)：203-214.

[26] Wunderle Jr, Joseph M. The role of animal seed dispersal in accelerating native forest regeneration on degraded tropical lands. Forest Ecology and Management, 1997, 99 (1-2)：223-235.

[27] Pinard M A, Barker M G, Tay J. Soil disturbance and post-logging forest recoveryon bulldozer paths in Sabah, Ma-

laysia. Forest Ecology and Management, 2000, 130 (1-3): 213-225.

[28] Ashton Mark S, Gunatilleke C V S, Singhakumara B M P, Gunatilleke I A U N. Restoration pathways for rain forest in southwest Sri Lanka: a review of concepts and models. Forest Ecology and Management, 2001, 154 (4): 213-225.

[29] Keenan R, Lamb D, Woldring O, Irvine T, Jensen R. Restoration of plant biodiversity beneath tropical tree plantations in Northern Australia. Forest Ecology and Management, 1997, 99 (1-2): 117-131.

[30] Aide T Mitchell, Zimmerman Jess K, Herrera Luis, Rosario Maydee, Serrano Mayra. Forest recovery in abandoned tropical pastures in Puerto Rico. Forest Ecology and Management1995, 77 (1-3): 77-86.

[31] Simberloff, Daniel. Flagships, umbrellas, and keystones: is single-species management passé in the landscape era? Biological Conservation, 1998, 83 (3): 247-257.

[32] Holl Karen D, Kappelle Maarten. Tropical forest recovery and restoration. Trends in Ecology and Evolution, 1999, 14 (10): 378-379.

[33] KONG Fan-hua, LI Xiu-zhen, ZHAO Shan-lun, YIN Hai-wei. Research advance in forest restoration on the burned blanks. Journal of Forestry Research, 2003, 14 (2): 180-184.

4 水域生态系统恢复的原理与实践

地球有"水的星球"之称，水在推动地球及地球生物的演化、形成与发展过程中具有重要作用。据估计，地球上水量共计 $1.386 \times 10^9\,km^3$，主要由大气水（水汽、水滴和冰晶）、海洋水和陆地水三部分组成。许多学者将淡水生态系统、海洋生态系统与陆地生态系统并列为地球上的三大生态系统。作为生物圈的重要环节，水域（淡水/海洋）生态系统在维持全球物质循环、水分循环和能量流动及调节全球气候中发挥着特殊作用。尽管全球水体面积占75%之多，远远大于陆地面积，但其中大部分是海水，陆地水面积和体积极为有限。全球海洋水量为 $1.35 \times 10^9\,km^3$，占地球总水量的97.41%；陆地水体水量为 $3.6 \times 10^7\,km^3$，仅占总水量的2.59%；大气水量约 $1.3 \times 10^4\,km^3$，只占地球水量地0.001%（左玉辉，2002）。全球陆地水（淡水）主要包括湖泊、水库、河流、土壤、含水层和生物体中的液态水、冰川、积雪和永久冻土中的固态水等，其中人类不能直接利用的水体（如冰川和冰盖）和深层地下水占淡水总量的99%以上，直接供应人类生活与生产需要的河水、湖水和水库等水量只有 $1.01 \times 10^5\,km^3$。可见，保护水资源，尤其是陆地水域生态系统的相对稳定，是人类赖以生存与发展的关键。本章中水域生态系统主要涉及江河、溪流等流动的和湖泊等相对静止的淡水生态系统。

淡水生态系统是指江河、湖泊、湿地、水库、池塘等内陆特定的水域生态系统。这些内陆水体不仅可以为人类提供食物、工农业生产及生活用水，而且具有渔业、航运、水利灌溉、发电、旅游休闲和净化污染物质等诸多社会经济价值。此外，这些水体是各类野生生物理想的栖息地，具有极高的生物多样性，可为人类提供许多重要的生态服务功能。

然而，在过去的几十年中，随着人口的快速增长、生活水平的提高以及工农业生产的迅猛发展，人类对水资源的需求量急剧增加；同时，由于对水资源管理和利用缺乏科学的认识而造成的水资源随意开采、污染物的大量排入、森林破坏（尤其是河岸植被带），严重影响和损害了水域生态系统。而且，这种变化和破坏的程度明显大于历史上任何时期，受到损害的速率也远远大于其自身及人工的修复速率。水域环境的严重破坏与污染必然导致水资源的损耗与短缺（许木启等，1998）。

因此，如何延缓甚至阻止水域生态系统受损进程、维持现有淡水生态系统的服务功能、修复受损水域生态系统、促进淡水资源持续健康发展已经成为当今国际社会关注的焦点之一。本章主要介绍河流和湖泊两类水域生态系统恢复的原理与国内外的恢复实践活动等。

4.1 河流的生态恢复

在自然条件下，不论溪流、河流以及集水区等流动水域生态系统，还是池塘、湖泊、湿地等静水生态系统，都是极具生命力的复合生境，其内生物多样性极其丰富。有关河流生态系统"缀块"特征的生态学研究表明：空间过渡生境（spatially transitional habitats）或群落交错带（ecotone）是流动水域生态系统的主要特点。这些不同的群落交错带是在河流-漫滩生态系统发育与变化的历史过程中形成的。随着不同河段的水文、地形、动力等因素以及时间的变化，河流生态系统（包括群落交错带）会在横向、纵向、垂直等不同空间上发生变化。因此，不同区域内河流－漫滩环境不仅反映了"功能区"（functional sectors）内植物群落不断演替、竞争的自然背景，而且它是各类动物不断适应环境、繁衍生息的生境模板。然而，长期以来，人类常常忽视了河流生境与生物的这种相互联系以及河流水文压力、干扰等的重要因素，直到近几年才开始对这种关系有所认识，还有待于进行深入研究。

在实践研究中，河流应被看作是一个完整的动态（dynamic）生态系统。这也被认为是实现河流生态恢复及其可持续发展的基础（Perrow M R 和 Davy A J，2002）。Cairns（1991）认为，生态恢复是使受损生态系统的结构和功能恢复到受干扰前状态的过程。但是，由于河流生态系统受干扰前后均在不断地发生变化，而且生态恢复（尤其是功能的恢复）必须通过多学科、多部门的合作才可实现，因此，实践中以重建"理想"的河流结构为单一目标的河流生态恢复往往很难实现。目前，国内外进行的各项生态恢复工程常常将生境改善作为目标，例如，河岸带和大型动物区系（鲑鱼或牡蛎）的恢复工程主要对河流的基础物理生境进行恢复；同时，健康完善的河流生境建设往往也受到流域水文、地理、生物、结构功能等多种因素的限制。

4.1.1 河流生态系统的结构与功能

4.1.1.1 河流生态系统的结构

狭义上，河流生态系统是指由水生植物、水生动物、底栖生物等生物与水体等非生物环境组成的一类水生生态系统。广义的河流生态系统包括陆域河岸生态系统、水生生态系统、湿地及沼泽生态系统等在内的一系列子系统组合而成的复合系统（鲁春霞，2001）。从河流的结构来讲，河流一般由溪流汇集而成。在河流的源头先是没有支流的小溪流，它属于最小的一级小溪，当两个或更多一级小溪汇合后就形成稍大的二级小溪，两个二级小溪汇合就形成更大的三级溪流。每一条溪流或河流的排水区域构成它的流域，而每一个流域在其植被、地理特点、土壤性质、地形和土地利用方面都各不相同。但溪流和河流都为各自流域提供了排水通道，池塘、湖泊和湿地具有滤污器的功能（尚玉昌，2002）。在此，我们认为河流生态系统是一个由流水系统、静水系统和陆生系统（包括各系统内生物群落）三个部分组成的完整复合生态系统。

（1）水体　河流生态系统往往由流水系统和静水系统这两个不同而又相互关联的生境交替组成。流动水体是溪流初级生产量的主要产生地。水生附生生物可附着在水下的岩石、倒木上，成为溪流浅滩的优势生物，主要成分是硅藻、蓝细菌和水藓，它们相当于湖泊中的浮游植物。在流动水体的上下游都分布有静态集水区。集水区的深度、流速和水化学方面都与流动水体不同。如果说流动水体是有机物生产的主要场所，那么集水区就是有机物分解的工厂。由于集水区的水流速度较慢，可使水中的有机物质沉淀下来。集水区是夏秋两季中二氧化碳的主要产生场所，这对于保持溶解态重碳酸盐的稳定供应是必不可少的。如果没有集水区，流水植物的光合作用就会把重碳酸盐耗尽，使下游所利用的二氧化碳越来越少（流水中的二氧化碳大都是以碳酸盐和重碳酸盐的形式存在的）。

水流流速是影响溪流/河流特征和结构的一个重要属性，而河道或溪流通道的形状、陡度、宽度、水深、溪底平均深度和降雨强度以及融雪速度都对水流速度有影响。水流速度超过 50cm/s 应该算是水流较急的溪流，在此流速下，直径小于 5mm 的所有颗粒物都会被冲走，留在溪底的将是小石块。高水位差可增加流速并能搬运溪底的石块和碎砖瓦，对溪床和溪岸有很强的冲刷作用。随着溪/河床的加深、加宽和水容量的增加,溪/河底就会积累一些淤泥和腐败的有机物质。当水流速度逐渐变缓时,河流(溪流)中的生物组成也随之发生变化。

水体 pH 值反映着溪流中的二氧化碳含量、有机酸的存在和水污染状况。一般来讲,与酸性的贫营养溪流相比,水的 pH 值越高表明水中碳酸盐、重碳酸盐和其他相关盐类的含量也就越多,水生生物的数量和鱼类的数量也就越多。溪水越过浅滩时的起伏大大增加了水体与空气的接触面,因此溪流中的氧含量升高,常常可达到即时温度下的饱和点,只有在深潭或受污染水体中,含氧量才会明显下降。

(2)生物 河流的流动性是生物栖息所面临的主要问题。在这方面,河流生物已形成了一些特有的适应性。为在流水中减少运动阻力,流线型体形是很多河流动物的典型特征。很多昆虫的幼虫可抓附在石块的小表面,因为那里的水流较慢,它们的身体极为扁阔,甚至有的在下表面十分黏滑,这能使它们牢牢地黏附在水下石块的表面,并缓慢地在石块表面爬行。在植物中,水藓和分枝丝藻可靠固着器附着在岩石上,有的藻类则可形成垫状群体,外面覆有一层胶黏状物,其整体形态很像是石块和岩石。

栖息在急流中的所有动物都需要极高的接近饱和状态的含氧量,而且水的快速流动能保证它们的呼吸器官与饱含氧气的溪水持续接触,否则身体外围一层水膜中的氧气很快就会被耗尽。在水流缓慢的溪流中,具有流线型体形的鱼种就会消失,代之以其他种类的鱼如银鱼等。这些鱼类失去了在急流中游动所需的强有力的侧肌,体形较为紧凑,使它们适应于在茂密的植物丛中穿行。

溪底或河底的性质是影响河流整体生产力的重要因素。一般说来砂质河底的生产力最低,因为附生生物难以在那里定居。基岩河底虽然为生物定居提供了一个坚固的基质,但它遭水流冲刷太强烈,因此只有抓附力最强的生物才能生活在那里。由砂砾和碎石铺成的河底对生物定居是最适宜的,因为这不仅为附生生物提供了最大的附着面积,而且为各种昆虫幼虫提供了大量缝隙作为避难场所,因此这里的生物种类和数量最多,也最稳定。河底砂砾和碎石的过大或过小都会使生物产量下降。

可见,在河流中的生物为河流生态系统提供了生命的活力,是河流生态系统持续发展的基础。

(3)河岸带 河岸带泛指河水与陆地交界处的两边、河水影响很小的地带(张建春等,2003)。C. Nilsson 等(2000)认为河岸带是指高低水位之间的河床及高水位之上直至河水影响完全消失为止的地带。河岸带也可泛指一切邻近河流、湖泊、池塘、湿地以及其他特殊水体并且有显著资源价值的地带。一般来讲,河岸带包括非永久被水淹没的河床及其周围新生的或残余的洪泛平原。由于河岸带是水陆相互作用的地区,其界线可以根据土壤、植被等因素的变化来确定(Gurnell A M,1999)。河岸带具有四维结构特征,即纵向(上游~下游)、横向(河床~洪泛平原)、垂直方向(河川径流~地下水)和时间变化(如河岸形态变化及河岸生物群落演替)4 个方向的结构。河岸带生态系统具有明显的边缘效应,是地球生物圈中最复杂的生态系统之一。作为重要的自然资源,河岸带蕴藏着丰富的野生动植物资源、地表和地下水资源、气候资源,以及休闲、娱乐和观光旅游资源等,是良好的农、林、牧、渔业生产基地。

4.1.1.2 河流生态系统的功能

(1)河流的功能 从对人类的作用来看,河流功能可分为正向和负向两类。其负向功能主要是指洪水泛滥产生的洪涝灾害、传播污染疾病等，1998年长江流域的大洪水就给了我们深刻的教训。正向功能主要表现在为人们生活及工农业生产提供所需淡水资源，进行水力发电、发展航运业和水产养殖捕捞业及提供景观环境资源。由于河流具有提供淡水、发展航运、建设大型水电站提供能源等优点，这样就促使流域工业布局向沿江线靠拢并形成产业密集走廊，例如莱茵河中下游、密西西比河三角洲、长江三角洲等。流域经济中心城市逐渐在沿江线上发展起来，并依托沿江城市这些"点"，借助河流这个"轴"，辐射整个流域经济的"面"，从而形成"点-轴-面"的流域空间经济格局（吴相利，2000）。这种格局是河流多目标、多层次充分开发利用的结果，是河流社会经济功能的重要体现。

此外，河流所具有的生态功能也不容忽视。具有宽而浓密植被的河流廊道可控制来自景观基底的溶解物质，为两岸内部种提供足够的生境和通道，并能很好地减少来自周围景观的各种溶解物污染，保证水质，净化环境，调节气候；不间断的河岸植被廊道能维持诸如水温低、含氧高的水生条件，有利于某些鱼类生存，增加区域生物多样性；沿河两岸的植被覆盖，可以减缓洪水影响，并为水生食物链提供有机质，为鱼类和泛洪平原稀有种提供生境。因此，河流具有供人们游憩、吸纳污水、净化环境、调节气候等公益价值。

（2）河岸带的多重生态功能　河岸带对水陆生态系统间的物流、能流、信息流和生物流能发挥廊道（corridor）、过滤器（filter）和屏障（barrier）功能（尚宗波，2001）。河岸带生态系统对增加物种种源，提高生物多样性和生态系统生产力与服务功能，稳定河岸，进行水土污染治理和保护，调节微气候和美化环境，开展旅游活动均具有重要的现实和潜在价值。

① 廊道功能：Burger 等（2000）认为河岸带既是生物多样性的潜在濒危区，又是连接分散生境斑块的廊道。Lima 等（1999）在研究南美亚马孙地区热带植物时指出：线性残存植物区系，如河岸带廊道、灌木林带和山谷中的森林长廊带，在一定程度上均有助于连接森林破碎景观。适当宽度的河岸带（140～190m）残林，至少对于一些小动物（<2kg 的森林脊椎动物），具有重要的保护价值；而 200～300m 宽的热带残迹林，甚至大于 5km 的河岸带走廊，更有利于一些敏感动物种的迁移。

② 缓冲带功能：Mander（1997）通过研究爱沙尼亚和美国的河岸缓冲带功能，提出"河岸缓冲带是指直接生长在河岸的林地、灌丛（5～50m 宽）或草地（50～200m 宽）"。河岸缓冲带的宽度依据土壤和邻近地区 5～50m 范围内的景观条件而定。参照通用水土流失方程（USLE），他提出缓冲带的有效宽度与在相应时段内地表径流强度、流域坡长和坡度成正比，而与流域地表的粗糙度系数（自然草地为 1.2，开发强度较大的土地为 1.0）、缓冲带内渗入的水流流速及缓冲带内土壤的吸附能力成反比。Mander 发现灌丛和树龄小的林地较树龄大的林地具有更大的去除 N、P 等营养物质的能力，这是由于在这类河岸缓冲带中植被和土壤及土壤微生物的活动能力和吸附能力更强。此外，Mander 还发现森林中圆木的运输量与 N、P 在河岸缓冲带中的滞留量相关性极强，其相关系数分别达到 0.99 和 0.997，这表明林地中植被的数量及其郁闭度大小对河岸缓冲带的功能影响极大。Peterjohn 和 Correll（1984）认为河岸带可滞留 89% 的 N 和 80% 的 P。由此可见，河岸缓冲带吸纳非点源污染的有效性会受到许多因素的制约，如缓冲带的尺度，植物结构组成、土地利用情况，土壤类型、地貌、水文、微气候和其他农业生态系统的特性等，因此，设计河岸缓冲带是一个十分复杂的过程。

③ 护岸功能：河岸侵蚀是一个复杂的现象，往往受到多种因素的影响，通常与水流、

泥沙和河岸性质如物质组成与质地、切向力和抗张力、地下水水位、渗透力、地层、河岸几何形态及其上生长的植物等有关。河岸植被覆盖的密度与类型对河岸侵蚀的防护作用影响较大。Zierholz（2001）在研究沼泽湿地对河流和流域泥沙输移时指出：沼泽植被通过覆盖河岸、河谷和河床，不仅保护了河岸，而且降低了河床中水流速度，防止了水流侵蚀，促进了泥沙沉积；反之，孤立的植被在河床中极易遭受洪水侵蚀，影响河床形态和泥沙输移。沼泽湿地每年沉积的泥沙量是其他河段沉积泥沙量的4~20倍，同其他保护河流、防止泥沙侵蚀的措施相比，在河边建造篱笆、树木和其他土木工程是最经济、最自然和最有效的方法。当然，植物的护岸作用也是有条件的，Smith（1986）通过试验研究认为：在河岸较低时，由于植物根系可以垂直深入河岸内部，故植树可以加强河岸的稳定性；但当河岸较高时，由于植物根系不能深入到河堤堤脚，植树则会增加河岸的不稳定性，特别是当河岸易遭受河水侵蚀和底蚀时。当短期的洪水侵蚀河堤并且水位经常发生变化时，草本植物可以有效地发挥防洪和防侵蚀作用；但如果水位较高，淹没时间较长，这时就需要寻求更好的护岸方法。

张建春等认为河岸带具有3个重要的功能：a. 自然河岸廊道以及与之相联系的对地表和地下水径流的保护功能；b. 对开放的野生动植物生境以及其他特殊地和迁移廊道的保护功能；c. 可提供多用途的娱乐场所和舒适的生活环境。

4.1.2　河流生态系统退化的原因

4.1.2.1　诱发因素分析

一般地，严重退化的河流生态系统出现在人口居住密集的城区段或工业区附近，如黑臭的河沟常由工厂排污引起，有时与大多数居民生活污水的排放有关。其实，人类对河流生态系统的干扰与破坏远不止这些点源污染物的排放，河滨土地的过度开垦、农业化产生的面源污染、大坝水闸建造对河流水文条件的改变、河道的截弯取直、水泥护岸对生境的破坏等都对河流生态系统产生了不同程度的干扰。从干扰方式上讲，可分为：直接污染水质，如生活污水和工业废水等向河流生态系统的直接排放以及滨水区附近垃圾的堆放等；对非生物生境要素的直接破坏，如硬质（水泥）护坡、河道的截弯取直和断面形式的单一化等；对生物组成部分的过度掠取，如过度捕捞、沿岸林木的砍伐和沿岸草地的过度放牧等；生态环境恶化，包括流域内水土流失与面源污染严重；河流缺乏生态用水，如河流沿线调水缺乏统一调度，下游无法达到合理水位；工农业发展引起全球气候反常变化，如全球变暖、酸雨等。

4.1.2.2　退化机理分析

河流生态系统作为生态系统的一种，也是由生物（动物、植物和微生物）及其生存的无生命环境（水、空气、土壤等）共同组成的动态平衡系统，系统中各成员通过系统内的物质循环、能量流动、信息传递及各种复杂的反馈功能构成一个多因素、多成分的耦合系统。

河流生态系统的生物群落与其生境之间同样具有统一性，每一个渐变的生态系统都是其生物群落与生境相互作用，长期协同演变的结果，两者是不可分割的，可以说，对一相对稳定的生态系统而言，生境是生物群落存在与演替的物质基础，生物群落是其生境的外在表现。比如，淡水周边的湿地生物群落，需要适应干旱与洪涝两种生境的交替变化，形成了湿地植物既耐旱又耐涝的特征，水边多生长对水力梯度变化相对不敏感的芦苇等挺水植物。一个地区丰富而相对稳定的生境能造就丰富的生物群落，如果生境多样性受到破坏，生物群落的物种组成、分布、多度和密度等必将发生变化，并很可能进行逆向演替，在较长的时间内处于不利于人类生活与生产的状态。河流生态系统在长期的进化过程中，形成了在数量上与时空分布上的种内与种间关系的协调，通过物质循环、能量流动和信息传递等生态过程及存在于其中的各种负反馈功能，使得该系统具有自我调控和自我修复功能。通过自我修复和自我调控，在外界条件的干扰下，河流生态系统具有相对的稳定性，并且系统中生物之间、生物与生境之间的生态关系越复杂，系统越稳定。但是，系统的稳定性是有限度的，当人为干扰强度超过河流生态系统的环境承载力时，该生态系统的正常生态功能的发挥就会受阻，从而引起系统退化。

可见，河流生态系统退化是流域内人口增加、城市化进程加快、人类生产生活活动不断向滨水区推进，以及工农业粗放型快速发展等引起点、面源污染超过河流生态系统的环境承受力，引起生态系统结构破坏的结果，结构的破坏进一步影响其生态过程及生态功能的发挥，降低了其环境承载力，此时如不降低干扰负荷，将使得组成生态系统的生物要素与非生命环境要素变化加剧，从而推动生态系统逆向演替-退化。

4.1.3 河流生态恢复的理论依据

4.1.3.1 生态学基础

随着科技进步和社会生产力提高，人类虽然创造了前所未有的物质财富，推进了文明发展的进程；但与此同时，人类正以前所未有的规模和强度影响环境，损害和改变自然生态系统，使全球生命支持系统的持续性受到严重威胁。恢复和重建受损生态系统已经成为摆在全社会面前的紧迫任务。在这种背景条件下，20世纪80年代发展起来的恢复生态学（restoration ecology）和景观生态学（landscape ecology）以及流域生态学（watershed ecology）为受损水域生态系统恢复与重建提供了坚实的理论基础。

流域生态学是处于淡水生态学、系统生态学和景观生态学之间的一个交叉学科，它以流域为研究单元，应用现代数理理论，研究流域内高地（upland）、河岸带（riparian zone）、水体间的信息、能量、物质变动规律。流域（watershed）是指一条河流（或水系）的集水区域，是一个由分水线所包络的相对封闭的系统，河流（或水系）可从这个集水区中获得水量补给。流域是一个由不同生态系统组成的异质性区域，包括水系及其周边的陆地。从尺度上讲，流域生态学属于宏观生态学（macroscopic ecology）的研究领域（邓红兵等，1998）。

流域生态学研究包括如下主要内容：①流域形成的（古地理和古气候）历史背景及发展过程；②流域景观系统的结构（不同生态系统或要素间的空间关系，即与生态系统的大小、形状、数量、类型、构型相关的能量、物质和物种的分布）、功能（空间要素间的相互作用，即生态系统组分间的能量、物质和物种的流）和变化（生态镶嵌体结构和功能随时间的变化）；③流域生物多样性测度，生态环境变化过程对流域景观格局（如水生、陆生及水陆交错带生物群落和物种）的影响与响应；④流域内主要干、支流的营养源与初级生产力，干、支流间的能量、物质循环关系及其规律，流水与静水生境之间营养源和能源的动力学研究以及江湖阻隔的生态效应。河流生态系统形成、结构、功能等的研究是流域生态学的一个重要内容，尤其是水陆交错带的研究是河流带生态恢复与重建研究的基石（吴刚，1998）。

4.1.3.2 河流的生态机能理论

河流的基本结构和动力学特征是在河流生态系统的水文、水化学、光合作用三者共同作用下形成的。随着自然条件的逐渐变化，河流中植物群落在集水区下游和横向的分布以及生产力均会发生规律性变化。除了集水区上游水体内生物源（本地源）以外，还有其他来自陆地植被（外来源）的物流输入以及通过上游有机物质交换后的物质均会汇集到集水区，继而导致其下游物理环境中可利用生境的显著变化。有关河流系统的生态机能主要有以下三个理论。

（1）河流连续统理论 RCC（River Continuum Concept）　河流生态学研究中"河流连续统理论"已被人们普遍接受。由源头集水区的第一级河流起，向下流经各级河流流域，形成一个连续的、流动的、独特而完整的系统，称为河流连续统（river continuum）。河流连续统理论认为河流生态系统内现存的和将来的生物要素按照生物群落的结构和功能而发展变化的规律，常表现为一种树枝状的结构关系，基本属于异养型系统，其能量、有机物质主要来源于相邻陆地生态系统产生的枯枝落叶及地表水、地下水输入中所带的各种养分，自身的初级生产力所占比例仅为 1%～2%（邓红兵，1998），如图 4.1 所示。它不仅是许多动植物特有的栖息地，也是许多高地种迁移等生命活动必不可少的景观因素。同时，Minshall 等（1985）针对有机物源的时空性、无脊椎动物群落的结构和河流流向上源的分离，提出了有关量级和变化参数各类概念，研究者需要对此有深刻的认识和理解。就局部变量而言，河流连续统理论可作为响应变化和适宜修改的最佳模型，且可指导一些有关激流生态系统的研究工作。但是，对于低河槽河段内发生的各类现象，河流连续统理论并不能给予充分的解释。因此，它只适于永久性的激流生态系统。强烈的河流-漫滩效应会对 RCC 预测的纵向模型有较大影响。而且，一些河流的"连续体"现象会被水文几何学和支流处生境所掩饰。

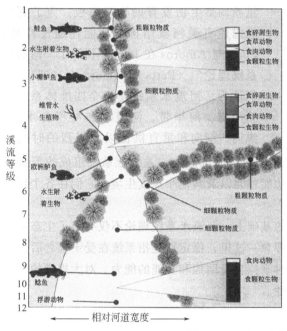

注1：① 图中1～2级河流属于低级别溪/河流：由于森林郁闭度高和基质不稳定，自身的初级生产量小，主要能量是异源性的有机物输入；食碎屑生物与食颗粒生物比例大，生产-呼吸率比值（P/R）小于1。

② 图中3～7级河流属于中等级别河流：由于森林郁闭度低且水浅，具有较高的自源初级生产力，主要能量来自大型水生植物和周丛生物；食碎屑生物减少，食草动物增大，P/R 大于1。

③ 图中8～12级河流属于高级别河流：由于水深且混浊，自源生产量较低，主要能量源是来自上游河段的细有机颗粒物；几乎没有食草动物与食碎屑生物，P/R 小于1。

注2：实际上，这种纵向格局很罕见，如果有，也只存在于未受干扰的河流中。一般情况下，代表 RCC 系统的3种模式呈斑块分布于整个河流，某一河段的具体特征由占数量优势的那种模式体现。

图 4.1　河流连续统理论 RCC 图解

（仿自 Perrow M R 和 Davy A J，2002）

可见，河流连续统理论最适用于小、中型的溪流，缺少河流-漫滩作用或人工调控严重的河流（Statzner 和 Higler，1996）。有关河流系统纵向模型的其他理论主要有源旋转理论（the resource spiraling concept）和系列不连续理论（serial discontinuity concept）。

（2）洪水脉冲理论 FPC（Flood Pulse Concept）　具有漫滩的大型河流，洪水每年从河流向漫滩发展。"洪水脉冲理论"强调：河流与漫滩之间的水文连通性是影响河流生产力和物种多样性的一个关键因素，如图 4.2 所示。河岸带控制着生物量和营养物的横向迁移和循

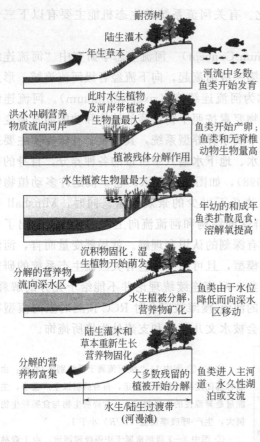

图 4.2 洪水脉冲理论图解
(仿自 Perrow M R 和 Davy A J, 2002)

环。洪水淹没期，河漫滩适合水生生物生长与繁殖；平水或枯水期，河岸带陆生生物向河漫滩发展延伸。"洪水脉冲优势"通常被定义为变流量河流（有洪水脉冲）每年鱼类总数大于常流量河流所具有鱼类总数的程度。

（3）河流水系统理论 FHC（Fluvial Hydrosystem Concept） 从生态学角度来看，河道-漫滩是河流生态系统横向上的重要组成部分，中等生境缀块具有极其丰富的生物多样性。这些缀块在地貌学上被称为"功能区（functional sets）"，包括流水河道、河漫滩、沙洲和废弃河道。季节性洪水是河流生态系统的标志性特征。在每一个功能区内，洪水不仅提供了河流特定的水动力和水化学基础，而且可以定期地重新调整生物发育的物理模板。为了更好地描述有关河流结构与功能连通性特征，Petts 与 Amoros 在 1996 年提出了"河流水系统理论"（Petts 和 Amoros, 1996）。他们认为，河流水系统是一个四维体系，包括河道、河岸带、河漫滩和冲积含水层，纵向、横向和垂直洪流以及强烈的时间变化都会此体系产生影响，如图 4.3 所示。此理论强调河流是由一系列亚系统组成的等级系统，包括排水盆地、下游功能扇、功能区和功能单元以及其他小尺度生境，它们在各个尺度上都具有水文、地貌和生态方面的复杂联系。

在河流系统"稳定性"和"弹性"概念的基础上，河流水系统理论不仅突出了生态系统的驱动力，而且强调了河流生态系统健康的理念。这里，稳定性是指系统在受干扰之后返回平衡状态的能力；而弹性是指系统在受干扰时维持自身结构和功能的能力。对大规模的洪水干扰，自然河道在发展过程中已具备了适应性。

4.1.4 河流生态恢复的目标与内容

4.1.4.1 生态恢复的目标

（1）区域目标（community objective） 区域目标从关注人类生活质量出发，包括改善退化河流环境的美学价值和保护文化遗产和历史价值。这样，那些看似"无用"的环境价值可能成为河流恢复工程的目标之一。但有时河流的美学价值和科学价值并不一致。例如，在以娱乐休闲为目标的恢复工程中，虽然可策划其他公共目标，但基本出发点是不同的。只有在保护目标与运动、垂钓等娱乐休闲活动在经济利益上一致时，才有利于生态恢复的启动。

河流生态恢复可以直接由区域行动来发起，也可以通过"以河流为荣"的理念借助社区凝聚力或增强环境意识来实现。而且，这些恢复往往均以生态目标为导向。在一些项目中，需要进行中心交易（central deal），以实施恢复项目中一些替代方案。

（2）专项目标（technical objective）专项目标多数由河流管理机构发起。1992年里约热内卢全球首脑会议指出：河流规划与管理必须在河流环境可持续原则的指导下向生态与保育方向发展。但事实上，许多河流管埋都以生态恢复为保护伞，只采用一些"传统"的河流管理措施，河流的防洪工程就是一个典型例子。如重新淹没河滩地、重建河岸林与蓄水池等一系列措施，虽然既可以恢复湿地生境，又有利于下游区域抵抗洪灾，但这些措施基本上与人们长期形成的河流保护观念相驳，因此实施起来很难。目前，河流恢复的专项目标还包括减小河道系统的不稳定性、减少有关淤泥维护费用和改善水质（DO含量）等措施。这些目标往往与生态效益有关。例如，新型河流管理战略不仅有利于减少河床细砂含量，而且有利于改善鲑鱼属鱼类的产卵环境。但这些生态改善措施仅仅是河流生态恢复众多目标中的一项而已。

（3）生态目标（objective for ecological improvement）河流生态恢复目标多种多样。为达到各项目标之间相互平衡，必须有一个"折中"目标。但只有从生态角度出发，所确立的整体目标才能有效地改善河流功能。也只有这样，才能改善河流生物多样性、动植物群落和河流廊道。因此，生态目标确定的一个关键因素就是明确目标动植物群落生存发展所要求的物理生境条件，包括鉴定目标物种、了解不同发育阶段的生境需求以及掌握与目标物种有依赖或共生关系的物种的生境需求。以上鉴定工作有助于地理学家和工程师利用河流生态系统现状特征作出可持续的河流生境规划，而且，这一规划可以作为河流防洪、改善娱乐休闲空间等河流管理目标的框架。

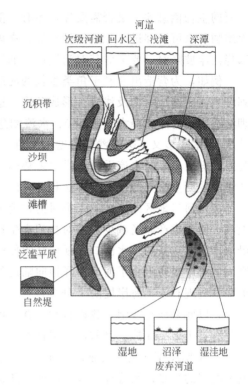

图4.3　河流水系统理论图解
（仿自 Perrow M R 和 Davy A J，2002）

4.1.4.2　河流生态恢复的主要内容

根据河流生态系统的组成，河流生态恢复的主要内容有河流自然生境恢复、河口地区恢复、河漫滩恢复和湿地恢复等。不同的河流恢复内容应该采取不同的生态修复方法，并依据工程建设对环境影响的内容、程度不同而有所不同。而且，必须认识到工程建设必然会对环境产生冲击。应当重视生态恢复对自然营造力的适宜度，不能强行修复，必须依靠自然规律来维持和发展。

（1）河道整治恢复　目前，中小河流的整治一般采取顺直河道、加大河宽、疏挖河床、修建护岸工程等措施，提高防洪的安全度。其结果使得项目建设区域内珍贵植物消失、深潭及浅滩消失或规模缩小、河宽增加导致水深减少、断面形状单一化导致流速单一化、河床材料单一化、滞流区减少、滩地的平整和自然裸地减少等。与此同时，河床坡降的改变使泥沙的输送量、输送形态都发生变化，从而可能影响到上下游的栖息地。

为了缓减河流整治的负面影响，首先，在河道整治线的选择上，应考虑项目区域是否有重要的生物栖息地、是否需要保留原有大型深潭的弯道，并采取措施保护现存河畔林及濒临灭绝物种（可迁移进行异地保护）等；在确定滩地高程时，应考虑洪水脉冲频率及水深；在选择河床坡降时，要考虑其对河流冲淤的影响等。

例如，为营造出有利于鱼类生长的河床，在日本常将直径 0.8～10m 大小的自然石经排列埋入河床造成深沟及浅滩、形成鱼礁。这种方法被称为植石治理法或埋石治理法。植石治理法适用于河床比降大于 1/500、水流湍急且河床基础坚固、遇到洪水植石带不会被冲失、枯水/平水季节又不会被沙土淤塞的河道。另一种常用方法为浮石带治理法，适于那些河床为厚砂砾层、平时水流平缓而洪水来势凶猛的河床治理。即将既能抗洪水袭击又可兼作鱼巢的钢筋混凝土框架与植石治理法相结合的治理法。

（2）河口地区的恢复　人类对河口地区生态环境的影响主要是由于河床的疏挖造成盐水上溯，使鱼类产卵场减少，并对盐沼产生影响，甚至使其减少/消失。据估计，在东英格兰沿海岸艾塞克斯的黑水河口，横向盐沼侵蚀每年以大约 2m 的速度推进。主要原因之一就是坚固的海岸堤防阻止了河口沼泽地向陆地的迁移，即"海岸挤压"。从生态和经济角度考虑，拆除这些现有人工海岸堤防十分合理。1991 年，黑水河口地区进行了海岸堤防重建的试验工程，以此来恢复盐沼，建设自然"软"堤防。从自然角度和国际角度来讲，这种恢复工程十分有益于鸟类保护。目前，英国自然署、国家河流管理局、国家信托基金会以及主要的防洪投资者 MAFF（包括农业、渔业、环境、食品和农村事务局等）等部门已经相互合作来发展类似的恢复以及管理工程。此外，还建立了"黑水"交流会，以此鼓励艾塞克斯海岸的实践者和投资者，并不断进行交叉学科、相关技术的经验交流，包括来自美国、澳大利亚的专家。

日本九州地区遭受巨大洪灾后，进行了北川河道改造。改造工程严重影响到河口地区环境，例如，建筑物对滨枣（即黑枣）等植物的影响、河道滩地削低后外来植物对裸地的大规模入侵、河床疏挖后盐水上溯、修筑堤防导致盐沼减少、人工堤（混凝土衬砌）造成景观质量的下降等。为了保护生态环境，当地政府针对以上问题，采取了以下基本治理对策：有控制地进行河床疏挖、滨枣向其他合适地区移植、移植芦苇防止外来物种侵入、采用特殊堤防使遭受破坏的湿地面积最小、人工堤防的景观设计要与现有景观相和谐等。

（3）河漫滩、河岸带的恢复　河漫滩与河岸带是河流的主要结构，但由于人类开发、河流改造等，这两类有机结构已经被严重破坏，取而代之的是笔直的河道、零星的人工植被。河岸带改变和河漫滩消失而造成的洪灾、水质恶化和生物多样性减少等问题，已经很好地证明了河漫滩、河岸带恢复的重要性。例如，1991 年多瑙河所流经的六个国家启动了多瑙河环境项目，据测算，残存多瑙河河漫滩（$1.7 \times 10^7 hm^2$）每年生态服务功能价值为 6.66×10^8 欧元，河漫滩恢复带来的经济效益和社会效益尤其关系到下游国家，如保加利亚、罗马尼亚以及乌克兰等。河岸带恢复以莱茵河恢复实例分析说明。

4.1.5　河流生态恢复的原则与方法

4.1.5.1　河流生态恢复的原则

河流生态系统的恢复需要在遵循自然发展规律的基础上，借助人类的作用，根据技术上适当、经济上可行、社会能够接受的原则，使退化生态系统重新获得健康并有益于人类生存与生活的生态系统重构或再生过程（任海，2002）。任海等认为生态恢复与重建的原则一般应包括自然法则、社会经济技术原则、美学原则 3 个方面。自然法则是生态恢复与重建的基本原则，也就是说，只有遵循自然规律的恢复重建才是真正意义上的恢复与重建，否则只能是背道而驰，事倍功半。社会经济技术条件是生态恢复重建的基础，在一定尺度上制约着恢复重建的可能性、水平与深度。美学原则是指退化生态系统的恢复重建应给人以美的享受。

（1）河流恢复的基本原则　为适应河流管理的可持续发展，实现河流管理的"生态化"，河流恢复就必须不断减轻河流"压力"，不断改善河道、河岸带或河流走廊和河滩地的结构和功能。Scheimei 等（1999）提出河流生态恢复必须遵循以下基本原则。

① 河流生态学原则（river ecological principle）：河流生态恢复必须以河流生态学理论为基础，如河流连续统理论、洪水脉冲理论与河流水系统理论等。各种恢复方法的关键在于理解河流地形学、水文学与河流生态系统发展之间的关系。河流系统在地形、水文方面的长期变化会渐渐影响群落的各个组成，从而导致群落优势种、相关度和丰富度以及产量的大幅度改变。在此期间，若没有灾难性的种群变化，溪流的动植物群落将会不断发展、经历各种间断性干扰而存活下来。在受干扰的集水区内，由于环境条件发生了相当大的变化，非干扰集水区相关的高生物整体性和连通性也将会改变。因此，从河流生态学角度来讲，只有不断增加河流-河滩地之间的相互作用，才能改进河流沿岸的水文连通性和生态环境。

② 生态系统/格局导向原则（ecosystem/process oriented principle）：河流生态恢复应该在生态系统（格局）水平上进行，应忽略生态系统边界的影响，对特定生境或具有特定物种的生境进行恢复，不能仅仅以物种恢复为中心。在历史上，不论是直接的还是间接的河流恢复计划，多数都在保证其他生物生境的假设下，以运动和渔业商业为目标。但是，这样的恢复计划是不可能成功的，因为生态恢复需要整体规划思想来改善河流系统纵向、横向的连通性。如果河流功能连通性能被成功恢复，那么，生物多样性就会随之增加。

③ 自然原则（let-alone principle）：河流生态恢复基本上应能促进河流的水文、地形方面的功能，即"让河流实现其价值"。这一原则要求一种综合方法，也就是说一种可模仿自然的最经济、最有效的措施（Bayley 和 Li，1996），这同样要求对河流水文、地理和生态机能有充分的理解，而且只通过多学科合作的方法才能有效达到恢复目标。目前，一些生境恢复与改善方法正在实践阶段。

（2）河流恢复的实践原则　编者认为，在河流生态恢复与重建实践中，以下具体原则对于河流生态恢复与重建成功与否十分重要。

① 多目标兼顾原则：河流是人类文明的发源地。河流已被认为是城市中最具生命力与变化的景观形态，最理想的生境走廊和最高质量的城市绿线。因此，拆除防洪工程并非河流生态恢复与重建的目标。河流生态恢复与重建规划必须以实现滨水区多重生态功能作为主导目标，在了解河流历史变化与河流系统内地貌特征之间相互关系的基础上预先掌握河流的变化，瞻前顾后，建立完善的河流生态系统来改善水域生态环境，实现河流生态系统的防风护城、提供亲水性与娱乐休闲场所、增加滨河地区土地利用价值等功能，从而充分发挥城市滨水区的生态作用，以适应现代城市社会生活多样性的要求。

② 系统与区域原则：河流生态系统的形成和发展是一个自然循环（良性和恶性）、自然地理等多种自然力的综合过程。若不能从系统角度来改善河水流量、冲积物侵蚀、转运和沉积等有关功能，不能充分考虑上一级河流结构的规则，那么，即使对"自然化"河道进行生境结构改善，较低级的生态恢复目标可能很难实现，至少是不可持续的（NRC，1992）。例如，对一条高度渠道化的河流进行乡土河岸带植被的恢复往往很难成功，原因在于其水生-陆生交替生境被严重损害，而且其河岸带水流受到严重干扰，植被根本无法扎根生长。可

见，物理生境的系统恢复可以为景观生态改善和乡土动植物再植提供基础。而且，从长远角度看，高层次的恢复目标往往可以改善低层次的恢复目标。因此，河流生态恢复与重建规划不仅应服从上级流域规划与总体规划的要求，而且还应对上级规划中存在的不足和缺陷进行反馈与修改，实现整个流域系统功能的恢复。

③ 资源保护的原则：河流生态系统的功能发挥的好坏，很大程度上取决于河流水系与河岸带等结构是否完整。因此，河流生态恢复与重建规划要贯彻资源保护原则，保护两岸现有水系、湿地、漫滩以及河岸带等资源。

④ 景观设计生态原则：依据景观生态学原理，保持河流的自然地貌特征和水文特征，保护生物多样性，增加景观异质性，强调景观个性和自然循环，构架区域生境走廊，实现景观的可持续发展。

⑤ 尊重自然、美学原则：在满足防洪的前提下，保留原河道的自然线形，运用自然材料和软式工程，强调植物造景，不主张完全人工化。避免截弯取直，防止留有大量的生硬的人工雕琢痕迹。

⑥ 可持续发展原则：河流生态系统中生物多样性是河流可持续发展的基础。因此，河流生态恢复与重建规划应注重生物的引入与生境的营造，需要将目标物种与控制河道的基础地貌格局紧密联系起来，并充分理解它们之间的关系。"格局-形态-生境-生物群落"连续统一体为河流恢复明确了一种等级梯度结构，并暗含了上述有关河流生态机能的观点。在1992 年的联合国研究会议上，NRC 提出河流可持续恢复需要设定目标层次，即：a. 恢复自然水体和冲积机制；b. 恢复自然河流形态，为各类生物提供良好的生存环境与迁移走廊；c. 恢复自然河岸带植物群落；d. 恢复乡土的水生动植物。

4.1.5.2 河流生态恢复的方法

不同河流在地貌单元、生态群落、退化历程与可能的恢复目标等方面都有所不同。因此，河流恢复很难总结出简单而又行之有效的固定的恢复方法。国内外众多河流生态恢复与重建实例已清楚地说明了这一点。但为了便于理解，我们这里主要介绍有关生态恢复的四种方法。在具体的恢复实践中，由于恢复的需要往往会用到几种不同的方法或措施。

（1）非构造性方法（non-structural techniques）　非构造性方法主要是一些与集水区或廊道管理有关的措施，目的在于改变集水区水文过程和冲积物转运过程来实现恢复河流生态系统的目的。具体方法包括：①有计划地闲置一些可自然恢复的河道与集水区，并实施有关的水管理政策，以减小对自然水循环与沉积物频繁变换的影响。②制定和完善有关河漫滩或廊道管理的政策，以限制牲畜进入河道，即"半源性"技术（semi-source technique），包括河漫滩规划、托片（buffer strip）技术和水生生境边际战略（如基础关键树种与芦苇的种植）。虽然非构造性方法（如为缓和洪水影响而进行的土地买卖）正在被广泛应用在大型河流恢复中，但集水区等级恢复的内在复杂性往往会限制这一重要方法的使用。密歇根州的Père Marquette 流域是专门闲置恢复方法的一个典型实例（NRC，1992）。20 世纪早期，随着木材工业的衰败，人类对于河流的压力越来越少，这就使得河流开始慢慢恢复。到 1938年为止，Manistee 国家森林在此流域大部分地区发展起来，大大地促进了该地区的进一步恢复。目前，为了限制商业发展和住宅区发展对河流的影响，人们不仅重新将河流看作是一类自然景观，而且采取许多联邦政策来管理和控制垂钓和划船等娱乐活动的发展。

（2）改善网络连通性（improving network connectivity）　改善网络连通性的方法，即通过增加河漫滩洪水脉冲的持久性来改善河流侧向的连通性，从而实现河流的生态效益。此类方法并不完全集中在集水区尺度上进行研究，主要是通过采取不同措施来实现洪水脉冲驱动下的河道过程的恢复，例如释放过剩河流流量、撤销小型鱼梁和障碍物或大型水坝等措施。此类方法往往倾向于河流的过程恢复，尽量减少对系统状态的改变。

（3）内溪流快速恢复措施（in-stream measures for prompted recovery）　内溪流快速恢复措施往往要设计一些小型结构来诱导相关过程的发生，仅在河段尺度上对溪流进行改善，如英国的 Idle 河流恢复。这一项目的主要目的是减缓河流日益沉淀的趋势，并通过调节侵蚀与沉淀的地貌过程使河道更具异质性。此方法不能解决地貌学与集水区水文学之间的基本联系，但若经过战略性规划之后，就能促进河段的改善，这对于与其他受干扰集水区的建立联系十分重要。具体的措施主要包括采用流量导向板与小型水坝、脊或者风向标，进行基地恢复与水潭-浅滩重建，建立自然或人工的覆盖物并设置为鱼巢，采用沉积阀门与退台式堤岸等。此类方法对鱼类生产量和多样性产生的长期生态作用主要在于方案设计的局部影响，以及土地利用和河道管理实践的综合作用。

（4）地貌重建（morphological reconstruction）　地貌重建就是指在某一河段构建新的地貌。此方法常常受到干扰前河道自然地貌特征的影响，而与干扰后河道变化程度的关系不大。但是，此类方法在小流量河道恢复中十分流行。主要原因在于这些小流量河流自然或快速恢复的速度远远小于地貌工程措施的恢复速度。而且，这些工程不仅能成功地恢复小流量或静态的河流环境，而且在其他环境恢复中同样具有重要功能。因此，为了不改变河流侵蚀与沉淀的固有特性，受干扰的集水区河道设计就需要采用河道地貌设计方法。例如，日本通过地形改造建设河流两岸的超级堤防，不仅增加了防洪、安全功能，而且增加了河流的亲水性和两岸绿化面积。

4.1.6　河流生态恢复的限制因素

生态恢复存在许多制约因素，其中有些因素与河流生态学无关。从实践的角度来看，这就需要留足基本的河漫滩用地，或者作为永久的"留用地"，或者经合作协商后作为"留用地"，如在 Dutch 恢复工程中的"河流空间"（Cals 等，1998）。此外，以前曾提到过的许多潜在的制度问题也会限制河流盆地的管理，包括行政机构、管理机构权限的重叠以及边界矛盾（boundary conflicts）。因此，需要适当的组织来推动生态恢复进程，需要加强实践者与政策管理者之间的利益交流，管理者需要改善对生态系统理解，以及关键性的辅助法规。例如，丹麦于 1982 年就颁布了有关溪流恢复的法规《丹麦河道法令》，使丹麦成为世界河流恢复实践的先驱。

从科学研究角度来看，河流恢复也存在许多难点。这些制约因素主要包括：对生态系统功能的理解存在局限（NRC，1992），河流恢复缺乏对"集水区历史"深入认识，需要改善管理者与公众的科学信息交流以及不断淡化科学家与管理者之间的区别（NRC，1999）。以上问题值得在各节都进行讨论，但我们这里主要集中说明两个特殊的难点：生态恢复目标的确定、监督与恢复项目的评价，这对于改进河流生态恢复的科学研究极为关键。

4.1.6.1　恢复目标难以确定

目前，河流恢复生态学家所面临的一大难题就是难以确定适当的河流恢复目标。Hobbs 和 Mooney（1993）指出，退化生态系统恢复的可能发展方向包括：退化前状态、持续退化、保持原状、恢复到一定状态后退化、恢复到介于退化与人们可接受状态间的替代的状态或恢复到理想状态。然而，也有人指出退化生态系统并不总是沿着一个方向恢复，也可能是在几个方向间进行转换并达到复合稳定状态（meta-stable states）。

对城市河流生态系统来讲，一般无需将其恢复到天然河流状态，同时由于防洪、航运等因素的限制，这样的恢复目标也不现实。在具体恢复实践中，我们需要根据城市河流的退化状态，确定适宜的恢复方向与目标，同时设定目标的弹性范围，允许在一定范围内进行修改和变动，因地制宜，适时调控，同时必须加强后期恢复效果的动态监测，并完善河流管理机制，将保护、恢复、规划以及管理结合起来，融为一体。

4.1.6.2 生境优先性曲线难以表征

河流恢复的一大目标就是通过水潭-浅滩结构流量的调节、河道边缘的异质特性、河流的蜿蜒形态和河漫滩临时的水生生境的相互联系，恢复当地自然的水生生境。因此，不同鱼类、不同发育阶段的"生境优先性曲线"对于目标确定十分重要。此曲线可以通过查阅专业文献得到，也可以通过详细的野外观察总结。生态优先性曲线可以由流程深度、流速和河底的适宜性指数来表示，极度适宜为1，不适宜为0。模拟生境优先性最流行方法就是"内流流量递增法"（in-stream flow incremental methodology）（IFIM）及其优先模型和"物理生境模拟模型"（PHABSIM），后一模型计算了河段内具有河流负荷功能"加权可利用面积"。许多功能、生物和物理方面假设的存在，会大大降低物理生境模拟模型和内流流量递增模型的可信度。目前，各国正在研究更多、更复杂的方法以解决以上问题。这些方法不仅需要深入掌握鱼类生物学的生物能学知识，而且需要了解流量模型的现实模型以及模拟模型（Third International Symposium on Ecohydraulics，1999）。

4.1.6.3 缺乏河段恢复综合模板

河流恢复若没有设定具体的生态目标，那么，可以通过设定一个生境目标系列来代替生态目标。设定生境目标系列的前提是假设"河流是其自身的最好模型"，并认为自然河流河道环境为本土动植物提供了最为有利的完整生境。例如，"河流区域生境评价与恢复概念"认为深度与流速的变化对于鱼类生存十分重要，而且本质上是一种恢复河流"原貌或近原貌"的方法。一般来讲，通过至少200个流速-深度组合的野外调查，才能够利用能代表目标或理想生境条件的基准河段来发展深度与流速变量模型，这是不同流量下水文模拟的基础。因此，此类方法必须依赖于确定适当基准河段，但部分已退化或受损的河流环境不可能确定或很难确定出基准河段。此外，在确定基准河段时往往存在理想化的主观判断。

模板绘图的另一系统就是确定"功能生境"。此生境以流水流速-深度变量的结合为基础，且与所采样的中尺度生境类型有关，例如在大型水生植物（如细叶挺水植物）或者沉积环境（如砾石、沙等）中就生存着无脊椎动物群落。因此，虽然河流在基础构建和河道结构方面没有明确的联系，但此方法仍采用了自下至上的设计方法来确定一系列的河流恢复基础构建。

此外，还有一类比较严密的方法，即规划"物理群落生境（physical biotopes）"，主要通过主流类型来确认内溪流物理生境的基础单元。在英国的野外调查中，确定了八类不同的物理群落生境，即瀑布（waterfall）、小瀑布（cascade）、急流（cascade rapid）、浅滩（riffle）、河流（glide）、水潭（pool）、边缘死水（marginal deadwater）和多样性群落生境（multiple biotopes），但是这些不同群落生境的生态意义目前只处于探索阶段。

"河道地貌模拟"是一类更好的方法，通过单一的、可修饰的、在地貌上有重要意义的变量来估测生境多样性，并由此来对生境质量进行评价。具有不同生境质量的不同河流可以在同一生境多样性尺度上进行评价，其结果对河流结构配置具有重要意义。变量往往可以用来确定"内溪流多样性"、"河段可持续性"和"环境适宜性"三者之间的关系。

4.1.6.4 难以确定环境友好性释放流量

水坝下游的河流生态恢复目标也可以用水坝前流量水文学知识来说明。最小"环境流量"常常被设定为流量持续时间曲线中的统计阈值（statistical threshold），例如第 95 区间，为日均流量或年最小七天流量频率统计量均数的百分数。但是，这种方法在考虑水文学时，并没有考虑其他生态调控如地貌过程、水质问题和其他管理因素的影响（渠道化），也没有考虑特殊生境需求。除了最小流量以外，适当的高流量可以被有计划地释放来模拟洪水的影响。这些高流量的"洪流"可以依据维持或恢复河床、河道参数或河漫滩的生境适宜性这一总目标来进行分类，但是由于没有设定特定的、地貌上的基准目标，所以评价洪流措施是否成功是极为困难的。此外，洪流还可能引起河流流量的良性的不规则变化，但并未提及恢复集水区沉积源（淤积在坝后）的问题。

因此，洪流必须结合高度修正的沉积物收支平衡预算，才能得出可持续的、生态上可接受的河道参数。但这些特征很少是自然形成的。而且，设置环境友好性释放流量，在某种程度上需要拆除水坝来重建环境流量，但这一过程在技术、环境和社会等方面很复杂。

4.1.6.5 难以客观的进行恢复后评价

自然河流环境存在各种不同的类型，而且这些生境可以通过改变生境动态（集水区尺度过程驱动与不同的退化程度）而不断发展完善。因此，河流恢复没有单一的恢复方法，恢复自然过程动态也是一项极为困难的工作。从许多忽略过程因子的恢复实例中，我们可以看到：恢复方案失败的比例很高。例如，Frissell 和 Nawa（1992）对俄勒冈州西部和华盛顿的 15 条溪流中鱼类生境改善工程的效果进行了评价，结果发现平均成功率只有 40%。Miles（1998）在加拿大西部不列颠哥伦比亚省 Coquihalla 河流实施改善措施 8～14 年后，对此高流量河流进行了评价，同样发现 41% 的工程结构被流水冲走或掩埋，87% 的结构至少被中度损坏。在 Coldwater 河流附近，Miles 发现 5% 的结构几乎完全被破坏，78% 的结构被中度损坏。在工程措施受到高流量流水冲刷时，这些工程的成功率就会随时间不断下降。但不幸的是，因为大多数河流恢复工程不能被客观地、真实地评价，这方面报道和数据很少。

4.2 湖泊的生态恢复

地球上所有的水资源中，淡水和咸水湖泊只占水资源总量不到 0.02%，但即使如此，淡水湖仍然是世界上许多地区最重要的水资源，例如作为饮用、灌溉、景观用水水源，提供划船、游泳、垂钓等娱乐活动。湖泊具有很高的生物多样性，而且是许多陆生动物和水鸟的食物来源。

世界上大部分湖泊比较小，而且水较浅。浅水湖和深水湖在营养结构、营养物负荷等许多方面都有所不同。它们之间最基本的不同点是：夏天深水湖常常出现温度分层现象，而浅水湖没有此类现象（Perrow M R 和 Davy A J，2002）。由于深水湖上层水的温度高，深层水的温度低，形成温跃层，这将阻碍水与悬浮物的相互混合；浅水湖没有温跃层，水和水中沉积物可以相互混合，营养物循环很快。此外，浅水能够增加食物链中各类生物之间的相互作用，如鱼类取食浮游动物可能使大型水生植物和苔藓增加，但在深水湖的岸边，光照、波浪和水压等因素都限制了大型水生植物的生长。浅水湖和湿地中的大型沉水植物为水鸟及其他动物提供了丰富的食物和良好的栖息环境，是整个生境结构和功能的基础。由于受人类活动的影响较大（农业沥水或营养输入），浅水湖更为敏感。基于其结构和功能的重要性，因此本节主要讨论以浅水湖为主，且侧重于浅水湖富营养化的过程及富营养化湖泊的生态恢复。随后，我们再介绍一些有关湖泊恢复的其他观点。

4.2.1 湖泊的结构与生态功能

4.2.1.1 湖泊的结构

依据光的穿透深度和植物光合作用，湖泊具有垂直分层和水平分层现象（尚玉昌，

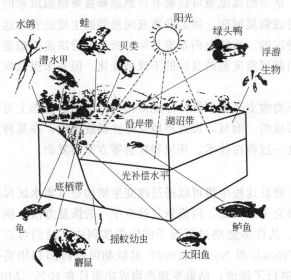

图 4.4　湖泊的主要分层
（引自尚玉昌，2002）

2002）。水平分层可将湖泊区分为沿岸带（littoral zone）、湖沼带（limnetic zone）和深水带（profundal zone）。沿岸带和深水带都有垂直分层的底栖带（benthic zone）。图 4.4 显示了湖泊分层及其代表生物。

（1）沿岸带　在湖泊和池塘边缘的浅水处生物种类最丰富，这里的优势植物是挺水植物，如图 4.5 所示，植物的数量及分布依水深和水位波动而有所不同，浅水处有灯芯草和苔草，稍深处有香蒲和芦苇等，与其一起生长的还有慈姑属和海寿属植物。再向内就形成了一个浮叶根生植物带，主要植物有眼子菜和百合。这些浮叶根生植物大都根系不太发达，但有很发达的通气组织。当水

再深一些浮叶根生植物无法生长时，就会出现沉水植物，常见种类是轮藻和某些种类的眼子菜，这些植物缺乏角质膜，叶多裂呈丝状，可从水中直接吸收气体和营养物。

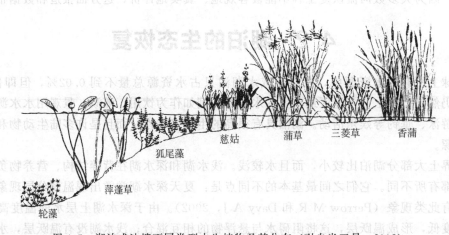

图 4.5　湖泊或池塘不同类型水生植物及其分布（引自尚玉昌，2002）

在挺水植物和浮叶根生植物带生活着各类动物，如原生动物、海绵、水螅和软体动物。昆虫则包括蜻蜓、潜水甲和划蝽等，后两者在潜水下寻觅食物时可随身携带大量空气。各种鱼类如狗鱼和太阳鱼都能在挺水植物和浮叶根生植物丛中找到食物和安全的避难所。太阳鱼

灵巧紧凑的身体很合适在浓密的植物丛中自由穿行。沿岸带可为整个湖泊提供大量有机物质。

（2）湖沼带　谈到开阔的湖沼带，人们往往会想到鱼类，但其实湖沼带的主要生物不是鱼类而是原生生物——浮游植物和浮游动物。鼓藻、硅藻和丝藻等浮游植物在开阔水域进行光合作用，它们是整个湖沼带食物链的基础，其他生物都依赖它们为生。光照决定着浮游植物所能生存的最大深度，所以浮游植物大都分布在湖水上层。浮游植物可通过自身生长影响日光射入水中的深度，因此，随着夏季浮游植物的生长，它所能生存的深度就会逐渐变小。在透光带内各种浮游植物的所在深度则取决于它们各自发育的最适条件。浮游动物因其有独立运动能力而常常表现出季节分层现象。

在春季和秋季的湖水对流期，浮游生物常随水下沉，而湖底分解所释放出的营养物则被带到营养物几乎耗尽的水面。春季当湖水变暖、开始分层时，浮游植物既不缺营养也不缺阳光，因此会达到生长盛期，此后随着营养物的耗尽，浮游生物种群数量就会急剧下降，尤其是浅水湖区。

湖沼带的自游生物（nekton）主要是鱼类，其分布主要受食物、氧含量和水温的影响。大嘴鲈鱼、狗鱼等鱼类在夏季常分布在温暖的表层水中，因为那里的食物最丰富；冬季它们则回到深水中生活。湖鳟则不同，它们在夏季迁移到比较深的水中生活。

（3）深水带　深水带中的生物种类和数量不仅决定于来自湖沼带的营养物和能量供应，而且也决定于水温和氧气供应。在生产力较高的水域，氧气含量可能成为一种限制因素，因为分解者耗氧量较多，使好氧生物难以生存。深水湖深水带在体积上所占的比例要大得多，因此湖沼带的生产量相对比较低，分解活动也难以把氧气完全耗尽。一般来说，只有在春秋两季的湖水对流期，湖水上层的生物才会进入深水带，使这里的生物数量大为增加。

容易分解的物质在通过深水带向下沉降的过程中，常常有一部分会被矿化，而其余的生物残体或有机碎屑则沉到湖底，它们与被冲刷进来的大量有机物一起构成了湖底沉积物，是底栖生物的栖息地。

（4）底栖带　湖底软泥具有很强的生物活性，在深水带下面的湖底氧气含量非常少。由于湖底沉积物中氧气含量极低，因此生活在那里的优势生物是厌氧细菌。但是在无氧条件下，分解很难进行到最终的无机产物，当沉到湖底的有机物数量超过底栖生物所能利用的数量时，它们就会转化为富含 H_2S 和甲烷的有臭味腐泥。因此，只要沿岸带和湖沼带的生产力很高，深水湖湖底或池底的生物区系就比较贫乏。具有深层滞水带（hypolimnion）的湖泊底栖生物往往较为丰富，因为并不太缺氧。此外，随着湖水变浅，水中含氧量、透光性和食物含量都会增加，底栖生物种类也会随之增加。

4.2.1.2　湖泊的生态功能

湖泊和池塘是被陆地生态系统包围的水生生态系统，因此来自周围陆地生态系统的输入物对其有着重要影响。各种营养物和其他物质可沿着生物的、地理的、气象的和水文的通道穿越生态系统的边界。能量和各种营养物在湖泊和池塘中的迁移是借助于捕食食物链和碎屑食物链进行的。

湖沼带的初级生产主要靠浮游植物，而沿岸带的初级生产则主要靠大型植物（尚玉昌，2002）。水中营养物的含量是影响浮游植物生产量的主要因素。浮游生物生产量和浮游生物的生物量之间存在一种线性关系：即当营养物不受限制、呼吸又是唯一损失时，净光合作用率就会很高，生物量累积量也增加；当营养物不足时，生物呼吸率和死亡率都会增加，这样就会使净光合作用和生物量减少。但在营养物不足和生物量积累也不多的情况下，只有浮游动物的取食强度很大，细菌分解活动很活跃，净光合作用率还是可以很高。

大型水生生物对湖泊的生物生产量也具有重大贡献（杨文龙等，1997）。浮游植物、浮游动物、细菌和其他消费者通常是从水体中和底泥中摄取营养的，春季浮游植物会将湖沼带的氮磷耗尽，其死后沉积于湖底，同时分解作用将会减少颗粒态氮磷物质，增加溶解态含量。随夏季浮游植物的下降，溶解态和颗粒态的氮磷物质均会增加。但磷会被锁定在湖下滞水层中使浮游植物无法利用，直到秋季湖水开始对流为止。大型植物可使以上情况有所改变，它们有助于使磷从沉积物进入水体，再被浮游植物利用。大型植物所需磷的73%来自沉积物，其中很多最终都能转化为可被浮游植物利用的磷。

此外，以浮游植物为食的浮游动物对营养物的再循环起着十分重要的作用（杨文龙等，1997），尤其是氮、磷。各种不同大小的浮游动物所取食的浮游植物大小也不同，优势浮游植物的大小影响着浮游植物群落的组成成分和大小结构。反过来，浮游动物又被其他动物所取食，如昆虫幼虫、甲壳动物和小刺鱼等。脊椎动物和无脊椎动物均以浮游生物为食，但前者可以捕食后者，前者也是食鱼动物的食物。

可见，组成湖泊食物网的各种物种之间的相互关系影响着每一个营养级的生物生产力。就整个湖泊食物网而言，通常在种群密度适中时，才能达到最大生产值。

4.2.2 湖泊生态系统退化原因

湖泊生态系统退化是自然因素和人为因素共同作用的结果，但它们在湖泊退化中产生的作用，随湖泊的类型、时空的差异，其在湖泊生态系统中退化产生影响的程度也不同。据此，可以将其划分为两种影响方式，即以自然因素主导下的湖泊生态系统退化和以人为因素主导下的湖泊生态系统退化。这些影响因素主要包括：气候变化，地壳运动；过多的营养及有机质的输入，过度养殖（食草鱼类对水生植物的破坏，导致植物群落种群的减少以及人工养殖时使用的饲料对水体的污染），水文及相关的物理条件的变化（筑坝等水利工程导致水体的水文过程的中断，对湖滨带完整性的破坏，导致的湖滨带拦截污染物功能的减弱），外来物种的入侵引起的水生植物群落的退化，生物多样性的降低，农业、采矿、林地破坏导致水土流失加剧引起湖泊的淤塞等。

4.2.2.1 自然因素主导下的湖泊生态系统退化

有些湖泊的演化过程主要受自然因素的制约，主要包括：地壳升降运动、气候变迁等。表现在入湖河流携带大量的泥沙和生物残体在湖体内沉积，使湖盆逐渐淤积变浅，湖泊水位的抬高、入出湖河口的下切导致的湖泊的沼泽化或干涸，以及由于气候变迁导致的湖泊补给水量的下降，在强烈蒸发作用下，湖泊发生咸化或消亡。该类型的演替过程，主要发生在干旱气候区的内陆湖。新疆的罗布泊和台特马湖曾是我国著名的游移湖泊，是自然因素影响下湖泊消亡的典型实例。罗布泊曾是塔里木盆地中地势最注的集水和积盐中心，它不仅承纳塔里木河来水，还承纳经由疏勒河汇入的祁连山部分冰雪融化。20世纪50年代初，湖泊面积尚有3006km^2，随着气候逐渐变干，致使入湖水量明显小于蒸发量，湖面急剧收缩西移。同时，在湖泊西移的过程中又受到由东向西的新构造运动的影响，迫使塔里木河入湖三角洲也向西移，致使罗布伯和台特马湖得不到足够的水源，分别于1964年及1972年先后干涸。

4.2.2.2 人为因素主导下的湖泊生态系统退化

（1）人类不合理的开发活动引起的湖泊萎缩　在一些入湖河流的上游大规模开垦耕地，

引水灌溉，筑坝、跨区域调水等工程，导致入湖水量锐减，水位下降，同时大量湖泊被围垦造田而使湖泊遭受消亡或急剧缩小。

因上游入湖河水引水灌溉、调水等问题引发的咸海萎缩问题，是人类活动造成湖泊萎缩的典型代表。咸海作为乌兹别克斯坦和哈萨克斯坦界湖，是世界上最大的湖泊之一。1961年之前的咸海，水面面积约为 $6.7 \times 10^4 km^2$，水体容积约为 $1.09 \times 10^{12} m^3$，但从 1961 年开始，咸海急剧萎缩，从而带来一系列生态和社会问题。

咸海萎缩问题曾引起了国际上许多专家和学者的广泛关注，同时引发了咸海萎缩原因的一场争论。研究结果表明，咸海流域人类大规模的水资源开发活动，导致了入咸海河川径流的大量减少，是咸海水位持续下降和不断萎缩的主要原因，并指出：由于咸海是一个巨大的水体，它对辽阔的周围地区也施加着巨大的影响，从而造成一个以咸海为中心的生态和社会经济系统。伴随着咸海的萎缩而来的，便是这个原有的生态系统遭到摧残，原有的社会经济结构遭到破坏，对相邻地区的自然和经济产生不利影响。

（2）人类活动引起的湖泊富营养化　富营养化已成为我国十分突出的湖泊生态系统退化问题之一。我国富营养化湖泊主要分布在长江中下游湖区、云贵湖区、部分东北山地及平原湖区与蒙新湖区。

污染物在湖泊生态系统的不断积累，导致的湖泊富营养化是湖泊退化的主要表现形式，也是目前湖泊退化的主要形式，该类型的湖泊退化主要发生在平原区和城镇附近，以浅层湖泊表现最为突出。大量未经处理的污水直接排放到湖泊中，加速了湖泊环境中氮、磷营养物质的累积，从而使湖泊富营养化进程变化得异常迅速。

输入湖泊中的氮、磷量大，这是中国湖泊和发达国家湖泊环境保护中的基本差异。由于点源污染还不能得到广泛的处理，流域水土保持较差，大量污染物随径流流入湖中，因而许多湖泊，尤其是城区和城郊湖泊，几乎成了纳污水体。由于长期的营养盐累积，在湖底沉积物中累积了大量的氮、磷等营养物质，成为难以削减的内部污染源，这是造成湖泊富营养化的重要原因，这种情况在城市湖泊中，如杭州西湖、南京玄武湖、武汉墨水湖等，表现得尤为突出。

4.2.3　湖泊生态恢复的原理

4.2.3.1　湖泊反馈机制

许多有关湖泊富营养化的经验方程和数据均表明：大多数湖泊营养负荷和生态系统环境条件之间存在简单线性关系，但也有例外。尤其对于浅水湖而言，当湖泊营养负荷达到某临界点时，湖泊会突然跃迁到浑浊状态。但在，许多研究者发现在营养负荷累积初期，湖泊内存在不可忽视的跃迁阻力，这些阻力可能是系统内某些反馈机制作用的结果，其中，生物反馈机制更为重要，如图 4.6 所示（宋国君等，2003）。例如，湖泊底部表面沉积物上的某些未吸附位点可以吸附水体的磷，发生营养物滞留，减缓或阻碍了湖水营养物累积。

4.2.3.2　优势大型植物缓冲机制

在浅水湖中，大型沉水植物可以通过以下方式减缓富营养作用（邱东茹等，1997）：①当营养负荷增加时，大型沉水植物的生物量也增加，提高固定营养物的能力，因此使得夏天浮游植物可利用的营养物减少；②沉水植物的增加会减少沉积物的再悬浮，从而减少再悬浮过程中所释放的营养物；③一些实验表明，如果沉水植物的根与植物体表面积很大，会促进脱氧作用，可使湖水中的氮含量减少；④由于沉水植物遮蔽，可以影响浮游植物的光合作

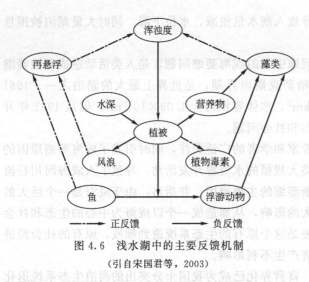

图 4.6　浅水湖中的主要反馈机制

（引自宋国君等，2003）

用，而使浮游植物减少。

除上述有关减少营养物、影响光照等直接作用外，沉水植物净化水质的功能还包括一些间接作用。例如，在总磷浓度相同的前提下，沉水植物覆盖率高的湖泊更清澈，这主要归功于沉水植物的间接作用。首先通过减少波浪的冲击力，沉水植物促进沉积物的沉积和减少沉积物的再悬浮，这样，由风引起沉积物再悬浮的浅水湖的透明度更高一些。其次，沉水植物通过对鱼类群落结构的影响也可以减少沉积物的再悬浮。例如，深水鱼类寻找食物时会搅动沉积物，这实际上增加了悬浮沉积物和营养物的浓度。这些深水鱼在大型植物少的湖中很多，但在大型植物多的湖中却很少，取而代之的是鲤科淡水鱼或红眼鱼。再次，大型沉水植物释放的化学物质可以抑制浮游植物的生长，从而使得大型沉水植物多的湖泊特别清澈。但植物间的这种毒素相克作用仍有争议。

大型植物间接地影响鱼类和无脊椎动物尤其是浮游动物，继而对浮游植物产生一连串大影响。首先，大型植物有利于食肉性鱼类的存在，而不利于以浮游动物为食的鱼类的生存。其次，在富营养的湖中，大型植物在白天为浮游动物提供了避难所，使它们能够避免被鱼类捕食和夏天过强的光照。夜晚，当被捕食的危险降低时，浮游动物便会进入开放水域中。大型植物的这种避难所功能，增加了浮游动物对浮游植物的取食，有利于增加水体透明度，改善自身的生长条件。第三，在生活早期阶段，蚌类必须依赖大型沉水植物生存，它们通过对浮游植物的捕食，可以大大增加浅水湖的透明度。第四，一些与大型植物伴生的甲壳动物会抑制浮游动物的生物量。

富营养化是否造成浮游植物增加、大型植物减少仍存在异议。一种观点是营养负荷增加导致浮游植物和附生植物加速生长，沉水植物的光合作用减弱，并使沉水植物最终崩溃，使得营养物从增加的浮游植物释放出来。另外一种假设是鱼类大量增加，对浮游动物的捕食刺激了浮游植物和附生植物的生长，从而对大型沉水植物造成影响。这样，总磷含量间接地甚至直接地成了富营养化的启动因素，此外，其他一些因素也会影响沉水植物生存，包括水质、水鸟、捕食、冬天鱼类捕杀以及春季天气条件变动等。

4.2.3.3　化学作用机制

在某些时候，总磷负荷已经降到足够低，但富营养化状态仍未得到改善。此时，降低营养负荷的限制因素可能是化学过程：因为湖泊底部沉积物在营养负荷高时聚集了大量的磷，形成一个营养库（磷的内部负荷），使磷的浓度仍保持很高，这种释放过程需要花几年时间才能结束。

目前，许多湖泊中来自外部的营养负荷已经显著降低，主要原因在于废水处理有所加强。随着营养负荷的改变，一些湖泊能够迅速做出反应，而进入清水状态，但有些湖泊反应却很不明显，这是由于这些湖泊内营养物的减少程度不足，低于湖泊富营养化恢复启动阈值。例如，在生物群落和水交换频繁的浅水湖中，只有在 TP 浓度降到 0.05～0.1mg/L 以下时，才有可能达到清水状态。

营养负荷的升高和降低都会出现限制条件。两种状态的转换平衡是在中营养水平时发生的。经众多数据和理论研究发现，决定性因素是当前的营养水平（营养水平越低，出现清水状态的可能性越高）和营养负荷改变开始前的状态，但与营养水平相关的营养状态何时发生仍有争论。从 Danish 湖的经验来看，两种交替状态典型出现在总磷浓度在 0.04～0.15mg/L 时。另外，受到废水严重影响的湖泊，由于高好氧或周期性的高 pH 值均使鱼类等死亡，因此会出现人为的清水状态。最后，水深和水温也起一定的作用。

4.2.3.4 生物作用机制

在一定程度上，生物间相互作用也会影响湖泊 P 负荷及其物理化学性质。例如，浮游鱼类和底栖鱼类间的相互作用：肉食性鱼类持续捕食阻碍了大型食草浮游动物的出现，而这些食草浮游动物可以显著地净化水质，减少底栖动物的数量及氧化沉积物。此外，底栖鱼类的排泄物、鱼类对沉积物的扰动会加重湖水浑浊状态；这样，光线减弱阻碍了底部藻类的生长和沉水大型植物的出现，从而使得湖泊保持较低的沉积物保留能力。

食草性水鸟的取食，推迟了大型沉水植物的繁殖，这也是一种生物限制因素。在沉水植物的指数生长阶段，水鸟的捕食与植物的生长速度相比是比较低的。然而，在冬天水鸟会取食较多的植物，相对于取食块茎、鳞茎则较少。因此，可以通过水鸟的迁徙减少次年的植物密度，增加营养浓度。

4.2.4 湖泊恢复的生态调控与管理

4.2.4.1 湖泊恢复生态调控措施

治理湖泊的方法有物理方法如疏浚底泥、机械过滤、引水稀释等；化学方法如杀藻剂杀藻等；物化法如木炭吸附藻毒素等；生物方法如放养鱼等，均取得一定的成效（邱东茹，1996；Perrow 和 Davy，2002）。各类方法的主要目的就是降低湖泊内的营养负荷，控制过量藻类的生长。

（1）物理化学措施　在控制湖泊营养负荷实践中，研究者已经发明和采纳了许多方法来降低内部磷负荷，例如削减浅水湖的沉积物，采用铝盐及铁盐离子对分层湖泊沉积物进行化学处理，向深水湖底层充入氧或氮，还可以通过水体的有效循环，不断干扰温跃层，这种不稳定性可以加快水体与 DO、溶解物等的混合，有利于水质的恢复。

（2）水位调控措施　水位调控已经被作为一类广泛采用的湖泊生态恢复措施。这种方法能够改善水鸟的生境，促进鱼类活动，改善水质，但由于娱乐、自然保护或农业等因素，有时进行水位调节或换水不太现实。

由于自然因素和人为因素引起的水位变化，会涉及多种因素，如水位变化程度、湖水浑浊度、植物类型和波浪的影响（风速、沉积物类型和湖的大小）等，这些因素的综合作用往往难以预测。一些理论研究和经验数据表明：水深和沉水植物的生长存在一个单峰关系。即如果水过深，植物生长会受到光线限制；反之，如果水过浅，由于频繁的再悬浮和较差的底层条件，会使得沉积物稳定性下降。

通过影响鱼类的聚集，水位调控也会对湖水产生间接的影响。在一些水库中，有人发现改变水位可以减少食草鱼类的聚集，因此可以改善水质。而且，短期的水位下降可以促进鱼类活动，减少食草鱼类和底栖鱼类，增加食肉性鱼类的生物量和种群大小。这可能是因为低水位生境增加了被捕食者的危险，或者使受精鱼卵干涸而使其无法卵化。

此外，水位调控还可以控制损害性植物的生长，为营养丰富的浑浊湖泊向清水状态转变创造了条件。这是由于水位下降增加了浮游动物对浮游植物的取食，改善了水体透明度，为沉水植物生长提供了良好的条件。这种现象常常发生在富含营养底泥的重建性湖泊中。该类湖泊营养物浓度虽然很高，但由于含有大量的大型沉水植物，在恢复一年后很清澈；但几年过后，便会进入浑浊状态，同时伴随着食草性鱼类的迁徙进入。

（3）水流调控措施　湖泊具有水"平衡"现象。它影响着湖泊的营养供给、水体滞留时间及由此产生的湖泊生产力和水质。若水体滞留时间很短，如在 10 天以内，藻类生物量不可能积累；水体滞留时间适当时，既能大量提供植物营养物，又有足够时间供藻类吸收营养促进其生长和积累；如有足够的营养物，100 天以上到几年的水体滞留时间，可为藻类生物量的积累提供足够多的条件。因此，营养物输入与水体滞留时间对藻类生产的共同影响，是预测湖泊状况变化的基础。

除对水体滞留时间进行控制或换水（宋国君等，2003）外，增加水体冲刷以及其他不稳定因素，可以使水体内浮游植物的损失超过其生长，从而控制浮游植物的增加（Perrow 和 Davy，2002）。由于在夏季浮游植物生长不超过 3～5 天，因此这种方法在夏季不宜采用。但是，在冬季浮游植物生长慢的时候，冲刷等流速控制方法可能是一类更实用的恢复措施，尤其是对于冬季藻氰菌的浓度相对较高的湖泊十分有效。冬季冲刷之后，藻类被大量冲掉，次年早春湖泊中大型植物生长就可占优势。这一措施已经在荷兰一些湖泊恢复中得到广泛采用，且取得了较好的效果。

（4）生物操纵与鱼类管理　生物操纵（bio-manipulation）即通过去除食浮游生物者或添加食鱼动物降低食浮游生物鱼类的数量，使浮游动物的体型增大，生物量增加，从而提高浮游动物对浮游植物的摄食效率，降低浮游植物的数量（刘春光等，2004）。生物操纵已采用过许多不同的方法克服生物限制，以加强对浮游植物的控制，利用底栖食草性鱼类减少沉积物再悬浮和内部营养负荷。生物管理 Czech 试验中已用削减鱼类密度来改善水质，增加水体的透明度（宋国君等，2003）。Drenner 和 Hambright（1999）认为生物管理的成功例子大多是在 25hm² 以下及深度 3m 以下的湖泊中进行的。不过，在更深的、分层的、面积超过 1km² 的湖泊中也取得了成功。第一个在大湖泊中取得生物管理成功的是明尼苏达州的 Christina 湖（1987）。它已经从清澈的水鸟型湖泊转变为较浑浊的浮游生物为主的湖泊。随后通过鱼藤酮处理的方法削减鱼类，保留所需鱼类如百斑眼鱼和大嘴鲈鱼，并且通风以防止肉食性鱼类在冬季杀死它们。不久，湖水便变清，大型植物开始生长，水鸟随之出现。

引人注目的是，在富营养化湖中，当鱼类已经减少后，通常会引起一连串的短期效应。浮游植物生物量的减少，随之改善了透明度。当小型浮游动物在鱼类频繁的捕食下时，叶绿素 a/TP 的比率常常很高，鱼类管理可能导致营养水平的降低。

在浅的分层富营养化湖泊中进行的成功试验中，总磷浓度大多下降 30%～50%，甚至是水底微型藻类的生长改善了沉积物表面的光照条件，从而刺激了无机氮和磷的混合。由于更高的捕食率（特别是在深水湖中），更多的水底藻类浮游植物不会沉积，加上更多的水底动物由于低的捕食压力最终会导致沉积物表面更高的氧化还原作用，这可以减少磷的释放，刺激硝化-脱氮作用过程加速。此外，底层无脊椎动物和藻类可以稳定沉积物，因此减少沉积物再悬浮的概率。更低的鱼类密度减轻了鱼类对营养物浓度的影响。最后，营养物随着鱼类的运动而移动，随着鱼类而移动的磷含量超过了一些湖泊的平均含量。相当于 20%～30% 的平均外部磷负荷，但这与富营养湖泊中的内部负荷相比还是很低的。

最近的发现表明如果浅的温带湖泊中磷的浓度减少到 0.05～0.1mg/L 以下并且超过 6～8m 深时，鱼类管理将会产生生长期的影响。关键是根据生物结构的改变，通常生物结构在这个范围内会发生变化。然而，如果氮负荷比较低，鱼类管理会对削减总磷有重要作用。

（5）大型水生植物的保护和移植　由于水生高等植物与藻类同处于初级生产者的地位，与藻类竞争营养、光照和生长空间等生态资源，所以水生植被组建及其恢复，对于富营养化水体的生态恢复具有极其重要的地位和作用（王海珍等，2002）。

围栏结构可以保护大型植物免遭水鸟的取食，这种方法可以作为鱼类管理的一种替代或补充方法。另外，植物或种子的移植也是一种可选的方法。

（6）适当控制大型沉水植物的生长　虽然大型沉水植物的重建是许多湖泊恢复工程的目标，但在营养化湖泊中出现密集植物床时会有危害性，如妨碍船的航行、降低垂钓等娱乐价值等。此外，入侵种的过度生长改变了湖泊的生态系统组成，如欧亚狐尾藻在许多美国和非洲的湖泊中已对本地植物构成严重威胁。对付这些危害性植物生长的方法包括每年的收割，特定食草昆虫如象鼻虫和食草鲤科鱼类的引入，下降水位，沉积物覆盖或用农药进行处理等。

通常，收割和水位下降只能起到短期的作用，因为这些植物群落的生长很快而且外部负荷高。食草鲤科鱼可以有强烈的作用，因此目前在世界上许多地方采用此法来减少这类大型植物的数量，但过度取食又可能使湖泊转为浑浊状态。实际上，很难找到大型沉水植物理想的密度促进群落的多样性。另外，鲤鱼不好捕捉，这种方法也应该谨慎采用。

在大型植物蔓延的湖泊中需要将它们部分地削减，通常用挖泥机或收割来实现。这可以提高湖泊的娱乐价值，提高生物多样性，并对肉食性鱼类有好处。

（7）蚌类与湖泊的恢复　蚌类是湖泊中有效的滤食者。大型蚌类有时能够在 1.5～3 天内将整个湖泊的水过滤一次（Ogilvie 和 Mitchell，1995）。但在浑浊的湖泊中它们常常会消失，可能是由于幼体阶段即被捕食的缘故。这些物种的再引入会是一个很有用的方法，但目前为止没有得到重视。

斑马蚌（*Dreissna polymorpha*）在 19 世纪时进入欧洲，当数量足够大时就对水的透明度产生重要影响。实验已经表明其重要作用。蚌类的生长条件可以通过基质条件的改善来提高。蚌类改善水质的同时也增加了水鸟的食物来源，但也可能会成为问题，如在北美，蚌类由于缺乏天敌而迅速繁殖，已经达到很大的密度，导致了五大湖近岸带叶绿素与 TP 的比率大幅度下降，而且使恶臭水输入水库并对整个湖泊生态系统造成不能控制的影响。

4.2.4.2　温带富营养化湖泊生态调控过程

在湖泊恢复前，应仔细考虑应采用什么方法，掌握湖泊目前、过去的环境状态和营养负荷，并确定合适的解决方法。下面列出了富营养化温带湖泊生态恢复推荐采用的操作过程。

（1）现状测定　通过直接测定或用地区系数模型确定每年的氮磷负荷，通过 OECD 模型，能够计算出湖泊的磷含量并与平均营养浓度的实际测量值进行比较。管理者可以应用校正过的 OECD 模型（浅水湖、深水湖或水库）或者本地湖泊的经验模型。

（2）控制污染源　如果计算 TP 的方法以目前的外部负荷为基础，结果会比实际浓度高 0.05～0.1mg/L（浅水湖，<3m）或 0.01～0.02mg/L（深水湖，>10m）。第一步是减少外部的 P 输入点源。这可以通过建立沟渠以改变漫流状况，降低肥料用量，改进废水处理，构建湿地等实现。在总氮负荷较低且总磷浓度比较高的浅水湖中，由于过去的污水排放或者自然条件的原因，在 TP 浓度较高时也可能很清澈。在深水湖中，氮固定似乎与氮补偿分解相抵消，结果使得蓝绿藻占据优势。

如果已经达到了足够低的外部负荷，但湖泊仍处于浑浊状态，这时可以采取一些措施，以进一步减少外部负荷，实现水质的长久改善。

（3）富营养化治理 如果测定的总磷浓度（TP）比 OECD 模型或本地模型计算的关键值高很多，并且在生长季节 TP 规则地升高，说明内部负荷比较高。如果浅水湖的 TP 超过 0.25mg/L，深水湖超过 0.05mg/L，仅通过生物管理不一定达到长期作用。这种情况应考虑采用物理化学方法：在浅水湖中可以采用沉积物削减或用铁盐、铝盐进行处理，深水湖中采用底层湖水氧化法，再结合化学处理。

如果 TP 浓度在浅水湖中接近 0.1mg/L，深水湖中接近 0.02mg/L，鱼类密度较高并以底栖食草性鱼类为主，叶绿素 a/TP 较高时，可以采用生物管理方法，特别在浅水湖中，其他的生物措施也可行。如果大型蚌类出现但不能定居，可以考虑从邻近的湖泊或河流中引进。

如果外部负荷超过上述范围，削减营养物负荷就存在技术或经济上的问题。若要改进环境状态，除运用上面提到的方法外，还需要作后续的持续处理，但存在不能实现预期目标的风险。

如果大型沉水植物的生物量过大，推荐每年进行部分收割，当然生物控制如鲤科鱼类或食草昆虫（如象鼻虫）也可选用。

参 考 文 献

[1] Martin R Perrow, Anthony J Davy. Handbook of Ecological Restoration. The United Kingdom：Cambridge University Press, 2002.

[2] 左玉辉. 环境学. 北京：高等教育出版社, 2002.

[3] 尚玉昌. 普通生态学. 第 2 版. 北京：北京大学出版社, 2002.

[4] 任海, 彭少麟. 恢复生态学导论. 北京：科学出版社, 2002.

[5] 许木启, 黄玉瑶. 受损水域生态系统恢复与重建研究. 生态学报, 1998, (18) 5：547-557.

[6] 鲁春霞, 谢高地. 河流生态系统的休闲娱乐功能及其价值评估. 资源科学, 2001, 23 (5)：77-81.

[7] 张建春, 彭补拙. 河岸带研究及其退化生态系统的恢复与重建. 生态学报, 2003, 23 (1)：56-63.

[8] 蔡庆华, 唐涛, 刘建康. 河流生态学研究中的几个热点问题. 应用生态学报, 2003, 14 (9)：1575-1577.

[9] Nilsson C. Alterations of riparian ecosystems caused by river regulation. Bioscience, 2000, 50 (9)：783-793.

[10] Gurnell A M & Edwards P J. A conceptual model for alpine proglacial river channel evolution under changing climatic conditions. Elsevier Science, 1999, 38：223-242.

[11] 吴相利. 河流系统功能与流域经济的空间组织模式剖析. 绥化师专学报, 2000, 20 (1)：14-17.

[12] 尚宗波, 高琼. 流域生态学——生态学研究的一个新领域. 生态学报, 2001, 21 (3)：468-472.

[13] Mander U, Kuusemets V, Kristal L, et al. Efficiency and dimensioning of riparian buffer zones in agricultural catchments. Ecological Engineering, 1997, 8：299-324.

[14] Burger J. Landscapes, tourism and longervation. The Science of the Total Environment, 2000, 249：39-49.

[15] Lima M G D & Gascon C. The conversation value of linear forest remnants in central Amazonia. Biological Converstion, 1999, 91：241-247.

[16] Peterjohn W T & Correll D L. Nutrient dynamics in an agricultural watershed：Observations on the role of a riparian forest. Ecology, 1984, 65：1466-1475.

[17] 邓红兵, 王庆礼, 蔡庆华. 流域生态学——新学科、新思想、新途径. 应用生态学报, 1998, 9 (4)：443-449.

[18] 吴刚, 蔡庆华. 流域生态学研究内容的整体表述. 生态学报, 1998, 18 (6)：575-581.

[19] Ward J V, Tockner K & Scheimer F. Biodiversity of floodplain river ecosystems：ecotones and connectivi-

ty. Regulated Rivers: Research and Management, 1999, 15: 125-139.

[20] Cals M J R, Postma R, Buijse A D & Marteijn E C L. Habitat restoration along the River Rhine in the Netherlands: putting ideas into practice. Aquatic Conservation: Martine and Freshwater Ecosystems, 1998, 8: 61-70.

[21] Harper D & Everard M. Why should the habitat level approach underpin holistic river survey and management? Aquatic Conservation: Martine and Freshwater Ecosystem, 1998, 8: 395-413.

[22] 刘树坤. 刘树坤访日报告: 自然环境的保护和恢复 (一). 海河水利, 2002, 1: 58-60.

[23] 刘树坤. 刘树坤访日报告: 河流整治与生态修复 (五). 海河水利, 2002, 5: 64-66.

[24] 刘树坤. 刘树坤访日报告: 日本城市河道的景观建设和管理 (九). 海河水利, 2003, 3: 66-69.

[25] 杨文龙, 王文义. 湖泊生态系统的结构与功能——湖泊恢复与管理基础浅析. 云南环境科学, 1997, (16) 3: 33-36.

[26] 陈德辉, 王全喜等. 水生植被对富营养化湖泊生态恢复的作用. 自然杂志, 2001, 24 (1): 33-36.

[27] 宋国君, 王亚男. 荷兰浅水湖的生态恢复实践. 上海环境科学, 2003, 22 (5): 346-348.

[28] 邱东茹, 吴振斌. 富营养化浅水湖泊沉水水生植被的衰退与恢复. 湖泊科学, 1997, 9 (1): 82-88.

[29] 刘春光, 邱金泉等. 富营养化湖泊治理中的生物操纵理论. 农业环境科学学报, 2004, 23 (1): 198-201.

[30] 王海珍, 陈德辉, 王全喜, 刘永定. 水生植被对富营养化湖泊生态恢复的作用. 自然杂志, 2002, 24 (1): 33-36.

[31] 尚士友, 杜健民等. 草型富营养化湖泊生态恢复工程技术的研究——内蒙古乌梁素海生态恢复工程试验研究. 生态学杂志, 2003, 22 (6): 57-62.

[32] 白峰青. 湖泊生态系统退化机理及修复理论与技术研究——以太湖生态系统为例. 西安: 长安大学博士学位论文, 2004.

[33] 邹晶, 李英杰. 退化河流生态系统恢复面临的问题分析. 江苏水利, 2005, (5): 38-40.

5 湿地生态系统的恢复

在世界自然资源保护联盟（IUCN）、联合国环境规划署（UNEP）和世界自然基金会（WWF）编制的世界自然保护大纲中，湿地与森林、海洋一起并列为全球三大生态系统。由于其在地球环境健康发展中至关重要的作用以及在生物多样性和食物提供方面的巨大贡献被称为地球之肾、生物超市、基因库等。湿地生态系统是介于陆地生态系统和水生生态系统之间的一种过渡类型，因而具有水生和陆生生态系统的特点，但与两者又有明显区别，显著的边缘效应使其结构和功能更复杂多样。湿地在维持生物多样性、固定 CO_2 和调节区域气候、降解污染和净化水质、减缓径流和蓄洪防旱、控制污染和维护区域生态平衡等方面发挥着重要的作用。因此，湿地生态系统的保护、恢复和合理利用对人类社会的发展具有重要意义。

5.1 淡水湿地的生态恢复

近年来，作为世界上最富生物多样性的生态景观，湿地生态系统备受重视，与湿地相关的研究也越来越多。由于水文学与环境学存在许多分支学科，不同学科中湿地的定义也不同。因此，在进行湿地恢复时，通常需要对湿地类型加以区别。本节所讨论的仅限于淡水湿地生态系统的生态恢复，关于盐性沼泽（盐沼）的生态恢复将在 5.2 中详述。

5.1.1 淡水湿地的结构与功能

5.1.1.1 湿地的概念与类型

《湿地公约》将湿地定义为"自然或人工，长久或暂时性的沼泽地、泥炭地或域地带，静止或流动的淡水、半咸水和咸水体，包括低潮时不超过 6 米的水域"（《拉姆萨尔公约》，1971）。它是陆地和水生生态系统间的过渡带，其水位常常较浅或接近陆地表面，主要分布在海岸带和部分内陆区域。湿地既包括许多旱生生态系统的环境因素，也形成一系列湿度不同的生境；同时，由于此类湿生生境在地形条件和补给水源的综合作用下形成，即在排水不畅、水源充足或两者综合作用下发展形成（见图 5.1），因此湿地又具有水生生态系统的一些特征。水源及其供给机制的不同可以增加湿地的多样性。

一般来说，湿地可分为海岸带湿地生态系统和内陆湿地生态系统，其中，前者又可细分为潮汐盐沼、潮汐淡水沼泽和红树林湿地三类，后者可细分为内陆淡水沼泽、北方泥炭湿地、南方深水沼泽和河岸湿地四大类（Cowardin, 1978）。我国一些学者曾根据地理分布及形成特点的不同将湿地划分为滨海湿地、河口湿地、河流湿地、湖泊湿地和沼泽湿地五种类型（李博, 2000），还有一些学者将湿地的类型详细划分为 35 种，主要包括沼泽、湖泊、河流、河口湾、海岸滩涂、珊瑚礁、红树林、浅海水域、水库、池塘、稻田等自然和人工湿地等（陈宜瑜, 1995）。

不同湿地类型与内涵见表 5.1 所示。

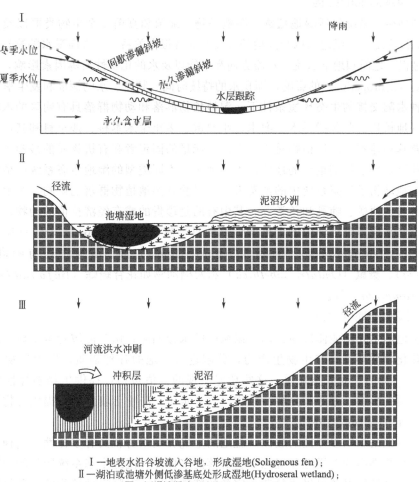

Ⅰ—地表水沿谷坡流入谷地，形成湿地(Soligenous fen)；
Ⅱ—湖泊或池塘外侧低渗基底处形成湿地(Hydroseral wetland)；
Ⅲ—河漫滩湿地(River floodplain wetland)

图 5.1 地貌与湿地的形成（仿 Perrow M R 和 Davy A J，2002）

表 5.1 湿地的不同类型与内涵

类型	分类	特征	亚类	备注
海洋水生湿地 （aquatic wetland）		—		具浅水水生生态系统的特征
内陆湿地 （telmatic wetland）	永久性湿地 （permanent wetland）	水平面变化极小，植被生长稳定，多为多年生植物	常年水淹： 沼泽（swamp）	湿生或半陆生性生态系统
			全年部分水淹： 酸性沼泽（bog）和碱性沼泽（fen）	
	季节性湿地 （seasonal wetland）	水平面常常变化，多年生植被不能生存，多为一年生植物或短命植物		
	波动性湿地 （fluctuating wetland）	水平面变化周期长，随之植被群落常常改变		

注：引自 Wheeler B D，Money R P 和 Shaw S C，2002。

5.1.1.2 淡水湿地的结构

淡水湿地生态系统包括湿地植物、湿地动物、细菌和真菌4个生物类群以及其非生物环境，其组成极为复杂。湿地结构与湿地的水文特征有很大关系，一方面受水的物理特性及其移动如降水过程、地面和地下水流、水流方向和动能以及水的化学性质等因素影响，另一方面受土壤积水期（hydroperiod）的影响，即积水的持续时间、频度、水的深度和发生季节等。

在这种水陆交接的生态环境条件下，湿地植物群落和动物群落具有明显的水陆相兼性和过渡性。湿地植物群落包括乔木、灌木、小灌木、多年生禾本科、莎草科和其他多年生草本植物以及苔藓和地衣。湿地植物是生态系统中能量的固定者和有机物质的最初生产者，是最重要的营养级，居于特别重要的地位。不同地区、不同类型的湿地生态系统中植物成分也有所差别。湿地动物是生态系统中的消费者，同时受到湿地植物群落的影响。湿地动物种类包括涉禽、游禽、两栖、哺乳和鱼类等，其中有的是珍贵的或有经济价值的动物，如黑龙江西部扎龙和三江平原芦苇沼泽中的世界濒危物种丹顶鹤（*Gru sjaponensis*）、三江平原沼泽中的白鹤（*Grus lencogeranus*）、天鹅（*Cygnus cygnus*）等。湿地中还有哺乳动物水獭（*Lutra lutra*）、麝鼠（*Ondatra zibethica*）和两栖动物如花背蟾蜍（*Bufo raddei*）、黑斑蛙（*Rana nigromacata*）等。

5.1.1.3 淡水湿地的功能

淡水湿地的主要功能体现在：调控区域内的水分循环；调节区域乃至全球C、N等元素的生物地球化学循环；具有生物生产力，分解进入湿地的各种物质，作为生物的栖息地等（Middleton，1999）。对人类来说，这些功能体现的价值包括：提供生物多样性的载体，调控洪水、暴雨的影响，过滤和分解污染物，改善水质，防止土壤侵蚀，提供食物和商品，提供旅游地点等（Cairns，1992）。

首先，湿地是生物多样性的载体。湿地的生境类型本身就具有多样性，这种多样性造就了湿地生态系统类型的多样性和湿地生物群落的多样性，湿地生态系统所处的独特的生态位为丰富多彩的动植物群落提供了复杂而完备的特殊生境，对野生动植物的物种保存发挥着重要作用。湿地中生活的植物群落包括乔木、灌木、多年生禾本科、莎草科、多年生草本植物以及苔藓和地衣等，动物群落包括哺乳类、鸟类、两栖类、爬行类和鱼类等（Gopal Beta，1982）。湿地特殊生境的重要性特别体现在它是许多濒危野生动物的独特生境，因而，湿地是天然的基因库，它和热带雨林一样，在保存物种多样性方面具有重要意义。

其次，湿地是重要的物质贮存场所，并具有降解污染物的功能。湿地中贮存了大量的化学、生物及遗传物质，并且是许多污染物质的汇。在湿地中，由于物理、化学和生物的综合效应，通过沉淀、吸附、离子交换、配合反应、硝化、反硝化、营养元素吸收、生物转化和微生物分解等过程，可以降解进入湿地的污染物。利用湿地生态系统处理污水的方法已经变为现实，并已在我国投入使用。结果证明，在同等的污水处理效果上，湿地污水处理系统的基建投资和运行费都相对较低，还具有一定的生态效应。

湿地在调蓄洪水、涵养水源和维持区域水量平衡中也具有重要的功能。湿地含有大量持水性良好的泥炭土和植物，能在短时间内蓄积洪水并在相对长的时间内将水分释放，能最大限度地避免水灾和旱灾，是蓄水防洪的重要手段。此外，湿地大量植物蒸腾及水分蒸发对区域的小气候具有重要的调节作用。

湿地具有生产功能，能够为人类提供丰富的动植物产品。对湿地进行排水后用于农业、林业生产可以获得很好的收成，也可以直接从湿地中获取动植物产品（如芦苇等）。另外，湿地还可以为人类提供丰富的泥炭源。

湿地还具有景观价值，能够为人类提供旅游、休憩的场所。

5.1.2 淡水湿地生态系统退化原因

淡水湿地生态系统的退化，既包括了气候变化、外来种入侵等自然过程为主导的因素，也包括了生物资源过度利用、环境污染等人为因素为主的因素。

5.1.2.1 气候变化

气候全球气候变化主要表现为气候变暖。从长远的观点看，全球变暖将显著影响中国湿地的分布与演化，其影响具有全球性和深远性。气候变暖会导致淡水湿地生态过程发生变化，可能从根本上改变淡水湿地的结构与功能。另外，气候变暖导致的降水量的区域变化，会引起河流水量及携沙量的变化，对淡水湿地的稳定和生态功能的发挥产生重大影响。由于全球变暖可能改变整个生态结构，使物质、能量重新分配，因而对于湿地生物，特别是鸟类，其栖息地必将受到影响，或减少以至于消失。

5.1.2.2 外来种入侵

外来种入侵是指某种生物从原来的分布区域扩展到一个新的地区，在新的区域里，其后代可以繁殖、扩散并继续维持下去。生物入侵成功的原因，既与入侵者本身的生物学、生态学特征有关，也与群落的脆弱性有关。外来种通过种间竞争占据本地物种生态位，使本地物种失去生存空间，改变了食物链或食物网络的组成和结构，干扰了原生境的生物地球化学循环（高增祥等，2003）；加之入侵种对土壤肥力的吸收力强，能极大地消耗土壤养分，对土壤的可耕性破坏十分严重，对原生态系统的结构、功能及生态环境产生严重干扰与破坏。

5.1.2.3 植被过度利用

湿地植被过度利用包括植被的砍伐、刈割、采集和湿地开垦。这种干扰会导致一系列的生态环境问题的发生，比如湿地植被的退化，水土流失加剧，区域环境恶化，生物多样性丧失；同时还会影响系统物质循环的正常进行，破坏地被层和动物的生存环境，而且植被状况的改变还间接地影响着湿地土壤和水文状况。

5.1.2.4 农业开垦

过度的农业开垦会造成湿地生态环境严重破坏。不仅湿地面积会大量减少，而且会干扰湿地的演化过程，改变湿地景观格局，使得湿地生物多样性下降，湿地景观破碎化程度加深，同时使得湿地的生境质量变差，生态功能发生退化。过度开垦还会对湿地环境物理过程产生影响，主要表现在影响水位变化、泥沙沉积过程和地貌过程的变化，其中以影响水位变化，加重洪涝灾害的后果最为严重（王树功等，2005）。湿地开垦除直接破坏湿地植被赖以生存的基底，造成植被的直接消亡外，还会导致植被生长滞后，使湿地植物不能有规律地完成生活史，破坏湿地生态系统的良性循环，导致湿地应有的生态动能的丧失。

5.1.2.5 环境污染

湿地的污染源主要是工农业生产、生活和养殖业所产生的污水。这些污染物的排入使湿地水域被污染，水质下降，导致生态环境的物质基础发生变化，生态环境的结构和面貌随之而产生相应的变化。这使得原有的生存环境渐渐消失，生物栖息地被破坏，与原有环境相适应的湿地生物死亡，破坏湿地的原有生物群落结构，并通过食物链逐级富集进而影响其他物种的生存，严重干预了湿地生态平衡，造成湿地退化。此外，重金属的富集还会造成湿地水生动物以及捕食者的病变和死亡，甚至会对人类的健康造成威胁。

5.1.3　淡水湿地生态恢复目标与原则

5.1.3.1　淡水湿地生态恢复的影响因素

淡水湿地的生态恢复是指通过生态技术或生态工程对退化或消失的湿地进行修复或重建，再现干扰前的结构和功能，以及相关的物理、化学和生物学特性，使其发挥应有的作用（彭少麟，2002）。

影响湿地植被的各类因素可以改变淡水湿地的类型，从而会影响淡水湿地的恢复。这些因素包括湿地的给排水机制（water regime）、营养物丰度（nutrient richness）、湿地泥炭基质丰富度（base richness）以及生态系统的演替情况（successional status）等。因此，克服这些重要因素对恢复的影响是淡水湿地生态恢复的主要部分。尤其是水供给和陆生湿地的化学物质平衡间的关系十分重要。

湿地受到人为干扰而遭到破坏之前的状态可能是湿林地、沼泽地或开放水体，将湿地恢复为什么样的状态在很大程度上决定于湿地恢复的决策者，这也取决于湿地生态恢复的计划者对干扰前原始湿地的了解程度。在淡水湿地的生态恢复过程中，我们通常不能够完全了解湿地重要环境因子之间错综复杂的关系，也无法对湿地中的各种生物的栖息地需求和耐性进行完全的统计，因而往往恢复后的湿地不能够完全模拟原有湿地的特性。另外，由于种种的原因，恢复区的面积通常会比先前湿地面积要小，这样先前湿地的功能就不能有效地发挥。因此，湿地恢复是一项艰巨的生态工程，需要全面了解干扰前湿地的环境状况、特征生物以及生态系统功能和发育特征，以更好地完成淡水湿地的生态恢复（彭少麟，2002）。

5.1.3.2　淡水湿地生态恢复的目标

由于早期湿地受人类活动的干扰（如伐木、森林开垦），以及随之而来的（诸如周期性的焚烧和放牧等）开发活动，湿地的自然性很难评价。因此，在没有自然湿地原始模型的情况下，恢复"自然湿地"是不可能的，但这些经人类改造后的湿地可以被恢复到一种类似或接近早期自然状态时的状况。湿地的自然状态，特别是它固有的环境特征和水供给机制，有助于确定其修复的目标和状态。例如，泛洪平原湿地拥有自然波动的水平衡，在此类湿地进行恢复时就不能将其恢复为永久湿地。反之，那些需要恢复为永久性湿地的地带，不能将泛洪平原作为选址模板。

湿地的恢复是通过人类活动把退化的湿地生态系统恢复成健康的功能性生态系统。生态恢复的目标一般包括4个方面：生态系统结构与功能的恢复、生物种群的恢复、生态环境的恢复以及景观的恢复。作为一种特殊的生态系统，湿地的生态恢复主要侧重于适宜的水文学恢复、特殊生境与景观的再造、沼泽植物的再引入与植被恢复、物种多样性的丰富、入侵物种的控制等。按照群落与生态系统次生演替理论，退化生态系统在足够的时间条件下都有自我愈合创伤的能力，只要消除生态胁迫，它们都能恢复到原来的状态。但是，实际上很多生态恢复工程都被加以人工干预，其目的是为了创造有利于生态系统恢复的生态条件以加快生态恢复进程。退化湿地生态系统所面临的生态胁迫不一样，其生态恢复设计的总体思路及其必须解决的问题也不一样。

（1）恢复湿地功能　对人类社会而言，湿地具有很多"服务功能"，特别是有助于小区域甚至全球范围内生态环境的调节和改善，例如，湿地有助于控制水资源供给和调控河流洪水与海洋侵蚀。泥炭积累型湿地是大气中 CO_2 重要的汇，这对全球碳循环和气候变化具有十分重要的意义。但这些功能的发挥在很大程度上依赖于湿地保护及其功能的维持，因此需要恢复和重建湿地生态系统。

此外，湿地还具有很多经济功能。湿地内高产的畜牧业、林业和泥炭开采，通常需要通过恢复措施进行排水。而一些没有排水或部分排水的湿地只能支持低密度放牧，有时却可为收获性产品（如芦苇）提供可更新的源。这些传统的活动逐渐成为湿地恢复的驱动力之一。早期一些破坏性活动（如泥炭开发）为野生生物创造了宝贵的栖息地，陆地泥炭湿地的恢复为野生生物水生演替系列（hydrosere）提供了活力，有时也成为湿地恢复的重要目标之一。

（2）保护野生生物　以野生生物保护为目标的湿地恢复可分为三大类。

一是自然特征的恢复（naturalness）。早期一些湿地已受到人类活动的干扰（如伐木、森林开垦），诸如周期性焚烧和放牧等后继活动使湿地逐渐形成了目前的特性，因此，湿地的自然性很难评估。恢复"自然性"湿地也几乎是不可能的，但是这些经人类改造后的湿地可以被恢复到一种类似于早期自然湿地的替代状态。由于目前许多湿地都经历了复杂的发展历史，因此，恢复中需要选择和确定各种早期的自然状态。湿地的自然状态，特别是那些固有的环境特征和水供给机制，有助于确定其恢复目标和状态。

二是目标种和群落的恢复（target species and community types）。保留和恢复自然湿地，为特有的目标种或目标群落设置特定生存空间。例如，欧盟确定了一系列需要特别保护和恢复的湿地栖息环境（EEC，1992）。一般来讲，以物种为核心的湿地恢复常存在一些矛盾和难点，例如，是选择有利于鸟类（如鹭）栖息的芦苇床，还是选择珍贵、物种丰富的沼泽植被。

三是生物多样性的恢复（biodiversity）。以恢复湿地生物多样性到最大程度为目的。在此，被恢复后的栖息地（例如，为了野禽或蜻蜓创造的池塘）并非是当地处于"原始自然"状态。在早期的自然状态或目标物种未知或不可复原时，以恢复最大生物多样性为目标的湿地恢复比较合理。

5.1.3.3　淡水湿地生态恢复的原则

据估计，全球约有 860 万平方公里的湿地，约占地球陆地表面积的 6%（Mitsch，1993），随着社会和经济的发展，全球约 80% 的湿地资源丧失或退化（Middleton，1999）。由于湿地破坏的普遍性，在目前的情况下，我们无法对全部的湿地资源进行生态恢复。因此，对湿地资源进行生态恢复必须遵循一定的原则，有所选择地进行。

（1）可行性原则　对淡水湿地进行生态恢复必须考虑生态恢复方案的可行性，其中包括环境的可行性和技术的可操作性。通常情况下，湿地恢复的选择在很大程度上由现在的环境条件及空间范围所决定。现存的环境状况是自然界和人类社会长期发展的结果，其内部组成要素之间存在着相互依赖、相互作用的关系，尽管可以在湿地恢复过程中人为创造一些条件，但只能在退化湿地基础上加以引导，而不是强制管理，只有这样才能使恢复具有自然性和持续性。比如，在温暖潮湿的气候条件下，自然恢复速度比较快，而在寒冷和干燥的气候条件下，自然恢复速度比较慢。不同的环境状况，花费的时间也就不同，在恶劣的环境条件下，甚至恢复很难进行。另一方面，一些湿地恢复的愿望是好的，设计也很合理，但操作非常困难，恢复实际上是不可行的。因此全面评价可行性是湿地恢复成功的保障（赵晓英、孙成权，1998）。

（2）优先性原则　对淡水湿地的生态恢复应该具有选择性，必须从当前最紧迫的任务出发，具有针对性。我们应该在全面了解湿地信息的基础上，选择具有代表性的湿地、生物多样性较好具有保护价值的湿地，以及具有强大生态功能、影响到地区发展的湿地进行优先的生态恢复。

（3）美学原则　湿地具有多种功能和价值，不但表现在生态环境功能和湿地产品的用途上，而且具有美学、旅游和科研价值。因此在湿地的生态恢复中，应该注重对湿地美学价值和景观功能的恢复。如国内外许多国家对湿地公园的恢复，就充分注重了湿地的旅游和景观价值。

5.1.4　淡水湿地生态恢复的过程和方法

当湿地的破坏程度相对较小时，我们可以采用直接恢复的方法，但是当湿地环境破坏已经比较严重以至于不能够直接进行恢复的时候，必须采用一些方法和技术来重建湿地。由于自然演替需要的时间很长，通常我们不会完全采用这种方法进行湿地的再生，不过演替再生可以为淡水湿地的生态恢复提供稳定、长期的基础，因为它提供了一个比较好的生态恢复起点。

进行淡水湿地的生态恢复很可能要面对一些重要的不利因素，这些因素来源于湿地外的破坏。湿地的水和营养供给都来源于外部，因此，相对于许多其他栖息环境而言，湿地受外界影响更深。有效的修复往往需要控制整个流域，而不仅仅是湿地本身。实际上，针对不同的湿地，应该选用不同的恢复方法，因此很难有统一的模式，但是在一定区域内，相同类型的湿地恢复还是可以遵循一定的模式。

5.1.4.1　淡水湿地生态恢复的过程

湿地的恢复过程常包括清除和控制干扰，净化水质，去掉顶层退化土壤，引种乡土植物和稳定湿地表面等步骤。但由于湿地中的水位经常波动，还有各种干扰，因此在湿地恢复时必须考虑这些干扰，并将其当作恢复中的一部分（见图5.2）。与其他生态系统恢复过程相比，湿地生态系统的生态恢复过程具有明显的独特性：兼有成熟和不成熟生态系统的性质；物质循环变化幅度大；空间异质性大；消费者的生活史短但食物网复杂；高能量环境下湿地被气候、地形、水文等非生物过程控制，而低能量环境下则被生物过程所控制（Mitsch，1993）。这些生态系统过程特征在淡水湿地的生态恢复过程中都应该予以考虑。

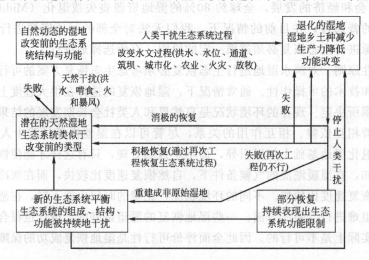

图5.2　湿地恢复的过程（引自任海，彭小麟，2002）

5.1.4.2　淡水湿地生态恢复的方法

由于湿地恢复的目标与策略不同，采用的关键技术也不同。根据目前国内外对各类湿地恢复项目研究的进展来看，可概括出以下几项技术：废水处理技术，包括物理处理技术、化学处理技术、氧化塘技术；点源、非点源控制技术；土地处理（包括湿地处理）技术；光化学处理技术；沉积物抽取技术；先锋物种引入技术；土壤种子库引入技术；生物技术，包括生物操纵（biomanipulation）、生物控制和生物收获等技术；种群动态调控与行为控制技术；物种保护技术等。这些技术有的已经建立了一套比较完整的理论体系，有的正在发展。在许多湿地恢复的实践中，其中一些技术常常综合应用，并取得了显著效果。

在这里，我们将从湿地补水增湿措施、湿地营养物控制、改善湿地酸化环境、湿地入侵种控制和乡土植被恢复五个方面介绍湿地的生态恢复方法与技术。

（1）湿地补水（rewetting） 尽管几乎所有的湿地都曾具有短暂的丰水期，但它们在用水机制方面仍存在很大的自然差异。在多数情况下，诸如湿地及周围环境的排水、地下水过度开采等人类活动对湿地水环境具有很大的影响。一般认为许多湿地往往要比理想状态下易于缺水干枯，因此提倡对湿地进行补水增湿。对那些曾失水过度的湿地来讲，恢复其高水位是湿地生态恢复的前提条件。

湿地补水首先要判断出湿地水量减少的原因，有时恢复湿地的水量可通过其他方式，如利用替代水源，通过挖掘降低湿地表面以补偿降低的水位等。在多数情况下，补水增湿往往不会受到技术上的限制，而是受到资源需求、土地竞争或政治因素的限制。在这里，我们讨论的湿地补水措施包括直接输水、减少湿地排水和重建湿地系统的原始供水机制。

① 直接输水 对于那些由于缺少水供给而干涸的湿地，我们可以通过直接输水来进行初期的湿地恢复。我们可以利用现有的河渠作为输水管道，也可铺设专门给水管道进行湿地直接输水。供给湿地的水源除了从其他流域调集水源外，也可以利用雨水来进行水源补给。在地形条件允许的情况下，雨水输水可以通过引力作用排水的方式实现（包括通过梯田式的阶梯形补水、排水管网或泵）。然而，利用雨水补水是一种局限性措施，特别是在干燥的气候条件下。但若雨水是唯一可利用的补水源，这种方式相对季节性的低水位而言仍然是可行的。

② 减少湿地排水 减少湿地排水的方法主要有两种：一种是在湿地生态系统的边缘构建木材或金属围堰以阻止水源流失，这种方法是一种最简单、普遍的湿地保水措施，但是当近地表土壤的物理性质被改变后，单凭堵塞沟壑并不能有效地给湿地进行补水，必须辅以其他的方法；另一种方法是在湿地内挖掘土壤形成泻湖以蓄积水源。

a.填堵排水沟壑 通常堵塞排水沟的目的是减少湿地的横向排水，但在某些情况下，沟壑也有助于湿地的垂直向水流。堵塞排水沟可以通过构设围堰来减少排水沟中的水流，但若要减少垂直向的排水，则需要在整个沟壑中铺设低渗透性材料。

在由地形（topogenous）形成的湿地中，构建围堰是很有效的，除了减少排水，它还能保持比湿地原始状态更高的水位。但高水位也存在潜在隐患：当沟壑中的水营养物质含量高时，可以使这些营养物质渗透到相连的湿地中，对湿地中的植物产生直接的负面影响。但在由地下水上升形成的（soligenous）湿地构建围堰需进行仔细评价，因为此类湿地的特点主要是横向水流形成的，围堰可能造成淤塞，非自然性的低潜能的氧化还原作用会增加植物毒素作用。

围堰可以用来缓解由于供水减少而产生的干旱缺水。但对于其他原因引起的缺水，构建围堰并不一定适宜，因为它改变了自然的水供给机制，有时需要在这种次优的补水方式和不采取补水方式之间进行抉择。

b. 堤岸　堤岸是一类长的围堰,在大范围内蓄水以减少横向水流。堤岸通常围绕着湿地边界或者在湿地表面内部修建,以便形成一个浅的泻湖。一些由于泥炭采掘、排水和下陷的泥炭沼泽地,可以用堤岸来封住它的边缘。泥炭废弃地边缘的水位下降程度主要取决于水位梯度和泥炭的水传导性质。有时上述的两个变量之一或全部值都很小,以至于只会形成一个很窄的水位下降带,这时一般无需补水。在水位比期望值低很多的情况下,堤岸是一种有效的补水工具,它不仅可以减少水向外泄漏,而且还允许小量洪水入流。

修建堤岸的材料很多,包括低渗透性的泥炭黏土、以黏土为核的泥炭以及最近发明的低渗透膜。其设计一般依赖于其用途和不同泥炭层的水力性质。但堤岸长期稳定性和沼泽破裂(bog bursts)的可能性也十分需要重视,目前尚不清楚上述顾虑是否合理,但堤岸的持久性必须加以考虑。对于那些边缘高度差较大(＞1.5m)的地方,最好采用阶梯式的堤岸而不是单一的堤岸。阶梯式的堤岸可通过在地块边缘挖掘出一系列台阶或在周围土地上建立一个阶梯式的泻湖来实现。而后者不需要堤岸与要恢复的废弃地毗连,因为它的功能是保持周围环境的高水位。这种建堤岸的方式类似于建造一个浅的泻湖。

③ 重建湿地系统的原始供水机制(water supply mechanisms)　如果湿地的水量减少是由于水供给机制改变时,重建水供应机制也是一种恢复的方法。但是,由于湿地依赖于大流域的水文过程,恢复原始的供水机制就需要对湿地和流域都加以控制,这种方法缺少普遍的可行性。恢复供水机制的方法比较适合单一问题引起的供水减少(如取水点造成的水量减少),这种方法虽然简单但很昂贵,并且恢复原来的水供给机制并不能保证湿地生态系统的完全恢复。

(2) 控制湿地营养物　由于水流的营养富集作用(特别是农业或者工业的排放),许多地区的淡水湿地中富含营养物质。营养物质的含量受水流源区、水质以及湿地生态系统本身特征的影响。由于湿地生态恢复的面积较大,对一个具体的湿地而言,一般无法预测营养物质的阈值要达到多少,才能对生态恢复的过程起到决定性的作用。

但是对于水量减少的湿地而言,因为干旱,很多的营养物质沉积在土壤里而矿化,矿化的营养物质会使土壤板结,致使排水不畅。各类报道表明排水后的湿地土壤中氮的矿化作用会增加,相反,高的水位可以导致磷的解吸附以及脱氮速率的增快。这种超量的营养物富集或者矿化可能对生态恢复造成负面的影响。因此,我们需要对湿地系统中的有机物含量进行调整,一般是要降低湿地生态系统中的有机物含量。降低湿地生态系统中有机物含量的方法包括剥离表土法、吸附吸收法、收割法和脱氮法。

① 剥离表土法(soil stripping)　对于富集营养物的湿地,除去上层土壤是一种减少营养物含量的有效方法。分离土壤可以带来两方面的利益:一方面,它相当于在湿地中开挖浅水湖,有助于湿地的补水;另一方面,分离的表土可以应用在其他的生态恢复工程之中。但剥除表土的主要限制是费用问题,包括挖掘和清运费用均十分昂贵。因此,若不能就地消化利用,剥离表土会加大生态恢复工程的经济负担,同时会使湿地生态系统失去至关重要的种子库。

② 吸附吸收法(sorption and uptake)　水体水质可被自然吸附和吸收过程改善。湿地也是公认的营养物质和其他化学物质的"处理站",利用人工湿地进行污废水处理已雄辩地证明了这一点。此外,有研究表明:在半天然的湿地中,输入的营养物质可以被贮存在泥里,直到达到饱和状态;因为植物的吸收和泥土的吸附作用,远离营养富集的水源地方通常比近处富集得少。因此,对于营养物富集情况不十分严重的淡水湿地,可以利用湿地系统本

身的吸附作用降低水体中的营养物含量。在富集营养物的地表水源地边缘恢复植被有助于减少流入沼泽腹地的营养物。但对于那些依靠地下水补水的湿地而言，这种方法并不合适，因为地下水输入时具有渗透性。

③ 收割法　有人量证据表明收割植被，尤其是除去那些成熟的植被，会使沼泽草地中的养分减少。但 Bakker（1989）指出，收割并不一定能引起养分减少；同时，在降低生物量的时会对物种丰富度产生各种各样的影响；或者在增加物种丰富度时并不对生物量产生任何影响。这可能反映了在初始条件不同时，收割会对植被组成有直接影响（通过降低主导地位等），而且会对土壤养分的地位有独立的影响；同时，反映出土壤养分浓度、植被生产力和组成测定的难度。Koerselmann 和 Verhoeven（1995）认为收割对降低荷兰沼泽中钾、磷含量有显著效果，但对氮含量无影响；因为每年通过沉积输入的氮量和收割季节时输出的氮量相当。虽然使用收割法降低营养物耗费时间长，且比较昂贵，但它依然是湿地内进行营养物质调整的最有效的方法之一。

④ 脱氮法　由于能够促进脱氮和降低土壤矿化速率，提高水平面被认为是富营养化湿地脱氮的有效方法。尽管脱氮法并不普遍应用于水面高的湿地，但对湿地脱氮仍有十分详尽的文献记载，且对某些时期高速的氮流失也有记载。脱氮最可能在还原条件下发生（$Eh <$ 300mV），尤其与高水面和富碱性条件协同作用时。除了自然状况之外，水平面的剧烈波动也极易引起脱氮，但这种方式对湿地生物生存不利；有时这也可以作为严重受损湿地恢复的一种预处理方式。脱氮方法存在的主要问题就是其实际应用价值还不清晰。Koerselman 和 Verhoeven（1995）认为另一个问题是适于脱氮的低氧化还原电位会加强磷脱附作用，从而增加磷含量。

（3）改善湿地酸化环境　湿地酸化是指湿地土壤表面及其附近环境 pH 值降低的现象。其酸化程度取决于进入湿地的污染物种类与性质（金属阳离子和强酸性阴离子的平衡）、湿地系统的给排水状况和湿地植物组成等，如泥炭藓（*Sphagnum* spp.）。在某些地区，酸化是湿地内自然发生的过程，尤其与泥炭的积累有关，不受水中矿物成分的影响。在天然水塘中漂浮的植被周围和被洪水冲击的泥炭层表面十分容易发生酸化。湿地土壤失水会导致 pH 下降，有些情况下硫化物的氧化也会引起酸性（硫酸）土壤的增加。

恢复酸化湿地的方法取决于湿地酸化的强度和原因。对于由失水或碱性水源减少引起的湿地酸化，增加水量的方法比较有效，如提高地下水位或恢复洪水冲积。但恢复洪水冲击并不适于高营养负荷的湿地。

（4）控制木本入侵和湿地演替　一些处于顶级状态（如由雨水产生的鱼塘）、次顶级状态（如一些沼泽地）或者演替进程缓慢（如一些盐碱地）的湿地生境，具有长期的稳定性。但多数湿地植被处于斜顶级状态，演替变化相当快，产生了大量相当矮的草地，同时草本植物被木本植物所入侵，从而导致湿地消亡。

因此，控制或阻止木本入侵和湿地演替是欧洲许多地区湿地恢复性管理的主要活动，但在其他地方却得不到普遍重视。部分原因在于历史上湿地缺乏管理或不正确的管理，任湿地生境自然发展。下面主要介绍收割与放牧、火烧和去除泥炭层三类控制入侵和湿地演替的方法。

① 收割和放牧：收割是保持物种丰富度的有效管理技术，有助于去除沼泽地中的养分。但收割效果取决于一些变量，如收割季节等。收割有时会减少一些沼生物种，形成沼泽高地中苔藓类植被；有时还会促进酸化。而且，收割若不具有商业价值时，进行收割要付出相当

高的成本，收割及其他相关工作大约需要 30 人·天/公顷。例如，在 1998 年，这些费用在英国大约达 2400 美元/公顷。

放牧可作为管理湿地或恢复植被快速演替的一个成本低且有效的方法，并且有益于鸟类保护，尤其是以湿地为生境的鸟类，但关于其优点没有明确的评估。放牧的恢复效果在很大程度上取决于环境条件和放牧强度。较高的放牧强度会引起践踏、上层土壤压缩、水传导性降低和蓄水能力等问题。在由土壤物理性质决定水位的地方还会增加水位的波动性。在其他地方，放牧不会对水位产生影响。合理践踏有助于为矮的植被如捕虫堇（*Pinguicula vulgaris*）提供小生境；但在较不连贯的湿地环境中，践踏可能有益于草本生存，并会提高土壤矿化率，结果使物种丰富度显著增加。较轻度的放牧是否可以作为深泥炭层湿地的合理管理模式，这一点仍无定论，值得进一步研究。

② 火烧：火烧是湿地恢复的一个较经济有效的管理措施，这种措施已得到认可。然而，Curtis（1959）指出天然火烧可能会增加木本植物入侵威斯康星湿地的机会。Ditlhogo 等（1992）指出：芦苇地的定期火烧管理只是一种有规律的收割，但如果不能定期进行，鸟类和脊椎动物就可能会减少。因此，火烧的效果可能与环境有关，例如，部分排水湿地在火烧后会受到严重破坏，尤其是泥炭层燃烧。Wheeler 等（1998）的文献记载，可以通过不定期的冬季火烧来管理沼泽地中的洛氏羊耳蒜（*Liparis loeselii*）。但一般认为火烧对保护沼泽地丰富的植被不一定合适，可能是因为火烧恢复使湿地营养物质发展突然变化。在英国，火烧也广泛用于高沼地和泥沼的管理。但自然保护工作者一般不推荐使用此法，因为它对生境及其内活动性不太大的动物有害。

总体来说，火烧被认为是恢复那些管理不善的湿地的最佳方法，尤其是在一些地方，火烧可以作为唯一可行的管理技术。

③ 去除泥炭层：因为持续进行的陆生化演替会引起植被变化和处于演替系列中短命物种及其群落的损失，水生演替进程是恢复的焦点。泥炭积累及其相关的植被天然演替是很快的，而有规律的植被管理有时会减缓这种水生演替进程，但并不能阻止其进行。但也有例外，例如有规律的收割会加速泥炭藓入侵。因此，通过"去除泥炭层"（泥炭和土壤去除）有时被认为是生境管理的必不可少的方法。

去除泥炭层的工作属劳动密集型的工作，用机器挖掘泥炭大概需要 6 人·天/公顷，被认为是一种复杂的干扰。然而，有些地区的特定物种（如沼泽地中的兰花）大部分局限于人工建立或保持的演替系列中，可能是因为不存在天然干扰。

（5）湿地植被的恢复　湿地植被恢复主要通过两种方式进行：一种是利用湿地自身种源进行天然植被恢复；另一种方法是从湿地系统外引种进行人工植被恢复。

① 天然种源植被恢复：利用湿地自身种源进行天然植被恢复，包括湿地种子库和孢子库、种子传播和植物繁殖体三类。

a. 湿地种子库和孢子库　排水不良的土壤是一个丰富的种子库，与现存植被有很大的相似性。但湿地植被形成种子库的能力有很大不同，因此，种子库的重要性对不同的湿地类型也有所不同。一般来说，丰水枯水周期变化比较明显的湿地系统中会含有大量的一年生植物种子库，我们可以利用这些种子库进行湿地生态系统的恢复，但是一些持续保持高水位的湿地中种子库就相对缺乏，种子库对种子长寿命和高发芽率的要求就很高。此外，在较稳定水位的湿地中宿存种子库一般发展不好。

在湿地植被恢复的实践中发现，一些湿地植被虽然能形成宿存种子库，但调查表明许多排水良好的湿地土壤中含有很少的可生长发育的种子，而且有50%的物种没有在种子库中体现出来。Wienhold和van der Valk（1989）也发现那些持续排水达30年的湿地从相当的现存种子库中得到的种子密度不到10%，且大约只有一半物种。因此，对于那些严重受损的湿地，尤其是持续保有水量的湿地，我们无法利用现有的种子库进行生态恢复。

b. 种子传播 对于不能形成宿存种子库的湿地植物，就意味着其恢复方案的关键取决于这些植物的外来种子在湿地内的传播，但目前许多湿地植被的传播特征和动力仍不太清楚。Moore（1982）多年的观察经验表明：一些泥沼中的植物容易传播。例如，Andreas和Host（1983）报道废弃采石场中的湿地很容易被14km以外泥沼物种所侵占，包括泥炭藓（Sphagnum spp.）。再如，在商业性挖掘的泥沼中，散布的孢子同样可以产生各种各样的泥沼物种。

许多湿地植物能很好地适于水力传播，其种子在水中有浮力，但其漂浮时间对水力传播的有效性至关重要，变化性很大，一般在一周或一到几年之间。种子通过水力进行长距离传播是很重要的，如Skoglud（1990）认为大多数湿地植被的种子可以通过洪水冲击的方式到达所研究的湿地领域。此结果表明水力传播对洪水冲击的湿地和恢复位点内种子的重新分布尤其重要，但这远不能清楚描述水力传播对湿地恢复的重要性。原因在于许多能够漂流的孢子也可以通过其他方式传播，而且一些恢复位点距能携带种子的水流很远。Middleton（1998，2000）指出需要有一次"洪水冲击"，使种子在冬季高水位尽量扩大传播，在夏季较低水位时大量发芽和建立群落。

总的来说，湿地植被入侵到恢复位点的潜力不太清楚，但传播能力很可能是那些当地（尤其隔离湿地）已灭绝的物种重新建立的主要障碍。在这种情况下，只有谨慎进行物种引入。在一些收割后的恢复位点中，收割机械可能是很重要的"随机引种器"。

c. 植物繁殖体 湿地植物的某一部分有时也可以传播，恢复生长。Poschlod（1995）报道，不同苔藓植物的部分可以被风力传播到泥沼表面，并在上面重新生长。许多湿地植物是由其小的植物部分传播、繁衍的，这些繁殖体对于促进此植物群落的发展尤其重要。

② 引种植被恢复

a. 播种 许多研究者开始研究通过在恢复地中播种大量湿地植被种子来恢复植物的可能性，尤其是在北美洲。除成本和种子可获得性之外，播种的限制因素还包括低的萌发率（如一些莎草种）、不适于发芽的水利条件、杂草的竞争和食谷动物的取食。其中某些因素可以通过适当的位点预处理加以缓建和控制。

水力播种是大片湿地接种的一条有效途径，但文献中很少有报道。除种子外，其他的接种体也可以本方式进行播种。例如，Money（1995）在一个退化的、有泥炭藓繁殖体分布的泥沼中进行了水力传播实验。这样，用很少的"种源"就可以建立同样好的泥炭藓群落。在随后大规模接种试验中，向两个大的矩形盐湖（总面积为1.2hm²）中投入了大约180升泥炭藓（Sphagnum cuspidatum）繁殖体。尽管最初受到大旱与洪水泛滥等气候威胁，但5年后夏末发现盐湖中泥炭藓的覆盖率已达50%～70%（此时水位最低）。

b. 移植 植物个体或泥炭的移植有助于恢复位点植物的恢复与再生。由于其"非天然性"特征以及在恢复位点中引入新基因型或新物种的可能性，移植有时遭到反对。但在一些情况下，移植是植被恢复唯一实际可行途径。而且，物种移植（人为的或随机的）在过去都十分普遍，有时甚至建立了具有较高保护价值的植被。

Middleton（2000）认为种植苗圃植物或植物繁殖体是恢复位点中的常用措施之一，但有关这方面的信息却很少。在英国，恢复实践者常常通过把芦苇直接种植在排水湿地中，从而建立起大片的芦苇湿地。在泥沼中，那些适宜植物、种子库和动物生存的特殊生境，在修整后，可以成为适合移植体生存的恢复位点，甚至有时可以将遭严重威胁的湿地修复成功。其中，主要难点在于那些与接受位点不匹配的环境条件。原因在于只有当湿地条件适合移植时，湿地植被才比同种陆生植物更容易移植。尽管对稀有动物生境的改变有过成功的报道，但一般来说脊椎动物生境往往很难改变。

c. 看护植物　一般情况下，在湿地恢复中很少使用看护植物，但有些情况下看护植物很有价值。有证据表明，看护植物有助于受损鱼塘表面植物的再生和繁衍，尤其在相对干燥的条件下。即使在水位很低的湿地中，维管植物［如棉花草、紫色沼草（*Molinia caerulea*）或石楠花等］也有助于泥炭藓类在受损的泥沼内生存。若能改善泥沼表面微气候，尤其是创造比裸露泥沼表面的湿度高、气温低的条件，恢复效果更好。Salonen（1992）用植物组织模拟看护植物对越橘（*Vaccinium vitis-idaea*）的保护效果，也得出类似结论。

一些研究者认为：借助泥炭藓在看护植物中生长的能力，受损泥沼不需要使用泻湖和堤岸等措施就可以恢复。Grosvernier 等（1995，1997）在瑞士的研究显示，在生长的 *Polytrichum alpestre* 和白毛羊胡子草（*Eriophorum vaginatum*）的看护下，以 *Sphgnum-fallax* 为主的植被容易在干泥沼中繁衍生息（即使有时水位很低）。加拿大恢复试验曾利用稻草来促进泥炭藓类植物的存活。然而，尽管看护植物在低水位下有助于泥炭藓类植物存活，但在水位维持很低的情况下，看护植物是否会促进整个泥炭藓在沼泽地区繁茂生长，目前对此仍不明确。

在泥沼恢复中，看护植物对广阔的浅咸水湖中植物恢复也有重要作用。新出现的植物，如移种植被如窄叶羊胡子草（*Eriophorum antustifolium*）和洪水冲积之前形成的植被，如紫沼泽草，均能提供场所促进泥炭藓的生长。这种"草丛缓冲"既能促进地表水的蓄积，又能为泥炭藓扩散提供一个较稳定的物理环境。

5.1.5　淡水湿地生态恢复的检验与评估

淡水湿地的生态恢复可以植被、脊椎动物群落、无脊椎动物群落、浮游生物群落及水质为主要对象，观测其变化动态，进行湿地生态恢复效果检验与评估，从而为后期湿地的生态管理提供依据。通常可以选择生态系统中能典型反映生态系统功能的状况，并能通过试验测试其在生境地存活和生长的状况的几个目标物种与生物类群来开展调查，进行生物检验，监控生态系统的恢复进程。

5.1.5.1　淡水湿地生态恢复的生物检验

（1）生物检验Ⅰ　检验植被的恢复状况，包括植被的组成与结构、植被的景观恢复、本地植物的恢复、植被恢复与动物多样性恢复的关系。

（2）生物检验Ⅱ　检验生物多样性的恢复与发育状况。包括无脊椎动物、自游生物、鸟类等生物类群的群落组成与结构，对现有植被类型的利用，特有种群的种群动态，鸟类的迁徙与生境的关系，一些特有种群的种群动态。

（3）生物检验Ⅲ　检验影响植被繁殖（克隆）的因素。主要是芦苇的再生长规律，包括克隆体的来源（种子库和植被的生长等）、克隆的生物条件（竞争、取食等）和非生物条件（盐碱度、硫化物、铵等）。

5.1.5.2　淡水湿地生态恢复评价

（1）生态恢复的生态效果评价　即对淡水湿地生态恢复的完整性进行评价。它从生态系统的组成结构到功能过程，考察湿地生态系统的恢复结果是否为完整的统一体，是否违背生态规律，脱离生态学理论或者同环境背景不相符合。淡水湿地的生态恢复应该是生态系统整体的恢复，包括土壤、水体、动物、植物和微生物等生态要素，湿地生态系统中不同层次、不同尺度规模、不同类型的多种生态系统（崔保山，1999）。

（2）生态恢复的社会效果评价　主要评价公众对淡水湿地生态恢复的认识状况与程度。由于我国公众对生态恢复还没有形成强烈的社会意识和共识。因此，加强湿地保护宣传力度，增强公众的参与意识是湿地恢复的必要条件，是社会合理性的具体体现。

（3）生态恢复的经济效果评价　经济效果评价一方面指恢复项目的资金支持强度，另一方面是恢复后的经济效益，即遵循最小风险与效益最大原则。湿地恢复项目往往是长期的和艰巨的工程，在恢复的短期内效益并不显著，往往还需要花费大量资金进行资料的收集和各种监测。而且有时难以对恢复的后果以及生态最终演替方向进行准确地估计和把握，因此带有一定的风险性。这就要求对所恢复的湿地对象进行综合分析、论证，将其风险降低到最小。同时，必须保证长期的资金稳定性和对项目的连续监测（钟成埔，1987）。

5.2　盐沼湿地的生态恢复

一般来讲，裸露海岸易受海浪、潮流与粗质基底的影响，不适宜维管植物的生长，但海岸生物对于频繁的海水入侵和高盐度生境有着极强的适应力，形成了盐沼生境及其丰富的生物多样性，例如，热带、亚热带海岸地区适应红树生长。盐沼及其生物不易受到潮汐、盐碱性土壤的影响，生产力水平高居世界各类生态系统前列。

盐沼主要分布在近海陆地或被海峡包围的港湾和开放海岸地带。由于这些地区十分适合人类居住，因而大面积的盐沼被工业化、城市化以及农业开发所占用。欧洲地区早在公元前600年就开始占用盐沼，进行家畜放养和牧草收割；古罗马时代开始筑堤围栏，开垦非潮汐的非盐碱性农田（Perrow 和 Davy，2002）。

随着对盐沼价值的认识，盐沼恢复也成为一个重要的科研课题。目前，盐沼保护与恢复的主旨是因地制宜，减少现存盐沼的损失，恢复受损盐沼，并重建新的盐沼。例如，北欧地区恢复重在提高盐沼的价值，使海岸线后退以减少海平面上升造成的影响，并利用盐沼减少海水入侵。美国主要通过立法来鼓励大规模的保护运动（如清洁水法案，国家环保法和其他州的法规）。许多地区都开始研究如何在盐沼区种植植被来稳定海岸线。许多国家还建立了米草沼泽来保护海岸线与牧场。最近，中国也开始了类似的恢复实践。

有关盐沼恢复的许多文献主要集中于发展规划和环境评价方面，已经出版的文献主要是对分布区（如植被覆盖区）进行研究，而关于整个盐沼生态系统的研究很少（Zedler 和 Callaway，2000）。因此，本节首先介绍一些盐沼生态学的知识，之后对盐沼恢复的一些相关问题进行分析。

5.2.1　盐沼生态系统的特征与功能

盐沼（salt marsh）是指分布在河口、海岸潮间带由盐生植物覆盖的淤泥质潮滩地区（时钟等，1995），主要由盐生草本、小型灌丛等耐盐植物组成。盐沼分布广泛，从高纬度到低纬度都有分布。热带红树十分适应高盐环境，在低纬度地区可取代盐沼植被，主要分布于热带和亚热带海岸。耐盐草本植物主要分布于红树群落以内的内陆地区，如澳大利亚南部和佛罗里达均有盐沼草本分布。海岸盐沼是在频繁的潮汐、海水冲刷作用下形成的，而咸水湖盐沼则是在封闭湖畔周围非潮汐或盐度作用下形成的。这里，我们主要讨论受潮汐作用影响的盐沼。

5.2.1.1 盐沼与植被

(1) 潮汐盐沼　潮汐盐沼分布在潮汐能较小的潮间带，垂直高度是由潮汐方式（尤其是最大高度）、潮汐能和流速决定的，水平范围受当地地形、海洋生物分布以及沼泽发展过程中的成熟阶段的影响。潮汐型盐沼靠近海边的距离取决于其内耐盐性植物对海水的耐受限度。虽然有关盐沼绝对海拔高度的资料记载很少，但含互花米草（*Spartina alterniflora*）沼泽比其他类型的沼泽更不易于向外发展。大风浪可以将盐分带到陆地边缘，因此可以影响植被的分布上限。陆地边缘的盐沼会逐渐演替成森林、灌木丛、草地、沙漠或岸边密灌丛，从而过渡到较干旱的耐盐陆生生态系统。这些植物虽然不适应海水的浸泡，但对海水的偶然袭击适应性却较强。

潮间带的环境条件变化很大。一般而言，海拔低、海水侵袭频繁的盐沼地形变化很小，植被分布也大致相同。潮汐作用可以使海岸带形成许多错综复杂的小溪。随着海拔的增加，盐沼地形变化也会增加，包括一系列坡度不同的小溪、冲击堤、沙堆、洼地等；随之出现一系列的植物群落，其组成与结构也经常发生变化。

(2) 盐沼植被　盐沼植被主要为分布较广的耐盐生态型植物，这些植物具有一系列的形态、生理和生化耐盐适应性。适度盐分能促进这些盐沼植物的生长，但大多数耐盐植物并不一定需要盐分，它们在非盐生境中同样可以旺盛生长。但一旦耐盐植物适应盐沼生境之后，它们对淡水环境的竞争能力就会下降。

盐沼植被的组成和结构随纬度、降雨量以及流量的不同而不同。在某些地区内，人们可以预测植被在高度变化上的出现顺序，但不同地区顺序也有很大不同，有时甚至相反。如靠近港湾处植被，维管植物主要分布在温带，热带分布较少。在干旱和半干旱的海岸边，亚灌木丛种类多样，而在降雨量多的地方禾草科植物就占优势。分布最广的植被类型是互花米草（*Spartina alterniflora*），沿墨西哥湾和美国大西洋海岸均有分布，是一种独特的生物类型。

5.2.1.2 盐沼的动态变化

海岸盐沼一般都是动态体系。盐沼生物种从盐沼形成开始一直不断变化演替，盐沼位置也随着海平面变化而不断变化。目前所关注的盐沼动态变化，主要是全球变暖引起的海平面上升及其对盐沼的潜在影响。

现代盐沼起源可以追溯到 6000 年前，甚至更早，与不断变化的生物和地质环境有关（Perrow 和 Davy，2002）。不同地区盐沼变化速率不同，但变化均很快。盐沼自然发育一般开始于维管束植物侵入泥滩，即大型藻类植物固定底部沉积物的过程。沉积物积累促进沼泽水平和竖直方向的延伸。大多数沉积物来源于海浪冲刷或河流带到下游的无机物，小部分是当地有机物。随着沼泽地面的上升，潮汐影响减少，土壤变干，盐度增加。物种变化过程可以由物种的空间分布进行推断，直接观察很难得到。

沼泽沉积过程时间可能很长，但也可以很短。例如，经 10 年洪水侵蚀后，南加利福尼亚的提纳华港泥滩最终达到 0.5m NGVD（NGVD 是 1929 年规定的平均海平面），使本地大米草（*Spartina foliosa*）大量无性繁殖。据估计，*Spartina foliosa* 无性繁殖在 15～20 年内可能将提纳华港湾连通起来，从而丧失作为海岸鸟类生境的功能。附近老的沼泽地达到了 30cm 的沉积层，在 60～80cm NGVD 时，以肉质植物为建群种的群落变成为以 *Salicornia virginica* 为主的群落。这些短期的生境变化可以说明长期变化是如何进行的，但是结构上的变化还未曾在干旱区的湿地进行试验。

5.2.1.3 盐沼的功能与价值

研究认为，盐沼的生产力是所有自然生态系统中最高的，而且可以维持很高的生物多样性（Perrow 和 Davy，2002）。盐沼可为人类提供各类资源，包括水鸟猎禽、牧草、维护海岸的植被等。不论是在经济上还是在美学上，盐沼都具有重要功能与价值。在某种意义上，保护与恢复盐沼就等于保护鸟类和鱼类。

（1）渔业价值　盐沼可以通过潮汐将有机物输送至附近的浅水，为鱼类提供食物，并将海水中的一些物质碎屑输送到岸边。在这些过程中，许多鱼类和无脊椎动物被带入到食物网中。因此，盐沼具有支撑渔业的重要功能。

（2）鸟类生境　盐沼和溪流为一些水禽（鸭子、天鹅）和捕食者提供了栖息地，其中包括具有商业价值的鸟种。尤其在北半球，潮间带泥滩为各类生物提供了食物，而盐沼为它们提供了良好的栖息地。例如，美国的萨瓦那麻雀（*Passerculus sandwichensis*）、欧洲的翘鼻麻鸭（*Tadorna tadorna*）和红脚鹬（*Tringa tetanus*）等鸟类喜欢在盐沼内筑巢，尤其是在高地盐沼中。

由于盐沼可以栖居水禽，所以很多政府都支持恢复岸边的湿地以供人们观赏水鸟。同时，政府间达成国际盟约保护盐沼湿地，如《国际湿地公约》（*Ramsar Convention*）。因为鸟类筑巢和捕食关系十分复杂，若盐沼被破坏到鸟类消失的程度后，一般就很难恢复。

（3）本地稀有植物　在盐沼有限的生境范围内，分布着一些十分少见的植物种，因此具有很大的保护意义。在一般中、低沼泽地带中多数物种分布较广泛；而受上游潮汐影响的盐沼生境和群落具有更多空间异质性，较易出现本地物种。但此类生境往往也较易受人类活动的影响。

（4）其他功能　海岸带受到潮汐运动、近岸流、风浪等因素的直接影响，因此保证人民生命财产安全和减轻上述影响十分重要，特别是防止与减少风暴潮对潮滩、堤岸带来的灾害。由于盐沼植被具有繁殖力强、生命力旺、适应性广、抗逆性高等特点，盐沼生态系统在保滩护岸方面的效果很显著。与采用块石或钢筋混凝土等工程护岸相比，不仅投资小，而且在施工、材料、运输以及维护等方面都具有现实意义。

此外，盐沼还具有增加湿地面积、改良土壤、净化空气、绿化环境、抑制沙滩风沙等生态功能。

5.2.2　盐沼湿地退化的原因

人类破坏和改造盐沼的历史可追溯到古文明时代。当时建设了许多海港，周围城市依赖改造浅水生境而不断发展。纵观整个历史，经过人类或大或小规模的改造后，盐沼遭到了严重破坏，需要重新恢复。

盐沼为人类提供了稳定的海岸线、生物多样性和娱乐空间等多重功能，但由于历史上人类利用盐沼方式、城市化和价值观造成过去盐沼的大面积损失。随着人类对盐沼价值认识的不断深入，盐沼恢复受到世界各国的关注。从盐沼损失和破坏原因的角度，我们对盐沼生态系统恢复的基本原理加以分析。

5.2.2.1 潮汐阻断与泥沙淤积

（1）筑坝等海岸建筑物阻断潮汐　筑坝对海岸盐沼既有害又有利。如果沼泽地已淤积了大量泥沙，那么堤坝能够拦截上游泥沙，这对下游盐沼十分有利。但是，如果盐沼需要泥沙来抵消海平面上升，堤坝就产生了副负效应。大坝用以调节水流，因此会改变水流盐度并降低港湾的可变性。莫桑比克在1959年修建了Kariba水坝和CaboraBassa水坝，虽然减少了该地区的洪涝灾害，降低了营养物质和泥沙的输入，但同时增加了对海岸的侵蚀，导致了港湾生产力下降、渔业产量下降和赞比西河三角洲（Zambezi River Delta）红树的损失。西非沃尔特湾中红树林不断损失，代之以耐盐性草本植物，也是上游筑坝的结果。

在干旱地区，盐沼被筑坝建成蒸发塘，用于晒盐。目前，此类历史悠久的工业仍在运作。在澳大利亚和美国加利福尼亚，晒盐已经成为盐沼大规模损失的主要原因（旧金山海湾和圣地亚哥海湾）。下加利福尼亚半岛（墨西哥西部的多山半岛），Baja California Sur、圣地亚哥Ignacio湖（Laguna San Ignacio）和墨西哥的盐沼已经被开发成了盐塘。在遥远地区，这种技术含量低的产业已经被认为是经济发展可行的一种方式。此外，水产养殖也是海岸盐沼一大威胁，因为浅水区域很容易成为养鱼池。

此外，筑坝减少洪水灾害的同时，侵蚀力与盐度也发生了改变。在从前经历季节性盐度变化的盐沼中，全年盐度将会趋于相同。下降的流量会导致土壤脱水、木本植物入侵、生境不再适合野生动物和水禽的生存。这种情况下，需要采取直接措施来恢复洪水冲积平原以及其上的植被与生境，此时洪水对下游生态系统是有利的。

海堤、防洪闸门、涵洞、堤坝和桥等建筑物都能阻断潮汐。例如，荷兰大部分港湾区域都通过修建堤坝来降低土地盐度，进行耕作农用。没有潮汐的影响，土壤盐度不断稀释。虽然通常在堤坝外再建一个新的盐沼；但总体来说，潮间带的沼泽地面积减少。

新南威尔士最近调查显示有5300多个妨碍潮汐的建筑物，其中1388个可以经过改造重建潮汐湿地。在澳大利亚南部地区，重建港湾湿地恢复生境及其原有功能的相关研究也在不断兴起。有许多方案建议对盐沼进行恢复，但很少被实施。在特拉华州海湾，公共电气服务公司（the Public Service Electric and Gas Company）正在拆除堤坝，以便恢复2500hm^{2}的互花米草（*Spartina alterniflora*）盐沼，作为他们海港的一部分。

（2）泥沙淤积填充盐沼　由于海湾聚集了整个流域的泥沙，因此在此很容易发生泥沙淤积。而人类活动极易引起水土流失，加速盐沼淤积。当发生特大洪涝灾害时，由于土壤易被侵蚀、冲刷到海湾，美国太平洋附近海湾泥沙沉积速率大大增加。圣巴巴拉南部与加利福尼亚Mugu咸水湖，在1978—1980两年间的洪涝灾害中，水土流失达40%，而其他地区也已被各种各样的物质填满，包括垃圾、淤泥，因此必须疏浚以保持盐沼畅通。

5.2.2.2　盐沼环境污染

（1）海洋污染　目前，盐沼面积不断减少，仅存的一些盐沼（尤其是城市盐沼），大部分也已受到富含营养物质或重金属等有毒物、有机物水流的污染。更不幸的是，在港口和盐沼中并没有设置水质监测点和监督项目。原因在于人们认为"海水不是饮用水，即使石油泄漏造成水面浮油也无关紧要"，而且进行盐沼监测成本很高。但有机污染降解需要时间很长，因此盐沼恢复很难、很慢，如麦哲伦海峡Metula号油泄漏事件。

（2）淡水污染（稀释盐度）　当水量或土壤过滤盐分的能力增加时，淡水就成为盐沼污染源之一。尤其在干旱地区，灌溉水和暴雨径流带来了大量营养物质、垃圾、草种及其他物质。淡土植物与微盐土植物侵入到低盐度土壤中，其竞争力往往超过本地植物。芦苇（*Phragmites australis*）和香蒲（*Typha* spp.）是许多海岸区域的害草，因为当有淡水流入盐沼时这些植物很快繁殖。如果一年生草本植物竞争力大于本地物种，如濒临灭绝的盐沼鸟嘴（*Cordylanthus maritimus* ssp. *Maritimus*）也是高盐沼的一个严重的问题。

5.2.2.3 外来种入侵

物种只有适应盐沼环境，才能在其内发育繁殖，所以盐沼杂草问题似乎不如陆地生境中突出。但目前入侵植物是世界关注的焦点。从全球范围来看，米草属（*Spartina*）带来最严重的问题，因为它们能改变盐沼的物种结构和基本组成。外来种一般是由于防御海岸侵蚀（欧洲）和挖泥建岛（华盛顿普吉特湾）而引起。19 世纪末美国互花米草（*S. alterniflora*）和英国南部本地 *S. maritime* 杂交产生了 *S. townsendii*，后者经过染色体复制又产生了杂交的大米草（*S. angliu*）。该物种目前广泛分布在北欧、中国、澳大利亚南部和新泽西。目前，互花米草成为华盛顿和俄勒冈地区主要的害草，占据了大片港湾，长势比本地耐盐植物矮，因此威胁到牡蛎养殖业，并减少了鸟类栖息地。洪堡海湾（Humboldt Bay）地区 *S. densiflora* 占优势，是被智利运输木材的船只携带来的。该物种的树冠结构与本地 *S. foliosa* 的不同。互花米草和 *S. densiflora* 都入侵了旧金山海湾。后者长得比本地物种高，前者介于本地 *S. foliosa* 的最低的和最高的之间，两者都是杂交的。在东澳大利亚，*Baccharishalimifolia* 和 *Juncusacutus* 都是已知的入侵植物。令人不解的是，在有些区域如英国和加利福尼亚，*J. accutus* 却是本地种，是此地区盐沼中的值得保护的独特物种。

5.2.2.4 放牧及其他物理干扰

（1）放牧压力 全球许多海岸盐沼都用来放牧家畜，如牛、羊、马等。放牧及其管理方式决定了植被的组成和结构。由于各种原因，有些植被在放牧条件下很难存活。在放牧的盐沼中牧草占主要地位。例如，澳大利亚新南威尔士地区的 Kooragang 岛从前以盐沼植被为主，曾筑建篱笆用来放牧，这使该地区内红树生长加快，得以恢复。可见，放牧可以改变某地区草本植物和木本植物之间的平衡。同样，放牧管理会影响到一个地区的保护价值。例如，夏季适当放牧会使更多的水禽来此地过冬，从而提高该地的生境价值。在恢复计划中，有一项就是研究是否需要放牧及其强度、频率和时间。

（2）物理干扰 盐沼表层经常受当地工程建设的干扰。管道铺设横穿盐沼、占用盐沼修建堤岸、娱乐设施剥离草皮和土壤等活动的影响都十分严重。在城市盐沼中，游人也是值得关注的问题之一。加利福尼亚南部丘陵地周围的植物都很脆弱，极易被践踏而死亡。在已踏实的小路两侧，只有少数肉质植物和无性繁殖的先锋植物可以存在。一些小的亚灌丛如加利福尼亚枸杞（*Lycium californicum*）只能在盐沼上游周围存活，因为这里很少受到人类的践踏。因此，应该在盐沼中适当建设步道，有意识地来控制人们的踩踏。

（3）生境破碎化 城市化和农业用地不仅缩小了盐沼面积，还降低了盐沼质量。破碎化生境之间失去彼此之间联系，这类问题十分严重。潮汐影响的减少，使盐沼生境在现存环境条件下分布更广阔。地区变得干或湿，盐度变大或变小，取决于当地环境。盐沼的历史性损失和广泛退化已引起了世界各地的重视，恢复和重建盐沼势在必行。

5.2.2.5 气候变化和海平面上升

由温室气体引起的气候变化可能会加速海平面上升。整个地质年代中，由于沉积和岛屿迁移作用，盐沼一直与海平面持平。如果泥沙沉积速率与海平面上升速率相平衡，盐沼就保持原位。但如果海平面上升速率超过沉积速率，盐沼只有后退才能维持现状。许多城市滨海区的盐沼将与防洪堤、海堤以及内陆湿地相连。但盐沼即使有后退备用地，一些繁殖能力差的物种也会因此消失，原因在于海平面上升加快使生境变化超过了物种所能适应的速率。

气候变化还有一些其他影响。由于频繁的洪水、土壤侵蚀或沉积或温度上升导致物种分布区变化，红树林将广泛分布与亚热带地区，而原来的盐沼将逐渐消失。

5.2.3　盐沼生态恢复的限制因素

5.2.3.1　物理方面

（1）城市化与破碎化　因为城市滨海区发展压力巨大，此地区盐沼的恢复往往更受关注。城市盐沼面积减小，生境破碎化严重，潮汐冲刷几乎消失，淡水生态系统水质恶化等现象，都是管理者在恢复和重建盐沼时必须面对和解决的问题。但由于各种因素的限制，恢复盐沼水文状况、连通破碎化生境与恢复盐沼与陆地连通性经常受到限制，在城市内对盐沼进行全面恢复是不可能的，这就如同恢复城市海湾水域及其周围环境一样。在这种情况下，管理者就必须确定现实可行的恢复优化目标。这里我们主要考虑延缓或阻止盐沼恢复的环境条件。

（2）淤泥的沉积与处置　任何筑堤地段都有泥沙淤积现象。拆掉堤坝让水流畅通，能产生更多的开放水域或较深的水生生境，但若不采取措施，地形很难恢复。例如，旧金山海湾将疏浚弃泥填到筑堤地段后，引发了颗粒物适宜尺度和潜在污染等问题。若挖泥能恢复淤积盐沼的话，就必须解决以下两个问题：①有地方处置挖出的淤泥；②降低运输淤泥的成本。此外，还存在所挖泥中含沙量高的问题。

在沉积物挖掘时，最大的障碍就是淤泥的处置。如果淤泥堆积太高，就会被冲到附近海岸，这就阻碍了自然的海岸侵蚀过程。例如，美国国家环保署不允许在岸边处置沉积物。因此需将其输送到填埋场。运输的高成本和处置地的缺乏进一步增加了挖掘工程的难度。而且，受重金属和有机物污染的沉积物是不允许填埋的，如果这些沉积物流到附近田地，在挖掘后和处置前，需要额外的场地对淤泥进行脱水。当认识到淤泥的污染程度之后，澳大利亚悉尼的 Eve Street 盐沼为减少损失而挖泥的建议就不了了之。

（3）潮汐冲刷能力减弱　岸边的盐沼总是受潮汐的冲刷，但由于道路、潮闸、涵洞和其他建筑物的存在，潮汐的冲刷能力大大减弱。没有潮汐的冲刷盐沼很难完全恢复。如果上述障碍物的拆除代价十分昂贵，或者引起洪水冲击，那么完全恢复盐沼也很难达到。通常情况下，这些建筑物的管理部门与提倡盐沼的恢复部门意见也不一致。

此外，即使潮汐的冲刷能力完全恢复，潮汐带和盐沼间的连接性也很难恢复。潮间沼泽地被各条小溪分隔，这样沉积物流失会形成许多斜坡；相反，非潮间带盐沼由于生长着各种植被，即使在频繁的潮汐活动下，沉积物也不会流失，潮汐不会很快地侵蚀河道，小溪也易被鱼类利用，同时生物多样性增加。因此，只有设定完善的恢复规划才能恢复潮汐活动和潮间带的小溪网络。

（4）洪水冲击强度不足　以赞比西河三角洲（Zambezi Delta）为例，其生境恢复计划有望通过重新引入洪水来恢复生境，但如何确定最佳洪水方式及其强度却很困难。计划的制约因素包括：①由于历史记录开始于 1930 年，评价整个三角洲历史的洪水流动特征很难；②对重建生态环境所需的最适、最小洪水强度缺乏认识；③需要提供足够大的洪水冲击强度，才能除掉乔木和其他成熟植被；④人类已经在以前易受洪水灾害的地区定居；⑤最近洪水所造成的损失已使人们开始反对洪水计划；⑥公众仅对洪水所形成的小型生境有所认识；⑦设计 Kariba 水坝时，仅在上部设有闸门，下部却没有设置，这样使更多洪水流失（尽管水库底部的冷水可能对河流中有机物不利）。

（5）单一地形复合度的限制　盐沼一般发育在微地形相当复杂的地方。人工开辟的盐沼很难像天然盐沼那样具有复杂的溪流和洼地结构。人工种植与植被快速蔓延必然减缓溪流的侵蚀，盐沼一旦布满了植被就很难形成复杂的地形特征。因此，需要付出更大努力来设计和构建溪流体系。

5.2.3.2 生物地球化学方面

排水沼泽地已发生的化学变化是不可逆的。筑堤和排水后的盐沼经过洪水冲击后，铁作为电子接收体消耗殆尽，硫化物却发生积累。Portnoy 和 Giblin（1997）曾收集了马萨诸塞州 Cap Cod 地区不同水文特征盐沼的沉积物矿石。结果表明：筑堤、排水的沼泽地和遭受季节性洪水冲击的沼泽地对洪水冲击的反应是不同的（见表 5.2），土壤被洪水冲击后会产生"酸污染"。酸性物质会排入附近的海湾，导致化学变化，会杀死鱼类和无脊椎动物。在这种情况下，恢复需要削减或消灭酸性物质的释放源。

表 5.2　重新引进海水后排水沼泽地土壤组成的变化

时间	项目	季节性洪水	排水
筑坝后	有机物含量	65%干重	45%
	孔隙水 pH	6.4	3.9
	Eh/mV	300	500
引进海水后 21 个月	淡水植被	消失	消失
	沉降	6～8cm	—
	pH	刚开始下降，然后保持 6.5 左右	4 个月后增加到 6 左右
	营养物质	氮磷矿化率增大	较高的 PO_4^{3-}，NH_4^+，Fe(Ⅱ)
	硫化物	增加 10 倍	被 Fe(Ⅱ)沉淀
	硫化物毒性	可能	不可能
	碱度	增加 10 倍	增加
	再种植的潜力	受硫化物毒性限制	由硫化物毒性产生的问题不大

注：1. 引自 Portnoy 和 Gibin，1997。

2. 沉积物矿物经过温室检验。

5.2.3.3　生物方面

（1）食草动物的影响　恢复中新种植的草对许多食草动物都有吸引力。这些动物包括加利福尼亚南部的松鼠（*Spermophilus beechyi*）、兔子（*Sylvilagus audoboni*）、黑鸭（*Fulica americana*）、路易斯安那的海狸鼠（*Myocaster coypus*）和美国太平洋西北部和大西洋海岸的天鹅。虽然食草动物的取食作用往往只是暂时的、局部的，但却很难估计出经盐沼迁徙天鹅的受损数量，因为即使人们可以预计天鹅的迁徙时间，但迁徙的地点和数量很难预计。此类问题得到重视后，提华纳海湾（Tijuana Estuary）开始建立围栏来阻挡兔子和黑鸭的入侵，以保护迁徙鸟类。但是，恢复方案一般不可能对所有方面进行监控，而且缺乏解决问题的有关协议或规定。

（2）外来种的竞争　在水文状况已改变的地方恢复盐沼植被，需要了解受损生态系统中本地种与外来种在不同生命期对盐度的耐受力。如圣地亚哥海湾初春，由于冬季降雨量降低了土壤盐度，外来的一年生草本和濒危一年生植物竞争有限的生境与资源。因此，增加土壤盐度有利于控制一年生草本植物，但盐度增加时间不合适的话，也会阻止濒危植物的发芽。尤其在降水没有规律的地区，通过增加盐类来调控土壤盐度需进一步研究。

5.2.4　盐沼生态恢复的原理与技术

在各种不同的环境中，盐沼恢复可采用不同形式，表 5.3 列举了几个已完成或目前正在进行的恢复活动。北欧早在 18 世纪就采用"农场主方法"来促进沉积物淤积和扩展盐沼。

虽然现在严格意义上的恢复越来越多，但盐沼管理的重点是将生产性的农田转变为自然保护区。因此，这些理念和措施与恢复活动的主旨极为相似。Esselink 等认为农业排水系统的中断可促进冲击堤的形成，沟沟坎坎的区域也由此成为排水受阻的洼地（1998），从而在增加地形多样性的同时，增加了生物多样性，促进盐沼的自然恢复。

表5.3　盐沼的有关恢复活动

恢复所面临的问题	采取的措施	制约因素
开垦泥滩	建排水渠和折流堤	外来种入侵
围蓄盐沼	拆除堤坝	土地沉降、沉积物流失
堤坝后泥沙沉淀	填充疏浚弃泥	粗粒/基底污染物
盐沼排水渠	回填排水渠	酸化土壤、回填不充分
湿地淤积与疏浚弃泥堆积	疏浚沉积物	后沉积
	疏浚泥土	粗粒物质、侵蚀、冲积与污染
	种植大米草	侵蚀
海岸侵蚀控制	种植大米草	
筑堤后淡水减少或	有计划释放上游水源	下游风险
排水后增加	增加潮汐活动	
污染（油、酸化土壤）	清除油污染土壤	水平面下降
外来种入侵	盐度增加	危及濒危植物
	根除外来种	种群数量太大

注：引自 Zedler J B 和 Adam P, 2002。

盐沼恢复如同所有其他水域生态系统恢复一样，恢复关键在于恢复生境的自然水文特征。除恢复水源外，还必须恢复适宜的土壤、植被和动物。但目前盐沼恢复项目多数重在恢复有植被地区的水文状况，而对于土壤和动物却不予考虑。此外，即使水源、土壤、植被和动物四类因素都予以考虑（此时，盐沼恢复费用十分昂贵），也往往不能保证盐沼生境恢复后的维持。例如，悉尼的 Eve Street 盐沼尽管得到恢复，但恢复不久却又在盐沼上面修建了一条高速公路。

5.2.4.1　恢复潮流影响

过去许多盐沼都通过筑堤来预防海水入侵。这些地区排水及维护堤坝的费用都很高，甚至高于农田的维护费用。尤其当海平面比陆地高时，这一问题十分突出。由于潮汐影响可改变盐沼水体盐度，增加水体流动性，有助于减少外来种入侵，恢复岸边动植物群落。在这种情况下，通过有计划的后退措施来适应海平面上升，拆除那些阻碍盐沼经历潮汐影响的堤坝，是更直接、更经济的盐沼恢复方法。而且，此类方法的潜在价值也较大。

历史上许多海水堤防破坏后，无需人为作用盐沼就可以自我恢复。但是，人工恢复中，有计划的后退并不等于简单的拆除海墙，而需要采取措施协助盐沼植被的再生。原因在于筑坝之后，盐沼土壤就会逐渐减少，例如在25～50年间，康涅狄格州盐沼土壤由于没有潮汐冲刷而下降了大约0.5m；而且，在地面沉降地段，拆除堤坝就意味着淹没以前的盐沼，变成泥滩。因此，这就需要不断向盐沼补充沉积物，协助植被恢复。此外，拆除工作需要谨慎有计划地进行，避免不必要的冲刷和侵蚀；需要建立导流坝调节潮汐方式和速率。原有农田具有高的营养物，能够加快盐沼发育过程中藻类的繁殖。

美国曾建造各种结构来保护或重建海岸沼泽地。有时建造冲击堤、潮闸、涵洞等结构为水鸟、鱼类、无脊椎动物等提供栖息地，有时开采石油时在海洋与盐沼之间建沟渠和冲击堤。最近，美国国家委员会对用构筑物式方法管理海岸沼泽所出现的问题和优点作了研究，结果一致认为：功能强大的可持续湿地不适合使用这种方法，应该首先对沼泽的退化进行科学的理解，优先考虑自然恢复策略，再进行合理的试验设计，并对结果进行评估。

5.2.4.2 清除淤泥

恢复淤泥沉积的盐沼需要疏浚沉积物和清除淤泥。在此类盐沼恢复中，历史地图和影像对于确定原始沿泽和溪流生境的位置十分重要，同时需要通过矿物分析来确定原始沼泽的土壤埋深。如果上层沉积物将覆盖的沼泽地土壤压实，必须确定恢复需要挖到自然沼泽土壤深度，还是需要挖到某一特定沼泽高度。由于无脊椎动物和盐沼植被对沉积物环境要求十分严格，如果主要是黏土和细砂，就适于恢复盐沼；如果是砂子，那么对植物生长就不利，不利于盐沼恢复。

5.2.4.3 控制海岸线侵蚀

在控制美国大西洋沿岸、欧洲和中国海岸线侵蚀方面，互花米草种群的种植是十分有效的。互花米草是海岸带的本地物种，移栽发展于20世纪70年代，在北卡罗来纳州尝试性地建立了适宜的种植空间。美国引入的互花米草（*S. alternifolia*）和本地米草（*S. foliosa*）的杂交种已有记载。但在应用杂交种控制海岸侵蚀的任何地区，都应在恢复工程实施之前，做好所有推断本地品系的基因完整性的鉴定工作。

尽管当地沉积物粗糙、营养物质缺乏，北卡罗来纳州米草三年生盐沼生产力就相当高，其中一些是历史上的盐碱恢复地。最近，该地研究者比较了22～26年的沼泽地。在这些接受淡水营养物和沉积物的地方，植物生物量与参考地十分类似；底栖生物的结构和丰富度与15～25年的参考地相当，但是土壤的性质却相差甚远。

5.2.4.4 调节淡水入流量

盐沼中淡水的增加或减少会将植被变成较耐盐性或较不耐盐性物种。在利用上游堤坝蓄积洪水的地区，管理者有时在几个月内才释放大量洪水，这就降低了下游的土壤盐度，促使香蒲的生长。1980年，圣地亚哥河流就发生过类似现象。由于在三月至四月间持续放水，*Salicornia virginica* 占优势的盐沼被淹没，香蒲（*Typha domingensis*）开始出现，并到1980年6月占据了优势地位，在1983年洪水再次来临时生长已十分繁茂。在这种情况下，恢复往往是自发的：若没有洪水，几年之后香蒲便渐渐消失，盐沼植被自然开始重新发育。

5.2.4.5 治理污染物与酸化土壤

因为土壤恢复需要清除植被与土壤，而且损失可能会超过收益，故而受污染盐沼土壤的恢复很困难。在1978年美国石油公司Cadiz漏油事件后，Brittary盐沼遭到严重的油污染，一些沼泽地需要清除50cm厚的沉积物才清理干净，潮流也比从前疏通拓宽。盐沼降低潮汐的平均高度后，能抑制耐盐性植物的移入，相比之下，未清除的地域更易于自我恢复。

纽约港多次油泄漏事件使互花米草及其相关动物的生境发生退化。之后，种植了20万株同类的秧苗（30～45cm的间隔，每株施了30g的慢施放性的肥料），才使2.4hm^{2}的盐沼得以恢复，无脊椎动物、鱼类、鸟类重新出现。植被似乎可以加速油类污染物的分解，因为微生物分解得益于肥料（氮源）和植物提供的土壤通风（氧气从根部释放出来）。

当盐沼排水时，低价硫被氧化为硫酸而使一些土壤产生毒性。在澳大利亚东部，White（2000）等认为重新引进潮水会缓解酸的排放，因为一天两次潮水中的藻类为还原硫酸盐类的微生物提供了有机物，从而使酸度中和。

5.2.4.6 控制入侵植物

目前，盐沼最重要的入侵植物是米草种。根除米草的途径包括手锄、除草剂以及黑塑料覆盖窒息法（smothering by black plastic）等方法。但这些方法对大面积的盐沼都不可行。当今最好的方法就是第一个外来种一出现就阻止其入侵。生物控制方法十分有潜力，目前正处于积极的研究阶段。

在澳大利亚西部佩斯地区，澳大利亚东部的东方香蒲种群正在入侵以本地种 *Juncus krausii* 为主的盐沼。在这种情况下，恢复被入侵盐沼必须优先考虑如何阻止外来种入侵。若在淡水沼泽地中，切断或冲刷香蒲茎部是阻止香蒲入侵的有效方法；但若发生在潮间带，用水淹的方法很难使其根部死亡。

在加利福尼亚圣地亚哥地区，Mission 海湾由于大面积种植红树 *Avicennia marina*，该物种在残余的低盐沼中蔓延开来，从而改变了鹤类的高草巢息地。由于猛禽往往以秧鸡的幼体为食，所以管理者对栖息此地的猛禽更为关注，并发动了一系列的辐射性项目，包括砍断所有的树干、拔除几年内种植的所有秧苗等，直到猛禽消失。但没有预料到红树林在北纬32°地区消失了，最近的本地红树却在北纬20°下加利福尼亚地区（Baja California）开始生长。

5.2.4.7 抵消海平面上升

全球海平面上升对各地盐沼的影响不太一致。地壳运动引起的海岸上升或沉积速率加快有利于盐沼的维持，甚至会使其扩大；但若海岸沉降和沉积速率降低往往会加剧海平面上升的结果。中国一些研究者（1989）一直提倡种植大米草（*Spartina anglica*）来稳定海岸线，但后来认为种植互花米草的效果很好（沈永明，2001），可阻止海平面上升，并能补充足够的沉积物来增加陆地面积。随着海平面上升，盐沼会向内陆移动。这些地区需要足够宽的缓冲带来保护由预期的海平面上升而涉及的范围。否则，将来的发展将不可避免地占用海岸以内的内陆地区。海岸防御系统的后退和盐沼重建在历史上是可行的，例如在堤坝被暴风雨或战争摧毁的地区。英国采取有计划的后退措施来防御将来的海平面上升，并将此作为政府决策的一部分。目前英国东南部艾塞克斯郡 Tollesbury 地区正在开展大规模的恢复活动，包括拆除海岸防御系统和重建盐沼。

参 考 文 献

[1] Martin R Perrow, Anthony J Davy. Handbook of Ecological Restoration. The United Kingdom：Cambridge University Press，2002.

[2] 左玉辉编著 . 环境学 . 北京：高等教育出版社，2002.

[3] 尚玉昌编著 . 普通生态学 . 第 2 版 . 北京：北京大学出版社，2002.

[4] 任海，彭少麟 . 恢复生态学导论 . 北京：科学出版社，2002.

[5] 赵哈林，赵学勇，张铜会，李玉霖 . 恢复生态学通论 . 北京：科学出版社，2009.

[6] 许木启，黄玉瑶 . 受损水域生态系统恢复与重建研究 . 生态学报，1998，(18) 5：547-557.

[7] 尚宗波，高琼 . 流域生态学——生态学研究的一个新领域 . 生态学报，2001，21 (3)：468-472.

[8] Whigham D F. Ecological issues related to wetland presentation, restoration, creation and assessment. The Science of the Total Environment, 1999, 240：31-40.

[9] Mander U, Kuusemets V, Kristal L, et al. Efficiency and dimensioning of riparian buffer zones in agricultural catchments. Ecological Engineering, 1997, 8；299-324.

[10] Burger J. Landscapes, tourism and longervation. The Science of the Total Environment, 2000, 249；39-49.

[11] Lima M G D & Gascon C. The conversation value of linear forest remnants in central Amazonia. Biological Conversstion, 1999, 91: 241-247.

[12] Peterjohn W. T. & Correll D. L. . Nutrient dynamics in an agricultural watershed: Observations on the role of a riparian forest. Ecology, 1984, 65: 1466-1475.

[13] Zierholz C, Prosser I P, Fogarty P J, et al. In-stream wetlands and their significance for channel filling and the catchment sediment budget, Jugioning Creek, New South Wales. Geomorphology, 2001, 38: 221-235.

[14] 邓红兵，王庆礼，蔡庆华. 流域生态学——新学科、新思想、新途径. 应用生态学报, 1998, 9 (4): 443-449.

[15] 吴刚，蔡庆华. 流域生态学研究内容的整体表述. 生态学报, 1998, 18 (6): 575-581

[16] 刘树坤. 刘树坤访日报告: 自然环境的保护和恢复 (一). 海河水利, 2002, 1: 58-60.

[17] 刘树坤. 刘树坤访日报告: 湿地生态系统的修复 (三). 海河水利, 2002, 3: 61-69.

[18] 刘树坤. 刘树坤访日报告: 湿地生态系统的修复 (四). 海河水利, 2002, 4: 61-67.

[19] 陈芳清，Jean Marie Hartman. 退化湿地生态系统的生态恢复与管理——以美国 Hackensack 湿地保护区为例. 自然资源学报, 2004, 19 (2): 217-223.

[20] 张永泽，王烜. 自然湿地生态恢复研究综述. 生态学报, 2001, 21 (2): 309-314.

[21] 彭少麟，任海，张倩媚. 退化湿地生态系统恢复的一些理论问题. 应用生态学报, 2003, 14 (11): 2026-2030.

[22] 汪朝辉，王克林，许联芳. 湿地生态系统健康评估指标体系研究. 国土与自然资源研究, 2003, 4: 63-64.

[23] 崔保山，刘兴土. 湿地恢复研究综述. 地球科学进展, 1999, 14 (4): 358-364.

[24] 杨永兴. 国际湿地科学研究的主要特点、进展与展望. 地理科学进展, 2002, 21 (2): 111-120.

[25] 周进，Hisako Tachibana，李伟等. 受损湿地植被的恢复与重建研究进展. 植物生态学报, 2001, 25 (5): 561-572.

[26] 时钟，陈吉余. 盐沼的侵蚀、堆积和沉积动力. 地理学报, 1995, 50 (6): 562-567.

[27] 沈永明. 江苏沿海互花米草盐沼湿地的经济、生态功能. 生态经济, 2001, 9: 72-74.

6 草地生态系统的恢复

草地生态系统是地球上最重要的陆地生态系统之一。草地是内陆干旱到半湿润气候条件的产物，以旱生多年生禾草占绝对优势，多年生杂草及半灌木也或多或少起到显著作用。全球草地总面积约 $5×10^7hm^2$，约占陆地总面积的 33.5%；此外，全球还有 15.2% 的耕地用来种草（李博等，2000）。全球草原每年的植物初级生产力为 148.3 亿吨，占陆地生态系统生产的有机质生物产量的 13.82%，平均每亩净同化量 1067.2kg，每平方米平均 1.6kg。草地是比较脆弱的生态系统，但却养育了全世界近 1/3 的人口，人们的食物结构中有 11.5%来自于草原。导致草地生态系统退化的原因有自然因素和人为因素，而人为因素在草地生态系统退化中起主要作用。草地作为世界陆地生态系统的主要类型和人类重要的畜牧业基地，其恢复具有特殊意义。

6.1 草地生态系统概述

6.1.1 草地生态系统的功能

草地生态系统的功能草地生态系统的功能主要有提供产品、水土保持、土壤形成、净化空气、调节气候、防风固沙、维持碳氮平衡、美化环境等。

（1）提供产品 草地生态系统提供的产品可以归纳为畜牧业产品和植物资源产品两大类。畜牧业产品是指通过放牧或刈割饲养牲畜产出的人类生活必需的肉、奶、毛、皮等。植物资源则主要包括食用、药用、工业用、环境用植物资源以及基因资源（受保护的种质资源）等。调查显示，我国草地生态系统中可被人类直接利用的食用植物有近 2000 种，按食用方式可划分为菜蔬植物、果品植物、蜜源植物、饮料及其他植物；药用植物达 6000 余种，按用途可分为中草药、特种药源、兽用药及农药植物；工业用植物资源包括纤维植物、鞣料植物、油用植物及其他经济植物等；环境用植物则包括用于改良恶劣环境的植物、用于环境污染监测和改造的环保植物、美化环境植物以及指示环境状况的指示植物；基因资源及保护种质资源是草地生态系统为人类提供的一个重要的服务，即维持了一个贮存有大量基因物质的基因库，草原地包括许多濒危、孑遗、珍稀种质等。

草地是家畜重要的饲料来源，草地上生长的草本植物尤其是禾本科、豆科植物大都是优良的牧草，草地上发展的畜牧业为人类提供了大量的肉、蛋、奶、皮、毛等产品。草地上生长着一些可以供人类直接食用的绿色植物、菌类、药用植物，如蕨菜、黄花菜、白蘑菇、黄芪、人参、党参等。草地还是许多经济作物的生产基地，草地上生长有多种纤维植物、蜜源植物、野生花卉植物、资源植物、珍稀动植物、家畜等。

（2）水土保持 草地的水土保持功能十分重要。草本植物的根系发达，而且主要都是直径≤1mm 的细根，这样的根系具有强大的固结土壤、防止侵蚀的能力；草本植物地表茎叶的覆盖，可以减少降雨对地表的冲刷。因此，草本植被在保水固土方面作用突出。据中国科学院水利部水土保持研究所测定，种草的坡地在大雨状态下可减少地表径流 47%，减少冲刷量 77%，保持水土的能力比农田大数十倍。生长 2 年的草地拦截地表径流和含沙能力分别为 54％和 70.3％，比 3～8 年林地拦截地表径流和含沙能力高出 58.5％和 88.5％。

（3）土壤形成　在土壤的形成过程中，草地的作用尤为重要。栗钙土、黑钙土、草甸土、沼泽土等的形成均是草地植被作用的结果。与木本植物相比，草地植被对土壤的形成和改良作用更加明显，草地植被在土壤表层下面具有稠密的根系并残留大量的有机质，这些物质在土壤微生物的作用下可以改善土壤的理化性状，并能促进土壤团粒结构的形成；草地中的豆科植物根系上共生大量的固氮菌，能够直接固定空气中的氮元素，可为草地生态系统提供大量的植物可吸收的氮素；草地植物对土壤中矿质元素的吸收、积累和分解，对土壤碳酸钙淋溶与淀积，对钙积层的形成，对黏土矿物的形成都有一定的作用。

（4）净化空气　草本植物通过光合作用促进碳循环，吸收空气中的 CO_2 并释放出 O_2。据测定，$1m^2$ 草地每小时可吸收 1.5G CO_2，如果每人每天呼出 CO_2 平均为 0.9kg，吸氧气 0.75kg，每人平均需要 $50m^2$ 的草地就可以把呼出的 CO_2 全部还原为 O_2（草地夜间不进行光合作用，因为也不吸收 CO_2）。草地还能吸收、固定大气中的某些有毒、有害气体。据研究，草坪能把氨、硫化氢气体合称为蛋白质，能把有毒硝酸盐氧化成有用的盐类。另外，茂密的草地可不断地接受、吸附空气中的尘埃，起到降尘作用。

（5）调节气候　草地调节气候的功能，主要表现在 3 个方面：草地可以截留降水，草地比裸露地的渗透率高，对涵养水分有积极的作用；草地的蒸腾作用具有调节空气温度和湿度的作用，草地上的空气湿度一般比裸地高 20％左右；草地可以吸收辐射，降低地表温度。

6.1.2　草地生态系统退化的原因

草地退化是指一定环境条件下，草地植被与该环境的顶级或亚顶级植被状态的背离。导致草地生态系统退化的原因有自然因素和人为因素，而人为因素在草地生态系统退化中起主要作用。人为因素主要包括人类不合理放牧、过度开垦、樵采、狩猎、采矿以及旅游业的兴起等。目前全球的草原生态系统已经严重退化，其退化的原因主要包括以下几个方面。

（1）气候暖干化　草地生态系统极其脆弱，对外界环境条件变化异常敏感，气温升高等气候小幅变化会对区域生态系统产生深刻影响（程国栋等，1998）。由于气候变暖，使土壤水分损失增加，导致区域干旱化，进而加速了草地退化的过程（王庆锁等，2004）。例如，受全球气温增暖影响，位于青藏高原腹地的江河裕源区气候变现出明显的暖干化趋势。从位于区域内的玉树、果洛洲和玛多县 20 世纪 60 年代以来的各年代平均气温和降水量资料来看，气温呈上升趋势，降水量呈下降趋势，冻土地温也明显增高，蒸发量增大。气候的暖干化过程造成了区内冰川退缩，冻土冻融过程改变，湖泊水面萎缩，草地及湿地大面积衰退（蒲健辰等，1998），沼泽植被衰亡，高寒沼泽化草甸草场演变为高寒草原和高寒草甸化草场。

（2）虫鼠害肆虐　虫鼠害也是草地退化的主要原因之一。虫鼠危害导致草地退化的原因，主要表现在两个方面：一是虫鼠类与牲畜争食牧草，加剧草与畜的矛盾；二是打洞和挖掘草根，破坏草场。挖洞、穴居是鼠类的习性，挖洞和食草根，破坏牧草根系，导致牧草成片死亡。挖洞挖的土被推出洞外，形成许多土丘，对草地植被埋压，也引起牧草死亡，草地成为次生裸地，在青藏高原出现的黑土滩就是鼠害形成的。

（3）滥垦滥伐　为解决粮食问题，对草地进行了大规模开垦。现代沙漠化主要是由于过度经济活动对资源的破坏造成的，草地过度开垦是造成草地退化沙化的重要原因。滥伐也是导致草地植被破坏的重要原因。在鄂尔多斯高原的毛乌素沙地，在 20 世纪 50 年代

柳湾林面积接近 $7.0 \times 10^5 hm^2$，由于乱砍滥伐，柳湾林面积锐减，到了 80 年代已减少到 $5.12 \times 10^5 hm^2$。

（4）超载过牧　草地长期超载过牧是草地退化、沙化的主要原因。草地超载主要来自两方面的因素，一是草地面积的绝对量减少，导致可供牲畜放牧的草地面积大幅度下降；二是牲畜头数明显增加，使牲畜平均占有草地面积减少。牲畜数量的迅猛增加，已超过天然草地的承载力。目前我国天然草地几乎都有不同程度的超载现象，如新疆草地牲畜载畜量近 1 倍，青海省青海湖以北地区的草原超载率达 140%。

6.1.3　草地生态恢复的原理与措施

6.1.3.1　草地生态恢复的原理

（1）最小限制因子原理　世界上一切生物都生活于某个特定环境之中，其生存与繁衍都需要某些特定的环境条件。其中，适合生物生存繁衍的条件被称作最适因子，对生物生存和繁衍不利的环境条件被称为限制因子。生物耐受限制因子的能力有高有低，但都有一个极限。超过这个极限，生物将会死亡。虽然生物周围的环境都是由多因子组成的，但是真正对其生存和繁衍起到抑制作用的，还是那些起限制作用的因子。因此，在草地植被恢复重建过程当中，既要了解适宜植物生存繁衍的环境条件，更要注意植物生长发育的限制因子，做到扬长避短，充分利用有利因子，消除不利因子。

（2）群落演替原理　生物群落演替是生物因子与外界环境中各种生态因子综合作用的结果。控制群落演替的因素主要有：①植物繁殖体的迁移、散布和动物的活动性；②群落内部环境的变化；③种内和种间关系的改变；④外界环境条件的变化；⑤人类的活动。在草地生态系统恢复重建中，应用群落演替原理时，应考虑群落演替的方向和阶段性。植被的演替方向和阶段性是其自有发育或恢复规律的体现，是内外多种因素综合作用的结果。任何人为干预措施的应用，都应该有利于群落的演替；任何物种的引入，都必须与群落演替阶段一致。这样，才能有利于植被恢复演替的过程。

（3）生态位原理　生态位是从物种的角度定义的，它与生境具有不同的含义。生态位是植物中在群落中所处的地位、功能和环境关系特性，而生境是指物种生活的环境类型的特性，如地理位置、海拔高度、水湿条件等。没有种间竞争的种的生态位称为基础生态位，是物种潜在的可占领的空间；受竞争影响的、现实的生态位称为实际生态位，其范围是由竞争因子所决定的。由多个种群组成的生物群落，要比单一种群的群落更能有效地利用环境资源，维持长期较高的生产力，具有更大的稳定性。

6.1.3.2　草地生态恢复的措施

草地的生态恢复有多种生态措施，但主要可从两方面着手：一是减少放牧或完全禁牧，以减少或完全控制对草地的干扰；二是采取措施，恢复草地的生态结构，提高草地生态系统的功能。

（1）优化畜群结构，控制放牧强度　放牧强度的大小直接影响着草地的退化程度，放牧强度过大是当前草原生态系统退化的主要根源（李勤奋等，2002，2003）。对退化草原进行生态恢复，首先应从源头上做好，其中优化牧群结构、调整放牧强度是草地生态系统可持续经营的有力措施。

（2）农业改良　利用农业措施来对退化草地进行人工恢复是较为普遍的，包括松土、轻耙、浅耕翻、补播等，只要因地制宜地选择改良措施，均能取得很好的效果。研究表明，半干旱草原地区的典型羊草草原，由于放牧过度而形成的冷蒿＋丛生禾草＋旱生杂类草草原，可通过围栏封育、轻耙松土、耕翻松土和播种羊草等措施进行改良，以提高草地生产力。

（3）封育禁牧与重建人工植被　封育禁牧，解除放牧压力，使草地自然恢复，作为一种比较经济的措施在退化草地恢复中得到广泛应用。在内蒙古典型草原，即以冷蒿、针茅、羊草为主的退化草地，经过七年封育后，地上生物量由 1100kg/hm² 提高到 1900，羊草比例由 9% 增加到 35.7%，以冷蒿等为主的菊科比例由 31% 下降到 9%（祝廷成，2004）。

除了恢复自然草原植被外，建植人工草地植被是草地恢复和重建的强有力支撑。重度和极度退化草地（如黑土滩、裸斑地）恢复潜力较小，恢复速度较慢，必须通过人工植被建设，才能有效地促进草地群落的生态恢复。

（4）综合措施　草地生态系统的恢复与重建，通常是采取自然恢复、人工促进自然恢复与生态系统重建相结合的方法，而不是只采取某一种技术措施。只有多种措施综合整治，才能达到良好的效果。

6.2　草地生态恢复的类型

依据温度条件的不同，草地有两种主要的类型：热带草地和温带草地。草地作为世界陆地生态系统的主要类型和人类重要的畜牧业基地，草地生态系统的恢复具有特殊的意义。本节以石灰质草地、热带稀树草原和温带草原牧场为重点，介绍了国内外草地生态系统恢复的原理与实践概况。

6.2.1　石灰质草地的恢复

石灰质草地（calcareous grasslands）是从起源于由碳酸钙组成母质的土壤上发展起来的。这类地质形态主要是各种类型的石灰岩，但是石灰质草地也出现在白垩质砾石黏土、黄土和富钙沙土上。石灰质草地植被的结构和成分是由土壤因子及过去和现在管理等综合因素来决定的。

6.2.1.1　石灰质草地的生态功能

保护石灰质草地的意义在于其能够维持物种的丰富度和密度。在欧洲，石灰质草地是植物密度最高的群落，每平方米常常有 20～50 种维管植物（如果包括低等植物，可达 80 种）。已记载的石灰质草地上的植物大约有 700 种，其中 1/3 属于这种生境特有种。这些植物中，有许多是稀有或濒临灭绝种。因此，石灰质草地应作为优先保护对象。

石灰质草地也维持相当密度的动物，其中有许多是受到保护的稀有种。在石灰质草原中，能够发现大多数无脊椎动物，脊椎动物的丰度相对低一些。无脊椎动物群落的组成变化反映了一些基本因素，尤其是植被多样性（包括物种组成和物理结构）、物理影响（如地理位置、土壤和地貌）和管理状况（当前的和历史的）。

石灰质草地植被特征的另一个重要方面是适宜放牧，由于植物体矮小、莲花型叶丛或从根部生长幼芽，甚至一些物种用化学物抵抗食草动物的捕食，这大大地限制了植物的生长并防止了更具有竞争力物种的定居，虽然这些物种生长快，生物量大。当竞争性物种（competitive species）定居时，同样的环境条件阻碍了生长速率慢、竞争力弱的植物。这些植物中许多植株矮小，因此密度大，单位面积上有更多的物种丰富度。如果不放牧，大多数石灰质草原将成功地过渡到灌木丛，最终将发展到顶级林地。但是，放牧阻止了这个连续的过程，通过放牧维持了一个有活力的次顶级（plagioclimax）草地群落。保存最好的永久性石灰质草地中有许多正在急剧退化。虽然过去这些退化已经被改善，但由于工作半途而废，产生了很多"退化土地"（tumbled-down land）。

尽管石灰质有非常高的生态价值，但由于人为的和自然的一些因素，已经引起了严重的恶化。首先，最大的威胁来自生境的大规模破坏，许多生境被用作城市发展、交通基础设施或农田而遭破坏。在英国，许多白垩草地在二战期间耕作用以种植粮食。从20世纪40年代起，廉价人工化肥的使用使得农作物的产量上升，许多在白垩土壤甚至白垩基质的永久牧场也使用了化肥以提高产量。后来，许多保留下来的地方已经被正式保护起来，因此，重要的威胁也已经变成生境退化而不再是人为破坏。

按照Blackwood和Tubbs（1970）的观点，英格兰南部的白垩草地仅留下了4%，残留的1/4到1984年也消失了，大部分用于耕作了。随着生境的消失，生物多样性也显著下降，很多物种的种群在当地已经灭绝，甚至这样的灭绝在受到保护的地方也发生了。例如，到20世纪80年代早期，英格兰1939年保留下来的白垩草地仅有不超过20%保留了其原来的物种丰富度。残留的石灰质草地正在受到威胁，管理者的挑战是怎样通过合适的管理补充自然力以维持草地的动态平衡。

石灰质草地恢复的大多数研究是在最近进行的，并且持续时间有限，因此，不能确定恢复最终达到的目标。大多数信息表明，有许多主要问题需要克服，并且即使有可能也不能迅速取得令人满意的结果。英国Porton Downs的研究表明：有重要生态价值的石灰质草地群落在没有干扰下100～200年后才能逐渐恢复。

6.2.1.2 石灰质草地恢复的限制条件

裸露石灰质草地的自然恢复需要花费几年或更长时间，主要的限制是缺乏植物繁殖体而且繁殖体的迁移速度慢，环境条件恶劣及基础资源的缺乏。

（1）土壤和土壤肥力（soil fertility） 土壤是植物生长的基础，没有土壤，所有的生态功能都不能实现。同时，土壤肥力也是植物生长的关键因子。因此，在裸岩上进行恢复，通常需要通过添加土壤、土壤有机质（特别是菌根）和一些固氮的豆科植物来刺激恢复过程，如果没有这样的投入，初始的一系列过程将很缓慢。

（2）灌木入侵（scrub encroachment） 如果放牧强度或管理比较弱的话，草地自身将不能有效地阻止侵略性草类或木本植物（主要是山楂、荆豆、黑刺李）的入侵，它们将进入物种丰富的草地。放牧压力的改变将会引起本地食草动物命运的多样化及农业经济的长期改变。植物学家通常认为灌木入侵草地是有害的，因为少数大型木本植物在群落中占据优势将会抑制其他物种及地面层物种，从而降低整个地区的生物多样性。但是，灌木群落也有它们的生态功能，因为它们是雀形目（Passrine）鸟类的重要休息场所，而且有着特殊的无脊椎动物群。对于更多的活动性强的昆虫来说，开放草地和密集灌丛之间的群落交错区是特别有价值的，因为这里既可以提供一个温暖的取食生境，又可以提供一个灌木丛掩蔽场所。出于这种原因，应该建立一个多元的管理目标并维持草地和灌木丛混合的空间异质性（Jones-Walters，1990）。

（3）植物繁殖体的可获性（availability of plant propagules） 石灰质草地群落中植物繁殖体的可利用性是恢复的主要限制。目标物种有两个自然来源：种子库和种子雨。

① 种子库（seed bank） 众所周知，在大多数生境中，正在生长的植被组成和土壤中种子库的组成有很大不同。正在入侵的灌木下面很少有积累的种子库。随着灌木入侵时间的延

长，种子库中种子的数量和物种的种类都下降了。在其他类型的草地中也有类似的情况。Bekker 等研究证实物种丰富的草地植被恢复在短时期农业改进和生境退化后进行合更容易些。也就是说，这时种子库中种子的数量和物种的种类与没有退化前相比差别比较小。不过在许多地方，只有通过有计划地播种合适的种子才能恢复。一些研究已经表明许多白垩草地群落特有的种子不能长期生存，尤其是在栽培期间这些种子正好处于休眠状态时。比较耕地杂草和低生境条件要求的草类，很少的白垩草地是从种子库发育来的。主要是因为它们生长慢、高度低，易于遭到竞争排斥，尤其是它们生长在营养水平高于背景值的地方时。因此，种子库在石灰质草地植被恢复方面的潜力很小。

② 种子雨（seed rain） 有关石灰质草地种子雨及在石灰质草地中可以撒播的物种种子方面的研究很少。Verkaar 等（1983）调查了一些短命物种的扩散，估计最大的扩散距离在 0.3～0.5m。大多数物种的种子沉积在植物周围很近的地方。结果，在不同生境中，土壤种子库中植物种子的分布表现出很强的空间异质性而且与正在扩散的种子源密切相关。扩散距离也受到花源周围植被结构的影响。高大植物的种子能扩散到更远的地方。对于高大的植物来说，高度的获得补偿了由于植被层风速降低引起的扩散距离的减少。但对于短花期植物来说，高度并不能弥补这一点。结果造成短花期植物种子在土壤中的分布很不规则。

Jefferson 和 Usher（1989）研究了两个废弃白垩采石场的种子雨的组成。他们发现植物中几乎所有物种都出现了，但只有少数几种的种子被保留下来。在这两个采石场的种子雨中，只有少数几种占优势（一个地方物种中的 6 种占了总数的 85%，而另一个地方则是 34 种中的 11 种占了 85%）。而且种子雨中占优势的植物种是不同的。

种子的扩散也受到盛行风向的强烈影响。Gibson（1987）等报道了盛行风向上的物种情况，发现盛行风向上的扩散更多一些。按照 Verkaar（1983）等的观点：许多短命植物的种子是通过风和重力扩散的，这意味着许多物种的扩散能力非常有限。因此，如果一个景观已经转变作其他用途（如农田），两块被隔离开的草地之间，即使距离很短，对种子扩散来说也是不可逾越的。另外，从相邻地点进入的物种往往很少甚至是单一，不能够建立起可持续发展的种群。

（4）无脊椎动物扩散（dispersal）和迁移（colonization）的限制 所有的无脊椎动物都对微气候条件尤其是温度都非常敏感。而微气候又受到地貌（特别是方位）和管理的很大影响。例如，矮小植物下土壤表面的温度可达 10℃ 以上。许多食草昆虫专门取食某种植物，因此成功的迁移当然是依靠它们的食物的出现了。然而，仅有食物的出现并不能保证某种无脊椎食草动物的适宜性。我们需要估算维持一个食草动物群落所需植物的最小数量或密度，许多食草昆虫的取食范围很窄，正常情况下只利用植物的特定部分，而且需要植物体在合适的生理条件下时才能利用。

昆虫很少能在土壤耕作期间存活，而且除了一些空气中的浮游生物很少有昆虫是被动地扩散进入一个地方。大量的研究已经表明，无脊椎动物群落中有很多稀有种的扩散能力非常有限，可能是因为它们没有利用身体结构（如翅膀）或者是因为它们的行为是几乎不动的。许多稀有种由于扩散能力有限而形成了小的分散的群体。单独的个体不愿意为了得到新的场所而进入不适应的生境。高营养级的无脊椎动物比它们的猎物进入要慢，部分是由于需要足够的食物才能建群。寄生昆虫有特定寄主，这使得它们的生境特征不太明显。食肉节肢动物通过视觉捕食（如蜘蛛、地面甲虫），倾向于适合它们捕食的生境，它们的存在也就更依赖于生境的物理结构。最后，一些昆虫的聚集为当地的植物提供了重要的传粉媒介。这同样需要包括身体大小范围很广的物种，才能满足所有类型的植物。基于这种原因，Cerbet（1995）指出：这种基本生态功能不能简单地由蜜蜂来代替，它们不能为所有类型的花传粉。蜜蜂定居新草地的能力不仅依赖具有合适花冠的花的出现，而且也取决于蜜蜂的取食范围。

6.2.1.3 具体的恢复技术

（1）通过移除生物量降低土壤营养水平　通常认为土壤营养水平能够通过收获植被并移除而迅速降低。这个观点是有条件的，因为它的真实性依赖于土壤的肥力。在一个长期试验中，调查了不同收获方法的作用（每年收获一次、两次或三次，移除或不移除），Wells（1980）发现十年后的植被群落组成没有变化，精确的计算表明生物量的移除只包含了少量的营养物，原因是收获和移除植被引起可利用氮的减少将会被大气氮沉降或豆科植物的氮固定来平衡。在这个试验中，不同处理方法使得植被的最终产出有所差别：四年后，收获但没移除的产出明显超出了收获并移除的产出。八年后，收获并移除植被的土壤中 Mg 的浓度降低，P 的可利用水平也降低了。22 年后，Wells 的试验表明，移除植被后，土壤中 P 的浓度更低了。我们期望这些不同，特别是 P 的可获性将最终影响植被的组成。然而，贫瘠土壤中营养的消耗是一个缓慢的过程，肥力已经这么低，以至于进一步降低更慢。Greenhouse（1990）的研究表明植物生长与磷的可利用水平密切相关，建立物种丰富的植被前必须降低磷水平。在一个试验中，植物被连续移除近 80 年，并且没有肥料输入，结果表明土壤中的磷含量减少了仅 40%。这个试验是在黏土上进行的，黏土的营养水平比白垩土下降更慢。

当我们要恢复已经长时间没人管理的白垩草地的植被时，移除收获下来的植物是很重要的。Green（1980）描述了在 Lullington Heath（东苏塞克斯，英格兰南部）的一个试验，在这个地方入侵白垩荒地 12 年的荆豆（*Ulex europaeus*）被收获，将收获物粉碎留在原地或者移除，每公顷荆豆（*Ulex europaeus*）含 500kg 氮。收获物留在原地腐烂的地方发育了竞争性强的植物如柳兰（*chamaenerion angustifolium*）和粗糙的杂草如果园草（cocksfoot）、约克郡苔藓（Yorkshire fog）和糠穗草（*Agrosti stolonifera*）。收获物移除的地方发育了紧密的白垩荒地原始群落。这样，如果要在生产力或现存量很高的石灰质草地上进行恢复，首先应将收获物移除以降低生产力，然后才有可能发育更多样的植被。

（2）施肥（nutrient addition）　只要时间足够长并添加了足够的营养物，恢复是很容易实现的。草地施肥是退化草地恢复的重要措施，施肥可以提高牧草产量，也能通过提高粗蛋白（CP）含量而改善牧草品质。希斯等（1992）认为老草皮变板结时，需要施较多的氮肥进行改良，以维持其良好的生长。在全世界的草地生态系统中，氮是牧草产量的一个重要限制因子。在欧洲，牧草生长旺盛时期，每月施氮肥量是 100kg/hm²。英国的研究证明，纯禾草草地，每千克氮可收获 24kg 干物质。营养状态高的地方，添加氮和播种谷物作物对低肥力土壤有益。这样的处理可以生产高产庄稼，但这也可能引起营养问题（比如磷）。一个长期试验表明，在加氮的地块中许多其他营养被移除，最终可利用的磷实际上耗尽了。

（3）火烧和表土剥离（burning and topsoil stripping）　Marrs（1985）总结了降低土壤肥力以恢复植被物种丰富度的其他方法。最引人注目的两种是火烧植物残株和剥离表土。火烧使燃烧物中包含的氮和磷、钾的 20%～25% 挥发掉。残留物作为灰烬沉积下来，钾迅速成为可溶态而被正在生长的植物利用。剩下的磷被固定下来而使植物不能利用。李政海（1994）等的研究表明：火烧会减少表层土壤的有机质含量，其中以连年重复火烧最为明显，而火烧当年表层土壤的有机质含量减少较少。根据草原植物的自然分解速率，表层土壤有机质含量的恢复需 2～3 年。另外，土壤中、下层中的有机质含量在火烧后略有增加。在矿质养分中，火烧会增加土壤中交换性钙的含量，而交换性镁和速效磷的含量则无规律性的变化。通过火烧处理，虽然草原群落的地上生物量没有明显变化，但却增加了羊草和豆科植物等优质牧草的产量，提高了它们在群落中比例，从而提高了草场质量。

剥离表土有双重的好处：降低肥力和种子密度。在肥沃的曾经耕作过的地方，这些种了有许多是可栽培的杂草。然而，也有缺点，这些地方会有一段时期缺乏美学价值。把表土移到其他地方可能是个问题，也可能是个机会。表土可以当作一种资源卖掉，这样可以增加资金用来支付恢复工作的花费。

（4）放牧（grazing） 放牧是一种传统的管理技术，这种技术用来创建和维持石灰质草地已经历了数个世纪。这种传统的技术使得草地管理者可以很好地控制放牧以适应不同情况和特定的目标。能够调整的因素有放牧的动物种类，家畜的密度，放牧的季节性、频率和持续时间。不同的放牧物种对半自然草地产生的作用不同。最普通的两种放牧动物是绵羊和牛，绵羊比牛啃食植物更彻底，这会使草地的物种更丰富。牛的啃食范围广导致异质性更好，牛蹄印产生的裸露的土地碎块为植物入侵提供了机会，而且对于一些嗜热无脊椎动物种类来说很重要。有人认为放牧活动将对植物群落演替的下一阶段需要花费的时间产生影响，同时也会立即对无脊椎动物的生活周期产生影响。试验证明通过春天和秋天的集中放牧，草地上植物和无脊椎动物的丰富度达到最大。夏天减小放牧强度有利于植物开花和生长种子，并与无脊椎动物最活跃的时间相一致。

按照 Marrs（1985）的观点，放牧不是一种降低白垩草地土壤肥力的可行办法，除非通过晚上赶走放牧动物，让它们到别处排泄。这种技术在荷兰的海滩管理系统也使用过。有两种好处：动物的排泄物能够用到可以种庄稼的肥沃地区；该过程中，营养物从放牧区被移走了。同样的原理在英国的许多白垩草地管理中得到应用：绵羊白天在山坡上吃草，晚上被关进山谷的围栏里。然而，这种管理方法是劳动密集型的，因此在草地保护中也不太可行。

李永宏等（1995）研究了内蒙古典型草原地带退化草原发现，在停止放牧后，群落的物种丰富度增加微弱，这可能与该区草原植物和野生动物协同进化有关，同时与数千年的家畜放牧史有关，即植物物种对放牧有较大的耐性，停止放牧，物种的丰富度也增加较少；群落结构的变化主要表现在不同种群优势度的消长上。群落均匀度指数的动态过程分析表明，恢复 8 年的草原群落尚未达到天然草原状态，尚需进一步的监测研究。

（5）收割（cutting） 一些情况下，收获植物并移除收获物是一种可接受的放牧替代法。收获与放牧在两个重要方面不同：收获是突然发生而放牧是渐变的；不能选择某个物种。这种操作的突然性对某些活动性差的无脊椎动物来说可能是灾难性的，而且在比较陡峭的斜坡上应用存在困难，这些地方往往又是草地中物种丰富的地方。

（6）播种混合种子（sowing seed mixtures） 建立期望植物群落的一个更快、更可靠的方法是播种混合的种子。种子组成应反映所选择草地群落的目标，适合当地的气候和地形条件。已经有许多研究测试了不同背景条件下石灰质草地群落重建成功的精确路线和物种范围。

Wells（1987，1989）强调了通过移走多年生杂草仔细准备土壤的重要性，好的土壤将提高幼苗扎根率。群落初始建立后的管理也很重要的，Wells 为石灰质草地重建（re-creation）的初始过程推荐了种子混合。推荐的种子混合应包括 80% 的草类种子和 20% 的非草类种子（按质量比例）。当更多物种加入混合种子中时，单位面积的花费将增加。

从其他种群进入的野花种子，可能会引起基因混合。这可能会对食草昆虫造成严重后果，已经适应当地基因组成的昆虫恐怕不能迅速取食从另一个不同地区进入的植物。然而也不能过多强调为维持当地植物基因库的完整性而仅使用本地种子。仅使用本地种子可能会产生两种危险：当地种群不能为大的恢复计划提供足够的种子；大量种子移除后会使捐赠地的植物种群产生危机。

（7）空位播种（slot seeding）　空位播种也是一种重要的方法，但这方面的研究很少。如果在裸地上播种可以建立新的群落，将有很多优点，不仅仅是节省了花费。一些物种不能单靠种子完全地建群成功。这样，空位播种更实用更经济。几年后，可以再播种更易于控制的物种。

Well 等 1989 年用空位播种的方法将各种草本植物种到中营养水平的草地。他们用除草剂清除地面上种子线两边的植被，目的是有利于在草地上无竞争的情况下让种子生长。同时进行了一个试验，用来检验这些物种作为植物"塞子"的潜力。检验的 16 种植物全部成功建群，但在长期存活和扩散进入邻近草地的能力方面有很大的不同，有必要在增加目标物种成功率的方法上进一步研究。

（8）控制杂草（control of weeds）　组成石灰质草地群落的物种大多数是多年生的，它们定居缓慢，有时不能预测。外来种可能会乘机入侵。有试验研究表明：多样的种子混合为防止杂草在早期阶段入侵提供了很好的保护，尽管这种保护作用依赖于种子中各物种的特性，有时需要使用杀虫剂或将问题物种部分去除。

（9）使用看护植物（use of nurse crops）　可以通过使用看护植物控制杂草，这种方法能够抑制杂草以保护生长慢的多年生植物建群，前提是所采用的物种最终会被多年生植物排除在群落之外。虽然看护植物的存在能够抑制杂草的入侵，但可能会产生更深的问题：营养被消耗的土壤过于贫瘠而使看护植物不能很好生长。当然，这种情况在提前处理过的地方一般不会发生，但在工程实施后石灰质土壤会暴露出来。这种情况下，在初始阶段，需要一定的营养物帮助看护植物定居下来。

如果把一些白垩草地物种播种到低矮植被中间而不是裸地上，它们可能会有较高的建群能力。使用了看护植物后，需要在生长季节收获一次或多次，尤其在肥沃土壤上时，目的是为了防止它们长势太好而抑制了竞争力弱的目标植物。在看护植物的种子扩散前应该把它们收获掉，以确保它们在两年内消失，能够使更多的目标繁盛起来。

（10）控制优势草类（controlling dominant grasses）　以前物种丰富的石灰质草地可能会被竞争性强的草类如直立雀麦（*Bromus erectus*）和突岩草（*Brechypodium pinnatum*）所占据。在过去的 30 多年里，突岩草的侵入和扩散已经使荷兰的许多石灰质草地引起了严重的物种丰富度降低。目前还不清楚这是否是由于停止放牧或者大气氮沉降增加引起的富营养造成的。另外，突岩草占优势的群落是一个半稳定的群落或者只是灌木侵入前的一个过渡阶段仍需进一步研究。

突岩草能够通过深层的根状茎扩散同源细胞，稠密的沉积散落层会抑制种子发芽。同时放牧动物难以取食它那粗糙的叶子，而且它们能够抵抗剧烈的践踏。因此，试图采用传统的放牧管理恢复突岩草占优势的群落受到了限制。收割可以作为放牧的一种替代方式，但两种技术都不能将草地恢复到以前的组成和丰度。管理的季节性和频率对产量上有重要的影响。Bobbink 和 Willems（1991，1993）发现每年在春秋各收获一次比仅在秋天收获一次的效果要好。用光谱杀虫剂处理过的突岩草地段，白垩草地环境中的典型物种有所增加。然而，突岩草随后又重新侵入处理过的地段，最终返回到以前的优势状态。因此，如何能够很好地控制非目标优势草类仍需进一步研究。

（11）搬迁整块草皮（translocation of vegetation turves） 现在将整块的草皮在一个新的地方重新固定引起了关注。这种技术可以用来恢复已经破坏的群落。Bollock 举了一个例子，其中包括 3 种适合石灰质草地的物种，初看起来，项目中有一些非常成功，超过60%～70%的成分和控制地块类似。然而，位置的改变引起了物种的不适应。据监测，无脊椎动物群落表现出比植物更多的不适应。在大多情况下，改变位置会使监测过于简单而不能确定搬迁草皮的改变情况。但一些情况表明搬迁的草皮和未受干扰的草皮发生了明显分异。因此，群落整体搬迁作为一种石灰质草地恢复的技术，其价值仍需要进一步探讨。

6.2.1.4 恢复石灰质草地的途径

石灰质草地退化的过程和恢复到原来物种丰富状态的可能途径如图 6.1 所示。

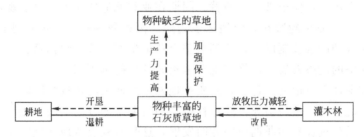

图 6.1 石灰质草地退化和恢复的可能途径（仿 Mortimer 等，1998）

（1）改良灌木 稠密的灌木侵入物种丰富的石灰质草地并完全将草地的原生物种挤出，这样的例子很多，问题是将灌木移走后草地能否恢复。移除灌木一般是通过砍伐，然后用化学物质处理树桩以阻止其重新生长。刚把灌木移除后的土地条件和草地的土壤条件很不相同。营养丰富尤其是原来生长固氮植物的地方有利于生长快、竞争力强的物种如黑莓（*Rubus fruticosus*）、柳兰（*Chamaenerion Seguier*）和狭叶荨麻（*Urtica dioica*）的生长，这些物种很难控制。有人研究了长满松树的草地上，松树被移走后的效应。树被移走七年后，发现保持开放的草地聚集了丰富的物种，这期间每年收获和放牧。有试验跟踪研究了在废弃石灰质草地上已形成 35 年的松树次生林被清除后的植被改变状况。五年后，试验地块与对照地块相比物种仍然很贫乏，而且有很大比例的一年生、二年生植物，群落达到的结构组成与目标设计有很大的差别。

这些研究得出的一般结论是：由木本植物占优势的群落恢复到物种丰富的石灰质草地的成功度取决于起始条件。灌木密度低、灌木间的开放草地被保留下来的地方比相反条件的地方容易恢复。

（2）加强管理 围封是管理的主要手段之一，刘钟龄（1995）等的研究表明：①退化草原围封后，草场的总产量可以得到迅速恢复，其总产量在围封后的第二年即可达到与当地大气候相互平衡的水平，其波动变化主要受当年降水量多少的影响和制约。②在围封恢复过程中，禾本科植物在草场总生物量中的比重明显提高，豆科植物与葱属植物的比例保持基本稳定，而菊科和其他杂草植物在围封初期的产量有所提高，但在围封后期它们在总生物量中所占的比重明显下降。③与草场总产量的变化情况相比较，在围封恢复过程中，草场质量的恢复速度比较缓慢，通常需要 6～7 年的时间才能恢复到接近原生状态的水平。因此，围封只能作为一种辅助手段，以促进和保护其他恢复方法的成果。

划区轮牧是有计划的放牧，是将草地划分成若干轮牧小区，按照一定次序逐区采食、轮回利用的一种放牧利用方式。由于划区轮牧不仅能够提高家畜生产，而且能够有效防止草地退化，改善草地状况，兼顾了经济发展与生态环境的保护，被认为是一种实现草地持续利用有效的方法。19世纪末，美国专门把划区轮牧制度作为改良草地的一种措施来研究与应用，在理论与实践中都取得了大量的成果。划区轮牧的利用方式由于充分利用了牧草的生物学特性，降低了家畜的选择性采食行为与践踏对草地的干扰强度，协调了草地植物群落的生态学特性，使草地在利用中得到有效恢复。连续放牧是传统的草地经营方式，由于它缺乏计划性，是一种粗放的经营方式，长期的利用使草地逐渐退化，质量下降，生产力降低。试验的结果表明，划区轮牧与围栏禁牧在建群种与优势种的恢复中，不论是重要值、质量百分比、现存量还是生产力都得到近乎同样恢复效果，即围栏封育与划区轮牧是可持续利用的最有效措施。美国从20世纪50年代到70年代在科罗拉多州的划区轮牧试验中发现这种草地利用方式能够缓减水土流失，使植被正向演替。同期在亚利桑那地区的观察发现，当牧草利用率控制在55%以下时，划区轮牧在荒漠地区也适用。因此我国在今后的草地恢复的研究与实践中应充分利用合理的放牧制度，以达到对整个草地生态系统，包括草、土、畜的恢复与草地生态环境及经济的健康发展，最终实现草地资源的可持续利用。

（3）无植被裸地上草地的重建　石灰质草地恢复所面临的挑战性问题是如何在裸地上固定最适宜的种子混合物，然后引导自然过程朝我们所期望的方向发展。如果先锋植物群落不稳定，随后的一系列过程易向非期望的方向发展，这是石灰质草地恢复中需要引起重视的方面，然而目前还没有确定可靠的标准。成败取决于各种因素的相互作用，包括可获得的种子库、土壤的自然属性和管理方式。

近年来欧洲的粮食作物过剩，促使当地政府拨款鼓励农民放弃农田的耕作，以转变为野生生境用于保护野生生物。这种情况为重建物种丰富的石灰质草地提供了机会，如工矿废弃地上以及重大工程项目（如公路建设或堤坝建设）留下的不能用常规方法恢复的地方。国内由于草原退化、沙化严重，某些草地几乎成为裸地，这类草地的恢复就等于在裸地上重建植被，这方面的研究将会对草地恢复起到重要作用。

6.2.2　热带稀树草原的恢复

热带稀树草原覆盖着非洲中南部、印度西部、澳大利亚北部和巴西西北部的广大地区，有些稀树草原是天然的，还有一些则是半天然的，是在几百年来人类的干预和影响下产生和维持的，特别是非洲的稀树草原，很难把人类的影响和气候的影响分开来。但印度中部的稀树草原则是人为破坏的结果。

世界各地的稀树草原尽管在植被成分上有所不同，但它们都有一些共同的特征。稀树草原都出现在地势很少起伏的陆地表面，常常在古老的冲积平原上。土壤通常比较贫瘠，部分原因是母岩的营养物含量低并经历了一个很长的风化期。稀树草原属于温暖的大陆气候，年均雨量在500～2000mm，降雨有极明显的季节波动，特别是南美洲的稀树草原，土壤含水量可在极湿和极干之间变动，常常低于萎蔫点。

稀树草原最重要的植被是草本植物层，几乎都是丛生的，没有垂直结构；木本植物可以有一层或两层。在稀树草原上，植食性无脊椎动物和脊椎动物的种类和丰度都很高，尤其是昆虫数量多的惊人，昆虫的数量依季节有很大的波动，火烧对昆虫也有很大的影响，一次火烧可减少60%以上的昆虫。

本节主要以澳大利亚西北部和东部的稀树草原和半干旱地区的重建为例，讨论放牧对生境造成的压力和干扰。

澳大利亚半干旱区是世界上降雨最不稳定的地区，土壤肥力低，地面水的固定径流很少而且是暂时性的。这些条件限制了当地食草动物的数量、范围和生物量。澳大利亚半干旱地区大约占整个澳洲大陆的2/3，约550万平方千米。该地区经历放牧系统使用的历史较短，大约开始于150年前，而且一些地区20世纪60年代才有所发展。我们还提供了以景观生态学原理为基础的重建方法和实例研究。

重建方法可以分成两类：①被动方法，消除干扰的影响，等待自然的恢复；②主动方法，努力巩固牧场，常利用外来物种（exotic species）阻止侵蚀和改善土壤。

一般来讲，被动方法的进程非常缓慢而且恢复不完全，常常有重建的关键阶段由于缺乏监测而错过；许多主动方法和恢复的技术虽然成功但很不经济。

半干旱林地的溢流区除了稀疏的雨后短命植物外几乎是裸露的，因此需要提供足够的水资源以支持繁茂的长命植物。Ludwing 和 Tongway（1996，1997）在研究澳大利亚 New South Wales 西部半干旱林地的过程中在充分理解景观功能的基础上构建了一个称为

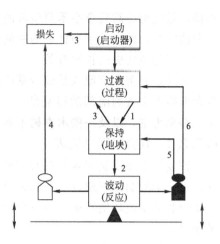

图 6.2　启动-过渡-保持-波动框架
图中数字所涉及的过程
1—营养流入、沉积、贮存、盐化；
2—植物的发芽、生长、营养物的矿化；
3—营养物径流入河流，小溪的流动和侵蚀，系统外的风蚀；4—放牧、火烧、收获、深层排水；5—种子库补给，有机物循环/分解过程，收获/土壤微生物的浓缩；6—物理阻碍/吸收过程

启动-过渡-保持-波动的框架（见图 6.2）。这种方法集中考虑了稀缺资源的保持、利用和循环过程，简单列出了有机质的存在和缺失。这些因素在重要资源缺乏的贫瘠的半干旱地上是很重要的。这种方法采用景观整体观点，认识到空间多样性和包含空间、时间的过程的要求。

这个框架建议重建工作应更多地考虑土壤的改进，要坚持以下原则。

① 最终的土地用途必须预先确定，目的是为了设计合适的重建步骤；
② 必须很好地理解退化土地当前的功能状态；
③ 建立程序是重要的，这有益于具体动物区系的土壤生境；
④ 所有的生态系统过程（物理的、化学的、生物的）都需要改进，目的是为了使重建的时间最短。

6.2.3　温带草原牧场的恢复

温带草原牧场也是草地的一种重要类型，对于退化草原牧场的综合治理已经有了一定的实践。研究发现，各地带草地生态系统均具有自愈能力。在环境条件不变的情况下，只要排除致使其退化的因素，均可自行恢复到其原来的状态。排除放牧等干扰因素使草原自然恢复，作为一种低投入措施在退化的温带草原牧场的整治中已得到广泛应用。内蒙古典型草原区以冷蒿、针茅、羊草、冰草为主的退化草原，经过 7 年的自然恢复，其地上生物量由每公顷 1.1t 恢复到 1.9t，增加了 73%；草群盖度也从 48% 增加到 55%，植株高度从 10cm 增加到 30cm；以羊草和冰草等为主的禾草类植物比例由 38% 增加到 71%，其中羊草由 9% 增加到 35.7%。而以冷蒿为主的菊科植物比例由 31% 大幅度下降至 9%，其中冷蒿由 27.0% 下降至 4.7%。豆科植物比例明显增加，如扁宿豆由 0.8% 上升至 4.1%，草地质量有明显的

提高。退化至冷蒿夹杂小禾草阶段的草原生态系统，约 10 年左右时间便可恢复到近似未退化前的状况，即以羊草和针茅为主的草原群落。退化草地的恢复速率不仅与当时的草地状况有关，还与放牧史的长短有关。

另外，北美大草原也是温带草原的重要分布区，它包括了一个范围很大的地区，从北部的萨斯喀彻温省到南部的得克萨斯，从西部的科罗拉多到东部的伊利诺斯。大草原中以青草、莎草为主，以及一些木本树木和灌木。水的可利用性从东到西逐渐减少。

6.2.3.1　恢复的限制因素

恢复的主要限制因素包括种子缺乏、年际间气候条件的变化以及当地多年生物种的缺乏。第一个限制因素通过商业购买和有效的收集技术已经有所改善。第二个限制因素是很难人工控制的草地环境特征。第三个限制因素还要进一步研究。本节将讨论克服这些限制因素的策略。

（1）缺乏种子库　用来进行恢复的地点缺乏人们所期望的物种，原因是本地种在受干扰土壤中没有种子，往往是通过植物体进行扩散的。贮存草原种子库的策略看起来很不成功，没有受到干扰的草原在顶层 7.5cm 深的土壤中每平方米包含 2980 粒种子，而新贮存的只有 255 个。类似地，将草原上层 60cm 厚的土壤移到采矿地上，结果每平方米只长出了 1～4 棵植物。原因是种子集中在表层 7.5cm 厚的土壤中，挖 60cm 厚的土壤将种子的密度稀释了。赵文智等（2001）的研究表明，通过围封可以起到一定的作用，他们在内蒙古科尔沁沙地的试验发现，自由放牧草地围封 7 年后土壤种子库中植物种类有 25 种，其中一、二年生植物 19 种。土壤种子库密度 3314 粒/m²，其中，黄蒿（*Artemisia scoparia*）、狗尾草（*Setaria viridis*）、三芒草（*Aristida adscensinis*）等一年生植物种子占总数的 95.3%，而多年生植物仅占 4.7%。土壤种子库植物的种子数与其相应植物在植被中出现频率有明显的相关性。从种子库组成分析，围封 7 年的草地植被维持在黄蒿-杂类草混合植被阶段。围封草地对农牧生产方式转换频繁的科尔沁沙地草地植被恢复起着"种子岛"作用，它们的存在可以缩短周围被干扰草地恢复的时间，应该加强围封草地的管理利用研究。

（2）种子扩散率低　草原的恢复不能依赖种子的扩散，甚至是邻近的本地植被也不行。例如，北美东北部科罗拉多州遗弃 50 年的草地中本地种的覆盖度随着离未受干扰草地距离的增加而迅速减少，说明本地种的扩散能力很弱。

通过本地种入侵进行的恢复比以前越来越少了，主要是因为：首先，现在被遗弃的田地被外来种包围着，而且很难从自然扩散获得本地种。其次，土壤中的繁殖体很少，主要是由于现在被弃置的田地与以前弃置的相比较被耕作了更长的时间。另外，现在弃置的田地很可能耕作的频率和深度更高，主要是用拖拉机，而以前用牲畜耕作。

（3）外来多年生植物　外来多年生植物对温带草原恢复提出了巨大的挑战。一些种类曾经用于恢复而且今天仍在广泛地使用。主要是由于这些物种的种子较大、较重，能够很好地适应农业播种，而且种子可以从商业途径买到。结果，我们的许多关于草类的再植技术是基于外来物种的。

外来种的引入是造成恢复失败的首要原因。外来多年生植物比一年生植物的竞争力更强，引入的多年生植物不只是简单地决定了物种组成，从长期效应看，会影响生态系统的发展。许多外来种的入侵意味着它们的影响会从引入的初始点扩展到其他地区。

6.2.3.2　恢复的方法

（1）改善土壤结构　土壤结构（粒径、孔径、缝隙）会影响土壤湿度和植物的萌发。沃土的存在对植被的建立比地点更重要，土壤中的盐类会阻碍一些种类的萌发。

随着山坡的升高，土壤的湿度通常会降低，粒径增大，因此在山顶、谷地和中间位置需采用不同的种子混合。进一步讲，土壤地形学变化将导致不同空间物种定居成功率的变化，有时需要再植。当然，如果恢复的目标是高大的农作物，可适当使用化肥，但这会降低物种多样性和引起本地种的丢失。

（2）控制一年生杂草 仅在很少的情况下才会播种本地一年生杂草以促进本地多年生植物的定居。但试验表明，开始会促进，从第二年末这种促进开始减少。另一个用燕麦（Aena sativa）作的研究表明，可以通过播种燕麦稳定土壤结构并抑制杂草。1月份用除草剂将燕麦杀死，随后种植本地植物，这种处理，仅有1/4的情况中减少了杂草，增加了本地草种，表明一年生杂草的负面作用比较小。有时，除草剂的使用能够减少一年生杂草促进本地种的定居，可能是因为本地多年生草比一年生杂草的适应性更强一些。

（3）多年生外来种的控制 控制外来多年生植物作为恢复的一个部分，可以分为两类。一类是单独的处理，这种处理可以不时地重复，如耕地、使用除草剂、收割和火烧等。另一类是连续性的处理，如放牧和本地种的竞争。

（4）浅耕翻 适时进行浅耕翻松土对退化草地生态系统的恢复有明显的效果。如内蒙古典型草原地带的退化草原，进行松土处理后，土壤通气性好转，孔隙度增加6.4%，有利于土壤动物和微生物的活动。另外研究还表明，浅耕翻松土还可切断根茎性植物，如切断优良牧草羊草的地下茎而促进其萌蘖，增加其枝条密度，从而增加其恢复速率。

（5）使用除草剂 像犁耕一样，使用除草剂可以促进本地添加种子的萌发并抑制外来种，但只能短期控制，不能够长期控制多年生外来种。所以，如果恢复目标是去除所有的外来种、建立本地群落，采用除草剂不能提供长效作用。

（6）火烧 虽然火烧可以影响草原的种类组成，但没有证据表明火烧能抑制外来种并对本地种有利，而且火烧也只能在短期内起作用，例如在内布拉斯加州（Nebraska）东南部的原生草原，尽管这些地方已被火烧过多次，但一些杂草仍然从路旁侵入。火烧有时甚至促进外来多年生植物入侵，如亚利桑那（Arizona）由于火烧而增加了外来种的定居。

（7）补播牧草 补播能够改善草地植被的种类组成，提高草地产草量，是加快优良牧草繁殖或扩张速率，实现快速恢复的有力措施。如在内蒙古羊草草原地区，补播羊草能使其生产力在短短2~3年内恢复，其群落结构的稳定性和物种多样性虽然较天然草原低，但由于羊草是优良牧草，仍对生产有利。补播或混播豆科牧草也是较常用的退化草原恢复改良措施。这主要是由于退化草原土壤的氮素非常不足，补播豆科牧草可以利用根瘤菌的固氮作用增加土壤的肥力，从而增加草原的生产力。

（8）调控畜群 合理调控畜群是改善草原生态系统的物质循环，促进植物生长，改良草地的关键举措。在内蒙古小禾草典型草原放牧场上，通过轻度轮牧的草地生产力的恢复大于无牧封育草地。逐步增加舍饲比例，提高舍饲水平。西部地区草地畜牧业长期以来以放牧为主，不仅生产力低，而且对天然草地资源的保护也不利。要根据畜草平衡原则，在坚持充分利用天然草地资源，实行夏季放牧的同时，尽量减少冬春放牧时间，增加冬、春季舍饲时间。

参 考 文 献

[1] 李博等．生态学．北京：高等教育出版社，2000．

[2]　李政海，绛秋．火烧对草原土壤养分状况的影响．内蒙古大学学报：自然科学版，1994，25（4）：444-449.

[3]　王刚，吴明强等．人工草地杂草生态学研究杂草入侵与放牧强度之间的关系．草业学报，1995，4（3）：75-80.

[4]　李希来，黄葆宁．青海黑土滩草地成因及治理途径．中国草地，1995，（4）：51，64-67.

[5]　Morris J，Gowing D J G，Mills J，Dunderdale J A L. Reconciling agricultural economic and environmental objectives：thecase of recreating wetlands in the Fenland area of eastern England. Agriculture，Ecosystems and Environment，2000，79：245-257.

[6]　Martin R Perrow，Anthony J Davy. Handbook of Ecological Restoration. The United Kingdom：Cambridge University Press，2002.

[7]　Willens J H & Bik L P M. Restoration of high species density in calcareous grasslands：the role of seed rain and the seed bank. Applied vegetation science，1995，4（5）：136-141.

[8]　Willens J H & van Nieuwstadt M G L. Long-term after-effects of fertilization on abovegroundphytomass and species diversity in calcareous grassland. Journal of Vegetation Science，1996，7.

[9]　宝音陶格涛．不同措施对退化羊草草原恢复演替的影响．内蒙古大学学报：自然科学版，1996，27（3）：136-137.

[10]　Becker R M，Verweij G L，Smith R E N. et al Soil seed banks in European Grasslands：does land use affect regeneration perspectives? Journal of applied ecology，1997，34：1293-1310.

[11]　李永红．内蒙古典型草原地带退化草原的恢复动态．生物多样性，1995，3（3）：125-130.

[12]　李建东，郑慧莹．松嫩平原碱化草地的生态恢复及其优化模式．东北师大学报：自然科学版，1995，3：67-71.

[13]　李政海，王炜等．退化草原围封恢复过程中草场质量动态的研究．内蒙古大学学报：自然科学版，1995，5：334-338.

[14]　吴精华．中国草原退化的分析及其防治对策．生态经济，1995，5：1-6.

[15]　王炜，刘钟龄等．内蒙古草原退化群落恢复演替的研究I．退化草原的基本特征与恢复演替动力．植物生态学报，1996，20（5）：449-459.

[16]　傅华，陈亚明等．阿拉善荒漠草地恢复初期植被与土壤环境的变化．中国沙漠，2003，23（6）：661-664.

[17]　戎郁萍，韩建国等．不同草地恢复方式对新麦草草地土壤和植被的影响．草业学报，2002，11（1）：17-23.

[18]　姜世成，周道玮．过牧、深翻及封育三种方式对退化羊草草地的影响．中国草地，2002，24（5）：5-9.

[19]　李勤奋，韩国栋等．划区轮牧制度在草地资源可持续利用中的作用研究．农业工程学报，2003，19（3）：224-227.

[20]　赵文智，白四明．科尔沁沙地围封草地种子库特征．中国沙漠，2001，21（2）：204-208.

[21]　于秀娟等．工业与生态．北京：化学工业出版社，2003.

[22]　Pratt J R. Artificial habitats and ecosystem restoration：managing for the future. Oceanographic Literature Review. 1995，423.

[23]　Critchley C N R，Chambers B J，Fowbert J A，et al. Association between lowland grassland plant communitiesand soil properties. Biological Conservation，2002，105：199-215.

[24]　Fule Peter Z，Covington W Wallace，Smith H B，et al. Comparing ecological restoration alternatives：Grand Canyon，Arizona. Forest Ecology and Management，2002，170：19-41.

[25]　Critchley C N R，Burke M J W，Stevens's D P. Conservation of lowland semi-natural grasslands in the UK：a review of botanical monitoring results from agri-environment schemes. Biological Conservation，2003，115：263-278.

[26]　Bakker Jan P，Berendse Frank. Constraints in the restoration of ecological diversity in grassland and heath land communities. Trends in Ecology & Evolution，1999，14：63-68.

[27]　Lia Hemerik，Lijbert Brussaard. Diversity of soil macro-invertebrates in grasslands under restoration succession. European Journal of Soil Biology，2002，38：145-150.

[28]　Smart Simon M，Bunce Robert G H，Firbank Les G，Coward Paul. Do field boundaries act as refuge for grassland plant speciesdiversity in intensively managed agricultural landscapes in Britain? Agriculture，Ecosystems and Environment，2002，91：73-87.

[29]　Todd John，Brown Erica J. G，Wells Erik. Ecological design applied. Ecological Engineering，2003，20：421-440.

[30]　Mortimer Simon R，Booth Roger G，Harris Stephanie J，Brown Valerie K. Effects of initial site management on the Coleoptera assemblagescolonizing newly established chalk grassland on ex-arable land. Biological Conservation，2002，104：301-313.

[31] Burnside N G, Smith R F. and Waite S. Habitat suitability modeling for calcareous grassland restoration on the South Downs, United Kingdom. Journal of Environmental Management, 2002, 65: 209-221.

[32] Jones A T, Hayes M J. Increasing floristic diversity in grassland: the effects of management regime and provenance on species introduction. Biological Conservation, 1999, 87. 381 300.

[33] Foster David R, Motzkin Glenn. Interpreting and conserving the open land habitats ofcoastal New England: insights from landscape history. Forest Ecology and Management, 2003, 185: 127-150.

[34] Partel Meelis, Kalamees Rein, Zobel Martin, Rosen Ejvind. Restoration of species-rich limestone grassland communities from overgrown land. the importance of propagate availability. Ecological Engineering, 1998, 10: 275-286.

[35] Rosenthal Girt. Selecting target species to evaluate the success ofwet grassland restoration. Agriculture, Ecosystems and Environment, 2003, 98: 227-246.

[36] Theunissen J D. Selection of suitable ecotypes within Digitariaerianthafor reclamation and restoration of disturbed areas in southern Africa. Journal of Arid Environments, 1997, 35: 429-439.

[37] Yeo M J M, Blackstock T H, Stevens D P. The use of phytosociological data in conservation assessment: a case study of lowland grasslands in mid Wales. Biological Conservation, 1998, 86: 125-138.

[38] Kalamees Rein, Zobel Martin. Soil seed bank composition in different successional stages of a species rich wooded meadow in Laelatu, western Estonia. ActaOEcological, 1998, 19: 175-180.

[39] Pywell R F, Webb N R, Putwain P D. Harvested heather shoots as a resource for heath land restoration. Biological Conservation , 1996, 75: 247-254.

[40] Armin Bischoff. Dispersal and establishment of floodplain grassland species as limiting factors in restoration. Biological Conservation, 2002, 104: 25-33.

7 海洋和海岸带生态系统恢复

海岸带是海岸线向海、陆两侧扩展到一定宽度的带状地理区域，同时是海、陆之间相互作用的重要过渡地带。海岸带可分为下列三个部分，即陆上部分、潮间带和水下岸坡。陆上部分（海岸）是高潮线至波浪作用上限之间的狭窄的陆上地带。潮间带是介于高潮线与低潮线之间的地带，通常也称为海涂。水下岸坡是低潮线以下至波浪有效作用于海底的下限地带。

海岸带拥有丰富的自然资源，不但蕴藏丰富的旅游、海涂、渔业、港口、盐业、砂矿、石油及天然气等资源，其中在近海海底蕴藏的油气资源占全国油气总资源量的1/3，还拥有可再生的海洋能资源，如波浪能、盐差能和潮汐能等。但是海岸带亦是生态环境的脆弱地理单元，大陆、海洋的互相作用引起海岸带地理过程及地理要素产生较大的变化，从而使生态环境变得脆弱。对海岸带的威胁包括：对近海岸鱼类的过度开发，甲壳类水生生物和饵的采集，包括富营养作用在内的对河口（estuary）和泻湖（lagoons）的局部污染，密集的水产业，从海滩、离岸的沉积物和珊瑚礁上提取建筑材料，海岸防护计划，土地改造和再充填，垃圾倾倒和挖泥造成的损害，大规模的娱乐性活动，引进外来物种等。世界范围的"温室效应"影响到全球气候变化，从而引起海平面上升。所有这一切使海岸带变得极为脆弱和易受到威胁。

海洋和海岸带的生态恢复，是利用生物和工程技术对已受到破坏和退化的海洋和海岸带进行生态恢复措施的总称。由于海洋和海岸带生态系统恢复的综合性、复杂性以及有效干预难于实现等原因，海洋和海岸带生态系统的恢复落后于淡水和陆地生态系统恢复。近些年来，大量的工作在沿海系统地区开展起来，主要集中于那些提供动植物特定生存环境的生物区如珊瑚礁、海草床、海岸沙丘、红树林和盐沼，而在其他的生物区开展较少。本章重点讨论了珊瑚礁、红树林、海滩、海岸沙丘等几类生态系统恢复的原理与实践概况。

7.1 珊瑚礁生态系统的恢复

7.1.1 珊瑚礁生态系统的特征

珊瑚礁是一类生物海岸，由珊瑚虫分泌碳酸盐构造珊瑚礁骨架，通过堆积、填充、胶结和各种生物碎屑，经逐年不断累积而形成（沈国英等，2010）。珊瑚礁生态系统是地球上生物种类最多的生态系统之一。就全球范围讲，珊瑚礁包含的生物数量仅次于热带雨林，被称为"海洋中的热带雨林"和"蓝色沙漠中的绿洲"。

并不是所有的珊瑚虫都具有造礁作用，只有与虫黄藻共生并能进行钙化、生长速度快的珊瑚虫才具有造礁功能，被称为造礁珊瑚，是珊瑚礁生态系统的主要成分；而不与虫黄藻共生、生长缓慢的珊瑚虫则无造礁功能，为非造礁珊瑚（王丽荣等，2001）。除了石珊瑚目的珊瑚虫外，参与造礁的还有水螅虫纲中的多孔螅、八放珊瑚亚纲中的某些柳珊瑚和软珊瑚等；含钙的红藻特别是孔石藻属和绿藻的仙掌藻属对造礁也起重要作用。

7.1.2 珊瑚礁生态系统的功能

珊瑚礁作为一种生态资源，不仅为海洋生物提供了良好的栖息场所，而且为人类社会提供了丰富的海洋水产品、海洋药材、工业原材料等，并对保护海洋生物资源和生态环境、防止海岸侵蚀起着极大的作用，具有重要的生态功能和价值。全球大约有超过 5 亿的人口部分或全部依赖珊瑚礁生态系统提供的资源来维持生计。

珊瑚礁具有很高的生物生产力，即使在养分不足的水域也能进行养分的有效循环，为大量的物种提供广泛的食物。珊瑚礁自然屏障的形式来抵御海风巨浪对海岸的冲击，从而有效地保护海岸地貌、林木和建筑设施、支持珊瑚礁渔场，为沿海生物群落提供生境。许多国家开发了珊瑚礁观光、娱乐性活动。珊瑚礁的社会经济价值已被广泛认同，估计每年可达 3750 亿美元，这相当于每公顷每年约 6075 美元（Edwards 等，2007）。珊瑚对科学，尤其是医学，有极大的可被有效利用的潜能。在全球范围内珊瑚礁还是一种重要的碳吸纳物。研究表明 CO_2 在空气中的含量日益提高与世界范围内珊瑚礁的破坏有关。珊瑚礁还是鸟类重要的生境之一，一些珊瑚岛礁被描述为"丰富的鸟粪资源库"。珊瑚礁是热带海洋生态系统的生物多样性的主要仓库，珊瑚礁的各种生境为许多鱼类和无脊椎动物提供了遮蔽所、食物和繁殖场地。

7.1.3 珊瑚礁生态系统受损的原因

珊瑚礁是地球上最容易受威胁的生态系统之一。随着环境污染、全球气候变化等环境问题日益加剧，全球珊瑚礁面临着严重威胁，珊瑚礁数量急剧减少（Bellwood 等，2004）。

根据全球珊瑚礁监测网络 2000 年度报告，至 2000 年年底，全球珊瑚礁共损失了 27%，如果不采取紧急保护措施，预计未来的 10～30 年里，世界的珊瑚礁将损失 30%，至 2030 年，全球近 90% 的珊瑚礁将消失。根据 2004 年《世界珊瑚礁调查报告》，全世界已有超过 20% 的珊瑚礁被彻底破坏，还有约 50% 的珊瑚礁受到不同程度的威胁，并且没有进行过积极有效的珊瑚恢复工作（Wilkinson，2004）。表 7.1 列出了珊瑚礁系统受到损害的层次及产生的结果。

表 7.1　珊瑚礁系统受到损害的层次及产生的结果

受损的层次	损害的度量	在珊瑚礁系统上产生的结果
生物体	生理学上的特性,例如生长和繁殖下降	发生在生物个体而不影响结构和功能
物种	物种丰富程度,珊瑚覆盖和物种多样性的改变	结构受到影响但不影响功能
群落	珊瑚礁机能失常的指示物,例如转变为一个藻类占优势的群落	结构和功能都受到影响
珊瑚礁框架	丧失生境、珊瑚礁框架和地形的复杂性	结构功能受到严重的影响

注：引自 Martin R P 和 Anthony J D，2002。

导致珊瑚礁退化的原因是多方面的，包括自然的和人为的两种。自然因素包括：暴风雨、飓风、赤潮、珊瑚捕食者的大量爆发和某种食草动物的大量死亡。从全球范围来看，20 年前，珊瑚礁的最大威胁主要来源于人类的长期干扰，例如土地开发利用、缺乏有效的流域管理、污水排放所导致的沉积、营养盐增加、珊瑚开采等。而近些年来，全球气候变化引起的珊瑚白化和海洋酸化可能是珊瑚礁生存的最大威胁（Edwards 等，2007）。

人类干扰因素的情况如下：人类对珊瑚礁的破坏行为首先是泥沙在珊瑚礁上的堆积。伐木业、农场作业、采矿业、捞泥业和其他人类活动造成大量的沿海泥土流失。沉积在珊瑚礁上的泥沙，阻碍了海藻的光合作用，也就减少了供给珊瑚水源的能量；泥沙还妨碍了珊瑚上的幼小生物去发展新的栖息地。其次是过度捕捞。加勒比海、东南亚近海和美国大部分珊瑚礁受到严重威胁的重要原因就是由于过度捕捞（庚晋，1998）。人为的威胁还包括：化学污染、漏油、沿海工程、船只触礁搁浅、观光破坏、营养物质的流失以及杀虫剂等。海上油轮溢出的油能直接杀死浅水中的珊瑚，并阻止它们的再生与新陈代谢，高浓度的焦油覆盖珊瑚，会使它们窒息而死。另外，用于清除机油的清洁剂也对珊瑚有毒害。

7.1.4　珊瑚礁生态恢复的技术和方法

珊瑚礁的生态恢复模式主要有两种，即通过管理手段来消除造成珊瑚礁生态破坏的压力以及主动恢复方法（如珊瑚的人工移植）（Rinkevich，2008）。但是由于技术的限制，主动修复的规模还比较小，成效也不是特别显著，因此在考虑采取何种模式进行修复时需要慎重，决策程序必不可少，如图 7.1 所示。

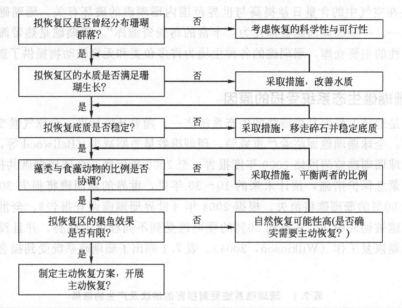

图 7.1　珊瑚礁生态恢复模式确定的决策程序（引自 Edwards 和 Gomez，2007）

当珊瑚礁生态系统退化到无法自我恢复时，就需要采用主动恢复的手段。主动恢复又分为物理恢复和生物恢复。本书重点介绍主动恢复方法，具体如下。

7.1.4.1　珊瑚移植

在过去的十几年里，珊瑚移植在珊瑚礁的恢复中发挥了很大的作用，成为恢复珊瑚礁的重要手段。珊瑚移植工作主要是把珊瑚礁生物群体的整个或片段移植到一个与它环境条件相似的退化区域。移植对于珊瑚礁生态恢复的优势在于：能够避开珊瑚的低生长速率、高死亡率的阶段，从而达到快速提高珊瑚的覆盖率、生物多样性以及生态系统的复杂性。目前珊瑚的移植技术主要包括无性移植与有性移植两种方法（Rinkevich，2005）。

（1）有性移植　有性移植是指通过采集受精卵，进行孵化、育苗、采苗和野外投放与室内栽培来进行珊瑚移植。最近的一些研究表明，有性移植技术作为一条技术路线，具有其优越性，是今后珊瑚移植的一个重要方向（Epstein 等，2001；Okamoto 和 Nojima，2004）。珊瑚在自然状态下会产很多卵，但是其中的大多数不能存活。所以，要是对这些卵进行收集和人工孵化和培育，获取大量新的珊瑚，这是提高珊瑚的数量和质量的好方法。

（2）无性移植　无性移植是指利用珊瑚的出芽繁殖与断枝繁殖的特性进行珊瑚的移植。根据所用珊瑚体的大小，无性移植又可分为成体移植、截枝移植、微型芽植、单体移植四种。

成体移植：指利用珊瑚成体进行移植的技术，是目前比较普遍的移植技术。

截枝移植：指将珊瑚截成一定大小的枝状或块状的形态而进行移植的技术，在不同的珊瑚中，由于机体结构和抗感染能力的不同，在同一海洋环境下，移植的成活率大小相同，如鹿角珊瑚的成活率通常比蜂巢珊瑚低。

微型芽植：指用数个水螅体组成的芽状珊瑚移植块进行移植的技术。该技术适用于各种形态的珊瑚，如枝状珊瑚，壳状等扁平生长的珊瑚其难度比上面两者高。

单体移植：指用单个水螅体珊瑚杯作为移植块的珊瑚移植技术，该技术是珊瑚无性移植中难度最大、但也是最能节约资源与成本的移植技术，目前还处于实验室的研究阶段。

此外，为了避免和减少存活率低、对供体珊瑚的损害、疾病传染，以及对恢复地的损害这类问题，提出"园艺法"（fardening coral reefs）这个概念（Rinkevich，1995），即理论上就是在一个养殖场所进行珊瑚的养殖，把小的珊瑚断片或幼虫养到合适的大小再移植到退化区域。

7.1.4.2　人造珊瑚礁框架

当珊瑚礁的破坏程度非常严重，整个珊瑚礁区的三维结构已经不存在时，传统的珊瑚移植已经不适合该礁区的恢复了。为了恢复受损的礁区，过去的十几年人们引进了人工渔礁。人造珊瑚礁框架的最初目的是用来发展渔业，后来随着珊瑚礁生态系统的破坏日益加剧而用来保护海洋环境进行受损珊瑚礁恢复（Rilov G. 和 Benayahu Y，1998）。人造珊瑚礁框架可以从两个方面促进珊瑚礁恢复：一是为鱼类和无脊椎动物提供遮蔽物和避难所；二是能为珊瑚虫以及其他附着生物提供合适的栖息地。

目前，可以被用于人造珊瑚礁框架的材料有很多种，如废金属、汽车、橡胶轮胎、竹子、PVC 管及混凝土。泰国曾将废旧巨型卡车和飞机投入海中做人造珊瑚礁的环保举动，以促进天然珊瑚生长，同时给海洋生物创造一个平衡、自然、适合生存的环境。纽约市把废旧的地铁车厢投入海中，作为珊瑚礁床，进行人造珊瑚礁，保护海洋资源。我国在 2001—2003 年，曾先后在珠海东澳、广东汕头南澳、福建三都澳官井洋斗帽岛、浙江舟山群岛、江苏连云港市赣榆秦山岛以及海南三亚等地开展大规模的人造珊瑚礁试验（李红柳等，2003）。

人造珊瑚礁与天然珊瑚礁相比，具有一定的局限性。它不能像天然珊瑚礁一样自然生长，很难成为海洋生态系统的有机组成部分，而且相对比较脆弱，例如在南佛罗里达，当安德鲁飓风（hurricane Andrew）经过后，所有的人造珊瑚礁都遭到了破坏，有的甚至完全消失。同时，它可能会分解，造成污染；地点的选择和安置可能引起运输问题；此外，由于保证人造珊瑚礁框架的成功需要付出巨大的花费和很长时间，因此要对大面积的珊瑚礁进行恢复时，使用人造珊瑚礁框架是不切实际的。但是如果退化的区域具有较高价值（如海岸保护或娱乐性旅游）则花费或投资是合理的。

（1）珊瑚礁球（reef balls）　这是美国的一个公司开发的一种模仿天然珊瑚礁的外观和功能（提供食物、遮蔽物和保护）的特殊产品。这种产品是由混凝土组成的，具有质地粗糙的内外表面，呈纽扣状。它的制造方法是将混凝土灌注到一个玻璃纤维的模型中，这个模型中央是一个多格的浮标，它被许多尺寸不同的用来制造孔洞的可充气的球包围着。这些充气气球被充气后根据压力不同可改变孔洞的大小，并提供一个粗糙的表面。"珊瑚礁球"的一个主要优点就是能够漂浮，并且在使用时能被小船拖着。

这种铸造技术使重量和表面质地的确定具有很大的灵活性，并可以用各种尺寸的模型。包括垃圾在内的任何混凝土都可以利用，但是建议使用适合海洋生物生长的混凝土。

(2) MAT（矿物增长技术，mineral accretion technology） 20 世纪 90 年代，人们利用"矿物增长"（mineral accretion）技术来建造新型珊瑚礁，即在人造珊瑚礁上通入低压直流电，利用海水电解析出的碳酸钙和氢氧化镁等矿物附着在人造珊瑚礁上。由于海水电解析出的矿物具有和天然珊瑚礁石灰石相似的物理化学性质，加速了石灰石和珊瑚虫骨架的形成和生长，珊瑚在这些结构上的生长非常迅速，形成类似于天然珊瑚礁的生长过程，在珊瑚礁不断增长的同时促进周围生物量的增长，从而达到海岸带生物种群恢复和海岸带保护的目的（李红柳等，2003）。该技术阴极通常由延伸的铁丝网制成，被建造成简单的几何形状，如圆桶形、薄片、三棱柱和三角锥。阳极可以是铅、石墨、钢铁或镀钛物。这种方法目前已在牙买加、马尔代夫和塞纳尔等国家得到了成功的应用。

MAT 在活跃的环境中的稳定性目前尚不清楚，而且珊瑚经过长时期后的存活率也不清楚。建造初期的花费巨大、耗时长且需要有技能的劳动力。在不同的自然环境中的实施还没有被验证，也缺乏潜水者对 MAT 的反映的评价。虽然存在以上问题，但人造珊瑚礁仍被认为是一种有潜力的珊瑚礁恢复方法（Pratt，1994）。

7.1.4.3 珊瑚养殖

由于在一些地区珊瑚季节性产卵的时间是可以预测的，从而促进了利用珊瑚接合体进行珊瑚培育的机会。同时，少数种类的珊瑚幼虫是可以成功饲养的。Heyward 等利用带有网眼围栏的幼虫培育池塘，来评估西澳大利亚珊瑚大量产卵后迁移的结果及幼虫的存活情况。

我们需要对大范围珊瑚养殖的可行性以及各种方法的花费进行评估。关于释放幼体的最理想尺寸、幼体对生境的要求以及将幼体固定在珊瑚礁上的方法等需要进一步研究。珊瑚礁恢复的一个主要好处是为受损珊瑚礁提供了大量的足够大的目标物种。

7.2 红树林生态系统的恢复

7.2.1 红树林的概念与特征

红树林生态系统是指红树群落及其环境的总称，是红树植物和半红树植物以及少部分伴生植物与潮间带泥质海滩的有机综合体系。红树林为自然分布于热带和亚热带海岸潮间带的木本植物群落（林鹏，2001），被誉为海上森林，是淤泥质海滩上特有的植被类型，也是重要的海岸湿地资源。世界上约有 14.6×10^4 km 的热带海岸线覆盖有红树林，红树林作为独特的海陆交界生态系统，是鱼类、鸟、虾、蟹、贝类等海洋生物栖息繁衍的良好场所，在促进保滩、巩固堤岸、抵抗风浪、净化环境等方面都发挥非常重要的作用。红树林生态系统的特征主要体现在以下几个方面（王文卿等，2007）。

(1) 高开放性 就现有的生态系统而言，红树林是开放程度最高的生态系统。这种开发性取决于它所处的特殊地理位置，而潮汐是红树林生态系统高开放的主要载体。由于液相物质和固相物质的相互作用，出现了一个既不同于水域也不同于陆地的生态交错带。红树林不仅受到来自陆地的变化影响，也受到来自海洋的变化影响。它处于地球大气圈、水圈、岩石圈、土壤圈和生物圈的交汇地带，因此它是物质流、能量流和信息流密集区。

（2）高敏感性 从整个地球生态系统看，红树林地处海陆交界处，是一个非常脆弱而敏感的生态系统。人类活动、海平面变化和地球气候变暖等因素都可能对红树林生态系统产生影响，其不稳定性和脆弱性极为突出。红树林生态系统的主体是红树植物群落，但是，组成红树林的植物种类很少，结构非常简单，仅有的少数几种植物。由于单一的生态模式影响其种群的遗传分化，导致种群遗传多样性水平普遍不高，对环境变化的适应能力往往有限。红树林生态系统比其他森林系统更加脆弱。

（3）高生产力、高归还率和高分解 红树林是海湾河口生态系统中唯一的木本植物群落，具有非常高的净初级生产力。Snedaker 和 Brawn（1981）认为，从总初级生产力和枯枝落叶总产量来看，红树林是世界上最高生产力的生态系统之一。红树林的初级生产力远高于同纬度的陆地森林，也高于热带雨林。此外红树林的存在，为林区藻类及微生物提供了良好的生存条件。

与陆地森林不同，红树群落很大一部分（约40%）的净初级生产力通过枯枝落叶等凋落物的方式返回林地，而一般陆地森林凋落物占初级生产力的比例不超过25%。红树林区的高温、高湿、干湿交错的环境条件及潮水的反复冲击，为凋落物分解创造了最佳条件，枯枝落叶迅速分解成有机碎屑和可溶性有机物，为浮游生物、底栖生物提供了大量饵料。红树林凋落物的分解很快，半分解期甚至比热带雨林还要短，由此红树林源源不断地为林区各类消费者提供丰富的食物和营养。

（4）高生物多样性 红树林属于典型的生态交错区，含有海洋生态体系、淡水生态体系及陆地生态体系，形成既不同于典型陆地生态，又不同于典型海洋生态的红树林潮间带生态区域，故能融合各种各样的生物，养育着特殊的动植物群落，是生物多样性的源头。与其他潮间带生态系统相比，红树林湿地中的生物种类更加丰富。水生生物的多样性远高于其他海岸水域生态系统。中国总面积470万平方公里的黄海、东海、南海及渤海有海洋生物20278种，而中国面积830平方公里的红树林地记录的物种超过2300种，红树林湿地单位面积的物种丰富度是海洋平均水平的642倍。

7.2.2 红树林生态系统的功能

红树林系统不同于陆地生态系统，也不同于海洋生态系统，是一种特殊的、极具重要保护和经济利用价值的生态系统（韩维栋，2004）。红树林生态系统具有以下功能。

7.2.2.1 防风固堤，减缓风灾

红树林的环境生态功能体现在红树林湿地能促进土壤形成，有利于抗灾、减灾，防治海洋污染，保护沿海居民村庄和农田安全，保护海洋生物多样性，有助于降低洪峰、阻滞潮流、降低台风风速、护岸护堤（梁松，钱宏林，1998）。当外海波浪进入红树林沼泽地时，受到红树植物灌丛及滩面摩擦力的作用，波能被削弱，波长缩短，波高降低，流速减小，使波浪对海岸的冲击力大大减弱而保护堤岸。红树林属于防风林，能减少台风造成的损害，常被称为"海岸卫士"（陈映霞，1995）。

7.2.2.2 净化大气环境，保障人类健康

红树植物消耗二氧化碳且释放氧气。红树植物属于阔叶林，一般估算，每公顷阔叶林在生长季节1天可以消耗二氧化碳1000kg，释放氧气730kg（卢昌义，林鹏等，1995）。红树林中硫化氢的含量很高，泥滩中大量的厌氧细菌在光照条件下能利用硫化氢为还原剂，把二

氧化碳还原为有机物。因此，在红树林生态系统中，有大量的二氧化碳被吸收，且释放出大量的氧气，这对净化大气、维持大气碳和氧平衡，具有十分积极的意义。

7.2.2.3 抵御温室效应造成的海平面上升

全球温室效应的负影响之一是造成海平面的上升，海水侵吞陆地。而红树林具有造陆功能，一方面，通过红树植物发达的根系网罗碎屑，加速潮水和陆地径流带来的泥沙和悬浮物在林区的沉积，促进土壤的形成，淤积使沼泽不断升高，林区土壤逐渐变干，土质变淡，最终成为陆地。试验表明，在红树林的堤岸边和无红树林的堤岸边，同样体积的海水，后者所含的泥沙是前者的 7 倍（Ong JE. 1995）。另一方面，红树林本身的凋落物数量很高。凋落物、红树林内丰富的海洋生物的排泄物、遗骸等，都为红树林海岸的淤积提供了丰富的物质来源。有资料表明，红树林滩地的淤积速度为附近光滩的 2~3 倍（汉密尔顿 L.S. 和斯内达克 S.C，1992）。红树林加速了沧海变陆地的进程，从而抵御全球温室效应带来的海平面上升、海水侵吞陆地的后果。

7.2.2.4 浓缩放射性物质，净化水质

红树林能过滤河川中的有毒物质，从而净化了水质，减轻了重金属、农药、生活和养殖污水、海上溢油等海上污染，一些红树林的根还有浓集（积累）某些放射性核素的作用，减少海水的放射性核素污染，减少对食物链的污染，保护人类的健康。

7.2.2.5 红树林提供了重要的渔业基础

红树植物是生物群落中的各级消费者的重要栖息地和觅食场所。红树林内丰富的凋落物，为海湾河口的鱼类和微生物提供大量的有机碎屑食料，为发展沿海水产业提供了重要的物质基础。据测定，红树林凋落物一般干重可达 $6t/(hm^2 \cdot a)$，这些凋落物为发展沿海渔业提供了重要的物质基础。红树林生态系统的结构越复杂，各种水生生物的种类则越丰富，生物多样性越高，鱼、虾、贝、蟹、蛇、鸟类等越多。例如，中国红树林生态系统为 200 多种鱼、虾、无脊椎动物提供了生存空间（黄桂林，1996）。可见，红树林成为鱼、虾、蟹、螺的天然饲料库。红树林地区的水产类物种生长迅速，因此被誉为"天然养殖场"。

7.2.2.6 构成独特的红树林景观

红树林的景观美学功能是指耐盐、湿生、胎生、生长呼吸根的红树植物种类等独特的生理生态特征及由各种红树形成的独特森林景观所具有的旅游、教育、休闲、观赏、娱乐、知识、科研等价值。红树林的景观美学价值研究侧重于红树林湿地的旅游功能的开发。这方面研究有助于把红树林湿地内从事水产养殖业、加工业、林业等人员转化安置为保护和管理湿地的工作人员，减轻人类对红树林湿地的开发、利用、污染、破坏的压力（梁文，2003）。

红树林适宜生长在干湿交替、一定盐度和缺氧的淤泥滩，有些红树林植物（如白骨壤）具有很强的抗贫瘠性，能在砂质滩涂上发育。因而，可以利用红树林改造沿海的淤泥滩和砂质滩，改良滩涂土壤，美化海岸滩涂环境。

7.2.3 影响红树林生态系统的不利因素

Farnsworth 和 Ellison（1997）对世界上 16 个国家和地区 38 个地点的红树林的分布状况进行考察后认为：村庄扩建、农业、旅游业、建养虾池等人类活动对红树林的砍伐；陆源排污，如红树林区居民的生活污水排放；把红树林简单地当成木材来源，无节制地采伐，用于薪材、建筑用木材、艺术品用材；道路、码头建设；石油污染；船舶交通；垃圾和固体废物的倾倒；暴雨危害等都是造成红树林生态系统破坏和面积减少的重要原因。例如，亚太地

区红树林的破坏率约为每年1%，其中有20%～50%都归结于近10年来的围塘养殖鱼虾，另外一个主要原因就是木材砍伐业。再如，海南澄迈的东水港，以前有数百公顷的天然红树林分布，除围海造田毁林约120hm²外，近十几年发展水产养殖又破坏了157hm²，现在东水港已没有红树林了。

7.2.4　红树林生态系统恢复的技术和方法

《中国21世纪议程》（1994）优先项目计划（调整、补充部分）已经把红树林恢复与重建技术纳入了议事日程，ITTO组织2002—2006年的计划目标亦把红树林生态系统恢复列为首要资助目标之一。自20世纪90年代以来，以政府直接投资或企业补偿性投资的方式，九龙江口的红树林恢复工作几乎每年都在进行。到目前为止我国红树林恢复面积已达4595hm²（见表7.2）。

表7.2　我国红树林恢复地区、面积及树种

地区	时间	面积/hm²	树种
福建	1995—2000	593	秋茄；白骨壤；桐花树；木榄
广西	1982—2001	2121	秋茄；白骨壤；桐花树；红海榄；木榄
广东	1985—2001	1640	秋茄；木榄；白骨壤；桐花树；无瓣海桑；红海榄
海南	1981—1990	173	秋茄；木榄；海莲；正红树；红海榄；木果楝
浙江	2001	38	秋茄
香港	1980—2000	30	秋茄；木榄；白骨壤；桐花树

注：引自叶勇等，2006。

红树林生态系统恢复的方法包括：自然再生和在自然再生不充足的地方人工种植繁殖体和树苗。可供选择的方法还有养殖繁殖体然后种植得到的小树苗。收集繁殖体进行种植更加便宜，繁殖体如果被种植在适宜的基底、高度上，或是在没有成熟树木的地方则具有更高的成活率（Perrow Martin R 和 Davy Anthony J，2002）。

7.2.4.1　受干扰红树林的自我恢复

据报道，在水文条件不受破坏，且附近的红树林的繁殖体传递不受阻的情况下红树林能够自我恢复。因为红树林的繁殖体被认为是近距离传播的，所以在种植之前需要评估附近是否有能生育的成熟红树林。然后，减轻人类对红树林的压力，如水文的改变；罩盖被移走（罩盖就是树林中最上面一层，由树冠组成，罩盖被移走可以增加地面的光照量，因此这些由于罩盖被移走而受到干扰的红树林中，幼苗的成活率比未受干扰的有罩盖存在的红树林要高）；温度和营养物的变化；还有不同的微型动物密度等措施。一般，随着损害的增加，微型无脊椎动物的数量和物种丰度下降。但蟹是个例外。研究表明：在受到干扰破坏的区域，它的数量反而会增加，它是最先迁移到受损红树林的无脊椎动物，是重要的指示物种（Perrow Martin R 和 Davy Anthony J，2002）。

红树林是有较高生产力的生态系统，但对人为干扰极其敏感。这种具有较高的诱发死亡率的沼泽类型，在遭到破坏后如果仅仅靠自然恢复，森林的恢复非常缓慢，所以要进行人工恢复。

7.2.4.2　受干扰红树林的人工恢复

（1）受干扰红树林人工恢复的影响因素　对红树林进行生态恢复，必须事先进行可行性研究。根据红树林种类的适应性，进行物种特性、宜林地勘测，潮汐、海流和土壤性质，海

水盐度的综合调查和试验，实现红树林生态恢复。

廖宝文等（2003）的研究表明：苗木的死亡率与底泥的淤积成正相关，苗木的生长与底泥的淤积成负相关。Komiyama 等（1996）研究了在废弃矿区造林中微地形、土壤硬度与真红树造林保存率的关系，第 3 年保存率为 54.9%，第 4 年为 53.2%。地势越高（仅相差35cm），土壤越硬，保存率和生长率越低，即微地形的变化对真红树的造林保存率有较大影响。

红树植物通常无萌芽更新能力或萌芽能力很弱，无性的枝条扦插或组织培养繁殖一般是没有意义和不现实的（李信哲等，1991）。选择胎生的有性繁殖方式是红树植物对潮间带特殊生境的一种适应，这种繁殖方式有两方面的好处，一方面红树植物每年都能产生大量的繁殖体，完全能满足造林种源需求；另一方面，通过有性过程产生的种苗可获得丰富的遗传基因，对保持种群遗传多样性、提高种群稳定性具有重要作用。

污染海滩造林成功的步骤为：测定淤泥及海水污染物含量，确定该海滩能否造林，油污染超过国家Ⅲ类海水水质标准的海岸带不适于造林，污染较轻的海滩可选用抗污染能力强的树种造林；测定各造林树种的抗污染能力（依次为：无瓣海桑＞海桑＞木榄＞银叶树＞杨叶肖槿＞海莲＞秋茄＞海漆＞桐花＞红海榄）；依据海滩污染程度选择适宜造林树种。经试验分析，应选择无瓣海桑和海桑为污染低滩造林树种，选择木榄和海漆为污染中高滩造林树种（李玫等，2003）。

（2）红树林造林方法及其比较　红树林的造林模式，根据种植材料的来源和育苗方法，可以分为胚轴造林、容器苗造林和天然苗造林三种模式（莫竹承，范航清，2001）。

① 胚轴造林：将胚轴直接栽入土壤基质，插入深度约为胚轴长度的 1/3～1/2，过深则胚轴易发霉烂掉，过浅则易被海浪冲走。此法简单易行，适用于大型繁殖体造林，但受胚轴成熟季节性约束较大。廖宝文（2003）的研究表明：秋茄造林采用胚轴插植方法效果较好，胚轴插植深度为种苗长度的 1/3～2/3。秋茄为海绵状根系，极易损伤折断。用裸根小苗造林时应选择半年生内的幼苗，1 年生至多年生小苗或幼树难以移活，不宜采用。

② 容器苗造林：用聚乙烯薄膜袋在海上苗圃进行人工育苗，培育出相应规格的容器苗进行定植造林。此法技术要求较高，但造林质量较有保证，特别适合小型胚轴种类及特殊生境的造林。该种方法主要用于白骨壤和桐花林等隐胎生红树林的造林，因为这些树种繁殖体小，插植胚轴容易被水冲走，需要人工培育容器造林。

③ 天然苗造林：天然苗造林是直接从红树林群落中挖取天然苗来造林的方式。由于天然苗根系裸露，在挖苗和植苗时均容易伤根，造林成活率很低，且挖取幼苗对群落发展有负面影响。中国林科院热带林业研究所曾系统地把无瓣海桑、海桑、海莲、红海榄、水椰、木果楝等嗜热树种引种至廉江、深圳、珠海、汕头、福建的龙海县等地，部分已开花结果，其中引种较成功的树种之一是无瓣海桑，此树种具有速生、高大、通直、抗逆性强等优良性状，为理想的先锋造林树种，已在生产中获得应用。

不同造林方法的比较如下。

① 适用范围：胚轴造林通常是大型繁殖体种类如木榄、红海榄和秋茄进行大规模造林和次生林改造时所采用的造林方法。隐胎生种类白骨壤和桐花树由于繁殖体较小，插植胚轴容易被潮水冲走，需要通过人工培育容器苗造林，此外容器苗也常用于逆境造林、补植和一些科学试验。繁殖体未成熟季节的应急造林，种苗短缺时或补植需要用天然苗造林，但这方法不宜作为主流的造林方法，对多数种类不适用。

② 造林成效：天然苗造林是三种造林方法中使用最少的一种，其造林成效普遍认为不理想。华南沿海优良的红树林乔木树种木榄和红海榄被广泛用于红树林次生灌木林的改造。在北仑河口海洋自然保护区进行红海榄比较造林试验，用 1998 年 7 月采集的同一批红海榄胚轴分别进行造林和育苗，一年后即 1999 年 7 月用容器苗进行比较造林。研究结果表明：容器苗造林幼苗的各种生长指标均优于胚轴造林，其中实生苗增加 36%，基径增加 18%，成活率提高了 11%。

③ 造林成本：不同的造林方法不仅技术要求不一样，而且资金投入也有差别。从经济角度考虑，胚轴造林费用仅及容器苗造林费用的 21%、天然苗造林费用的 27%，是费用最低、技术简单、适宜大规模造林的造林方法。

（3）退化次生红树林的生态恢复　研究表明，退化次生红树林若不加以改造，将长期保留其低质量和低功能林分组成结构。采用 2m 宽带状和 6m×8m 块状间伐后在空隙中栽植乔木幼苗，试验表明，引进的幼苗均能在次生灌丛中定居和可持续性更新。组成两层结构林分，块状比带状伐隙中的幼苗生长好。红海榄生长比木榄、海莲快，引进红海榄比引进木榄提早 2～3 年进入有效防护功能期。进一步的试验证明，选用无瓣海桑改造退化灌丛能在 2～3 年内进入有效防护期，而其他树种则需 7～10 年，总结出的优化技术为小块状间伐后引进无瓣海桑（李玫等，2003）。

7.3　海滩生态系统的恢复

7.3.1　海滩生态系统的特征

海滩是沉积物在波浪作用下形成的堆积地貌单元，在砂质海岸普遍发育，也是海岸带最活跃的始终处于运动变化状态的地貌单元（毛龙江等，2006）。它们存在于全世界大约 40% 的海岸。大部分的海滩主要是由沙子组成的，沙子的粒径为 0.062～4mm。

波浪能是决定海滩冲积物组成和海滩形式的主要因素。较大波浪打在沙滩上能够使沙滩形成陡峭的轮廓，且由粗糙的分选很好的冲积物组成。较小的海浪则主要形成坡面较缓的由更细小的冲积物组成的沙滩。同时，底土层的母质和机械组成、海潮范围、海浪的方向以及海滩沿岸的水流和风向等都可以影响海滩的形态、轮廓和稳定性。

几乎所有的海滩都有自己原始的底栖动物，但是海滩上的植物稀少或多是短命种，尤其在卵石沙滩，因为这种沙滩本身不稳定而且暴露在外。在温带沙质海滩上，生长着一年生草本植物，如海凯莱属的肉质一年生海岸草本植物、藜科冈羊栖菜属植物以及滨藜属植物，它们通常由生长着固沙植物的海岸沙丘支持。在热带海滩上，禾本科草本植物、非禾本草本植物和木本植物都是海滩生物群落的重要组成部分。Buckley 确定了热带澳大利亚的滨线生物群落的两个主要组成部分：生长在海滩面向陆地边缘的多年生植物，包括攀援植物如铁路藤，另外就是短命的草本植物，如猪毛菜和大戟，它们用种子繁殖。热带海滩上有典型的滨线树种，包括椰子和口哨松，它们由海滩向陆地方向生长，但是一般很难生存到成熟期。果实的形成和植物的存活都受到了海滩上很多环境压力的威胁，如海滩侵蚀或增长、营养缺乏、剧烈的气温日变化、干旱、海浪的飞沫、潮汐以及掠夺行为等。潮汐影响的程度以及海滩冲积物组成是决定海滩稳定性和植被在它上面形成的能力的主要因素。

7.3.2　海滩生态系统的功能

海滩被开发用于建造港口、工厂、住房以及观光旅游业，是重要的混凝土原材料和矿物的来源。海滩还在海洋防护中起到重要作用，保护人类资产、耕地和天然生境不受洪水破坏。目前，世界旅游业的发展使沿海旅游观光成为普遍现象。例如，墨西哥的 Cancun 在 20 年间由一个小渔村发展成为世界级度假胜地，拥有 20000 多个旅馆房间和 40 万人口。沿海旅游观光业将随着全球旅游的增长而发展。因此，海滩作为娱乐性资源的社会经济价值也将继续迅速增长。

生物群落在海滩上的带状分布以及非生物状况的广泛变化导致许多海滩特有种的存在和发展。许多稀有和受威胁的物种依赖于海滩生境，包括那些生长在鹅卵石上的植物、无脊椎动物和海龟。海滩是海龟、海豹和海狮等的重要筑巢点。也是许多鸟类，如燕鸥、海鸥和珩科鸟的主要筑巢场所。海滩上的底栖动物是滨鸟的重要食物来源。

7.3.3　海滩生境丧失和退化的原因

海滩侵蚀和退化是对海滩生境的最严重的威胁。目前海滩退化有众多原因，如地面沉降、海平面上升、风暴潮增多、陆地和海洋沉积物资源的损失以及人工构造物和其他人类干扰（冯金良等，1999）。对于不同地区而言，引起海滩侵蚀的主控因子或因素是不同的。就全球而言，一般认为海平面的绝对上升是引起海滩侵蚀的一个重要因素。据估计，到 2100 年地球的平均气温将上升 2℃，届时，海平面平均上升 50cm，这无疑将加剧海滩侵蚀。沿海防护工程、沿海娱乐场所等人类活动将继续破坏海滩，特别是在发展中国家。娱乐性活动有时会因践踏和车辆使用而破坏植被或干扰雏鸟和海龟。油污染以及需要机械去除的海滩垃圾引起对海滩生物的破坏。人类在其他方面的利用，如采矿、放牧、地下水开采、军事的利用和垃圾处理等都可能引起局部生境的丧失和破坏。

7.3.4　海滩生态系统恢复的技术和方法

海滩生态系统恢复需要通过海滩养护沉积物回填并对海滩植被进行恢复来实现。海滩回填对海岸环境影响较小，在国际上逐渐成为海岸防护、沙滩保护的主要方式。目前，美国海滩回填养护的投资比例已占到整个海岸防护总经费的 80％以上。荷兰在 1952—1989 年有 50 个海滩回填方案投入实施，海滩回填已经成为一种常见的海岸防护措施，德国、法国、西班牙、意大利、英国、日本等国家也都进行过大量的海滩回填工作（陈坚等，2002）。

7.3.4.1　海滩回填养护

海滩养护、补给、回填或恢复是指将沉积物输入到一个海滩上以阻止进一步的侵蚀和为实现海洋防护、娱乐或更少有的环境目的而重建海滩。在一个侵蚀性的海滩环境中，根据可预见的前景进行海滩养护需要一个循环的过程，而在其他的地点可能一次实施就足够了。回填物可以来源于近岸的区域、相连的沙滩（accreting beaches）或内地，并沿着沙滩的外形堆积在许多地方。

人造海滩的轮廓与天然斜坡不同，天然的斜坡对建立鹅卵石海滩植被是至关重要的，因为它可以减小发生剧烈侵蚀从而破坏新建立的最易受到干扰的植被的可能性。养护方案应该设计为在不受干扰的沙滩上设置若干个散置的小回填场点，而不是一个大的连续的养护区域，从而加速底栖动物的再度"定居"。

在养护之前评价自然海滩的粒径分布，从而决定填充材料的规格。但是应该避免使用含细沙和淤泥（直径小于 0.15mm）的填充材料，即使本土的海滩基底具有类似的粒径分布，因为这样会压实海滩从而威胁到底栖动物的生存。大多数的填充物是从近岸的海洋挖掘出来的，但是使用从陆地来的沉积物也取得了成功，例如，在南卡罗来纳（South Carolina）的

Myrtle 海滩的养护中使用了从内地挖掘的沙子，虽然开始的时候引起生物多样性减少，但是有些地方很快就复原，物种丰富度明显增加。

根据美国佛罗里达的 Sand Key 海滩养护计划的监测结果，建造方法是决定海滩表面密实度的关键因素。使用抽水泵抽取沉积物，并以泥浆的形式传送到养护场点比用挖掘斗提取沉积物再用一个传送带安置到海滩去的方法更能生产出密度大的海滩基底。尽管一个密实的海滩表面能够延长海滩养护计划的寿命，但用传送带方法生产的比较疏松的沉积物更有生态意义，尤其是在海龟筑巢或其他的动物可能会受到密实海滩表面的危害的地方。在英格兰的南海岸进行的鹅卵石海滩的养护由于在基底中使用了细颗粒材料（fine-grained material），导致新建的海滩的渗透性和流动性都不如原来的海滩。所以我们要指定使用适当粒径分布的填充物并选择合适的养护方法来避免建造过于密实的海滩表面。

物种的生物周期和操作的时间是决定海滩养护对动物区系影响的重要因素。例如，贝壳岩蛤冬天迁移到大陆架海面，春天再迁移回潮间带。所以养护的操作如果在春天进行就有可能阻碍它们的返回，导致整个季节中成年蛤的缺失。对那些靠浮游的幼虫在春天传播并定居的物种造成的损害能很快地恢复，而对那些整个生活史都在海滩上的物种（包括很多片脚类动物）来说，无论时间安排如何，都将受到相当大的影响。所以，海滩养护的操作应当在冬天进行，在春天浮游的幼虫定居和去海面上越冬的成年动物返回之前完成，当然海滩养护操作也应当避免在鸟类和海龟筑巢的时候进行。

在海滩养护中使用细沙会由于风力的搬运给附近的沙丘带来间接的影响。然而，养护中的沉积物较天然的海滩沙不易被风搬运。在佛罗里达的 Perdido Key 进行了大量的海滩养护后，利用 Markovian 模型分析植被的演替过程表明现有的植被不受海滩养护的影响。而海滩养护对海滩底栖动物的影响远远大于对邻近植被的间接影响。

7.3.4.2 植被恢复

（1）繁殖体来源 有证据表明海滩植物的种子能被海水远距离传播，重要的是种子或无性繁殖体的片段（vegetative fragments）能够从附近未受到干扰的地区迁移到被恢复的海滩。在英国的 Sizewell 海滩，滨海植物能够很容易地由本地的种子来繁殖，鹅卵石沙滩上的可发芽种子库非常小，这在很大程度上是由于种子自身的休眠引起而不是缺少繁殖体所致。附近的区域能够提供适宜繁殖体的能力是由一些场所自身的特性因素决定的，如适宜的植被、盛行风向和潮流。

（2）打破种子休眠 许多海滩植物种子普遍具有先天性和继发性休眠特征，这是阻碍植被恢复的一个重要因素。因此，进行海滩植被的恢复要对种子发芽和解除种子休眠的方法有所了解。有些物种不适于直接播种，需要对种子在适当的条件下进行培养或是进行无性繁殖。一些物种如海洋旋花类的植物和海豌豆类植物，种子外皮需要人为刻伤或软化，然后进行人工培养后种植。

（3）适宜的颗粒大小 Scott 描述了细颗粒组分与植被分布之间的关系，并认识到这个因素在控制英国鹅卵石海滩上植被分布的重要性。试验表明，在英国的 Sizewell 鹅卵石海滩上，基底组成是种子发芽、幼苗的成活、容器种植植物（container-grown plants）生长及繁殖力的主要决定因素。在非常粗糙的基底上，种子被埋得太深以至于不能成功地生长出来。而且，基底保持水分和营养成分的能力较差，幼苗和成年植物的成活率都非常低。相对于鹅卵石海滩，沙质海滩的颗粒大小对植被建立的重要性要小得多。在鹅卵石海滩上适当的颗粒物大小对植被的生长非常重要。实际上，只含有 10%～20% 的细颗粒物（颗粒直径小于

2mm）就能大大地促进发芽、幼苗成活和植被的建立。

（4）植被的结构和组成　滨海植被能够促进沙子和有机物质在海滩上的沉积，因而经常作为先锋沙丘植被来恢复。然而，有些一年生滨海植物，如 *Cakile maritime* 和猪毛菜（Salsola kali）容易被海水散播，并在一个季节内自然迁移。在加利福尼亚的西班牙湾海滩植被的恢复中，*Cakile maritima* 虽然是外来种，但是却用作最初的先锋种，因为它可以迅速成活并能固定沙子却不具有入侵性或竞争性。多年生沙丘草在海滩恢复中被广泛利用，因为它们容易繁殖、收获、运输、贮藏和种植。使用沙丘草的无性繁殖后代建立先锋沙丘的技术被广泛报道。

7.4　海岸沙丘生态系统的恢复

7.4.1　海岸沙丘生态系统的特征

海岸沙丘（coastal dune）是由风和风沙流对海岸地表松散物质的吹蚀、搬运和堆积形成的地貌形态（陈方等，1997）。海岸沙丘和内陆沙漠虽同属风成环境，但海岸沙丘形成于陆、海、气三大系统交互作用的特殊地带，与内陆沙漠相比在风沙的运动特征上既有一定的相似性又有一定的特殊性。

海岸沙丘主要形成在沉积作用大于侵蚀作用的地方。海岸沙丘的形成条件包括沙源、风力、湿度、植被、海岸宽度与类型等，但各地海岸沙丘形成条件的差异较大。充沛的沙源、强劲的向岸风是海岸沙丘发育的两个重要条件。

海岸沙丘的沙源主要是河流沙质沉积物、海岸侵蚀物和海底沙质沉积物（Bird，1990），海滩沙是海岸风沙的直接沙源。当沙子被冲刷到海岸上以后，它的运动会受到沙丘高度、海滩倾斜度、海滩宽度、海岸线的方向以及当地的地形地势的影响。沙源供应的速率和规模对海岸沙丘的形成影响较大，沙源丰富时多形成前丘且增长速度快，沙源供应中等水平时则会形成风蚀坑、沙席（即一个比较宽广平坦的或微波状起伏的风沙堆积区，其风成沙厚度较小，且自海向陆逐渐变薄，沙体无层理或具显微平行层理）（董玉祥，2000）和迎风坡与背风坡极不对称的前丘等，而沙源不足时主要形成小型影子沙丘和沙席等（Cater，1990）。

沙丘上的植被在沙丘的形成和保持沙丘稳定中起了很重要的作用。沙丘草能够把沙子聚集在自己的叶子周围，另外它还能够穿透不断增厚的沙层生长，这些都能影响沙丘的形成。沙丘草减少风对沙丘的侵蚀，同时增加沙丘背风面的增长。总的说来，沙丘先快速向上增长，当达到5～10m时，增长速度减慢。沙丘的高度因沙子来源、天气及其所处地形不同而不同。

大风、沙子的运动（沙子的增长和侵蚀）、高蒸发作用、盐度和效用有限的大量营养元素都能影响沙丘的生态过程。而沙子的运动被看作是影响沙丘上植被分布的最重要因素。

海洋的盐分（主要是氯化钠）限制植物在海岸沙丘上的分布。沙丘能快速排水，所以海水在沙丘上的长期泛滥很少见。沙丘一般是偶尔暴露在盐分中，而不是持续很长一段时间。只有那些最耐盐的植物才能够生长在海岸和前丘上。盐分飞沫是植物在海岸沙丘上生长的一个限制性因素。能够忍受盐分飞沫的沙丘植物在进化过程中，其上表皮形成了一种具有保护作用的蜡膜。海岸沙丘中较低含量的氮和磷元素也限制植物生长。

营养物质输入到海岸沙丘生态系统中主要取决于大气沉积作用的速度、土壤中的固氮微生物以及共生固氮植物种通过海水和有机碎片的输入。氮损失的途径有反硝化作用、（过滤）

流失以及垃圾排放。磷也是沙丘生态系统的限制性营养物质，尤其是在低 pH 值的地方。沙丘不仅含营养物质少，对营养的保持也很差。

沙丘上的植物幼苗对沙子的增长表现为在生物量上的敏感反应。例如，薰衣草的幼苗以及沙茅草对被沙埋所作出的反应是将生物量分配给芽（减少根部所占的质量比例）以及叶（更长的叶子）的生长。沙丘上的植物不仅对沙子的增长表现出各种形态上的适应，还会有不同的生理学上的反应。

7.4.2　海岸沙丘生态系统的功能

海岸沙丘对风和海浪的影响起到缓冲的作用，对海岸防卫非常有价值，能够在沙子淹没附近田地之前固沙并且为海滩提供沙源。沙丘被看作是有重要遗产价值的自然生境，具有丰富的物种和种群，这种生物多样性使得海岸沙丘具有较强的抵御自然和人为干扰的能力，并形成具有独特娱乐价值的景观（Kutiel P. 和 Zhevelev H，1999）。

沙丘生态系统内的各种地形支持高度的生物多样性，包括在地面筑巢的鸟类、海岸沙丘中能大量的特产植物。

7.4.3　海岸沙丘生态系统退化的原因

沙丘是脆弱的生态系统，很容易退化、毁坏。涨潮、飓风和暴风雨等自然干扰都可以造成它的退化，飓风甚至可以缩小海岸沙丘的面积。沙丘往往需要 5~10 年的时间才能从猛烈的干扰中恢复。海岸植物的分布状态也和自然干扰有关。除了自然干扰，海平面上升也威胁沙丘生态系统。

人类活动，如燃烧、森林砍伐、耕作、过度放牧以及无节制的开发和休闲的活动等都会造成沙丘植物活力下降，从而对整个生态系统构成威胁。海岸沙丘一般是开放生境，因而容易受到外来种的入侵，外来种能够改变沙丘的功能甚至组成。

（1）气候变化的影响　化石燃料的燃烧导致大气中二氧化碳浓度稳定上升，从而改变全球气候。未来海岸生态系统面对的最大的威胁是海水的热膨胀、冰川和极地冰的融化水造成的海平面上升。海平面上升引起地下水位变化，同时全球气候变化将引起降水模式的变化，这些都会影响沙丘植被。

（2）人类开发活动　人类在海岸沙丘附近的各种开发活动，如建公路、铁路、停车场、修建大型建筑物和住房以及穿过沙丘的地下管路等都会对其产生影响。人类娱乐活动的主要影响是对植被的直接践踏，引起沙丘侵蚀，还有对动物区系的影响，尤其是在繁殖期对鸟类的干扰以及对土壤和地表水的污染。

（3）过度放牧　沙丘植被对放牧牲畜及牲畜的践踏非常敏感。过度放牧使得植物扎根的深度降低，使海岸沙丘的某些物种消失，导致沙丘侵蚀，这些能引起沙子漂流，这在一定程度上已经威胁到附近的生物群落。沙丘植被受损则会引起整个沙丘生态系统的侵蚀和退化。

（4）生物入侵　海岸沙丘属开放生境，频繁地受干扰且易受外来植物种的入侵。外来种通过改变地下水层、增加土壤中营养物质或战胜本地植物，从而改变生态系统、改变沙丘的植被组成甚至生物多样性。受干扰的海岸地区比未受干扰的更易被外来种入侵。

7.4.4　海岸沙丘生态恢复的技术和方法

固沙是沙丘生态系统恢复的首要步骤，只有使沙丘固定之后，才能进行植物的重建和恢复。否则，植物会被沙丘沙掩埋而导致死亡，使沙丘恢复失败。固沙有非生物固沙和生物固沙两种，生物固沙需要与生物恢复计划结合进行。

7.4.4.1 非生物固沙

通过使用泥土移动装置，或建造固定沙子的沙丘栅栏来实现沙丘重建。使用沙丘栅栏比用泥土移动设备更划算，尤其是在比较遥远的地区，但是利用沙丘建筑栅栏形成沙丘的速度还取决于从沙滩吹来的沙子的数量。栅栏的材料应当是经济的、一次性的和能进行生物降解的，因为栅栏会被沙子掩盖。使用一种最适宜的、50％有孔的材料制造栅栏能促进沙子的积累，这样的栅栏在三个月内可以积累3m高的沙子。

化学泥土固定器被用于恢复场所来暂时固定表面沙子，减少蒸发，并且降低沙子中的极端温度波动。通常在种子和无性繁殖体被移植之后使用。泥土固定器包括有浆粉、水泥、沥青、油、橡胶、人造乳胶、树脂、塑料等。但是用泥土固定器可能引起污染或对环境有害，且花费高，施用困难，下雨时流失物增加，有破裂的趋向以及在大风天气易飞起，可溶解有害的化学物质。

覆盖物可用来暂时固定沙丘表面。可使其表面保持湿润，且分解时增加土壤的有机物含量。可利用的覆盖物有碎麦秆、泥炭、表层土、木浆、树叶。覆盖物尤其适用于大面积恢复，因为可以用机械铺垫。

7.4.4.2 生物固沙

在进行沙丘恢复之前需要了解沙丘土壤的性质，因为它们决定植被类型。对被挖掘的沙子进行海滩供给是长期维持受侵蚀海岸的一种方法。通过海滩供给而增加的沙子需要在恢复进行之前处置。对沙丘土壤的处置包括脱盐作用、添加化学物质以改变酸度以及添加营养物质。

沙丘恢复应使用本土物种、避免外来种。外来种由于在本土生境中通常缺少捕食者和病原体来限制其生长，会改变本地生态系统功能、阻碍本地种的生长。对恢复场点的长期管理包括控制和根除外来种。

使用快速生长的植物来固定沙丘是合理的，但是这也会引起对本地植物种的竞争或促进本地种的建立。对用于恢复的本地植物要有深入的了解，比如种子的形成、发芽、幼苗的生长以及成熟体的相关问题。

根据原生生境进行的恢复需要进行长时期的管理，包括：通过合理施用肥料保持沙丘草的旺盛生长，控制外来种入侵，引入有益物种以维持演替。为了促进演替，在海岸沙丘的恢复过程中要不断地引入物种。引入物种要注意对引进种的控制，例如沙棘（*Hippophae rhamnoides*）的生长可以通过土壤线虫（sand wireworm）来控制。将线虫引入到沙棘的根围（指围绕植物根系在土壤中的一个区域）中就能控制其种群。建立固沙植物只是第一步，再移植其他物种固定沙子。

进行海岸沙丘生态恢复时通常需要考虑如下因素：沙子的可用性（场点是否有足够的沙子，或是否需要运输）；所需沙子的类型；早先的沙丘系统的位置和形状；前沙丘的位置；残余沙丘的性质；可用资金等。同时，在恢复之前评价各种沙丘植物种对肥料的吸收很重要。肥料的类型取决于物种，添加氮肥对沙丘草很重要，添加磷肥的反应则有所不同，在某些情况下无法观察到生长的增加。根据地点和季节的不同，合适的施肥速率也有所不同。施肥的时间选择很重要，一般与无性繁殖体的移植或种子的播种同时进行或紧随其进行，从而实现高的成活率和繁茂的生长。因为沙丘保持营养的能力很差，快速释放的肥料会很快流失。慢速释放的肥料具有在一段时间内逐渐释放的优点。但是它通常没有普通的快速释放的配方划算。过度的施肥会导致生物多样性下降，促进外来种的建立，还会使草的生物量的生产率增加。因此在对沙丘的长期管理中，应该考虑到肥料对物种间相互作用以及演替过程的影响。

7.4.4.3 使用繁殖体

应在实施恢复之前确定使用繁殖体（种子或者无性繁殖的后代）的优势和适宜性。

（1）使用种子 因为沙丘植物生产的种子很少，并且群落也总是通过无性繁殖得以保持，所以种子的实用性经常成为一个限制因素。恢复过程中保持种类遗传多样性非常重要，应尽可能使用那些适应当地沙丘的物种的种子。大面积恢复使用本地沙丘植物的种子很有效，尤其是在能够机械播种且沙子的增长不是很快的地方。但是当种子的发芽不稳定或幼苗生长很慢时使用种子是不利的。被沙子埋没是对沙丘上植物的一个主要危害，因此应紧贴沙子表层播种，这样种子发芽后，幼苗能够从沙子中冒出来。最佳的位置应使种子能很容易地吸收水分，并能感觉到日气温变化。沙丘草的种类不同，植物体的潜能不太一样。

法国海岸沙丘的恢复中就采用加斯科尼（Gascony）当地海岸松（*Pinus pinaster*）进行固沙造林，在大片海岸沙丘上结合枝条沙障（在近海岸流沙严重地段，竖起低级立式栅栏"沙障"以阻止沙丘前移，沙障完全按背风向落沙坡形状设计）。进行直播造林（按20～30kg/hm² 播海岸松种子），混播金雀花、荆豆（*Ulex europaeus* 等灌木种子）。在先锋海岸松林的保护下，林下阔叶树得以良好发育，如南阿基坦的欧洲栓皮栎（*Quercus suber*）、北阿基坦和布列塔尼（Brittany）的圣栎（*Q. ilex*）以及随处可见的普通橡树。

（2）使用无性繁殖后代 在欧洲，很早就尝试过在海岸沙丘种植沙丘植物的无性繁殖体用来固定沙丘的实践，这种方法在苏格兰可以追溯到14世纪或15世纪。无性繁殖后代衍生自根茎的最小片段，它可以长成为一个新个体。使用无性繁殖后代的优势除了它的实用性还有就是它们能够被用在沙子迅速增长以及可能发生泛滥的场点，尤其是在前沙丘上。沙丘草的无性繁殖后代可以从附近的沙丘上用机械或手挖掘，挖出来的无性繁殖后代可以被直接移植到恢复场点或是在移植前先在苗圃生长1～2年。收集无性繁殖后代存在的问题包括：春季在最需要播种材料时缺少可利用的、播种材料来源质量不可靠、对来源沙丘的破坏以及移植的物种并不都适宜沙丘上所有地点等。

参 考 文 献

[1] 张灵杰. 全球变化与海岸带和海岸带综合管理. 海洋管理, 2001, 5: 33-36.

[2] 沈国英, 施并章. 海洋生态学. 第2版. 厦门: 厦门大学出版社, 1996.

[3] 山里清. 珊瑚礁生态系. 海洋科学, 1978, (4): 55-63.

[4] Perrow Martin R. & Davy Anthony J. Handbook of Ecological Restoration, Volume2: Restoration in Practice. Cambridge University Press, 2002.

[5] 陶思明. 珊瑚礁生态系统及可持续利用. 环境保护, 1999, 6: 32-35.

[6] 关飞. 世界珊瑚礁生存报告. 沿海环境, 2001, 11: 12-13.

[7] 庚晋. 珊瑚礁在呻吟. 生态经济, 1998, 6: 47-48.

[8] Rilov G. & Benayahu Y. Vertical Artificial Structures an Alternative Habitat for Coral Reef Fishes in Disturbed Environments, Marine Environmental Research, 1998, 45 (4/5): 431-451.

[9] 李红柳, 李小宁等. 海岸带生态恢复技术研究现状及存在问题. 城市环境与城市生态, 2003, 16 (6): 36-37.

[10] Ammar Ahammed Shokry A, Amin Ekram M, Gundcker Dietmar & Mueller Werner E G, One Rational Strategy for Restoration of Coral Reefs: Application of Molecular Biological Tools to Select Sites for Rehabilitation by Asexual Recruits, Marine Pollution Bulletin, 2000, 40 (7): 618-627.

[11]　林鹏．中国红树林研究进展．厦门大学学报，2001，40（2）：592-603.

[12]　方宝新，但新球．中国红树林资源与保护．中南林业调查规划，2001，20（3）：25-33.

[13]　Field C D, Rehabilitation of Mangrove Ecosystems: An Overview, Marine Pollution Bulletin 1998, 37 (8-12): 383-392.

[14]　陈映霞．红树林的环境生态效应．海洋环境科学，1995，14（4）：53-56.

[15]　卢昌义，林鹏等．红树林抵御温室效应负影响的生态功能．中国红树林研究与管理，北京：科学出版社，1995.

[16]　Ong J E. The ecology of mangrove conservation and management. Hydrobiologia 1995, 295: 343-351.

[17]　汉密尔顿 L S，斯内达克 S C．红树林区管理指南．郑义水，康代武译．北京：海洋出版社，1992.

[18]　范航清，梁士楚．中国红树林研究与管理．北京：科学出版社，1995.

[19]　黄桂林．中国红树林湿地的保护与发展．林业资源管理，1996，(5)：14-17.

[20]　Kaly U L, Jones G P. Mangrove restoration: a potential tool for coastal management in tropical developing countries. Ambio 1998, 27: 656-661.

[21]　廖宝文．深圳湾红树林恢复技术的研究．北京：中国林业科学研究院，2003.

[22]　李信贤，温远光等．广西红树林类型及生态．广西农学院学报，1991，10（4）：70-81.

[23]　郑德璋，李玫等．中国红树林恢复和发展研究进展．广东林业科技，2003，19（1）：10-14.

[24]　莫竹承，范航清．红树林造林方法的比较．广西林业科学，2001，30（2）：73-81.

[25]　Macintosh D J, Ashton E C & Havanon S. Mangrove Rehabilitation and Intertidal Biodiversity: a Study in the Ranong Mangrove Ecosystem, Thailand. Estuarine, Coastal and Shelf Science, 2002, 55: 331-345.

[26]　冯金良，崔之久等．秦皇岛地区侵蚀性海滩的演化及保护．海岸工程，1999，18（4）：29-34.

[27]　陈坚，蔡锋等．厦门岛东北部海滩回填重塑研究．台湾海峡，2002，21（2）：243-251.

[28]　陈方，贺辉扬．海岸沙丘沙运动特征若干问题的研究——以闽江口南岸为例．中国沙漠，1997，17（4）：355-361.

[29]　Bird ECF. Classification of European dune coasts. Cate-na, 1990, 18 (Supplement)：15-24.

[30]　董玉祥．中国温带海岸沙丘分类系统初步探讨．中国沙漠，2000，20（2）：159-165.

[31]　Cater R W G. The geomorphology of coastal dunes in Ireland. Catena, 1990, 18 (Supplement)：31-40.

[32]　Kutiel P, Zhevelev H, Harrison R. The effect of recreational impacts on soil and vegetation of stabilized Coastal Dunes in the Sharon Park, Israel, Ocean & Coastal Management, 1999, (42)：1041-1060.

[33]　卢琦，杨有林．法国海岸沙丘的综合治理与可持续经营．世界林业研究，1999，12（3）：42-46.

[34]　Lubke R A. and Avis A. M. A Review of the Concepts and Application of Rehabilitation Following Heavy Mineral Dune Mining. Marine Pollution Bulletin, 1998, 37 (8-12): 546-557.

8 废弃地的生态恢复

废弃地是人类文明进程的产物，随着人类的发展而逐渐产生。资源和能源的采集、城市建设、工业污染、废弃物处埋不当形成的种种废弃地成为一个个难以痊愈的伤口，影响景观，破坏生态。在发达国家，关于废弃地治理及恢复的法律体系正在逐渐成型，但是在发展中国家，对废弃地的治理和恢复还没有得到重视。根据印度政府的国家贫瘠地发展委员会的报道，仅仅在印度一地，由大规模开发和过度开发、利用自然资源引起的废弃地就有 $1.2 \times 10^7 hm^2$（Martin R P 和 Anthony J D，2002）。这些废弃地都带有高度的人类改造痕迹，原生生态系统受到非常严重的破坏。由于各种各样的废弃地对生态环境造成非常严重的危害和影响，对它们进行生态恢复已经刻不容缓。

8.1 废弃地生态恢复概论

8.1.1 废弃地的类型和特征

废弃地（waste land），就是弃置不用的土地。这个概念囊括了很广泛的范围，从广义上说废弃地包括了在工业、农业、城市建设等不同类型的土地利用形式中，产生的种种没有进行利用的土地。本章讨论的废弃地专指在城市发展、工业建设中因为人类使用不当或者规划变动产生的荒弃没有加以利用的土地，包括矿区废弃地、城市工业废弃地和垃圾填埋场地等。

人类对土地利用的形式不同，产生的废弃地类型也不同，可以说废弃地是人类文明发展的伴生物，是人类活动强度超过自然恢复能力的结果。产生废弃地的主要原因包括能源和资源开采、城市和工业的发展以及人类废弃物的处置不当等。据中国国家土地部门的初步估计，在21世纪中期，我国因生产建设而人为破坏的土地将达6000万亩，其中仅有一半可恢复成农业用地（彭德福，2000）。

本章讨论的废弃地包括主要3种类型：矿区废弃地、城市工业废弃地和垃圾处置场地。每一种类型具有不同的特点，生态恢复的方法也各异（见表8.1）。

表 8.1 不同类型废弃地的特征、恢复方法及目标

废弃地类型		特点	恢复方法	恢复目标
矿区废弃地	采场	原生生态系统完全破坏,轻度污染	恢复土壤,再植	原生生态系统
	排土场	原生生态系统严重破坏,无污染	土壤改良,再植	
	尾矿区	有害元素大量富集,严重污染	有毒元素去除,再植	
城市工业废弃地	厂区废弃地	土壤本底轻度改变,重度/轻度/少量污染	生态系统设计重建	城市人工生态系统
	工业弃渣场	原生生态系统完全破坏,严重污染,常常有大量有害元素富集	生态系统设计重建	人工/自然生态系统
垃圾处置场地		原生生态系统完全破坏,中度污染	覆土,再植,生态系统重建	人工/自然生态系统

8.1.1.1　矿区废弃地（mine derelict, mining wasteland）

矿区废弃地按照采集类型的不同可以分为露天采集区和非露天采集区（Gemmell R P, 1987；宋书巧等，2001），露天采集区对生态系统的破坏是根本性的，所有原生生态系统完全被破坏；非露天采集区对地面生态系统的破坏相对小一些，但是非露天采集区对当地土壤和地质结构具有很大的影响，会造成土地沉陷的危险。在我国广东某铅锌矿，由于地下开采的原因，地表开裂影响的区域近 $5km^2$，建筑受损面积 $7 \times 10^4 m^2$，农田受损面积 $0.7 km^2$，河流中断，矿坑涌水加剧。

按照采集业的进行过程，矿区废弃地主要包括采场、排土区和尾矿区三种，由于对土地的直接破坏，采场对于生态系统的破坏相当显著，不过采场的环境污染效应并不严重，采场的环境污染主要来源于采掘设备的启动和运输的需要。排土区需要占据大面积的土地堆放排出的废物，对于原生生态系统的破坏也是相当严重的：它会完全破坏原生生态系统，改变原地的土壤特性，而且矿区开发排出的矸石、废渣等对环境具有很大的毒害效应。尾矿区是矿区废弃地中对生态环境影响最大的一种废弃地，大多数尾矿区富集大量有毒有害元素，这些有害污染元素的扩散不仅仅对当地的生态系统具有极大的破坏作用，而且对矿区周围的生态环境都具有相当大的威胁（Gemmell R P, 1987；彭少麟，2000）。

8.1.1.2　城市工业废弃地（urban industrial wasteland, urban brownfield）

从 19 世纪中后期开始，城市在空间上开始了迅速的扩张，这种迅速的扩张，使得城市内的自然环境系统遭受根本性的破坏。19 世纪后期，发达的城市工业和繁荣的城市经济，反映着生产技术的进步和生产效率的提高，在这个时期城市的规模和数量进一步提高。在 20 世纪后期，随着新型城市规划理论的出现和人类环境意识的觉醒，许多大城市开始进行新的用地规划和土地功能重组，许多造成严重污染的城市工业陆续从城市中迁出或者改建。这些城市工业改建留下的城市空白地就形成了第二种废弃地——城市工业废弃地。

城市工业废弃地类型很多，有一些工业对土壤的本底并不造成很大的污染，而一些工业（尤其是化工业）对土壤具有相当大的污染。因此对城市工业废弃地进行生态恢复需要根据不同的目标有针对性地进行。由于城市工业废弃地破坏景观，影响土地利用，极大地影响着城市土地的利用效率和市容市貌，它又是一种最迫切需要生态恢复的废弃地。目前，对城市工业废弃地进行生态恢复的途径大多数是将废弃地恢复为城市公园（王向荣等，2003；钱静，2003），还有一些则作为自然保留地（林乐，2003）。

8.1.1.3　垃圾处置场地（landfills）

伴随工业化和城市化进程的加快，工业产值不断增长，生产规模不断扩大，人们的物质生活水平和需求不断提高，人类的废弃物产生量也在不断增加，这些废弃物主要包括城市生活废弃物和工业产生的工业废弃物。仅就中国而言，在 1980 年城市生活废弃物就已经达到 3100 万吨；到 1995 年，城市生活废弃物已经激增到 1.07 亿吨，增加了 243.2%（钱易等，2000）。在这些废弃物中，大多数的城市废弃物均为固体，这些城市固体废物（municipal solid waste，MSW）的简单处置形成了第三种废弃地：垃圾处置场地废弃地。

在垃圾处置场地中，较难进行生态恢复的是城市垃圾填埋场地，由于对土地的占用和覆盖，城市垃圾填埋场会完全破坏原生生态系统。垃圾填埋场的主要成分是生活垃圾，在垃圾降解的过程中，会产生垃圾渗滤液和主要成分为甲烷的逸出气体，这些物质可以改变土壤的理化性质，影响植物的成活，并对周围的生态环境产生不良的影响。在垃圾填埋场上进行生态恢复，首先要克服这些填埋产物的负面作用，这也在一定的程度上给垃圾填埋场生态恢复造成了一定的难度。

8.1.2 废弃地生态恢复的目标和原则

废弃地种类多样，生态恢复的含义也不完全相同，对矿区废弃地的生态恢复要求进行生态复原或者生态修复，即恢复到自然的原始状态或可利用状态；对城市工业废弃地和垃圾填埋场的生态恢复要求进行生态改建，恢复到一种具有景观美学价值或者可以利用的生态系统。因此，生态恢复是一种广义上的恢复，即相对于生态破坏所言，生态恢复是帮助整个生态系统恢复和对其进行管理的一种人类主动行为。

8.1.2.1 废弃地生态恢复的目标

由于废弃地原有的生态功能已经完全被破坏掉，所以进行废弃地生态恢复的首要目标是恢复原先土壤环境的系统功能，以实现对土地的再利用。其次可以将废弃地恢复为自然生态系统、城市景观生态系统、农田生态系统等不同类型的生态系统（见表8.2）。具体到某一个废弃地的生态恢复，其目标则应该具体到对当地的物种种群进行恢复，对当地的生态景观和生态系统进行恢复，以及对生态系统的结构和功能进行全面的恢复。

表 8.2　我国部分典型矿山生态恢复类型

主要矿种	恢复类型
金矿	农业、林业、草地
石墨矿	农业、林业、工矿
煤矿、石墨矿	林业
锰矿	果园、工业用地
砂矿	农田（水田）
煤矿（排土场）	工业、建筑、农业、旅游业
煤矿（塌陷区）	渔业、水上公园

注：引自舒俭民等，1998。

8.1.2.2 废弃地生态恢复的原则

废弃地的产生使大量土地闲置，在浪费土地资源的同时影响景观，有一些废弃地还对环境造成了相当大的负面影响。对废弃地进行生态恢复，不仅能恢复被破坏的土地资源，使其重新得到利用，也可以恢复已经日趋淡漠的人和自然的关系，使之更为和谐，为人类带来更好的发展环境。废弃地产生的途径多种多样，对废弃地进行生态恢复也要遵循一定的原则和方法，有组织有计划地进行。

（1）自然原则　废弃地的生态恢复受到自然环境的巨大影响，对废弃地进行生态恢复必须首先考虑当地的各种自然特征、环境因素，因地制宜地进行。

（2）系统原则　废弃地的恢复是一个生态系统的恢复，必须遵循生态系统的规律，按照生态系统的原则和方法来建立。即建立合理的内容组成（种类丰富度及多度）、结构（植被和土壤的垂直结构）、格局（生态系统成分的水平安排）、异质性（各组分由多个变量组成）、功能（诸如水、能量、物质流动等基本生态过程的表现）（Hobbs，1996；任海等，2002）。另外，矿区废弃地生态恢复的对象又是一个社会、经济、自然三个子系统相互耦合、相互促进、相互制约的动态系统。三个系统之间的物质、能量、信息的传递是一个统一整体，每个子系统都要考虑其构成要素、结构特点及彼此之间的关系（刘青松等，2003）。

（3）无害化原则　对废弃地的生态恢复要首先考虑生态的手段，尽量使用对其他生态系统无害的手段对废弃地进行生态恢复。以其他生态系统的损失作为本地生态恢复的代价，这样的做法完全是南辕北辙，不符合生态恢复的内涵。

（4）经济原则　对废弃地的生态恢复要实事求是，从区域资源的适宜性出发，考察区域社会经济特征，确定生态恢复的内容和重点，设计生态恢复方案、规划生态恢复项目，从地力、人力、财力三方面量力而行。

（5）管理和监督原则　对废弃地进行生态恢复之前，应该制定废弃地生态恢复规划，在废弃地进行生态恢复之后，应该对已经恢复的废弃地进行有效的管理和监督，直到其生态系统功能和结构趋于完善为止。对于矿区废弃地来说，生态恢复应该建立风险评价模式，进行法律上的规定，即必须由国家立法部门以法律的形式确定矿产资源开采对造成的各类生态破坏及其治理所承担的法律责任，并以法律的形式确定治理工作必须达到的标准；在实施矿业开采活动之前，应该根据有关法律、资源的贮存情况、开采活动可能造成的生态破坏类型和程度、开采者的技术能力和进行生态恢复的经济能力等进行风险评价。

8.1.3　废弃地生态恢复的原理与方法

8.1.3.1　废弃地生态恢复的原理

生态恢复是生态系统工程的一个分支，是使生态系统和自然环境回归到原始结构或物种组成的过程。生态恢复是以生态学的基本理论为依据的。主要遵循整体性原理，限制因子原理，大小环境对生物具有不同影响原理，种群密度制约原理与空间分布格局原理，物种多样性原理，群落演替原理，协同适应原理，生物间相互制约原理，生态效益与经济统一原理及生态位原理。

8.1.3.2　废弃地生态恢复的步骤

废弃地的生态恢复，需要经过一定的步骤有计划地进行。一般来讲，生态恢复可以依据如下步骤进行。

（1）前期基础调查　在土地利用开始之前，开展本底调查，即对土壤、植被、动物、自然资源，甚至人文遗产等进行详查记录，并拍下原貌照片，在条件允许的情况下保存原生的动植物资源。

（2）现状调查分析　对已有的废弃地进行现场调查与分析，包括地质及自然条件、社会经济现状及发展目标、自然资源状况和环境污染状况等。结合现有条件进行废弃地生态恢复的整体规划和生态恢复工程设计，确定恢复的目标。

（3）地形地貌和土壤系统恢复　对现有的废弃地进行地形修整，重建表土层，对土壤采取一定的改良措施，建设排灌系统并采取一定措施以防止水土流失。

（4）生态系统恢复与评价　按照生态恢复规划和设计进行生态系统的恢复或重建，并设定一定的指标在一定的时期后对生态系统的重建和恢复进行评价。

（5）生态恢复管理和监督　对生态系统的恢复过程进行管理，对出现的问题及时进行补救；对生态系统的恢复过程进行监测，以获取新的知识应用于以后的生态恢复研究。

8.1.3.3　废弃地生态恢复的方法

废弃地的生态恢复方法有很多种，按照生态恢复利用的技术，可以分为工程（物理）恢复方法、化学恢复方法和生物恢复方法。

（1）工程恢复方法　工程恢复方法往往是生态恢复的开端，为生态恢复提供一个较好的土壤基质层，以利于植被的恢复。主要目的是对废弃地的地形、地貌和土壤本底进行恢复，建立利于植物生长的表层和生根层。在实践中，主要的方法有表土处理方法如堆置、平整等，矿坑恢复方法如矿坑充填、积水坑疏排、建造人工湖泊等；还包括一些如强夯、疏松、淋溶以及表土更换等土壤改良措施。一些物理恢复方法也可以包括在工程恢复方法中，如客土法和土壤的电修复、热修复等。

（2）化学恢复方法　化学恢复方法在生态恢复中的利用相对较少，一般只应用于小范围的生态恢复，它的主要目的有二：一是和工程恢复方法结合，改良土壤的本底，以适合植物生长；二是在生态恢复的过程中增加植物的成活率和生长的速度。目前使用的化学方法包括酸化（添加炼铁残渣或有机质）、碱化（添加碱石灰）、去除盐分（添加石膏）、去除毒物（EDTA 络合）、营养物添加（合适的化肥、有机质）等。

（3）生物恢复方法　生物恢复方法是目前利用比较广泛的一种方法，在工程恢复进行之后，都要普遍地采用生物恢复方法对生态系统进行恢复。其目的是恢复土壤肥力和生物生产能力，建立稳定的植被层以构建生态系统。根据生态恢复的阶段，初期的生物恢复方法包括微生物土壤改良、特种植物栽种、植物引种等；生态恢复后期的生物恢复方法包括个体、种群、群落各个层次的生物恢复、控制技术。

8.2　矿区废弃地的生态恢复

8.2.1　矿区废弃地的产生及其危害

8.2.1.1　矿区废弃地的产生

矿区废弃地是指在采矿过程中所破坏的、未经处理因此无法使用的土地。主要是指采矿剥离土、废矿坑、尾矿、矸石和洗矿废水沉淀物等占用的土地，还包括采矿作业面、机械设施、矿山辅助建筑物和矿山道路等先占用后废弃的土地。根据其来源可以分为四种类型：①排土场，由剥离表土、开采的岩石碎块和低品位矿石堆积而成的废石堆积地；②采场，矿体采完后留下的采空区和塌陷区形成的采矿废弃地；③尾矿区，开采出的矿石经选出精矿后产生的尾矿堆积形成的尾矿废弃地；④其他，包括采矿作业面、机械设施、矿区辅助建筑物和道路交通等先占用后废弃的土地。

由于种种原因，人们对矿山工程的建设与维护以及对废弃矿山的治理与恢复不够重视，导致了许多不必要的经济损失，严重地破坏了生态环境。矿山废弃地的治理目前已成为世界各国普遍关注的课题，治理的主要手段是依托于恢复生态学原理进行的矿山废弃地的生态恢复技术（Bradshow，1983）。目前国内的研究主要集中于煤矿区废弃地的生态恢复，对金属矿区尾矿场的生态恢复研究还处于试验阶段，此外，对石材、硫黄等矿业开采形成的废弃地生态恢复的工作也刚刚起步。

8.2.1.2　矿区废弃地的危害

矿区废弃地的产生不可避免地带来许多问题。

① 占用和破坏大量的耕地资源。在我国，仅大中型煤矿占用的土地面积就达 $1.62 \times 10^6 hm^2$。另外，有色金属工业每年排放固体废物达 $6 \times 10^7 t$，累计堆存量达 $10^9 t$，占用土地 $7 \times 10^4 hm^2$。至 1994 年，全国累计破坏和占用的土地面积（$2.88 \times 10^6 hm^2$）相当于整个江西省的耕地总面积（$2.8 \times 10^6 hm^2$）（舒俭民等，1998；朱利东等，2001；刘国华等，2003）。

② 严重破坏本地自然生态景观。在矿产作业中，矿区的生态景观通常遭受相当严重的破坏，矿地在开采前都是森林、草地或植被覆盖的山体，一旦开采后，植被消失，山体遭破坏，矿渣与垃圾堆置，原生生态系统完全被毁坏，最终形成一个与周围环境完全不同甚至极不协调的外观。

③ 对周围地区产生严重环境影响。矿区废弃地中，采场和排土场缺少植被覆盖，在风和水的作用下，水土流失加剧、容易产生土地沙荒化。而矿区废弃物特别是尾矿中往往含有各种污染成分，如过高的重金属含量、极端的 pH 值以及用于选矿而残留的剧毒氰化物等，这些污染物伴随着水土流失而污染水源和农田。由于对地表和地下水产生的影响，会产生土壤质量下降、生态系统退化、生物多样性丧失、作物减产等不良影响。

④ 诱发区域性地质灾害。由于地下采空、地面及边坡开挖影响了山体、斜坡的稳定，往往导致地面塌陷、开裂、崩塌和滑坡等频繁发生。而矿区排放的废渣堆积在山坡或沟谷，废石与泥土混合堆放，使废石的摩擦力减小，透水性变小而出现溃水，在暴雨下也极易诱发泥石流。而开采闭坑后形成的巨大采空区，几亿吨水量的地下水涌入将导致周围边坡岩体内的地应力重新分布。地下水浸入后会使围岩体内软弱夹层的力学强度降低，从而造成采场边坡的大规模滑坡，并在周围地区诱发一系列地质活动和规模不等的地震。

⑤ 制约地区经济发展。矿区废弃地作为一种特殊的土地资源，处于闲置状态而导致其作为土地的使用价值和功能效用一直得不到实现，制约了城市复兴背景下新产业的形成和发展；而矿区废弃地的形成是一个长期的过程，矿区废弃地的生态治理和景观重建同样也需要大量的时间和精力，而一旦矿区废弃地景观重建方向不正确，导致收益较差，城市经济的发展将更加滞慢。

⑥ 引发社会问题加剧。煤矿资源枯竭导致社会大量人口失业，并且占压了大部分土地，造成生态环境的破坏，制约了农业的发展；煤矿采空导致地表层移动，房屋塌陷；矿区废弃地不及时得到治理，一旦崩塌将会使得山下居民房屋受到威胁等，这些潜在的威胁会导致并且引发社会问题。

8.2.2　矿区废弃地生态恢复概况

8.2.2.1　美国矿区废弃地生态恢复

美国早在 1918 年就在印第安纳州煤矿的煤矸石堆上进行再种植试验。1977 年，国会通过并颁布第一部全国性的土地复垦法规《露天采矿管理与土地复垦法》，使土地复垦工作走上正规的法制轨道。按《露天采矿管理与土地复垦法》边开采边复垦，复垦率要求达到100%，现已达到 85%。1994 年美国将每年 8 月 3 日这一天命名为"美国内务部国家土地恢复日"。目前，在国家法令的强制作用及高科技支持下，美国的矿区环保及治理取得了显著成绩，特别在复垦区种植作物、矸石山植树造林及粉煤灰改良土壤等方面积累了一定经验，复垦技术已达到很高水平。美国矿山复垦后并不强调农用，而是强调恢复破坏前的地形地貌，要求农田恢复到原农田状态，森林恢复到原森林状态，防止破坏生态，把环境保护提到极高的地位或看作唯一的复垦目的。

8.2.2.2　英国矿区废弃地生态恢复

英国政府对采矿造成的地表破坏十分重视。早在 1969 年英国政府就颁布了《矿山采矿场法》，提出矿主开矿时必须同时提出生态恢复计划及管理计划，并制定了生态恢复的衡量标准。同时，英国政府还根据当地政府的经济状况，每年为当地政府拨出一定的经费专门用于土地生态恢复，以弥补生态恢复费用的不足。1970 年代英国有矿区废弃土地 $7.1 \times 10^4 hm^2$，其中每年煤矿露采占地 $2100 hm^2$，由于各级政府的重视，通过法律、经济等措施，生态恢复效果显著，1974—1982 年间因采矿废弃土地 $1.9 \times 10^4 hm^2$，生态恢复面积达 $1.7 \times 10^4 hm^2$，恢复率达 87.6%，到 1993 年露天采矿占用地已恢复 $5.4 \times 10^4 hm^2$（朱利东等，2001）。

英国对于煤矸石的生态恢复利用和露天煤矿采空区的生态恢复也都积累了很多的经验。如在阿克顿煤矿，从井下运送上来的煤矸石都是直接排放到附近的露天煤矿的采煤坑中进行充填，进行了分区开采，边开采边恢复。经过周密的设计，将露天采矿场的生态恢复和非露天矿场的废弃物堆放有机结合起来，使该地区的地形地貌形成了一个完美、和谐的整体（李树志等，1998）。

8.2.2.3 德国矿区废弃地生态恢复

德国是世界上采褐煤最多的国家，自 20 世纪 20 年代就开始对露天煤矿矿区废弃地进行林业复垦和植树造林，其发展过程大致经过 3 个阶段：第一阶段（20 世纪 20—60 年代），主要工作是进行废弃地适生树种优选试验。此阶段进行了大量的多树种混种造林，并对各种树木在采矿废弃地的适应性进行了研究，选出了赤杨和白杨作为先锋树种；第二阶段（20世纪 60 年代初到 1989 年），主要进行了废弃地林分结构优化与改良工作，提高生物生产力水平并进行废弃地不同恢复目标的探索。此阶段将早期种植的先锋树种进行采伐，以橡树、山毛榉、枫树等取而代之。第三阶段始于 20 世纪 90 年代，这一阶段为混合型土地复垦模式。到 1996 年，莱茵褐煤矿被破坏土地面积 $1.5 \times 10^4 hm^2$，已恢复 $0.83 \times 10^4 hm^2$，恢复率达 55%。

8.2.2.4 澳大利亚矿区废弃地生态恢复

澳大利亚的矿区废弃地生态恢复采用综合的模式进行，矿区的生态恢复工程经过周密的设计，不仅仅限于合理安排土地的恢复功能，而且注重防止矿区废弃物对地下、地表水系的影响和对大气环境的影响，更重要的是，澳大利亚的生态恢复设计包含了动植物栖息地、生态系统的恢复，从而使矿区的生态恢复脱离了仅进行土壤恢复利用的简单范畴，更接近于生态恢复的本质内涵。

8.2.2.5 日本矿区废弃地生态恢复

煤炭工业对日本战后的复兴和发展作出了重大的贡献，为处理矿业开采遗留的种种问题，日本政府于 1952、1963 年分别制定了《临时煤炭矿害复垦法》（复垦法）和《煤炭矿害赔偿担保等临时措施法》（担保法），并于 1968 年将担保法修订为《煤炭矿害赔偿等临时措施法》（措施法），成立了煤炭矿害事业团。1996 年，日本对矿区废弃地的生态恢复进行了统一规划，计划到 2001 年将日本全国范围内的矿区废弃地全部消除，并成立了新能源产业技术综合开发机构（NEDO）以负责处理矿区废弃地的生态恢复问题。

8.2.2.6 中国矿区废弃地的生态恢复

近代中国矿区废弃地的恢复工作开始于 1950 年代末，主要是开展复垦造地实践活动，如 1957 年辽宁桓仁铅锌矿将废弃的尾矿地采取工程措施覆土造田、1958 年郑州铝厂小关矿利用碎石废土造地等。20 世纪 70—80 年代，还开展了粉煤灰无土种植粮、菜、林的试验以及废弃物（煤矸石、粉煤灰、渣等）的综合利用研究。然而，由于种种原因，直到 20 世纪 80 年代矿区废弃地的生态恢复基本上还是处于零星、分散、小规模、低水平的状况。1990—1995 年全国累计恢复各类废弃土地约 $5.33 \times 10^5 hm^2$，其中 1526 家大、中型矿区恢

复矿区废弃地约为 $4.67\times10^4hm^2$，仅占全国累计矿区废弃地面积的 1.62%，而乡镇小型矿区的恢复率几乎为零（舒俭民等，1998）。1998 年 10 月正式颁布了《土地复垦规定》，使我国矿区废弃地的生态恢复工作步入了法制轨道。

8.2.3　矿区废弃地生态恢复的技术与方法

矿产开采往往对当地的生态环境造成毁灭性的灾害，因此矿区废弃地的生态恢复也相当困难。对矿区废弃地进行生态恢复，通常处理的步骤是先用物理法或化学法对矿地进行处理，消除或减缓尾矿、废石对生态系统恢复的物理化学影响，再铺上一定厚度的土壤。若矿物具有毒性，还需设置隔离层再铺土，然后栽种植物以逐渐恢复生态系统（彭少麟，2000）。矿区废弃地的生态恢复技术主要包括地形地貌恢复技术、土壤系统修复技术和植被恢复技术三大类。

8.2.3.1　地形地貌恢复技术

矿区地形地貌恢复的主要任务是恢复废弃地的原始地形地貌，防止地质变动，提供土壤基质，为今后的土壤恢复和生态系统恢复奠定基础。地貌恢复技术主要是废弃地的充填恢复技术和对生态系统土壤层的恢复技术。

（1）充填恢复技术　充填恢复技术主要是针对露天矿区采场废弃地而言，所谓的充填恢复技术就是使用一定的固体物质，对矿业开采留下的矿坑或沉陷区进行充填。对于一些留有积水的区域或者地势不平整的区域也可以利用充填恢复技术进行地形地貌的平整和恢复。充填恢复技术可以利用矿区产生的固体废物进行充填，也可以利用城市工业产生的固体废物进行充填。常用的充填固体废物有煤矸石、粉煤灰以及其他城市固体废物或工业固体废物。

（2）废弃物利用恢复技术　废弃物利用恢复技术主要针对矿区排土场废弃地和尾矿废弃地，将矿区产生的废弃物实行再利用，减少土地的占用，降低对排土场进行生态恢复的难度，或者从根本上防止排土场的生态破坏作用。在生态恢复方面，除了煤矸石充填技术和粉煤灰充填技术外，还可以采用尾矿废弃物综合利用与城市污泥再利用技术，以解决生态恢复中土壤层恢复的问题。

8.2.3.2　土壤系统修复技术

矿区废弃地土壤系统生态修复的主要目的是建立适宜植物生长的土壤层，以满足植被恢复的需要。矿区废弃地的土壤层往往被完全破坏，而经过地貌生态恢复重新覆盖上的表土没有经过熟化，植物在很短的时期内难于在这种表土上建群。有关资料表明，在废弃的露天煤矿地上出现木本植物，至少也要在 5 年之后，要经过 20～30 年木本植物冠层盖度才能够达到 14%～35%。因此，需要对矿区废弃地的土壤系统进行生态恢复，以适应短期内进行生态恢复的要求。土壤系统修复技术大体上分为物理、化学、植物和微生物四个方面。

（1）物理修复技术　矿区废弃地的土壤系统可以利用一定的物理修复技术进行，从一些简单的机械操作技术到庞大的工程操作都属于物理修复技术的范畴。物理修复的技术方法主要有：①基本工程技术，包括粉碎、压实、剥离、分级、固定等；②客土/换土法，指在被污染的土壤表面覆盖上非污染土壤，或者部分乃至全部挖除污染土壤而换上非污染土壤；③其他方法，包括污染土壤的物理分离修复、蒸汽浸提修复、玻璃化修复、电动力学修复等。

（2）化学修复技术　对于矿区废弃地的生态恢复来说，化学修复技术是应用比较广泛的生态恢复技术，环境化学修复技术的基本原理是向土壤中加入各种化学物质，以改造土壤系统的化学特征。化学修复技术是一种见效快、容易实行的土壤系统生态恢复技术，但是这种技术对劳动力的消耗和资金的投入都比较高，而且技术使用不当容易产生不良的后果，对土壤系统产生更严重的影响。因此，化学修复技术应该在充分调查废弃地土壤性质的前提下使用。常用的化学修复技术：①施用土壤改良剂，包括化学肥料、有机添加剂和无机添加剂、石灰性或酸性物质、离子拮抗剂、化学沉淀剂等；②污染土壤化学淋洗，即采用化学方法将重金属从土壤中去除，所用的淋洗液一般有水、添加剂、有机溶剂三种类别；③污染土壤固化/稳定化，是指防止或者降低土壤释放有害化学物质过程的一组修复技术，通常用于重金属和放射性物质污染土壤的无害化处理。

（3）植物修复技术　是以植物忍耐和超量积累某种或某些化学元素的理论为基础，利用植物及其共存微生物体系消除环境中的污染物的一种环境污染治理技术。广义的植物修复技术包括利用植物固定或修复重金属污染土壤、利用植物净化水体和空气、利用植物清除放射性核素和利用植物及其根际微生物共存体系净化环境中有机污染物等方面。狭义的植物修复技术主要指利用植物清洁污染土壤中的重金属和某类有机化合物。植物修复技术包括植物吸收、植物降解、植物挥发和植物固定 4 个方面（Dobson A P、Bradshaw A D 和 Baker A J M，1997）。目前的植物修复技术包括在初步恢复的废弃地上种植具有耐受力或积累能力的植物与种植具有固定营养物能力的植物。

（4）微生物修复技术　微生物修复技术，是指在土壤中接种其他微生物，利用微生物的生命代谢活动去除或减少土壤环境中污染物的浓度或使其完全无害化，从而达到修复土壤系统的目的。根据矿区废弃地的实际需要，可以接种抗污染细菌、高效生物或营养生物。运用微生物进行土壤系统的修复是目前研究的一个热点，至于如何针对某一类特殊的矿区废弃地，选择哪一种修复方法或选择哪一种微生物，均有待进一步研究和完善。

8.2.3.3　植被恢复技术

在矿区废弃地的土壤恢复完成之后，就可以着手进行废弃地的植被恢复。植被恢复是以人工手段促进植被在短时期内得以恢复，这是重建生物群落的第一步。植被恢复可以直接播种，也可以利用林木苗，或者从别的地方移栽已经成熟的植被。植被恢复在整个生态恢复的过程中处于核心地位，成功的植被恢复可视为矿业废弃地污染控制的一个最有效手段，同时它也是生态系统复原最主要、决定性的阶段。

在植被恢复过程中，植物种类的选择主要考虑两个基本类型：一类植物用以在矿业废弃地上长期定居，以期获得持久的植被；另一类植物则要求它们的速生性、高生物量以期基质能得到较快的改善，并为前一类植物提供隐蔽条件等。具体而言，植被恢复中物种的选择应考虑以下几个因素。

①　废弃地土壤的理化性质。进行植物种类选择时，除针对不同的重金属污染类型来选择具有耐受力和积累能力的物种外，还要充分考虑到土壤的理化性质，如土壤的 pH 值、盐度、地表水、透气性、土壤氮磷含量、有机质及土壤温度等。

②　废弃地生态恢复的目标。以水土流失和污染控制为目标，则选择一些生物量高、根系发达的多年生耐性草本植物，同时选用部分灌木、乔木加强其控制效果；以农业用地为目标，选用的植物或作物品种必须尽可能避免有害元素在食物链中的大量富集；对于一些处于积水期的尾矿，可以适时地选择一些水生耐性植物，用以营造湿地；以野生生物保护为目标的生态恢复，则尽可能选择乡土种。

③　废弃地所处地区的气候条件。选用耐性强的乡土植物尤为重要，这不仅是适合当地

气候条件的需要，同时还可以避免盲目引入外来种而导致的生态入侵问题。

④ 植物自身的生态习性和价值。宜选择生长快、适应性强、抗逆性好的植物；优先选择固氮植物、乡土树种和先锋树种；综合考虑植物的经济价值和生态效益。对于草本植物来说，禾草与豆科植物往往是首选物种，因为这两类植物大多有顽强的生命力和耐贫瘠能力，生长迅速，而且豆科植物具备固氮作用。在禾本科植物中，狗牙根是使用最早、最频繁、最广泛的植物种之一。近几年，香根草和百喜草被发现对酸、贫瘠和重金属都有很强的抗性，适用于矿区的植被恢复（Bradshaw A D，1997）。

在进行植被恢复的时候，很重要的一点是应该注意将乔、灌、草、藤多层配置结合起来进行恢复，物种多样性是生态系统稳定的基础，拥有多种植物的生态系统的抗干扰能力远远比仅仅拥有单种或少数几种植物的生态系统的效果好（夏汉平等，2002）。

8.2.4 矿区废弃地生态恢复的评价与管理

在矿区废弃地进行了生态恢复之后，还要对生态恢复的结果进行评价。另外，还要对已经初步恢复的生态系统进行管理和监督，以使生态系统能够继续完善以达到自我恢复的功能。

矿区废弃地生态恢复评价是指在一定的用途条件下，评定被恢复土地质量的高低以及被恢复土地对一定利用目的的适宜性。矿区废弃地生态恢复的评价一方面可以为生态恢复工程的验收提供一定的依据，另一方面也可以为其他生态恢复规划提供基础资料。

矿区废弃地的生态恢复评价可以分为自然评价和经济评价两大类，其中自然评价又可以分成适宜性评价和质量评价两种。适宜度评价是对被恢复地在一定的条件下对不同土地利用方式的适宜程度进行评价；质量评价是对被恢复地的土质、坡度、土壤状况、排灌条件等土地质量方面进行的评价；经济评价是对被恢复地在某一用途上可能取得的经济效益进行综合评定，经济评价主要依据被恢复地上获得的效益与投入的人力、物力资源之间的对比关系，以生态恢复净收益作为评价标准进行的（李树志等，1998）。

进行矿区废弃地的生态恢复评价时，应该首先划分生态恢复地评价单元，然后选择评价因素，确定评价因素指标体系并选定指标标准，然后利用一定的数学方法评定本恢复地的生态恢复水平。目前用于实践的评价方法包括利用复垦用地结构多样性指数和生物多样性指数进行评价（卞正富等，2000）；利用专家系统的方法，对土地结构与植被的关系进行适宜性评价（申广荣等，1997）；利用最优控制理论及分步建模原理建立决策支持系统对生态恢复的效果进行评价（Bellmann K，2000）；以及建立一体化模型对露天煤矿生产与生态重建进行评价（才庆祥等，2002）等。

矿区废弃地生态恢复之后可以用于不同的用途，1989 年以来，我国在 20 多个试验点开展了煤矿、铁矿、有色金属矿和金矿等的土地生态恢复工作。1995 年以后，全国范围内建立了 22 个示范区，将恢复后的土地转变为生态农业基地。所有这些生态恢复的土地主要用于农业、林业、渔业、工地和娱乐场所，针对每一种用途都有不同的技术要求（见表 8.3）。

此外，连续监测和科学的后续管理对于保证恢复效果的持久性也很重要。实际上，恢复后的土地用于农业生产仍是一个需要特别关注的问题，因为作物吸收的毒害物质可能会对人类的健康产生威胁。因此，有必要建立起风险评价来揭示可能进入食物链的毒害物质的总量及其途径。

表 8.3　被恢复土地后续使用方式的主要技术要求

使用方向	使用类型	技术要求
农业	农田	恢复地应该覆盖小于 0.5m 的表土和 0.2~0.3m 的腐殖层。土壤必须具备良好的水利条件，各项土壤指标符合国家农业标准
林业	种树或作为果园	土地应当有适当的坡度并覆盖表土
渔业	鱼塘或蓄水塘	堤岸的斜度不应太陡，水域面积不应太大。水质应符合渔业标准
建筑	市政或工业建筑物	回填地基应通过打夯压实，建筑物要加固
娱乐	露天运动场、公园、游泳池、疗养院、医院等	回填地基应夯实，建筑物要加固

注：引自李树志等，1998。

8.3　城市工业废弃地的生态恢复

8.3.1　城市工业废弃地的产生及危害

城市在人类发展的进程中产生了很大的变化，城市的职能也随着人类文明的发展产生着不同寻常的变革。在工业时期，城市的主要职能是进行生产和服务；随着后工业时代的到来，世界各国的经济结构发生了巨大的变化，城市的职能也就发生新的变化，成为生活的中心。在这个变革中，发达国家城市传统制造业开始衰落，而发展中国家的传统产业也正在从城市中向外迁移，于是在城市中留下了大量的工业废弃地，带来一系列的环境和社会问题。近年来，城市工业废弃地正在得到越来越多的重视，2002 年，美国环境保护署（EPA）已决定拨款 2150 万美元用于美国境内 17 个州工业废弃地块的清理工作。

8.3.1.1　城市工业废弃地的产生

城市工业废弃地是指在城市中因城市工业迁移而遗留下来的废弃土地，如废弃的工厂、铁路站场、码头、弃渣场地等（王向荣等，2002），在城市的发展历史中，这些工业设施具有功不可没的历史地位，它们往往见证了一个城市和地区的经济发展和历史进程。

近代，随着城市环境问题、社会问题的不断加剧以及人类需求的多样化，城市的管理者开始意识到工业时期的城市构建过重地偏重于工业生产和经济效益，并不完全符合人的需求。因此，在近代城市规划、城市内部空间布局和城市职能的定位上，一些发达国家更多地偏重人的需求，特别地强调城市的生态和生活职能。城市基本构建思路的变化造成城市的变化，由于城市规划的变动，原先的一些城市工业被拆除，土地也就随之弃置。

另外，由于电子、通信和计算机技术的发展，城市已经进入了崭新的信息时代，原先的城市基础设施和城市机构渐渐不能适应新的需要，旧的城市设施被拆除，新的城市机构被建立，城市交通系统、运输系统和一些城市居住地的改造形成了一些新的弃置土地，这是城市工业废弃地产生的另外一种途径。

在 21 世纪，城市的职能的主要方面已经渐变为生态和生活，以人为本、人地和谐的城市规划建设原则正在慢慢地形成。对城市工业废弃地进行生态恢复不仅仅体现着城市规划理论和实践的进步，也是从更深的层次反映了人类文明的进步。

8.3.1.2　城市工业废弃地的危害

虽然城市工业废弃地不具有很大的污染效应，但是城市是一个人口密集的地区，城市工业废弃地在城市中的出现对城市的环境造成了一定的影响。

首先，城市工业废弃地对城市景观具有很大的影响。废弃地堆积了很多的建设废料废渣，占用着大面积的土地，与周围的城市景观很不协调，极大地影响了一个城市的整体协调性。

其次，城市工业废弃地影响着一个城市的经济发展。废弃地一般会占据很大的城市土地面积，对于寸土寸金的城市土地利用来说往往相当不利。长期影响着城市土地利用带来的收益。

另外，城市工业废弃地也对城市的生态环境具有一定的影响。大面积的裸露土地在风力作用下造成扬尘，从而对城市大气质量造成影响。一部分城市工业废弃地还可能富集污染元素，在风力、降雨的搬运作用下，会对城市的水环境、气环境造成污染作用。一些工业废弃厂址尤其是化工行业，对城市的环境具有较大的影响，如硫酸厂搬迁后，在土壤中会残留大量金属锌、硫化物、硫酸根离子、钙离子、氯离子及酸碱等有害物质；化肥厂废旧厂址土壤中含有大量的酸、碱、碳酸根、金属离子及油污等；农药厂的含锰废泥；石油化工厂的石油污染的土壤；以及各种碱厂、有毒化学药品厂、印染厂、造纸厂、冶炼厂、铸钢厂、弹药库、金属矿厂等废旧厂址都含有有毒污染物。这些厂址产生的环境危害严重影响着城市环境质量。

8.3.2　城市工业废弃地恢复的模式与方法

由于城市的巨大影响，城市工业废弃地的生态恢复也具有一些独有的特点。首先，城市工业废弃地的生态恢复具有很大的便利性。一方面，城市工业废弃地往往具有相对小的污染效应，这就避免了对土壤系统进行修复的复杂性。另一方面，城市工业废弃地处于城市中央，废弃地进行生态恢复后具有很大的经济利用价值和多种利用用途，资金比较容易筹集，运输等工程也比较便利。其次，城市工业废弃地的生态恢复具有一定的局限性。一方面，生态恢复应该和城市的景观风格相适应，生态恢复的主要目标应该是人工生态系统，在利于进行管理的同时对城市的生态、社会、经济发展都有很大的益处；另一方面，在城市中进行生态恢复工程也需要注意对城市居民生活的影响。

8.3.2.1　城市工业废弃地生态恢复的模式

根据城市工业废弃地的生态系统的受损程度，生态恢复也有两种不同的模式。一种是生态系统的损害没有超负荷，并且在一定的条件下可逆，对于这种生态系统，只要消除外界的压力和干扰，自然就可以使用本身的恢复能力达到对废弃地的生态恢复，对于这种生态系统，可以采取保留自然地的方法使其进行自然恢复。

另一种是生态系统受到的损伤已经超过了系统的负荷，或者有害因素造成的生态系统损害是不可逆的，对于这种生态系统，需要人工加以干预才能使受损生态系统恢复。不过根据生态系统恢复目的的不同，也可以有所选择地使用恢复的方法。比如对于不需要大面积栽种植物的区域，就不需要对该地的土壤生态系统进行全面的修复。

一般来说，对城市工业废弃地进行生态恢复往往需要深入理解生态学的思想，在消除废弃地环境有害因素的前提下，对建设废弃地进行最小的干预。在废弃地的生态恢复中要尽量尊重场地的景观特征和城市中生态发展的过程，尤其是该场地对于城市的历史意义。尽可能地循环利用场地上的物质和能量。

8.3.2.2　城市工业废弃地生态恢复的方法

由于城市工业废弃地生态恢复的便利性和局限性，对其进行生态恢复在一定的程度上不需要利用先进的技术方法，用简单的工程方法和一些植物恢复技术就可以达到目的。

① 景观再利用方法。城市工业废弃地往往具有独特的景观，近年来，在我国城市建设的脚步中，出于住区改造的需要，一些具有传统特色的民居往往被无情地拆除，一些建筑学家、历史学者曾经从文化产物遗留的方面阐述过保留这些民居的重要意义。同时，一些古老的厂址、码头等，也都隐含着历史的底蕴，从而具有了景观再利用的价值。

对于城市工业废弃地上的原有景观，可以将其整体保留，也可部分保留。整体保留是将以前景观的原状，包括所有的地面、地下构筑物、设备设施、道路网络、功能分区等全部承袭下来，仅仅对景观中带来负面环境影响的部分进行生态恢复。这种生态恢复手法可以利用在城市居住区改造中，利用原有的民居建成一些博物场馆，既保留了原有景观的历史气氛，还可以在生态恢复后的景观中，感知到浓郁的生活气息。部分保留是在生态恢复规划中保留原有景观的片段，成为生态恢复后的标志性建筑。这种生态恢复方法可以利用在城市工业厂址的生态恢复中，保留下废弃工业景观具有典型意义的片段，使其成为生态恢复后景观的标志，这些片段可以是代表工厂性格特征的独特设施，也可以是有历史价值的工业建筑。

另外，对于建设废弃地上独特的地表痕迹，如工业生产形成的渣山、居住区开挖的人工池塘等，也可以保留下来，成为代表其历史文化的景观。还可以基于地表痕迹进行艺术加工，如厂址废弃地就是一些艺术家偏爱进行艺术创作的地方，通过艺术创作，提升这些地方的景观价值。

② 废弃物再利用方法。在城市工业废弃地的生态恢复中，如何处理原有废弃地的废弃物品如建筑残渣、工业构建等是一个比较棘手的问题。但是只要对这些废弃物品，尤其是工业厂址中的废弃构建进行一些简单的生态设计，就可以将这些废弃物改造成生态恢复中的亮点。

首先，一些建设废弃物和工业建筑物可以处理成恢复后的雕塑，强调视觉上的标志性效果，但并不赋予使用的功能。在这些原先的构建中，可以看到从前该景观的蛛丝马迹，从而引发人们的联想和记忆。

其次，大多数情况下废弃的工厂经过维修改造后可以重新使用，如运输的铁路是联系着工厂各个生产节点的线形系统，很容易保留并改造成贯穿全园的步行道体系，四面围合的储料仓可以布置成微型的小花园，建筑的柱网框架可以成为攀援植物的支架等。

城市工业废弃地上的废弃物还包括废置不用的工业材料、残砖瓦砾和产生的废渣等，对于环境没有污染的废弃物，可以就地使用或加工；对于具有环境污染效应的废弃物要经过技术处理后再利用。

总之，废弃物的处置原则是就地取材和就地消化，不过在污染非常严重时要对污染源进行清理和去除。如建筑废料可以当作混凝土骨料，瓦砾残渣可以作为景观场地的填充材料等。

③ 生态技术方法。城市工业废弃地的生态技术利用是一个相对广泛的含义，包括利用植物、动物或微生物的活动来进行废弃地的土壤系统、水系统甚至大气微环境的改造，还包括利用地面生态景观如河道、池塘、小面积湿地等对生态环境进行的恢复，还有一些景观设计可以对雨水进行处理并循环再利用，从而体现对景观生态恢复的一个方面。

在这里所表述的生态技术都是在废弃地的污染得到初步控制的前提下进行的，如果城市建设废弃地的污染相当严重以至于自然及人工植被无法存活，则需要使用 8.2 矿区废弃地的生态恢复中介绍的生态修复技术对废弃地进行彻底的改造，然后再进行生态系统的恢复。

在城市工业废弃地上，生态技术的集中体现是在两个方面，一个方面是用适应特殊生态因子的植物对城市工业废弃地进行生态恢复，如在德国环状公园中用红苜蓿来增加土壤肥力，并种植芥菜来吸收土壤中的污染物；另一方面是运用以生态学原理为运行机制的污染处理系统，如将工业水渠改造成自然河道，进行河流的自然再生等。这种方法既可以提高抗洪能力和补充地下水源，也能够为野生生物创造栖息地和活动廊道。

④ 作为城市自然保留地。从一定的角度来说，并不是一定要对城市工业废弃地进行生态恢复，如果废弃地不存在环境负面影响因素或者这种影响很小，或者在废弃地上已经开始了自然生态系统的自我恢复，这种废弃地可以在城市中心继续弃置下去。

这种城市工业废弃地避免了废弃地对生态环境的影响，而且自然生态系统可以吸引大量的植物和动物，形成城市动物的避难所和栖息地，成为城市生态系统的一个独特的风景。除此之外，城市工业废弃地的保留还给城市的发展留下了发展的潜力，可以形成城市土地的潜在升值。

但是，把城市工业废弃地作为城市自然保留地需要具有一定的条件。首先，城市工业废弃地的自然保留不能过大地影响城市的经济发展，对于城市来说，经济发展具有很重要的地位，自然保留在城市系统中的重要性远远小于城市的经济发展。其次，城市工业废弃地的自然保留必须与城市景观相适应，一个城市的景观是一个整体，无原则地进行自然地保留只会破坏城市的整体协调性，反而影响了城市的建设。

8.3.3　城市工业废弃地的景观再生途径

将城市废弃地恢复为园林景观的尝试早已有之。绍兴的东湖就是将采石基址改建为山水园林的范例。这种生态恢复在西方较早的实例如 1863 年巴黎由垃圾填埋场恢复建成的比特绍蒙公园。

20 世纪 70 年代后，随着传统工业的衰退、环境意识的加强和环保运动的高涨，城市工业废弃地的更新与改造项目逐渐增多；而随着科学技术的不断发展，生态和生物技术的成果也为城市工业废弃地的改造提供了技术保证。如 1972 年美国西雅图煤气厂公园是应用景观设计的方法对工业废弃地进行再利用的先例，它在公园的形式、景观的美学、文化价值等方面对景观设计都产生了广泛影响。

1977 年，英国一个志愿者团体（Ecological Park Trust）在伦敦塔桥附近建了具有典范意义的 William Curtis 生态公园，该公园建于以前用于停放货车的场地上，面积为 1hm^2。它成为了城市居民接触自然，学习生态知识的场所。随后伦敦先后利用废弃煤场、废弃码头等地建造了 10 余个生态公园。其中 1985 年建成的 Calmey Street 生态公园，是伦敦最著名的生态公园，它是由城市垃圾场生态恢复后建成的，占地仅仅 0.9hm^2，除创造了水池-沼泽-林地等复合的生境，还建有自然中心作为教育和自然活动基地（Jacklyn，1990）。

到了 20 世纪 90 年代，人们开始尝试用景观设计的手法来处理城市工业废弃地这种具有历史意义但又被破坏的弃置土地，其间工业景观的设计作品更是大量出现，设计师运用了科学与艺术的综合手段以达到废弃地环境的更新、生态的恢复和文化的重建，同时也促进了经济的发展。这时候城市工业废弃地改建的生态公园纷纷涌现，如德国萨尔布吕肯市港口的生态恢复公园、德国海尔布隆市砖瓦厂的生态恢复公园、美国波士顿海岸水泥总厂的生态恢复公园、美国丹佛市污水厂的生态恢复公园、韩国金鱼渡的生态恢复公园等。

目前，基于城市工业废弃地的特点，对它进行生态恢复的主要方向是将城市工业废弃地建设成城市休憩、娱乐场所。也有一些学者提出将城市工业废弃地作为自然保留地予以保留的观点。

8.4 垃圾处置场地的生态恢复

随着人类生活质量的提高和物质的极大丰富，产生的废弃物也逐渐增多。这些废弃物以工业废弃物和城市生活废弃物为主。长期以来，它们的处置方式主要为堆填、焚烧或者循环再利用等，由于垃圾填埋具有处理量大、操作工艺简单、运作费用低廉等优点，从而成为大多数国家现有固体废物处理系统的重要组成部分（Leone I A，Gilmen E F 等，1983；黄铭洪等，2003）。但是在我国，大多数的垃圾并没有得到处理而是简单地堆积在一处场地，它们的堆积往往占用大量的土地，并且对生态环境产生不良影响。本节重点讨论已封场的垃圾填埋场地的生态恢复。

8.4.1 垃圾处置场地的危害

垃圾处理场废弃地，是指废弃物大量堆积，造成生态环境破坏，土地使用功能丧失的地块。垃圾处理场废弃地的危害主要有以下的几个方面。

首先，废弃物的堆积占用了大量的土地资源，不仅影响着土地的充分利用，也对自然景观造成了影响。据《中国环境报》1992 年的一项报道，我国生活垃圾的处理率还不到 2%，大量垃圾运至城郊露天存放，历年堆放垃圾达 60 多亿吨，占地达 5 亿多平方米，有 200 多个城市处于垃圾包围之中（中国环境报，1992；中国 21 世纪议程，1994）。据估计，全球每年产生的城市固体废物总量在 10 吨以上，其中至少有 92% 以土地填埋的方式处理，这当中有 60%～70% 以非常简易的方式填埋掉。

其次，如果废弃物露天存放，极容易在风和水的搬运作用下迁移、流失，从而影响当地环境，这一点尤其多见于工业废弃物的堆放场地。如在中国元宝山火力发电厂，储灰厂附近出现了严重的扬尘污染，每年造成近 5000 亩农田、菜田严重减产，造成了很大的经济损失。而且，废弃物长期堆放，由于自然的风化和微生物的作用发生降解，从而产生的有害的气体、元素等，会很快地污染周围的大气环境、水环境，对环境产生极大的毒害作用。

在城市生活垃圾填埋场地中，垃圾在漫长的稳定化过程中会产生大量的填埋气体和垃圾渗滤液，能够在几十年甚至上百年内持续地对附近的公众健康及环境构成威胁。垃圾填埋场内部微生物的厌氧降解使大部分有机垃圾转化为气态的最终产物，即以甲烷和二氧化碳为主的填埋气体，它们可以加剧城市的热岛效应，污染大气，并对生态恢复中的植被恢复产生致命的影响，另外，在一部分垃圾填埋场区内还会产生 TSP 和 H_2S 超标的情况（郑勇等，2000）。而垃圾降解产生大量的垃圾渗滤水成分复杂，不仅臭味极其难闻，而且极易污染地下水，有极大的危害（徐家英，宋述传，2000），垃圾渗滤液中常常含有包括锌、铜、铅、镉、镍等多种重金属，对地表水和地下水构成潜在的威胁。填埋场造成的恶臭污染范围一般在 2km 左右，在不利的逆温条件下恶臭范围可达 6km 以上。另外，蚊蝇的滋生在垃圾填埋场区也特别严重，污染范围可随进出场区的车辆、人员等带向较远的地方。

在工业废渣堆积地内，由于风力、水力的搬运作用，废渣中的有害元素被扩散到大气环境中和四周的水体中，可以造成严重的毒害作用。如在天津塘沽的碱渣山，大面积碱渣经雨水淋沥形成表面径流，随明沟排入海河水体，大风天气扬起的白色粉尘也大量进入海河水体，从而使海河水盐度及悬浮物含量增高，严重影响着海河的水质。

另外，垃圾处置场地还可能产生填埋面沉降或者火灾等事故。随着近年来垃圾场的数量和规模的不断扩大，这一情况更是不断出现。2000年7月10日，菲律宾首都马尼拉附近的一座大型垃圾堆填场发生堆体倒塌，至少有218人被活埋，100余人失踪，是目前为止世界上最为惨痛的"垃圾"灾难（冯亚斌等，2001）。

8.4.2　垃圾处置场地生态恢复的原理与方法

目前国内外对垃圾处置场地的生态恢复研究主要集中于垃圾处置场地植物建群的研究。但是对垃圾处置场地废弃地进行生态恢复还有几个方面需要注意，尤其是废弃物在生态恢复过程中可能产生种种变化，这些对生态恢复都可能产生致命的负面影响。对于已经关闭的城市生活垃圾填埋场，要注意填埋气体对植物生长的影响，生活垃圾渗滤液含有较多的有机成分，反而利于植物生长。对于工业废渣场，采用较多的方法是在上面覆盖不同厚度的土层，将其恢复为公园等公共场所或直接恢复为建设用地。但是，无论工业还是生活垃圾处置场地，都要注意由于废弃物降解而引起的地面沉降。

目前在垃圾处置场地废弃地的生态恢复实践中，基本上都是先对原有的废弃地进行表土的更换和覆盖，然后采用植物恢复技术对原有的废弃地进行生态恢复。国内的一项研究比较了八种覆盖材料在垃圾填埋场中的应用情况（见表8.4），证明这种恢复手段完全可以应用于垃圾处置场地废弃地的恢复（沈英娃等，1997）。

表8.4　各种垃圾填埋场地表面覆盖材料的特点和适用范围

材料	特点	适用范围
壤土	分布广泛，可在填埋场就地取材，方便易得，不需运输	坑式、逐级分层填埋方案，普通恢复设计方案
砂土	透气透水性强，便于沼气外逸，对植物危害小；降水易下渗易增加渗滤液量，易滑动，不适于坡面使用	以获经济效益为目的且产品为非直接食用的设计方案
黏土	透气透水性差，沼气在土壤中积累，对植物根系危害大；可以阻碍降水下渗，减少渗滤液量，适于坡面使用	普通恢复设计方案
底土	植物产出效益较低，可在填埋场就地取材，数量多于壤土	坑式、逐级分层填埋方案，普通恢复设计方案
活性污泥	植物产出效益较好，营养元素含量高，但数量少，难以满足大规模处理的需要，使用前需测定重金属含量	小批量处理、且土壤肥力要求高的设计方案，如苗圃
垃圾土	植物产出效益较好，营养元素含量高，可在填埋场就地取材，方便易得，不需运输，使用前需发酵分解、过筛，并测定重金属含量	普通恢复设计方案
粉煤灰	透气透水性似砂土，颗粒轻，易形成扬尘，重金属含量较高，来源广泛，易滑动，不适于坡面使用，运输费用低	以大面积增加绿地为目的设计方案，如近郊绿化带
炉渣	透气透水性强，颗粒大，需适当粉碎，重金属含量较高，来源广泛，易滑动，不适于坡面使用，运输费用低	以大面积增加绿地为目的设计方案，如近郊绿化带

注：引自沈英娃等，1997。

由于生长在垃圾填埋场上的植物要面临填埋气体、垃圾渗滤液和最终覆土层的高温、干旱和贫瘠等诸多严峻的环境压力，很多研究者都强调了筛选耐性物种的重要性（Ettala，1998；黄铭洪等，1987；蓝崇钰等，1994）。选择植物的基本原则是其能够忍耐填埋气体和垃圾渗滤液的影响，并对干旱具有比较强的耐性。开展野外生态调查是获取耐性树种的重要途径（黄铭洪，2003）。

对垃圾处置场地进行生态恢复，主要的技术方法可以参考8.1讨论过的生态恢复方法，采用物理、化学和生物等多种方法进行生态恢复，但是除了上述的方面，垃圾处置场地的生态恢复还要注意几个特殊的方面。

8.4.2.1 垃圾处置场地中的填埋气体

有许多调查研究发现，定居在城市生活垃圾填埋场上的植物，特别是具有较深根系的木本植物，往往面临着相当大的生存压力（黄铭洪，1995）。一般认为，土壤中填埋气体的存在是影响植物在垃圾填埋场上生长的重要因素，另外，垃圾渗滤液以及土壤层的物理化学性质也会严重地制约植物的定居和生长（黄铭洪等，2003）。

土壤中填埋气体（CO_2和CH_4）的存在，可导致植物产生生长不良、高死亡率、植株矮化、生理失调等种种问题，是填埋场植物生长的最主要的限制因子（Gorge T 等，1993；黄立南等，1999；黄铭洪等，2003）。可以在封场时建立填埋场导排气系统，减少最终覆土层中填埋气体的量以利于生态恢复。另外，选择耐性植物也是一种实际可行的方法，实践证明浅根系的草本植物更能在填埋气体较多的地方生长（沈英娃等，1998）。可以在种植草本植物1～2年以后再开始种植乔灌木，因为如果草本植物因填埋气体的大量释放而无法生长时，其他深根系的植物类群更加难以幸免。

8.4.2.2 垃圾处置场地中的垃圾渗滤液

垃圾渗沥液是垃圾经过长期的微生物降解而产生的一种高浓度难降解有机污水，它通常含有大量的胺氮，从而对许多生物休具有畸形的毒性效应，除此之外，深铝业中还含有许多种金属、酚类、丹宁、可溶性脂肪酸等有机污染物，所有这些物质均对植物生长具有潜在的危害作用，而且，由于渗滤液来自垃圾层，故此渗滤液本身也充满了填埋气体。

目前对垃圾渗滤液的处理方法主要有两大类：一类是包括好氧和厌氧过程的生物学处理方法；另一类是物理和化学处理方法。但是迄今为止，虽然已经研究过很多包括物理的、化学的甚至微生物的垃圾渗滤液处理方法，但是具有一定规模的渗滤液污水处理厂仍然很少。

研究表明，由于含有多种有毒物质如胺氮、挥发性酸和重金属等，高浓度的垃圾渗滤液会对周围的植物产生伤害作用。美国的一项研究中发现，利用垃圾渗滤液对六种木本植物的灌溉最终导致了极高的死亡率。不过另外一些研究发现，由于垃圾渗滤液本身就携带着大量的营养物质，而土壤-植物系统又可以净化渗滤液去除其毒害作用，在旱季可以将垃圾渗滤液作为灌溉用水。在野外考察中，我们发现，定居在城市生活垃圾填埋场下坡地带的植物由于接受了较多的渗滤液从而比上坡区的植物长势更好（黄铭洪等，1989）。

实际上，垃圾渗滤液的具体组成和基本特征变动很大，它与填埋的垃圾种类、当地的气候条件、垃圾填埋的方式方法和时间都有很大的关系，故此垃圾渗滤液对生态恢复的植物群落的毒害作用主要取决于使用垃圾渗滤液的方式和浓度。如果通过稀释或降低施用的频率，将垃圾渗滤液中的有害成分本控制在很低的水平，则其完全可以作为灌溉用水来减少水分胁迫对植物生长的影响。

8.4.3 垃圾处置场地生态恢复的模式

随着城市建设的发展和城市人口的增加，如果对城市垃圾场地进行最大限度的再利用，则能够创造可观的社会经济效益。当前，对城市垃圾场地的治理主要包括建筑工程利用、堆山造景、能源再生、无害化处理、开采回用、恢复植被和复垦模式。

（1）建筑工程利用模式　该模式主要是通过地基处理，改变垃圾场地松散不均和差异沉降的性状，达到能够稳定承载其上部荷载的目的。如济南市十六里河镇在垃圾填埋场地建成地下1层、地上3层的混凝土框架结构建筑，尽管基底以下有4～8m厚垃圾土，但经过三个雨季的考验,沉降值很小并且均匀,使用效果很好。为旧有垃圾场地的改造和利用提供了一个成功的实例(刘之春等,2002)。

(2)景观再造模式 该模式利用垃圾填埋场地结合原有地形进行人为堆山造景,使之在消纳垃圾的同时,丰富当地的自然景观,为人们提供游览休憩的公共场所。其治理工艺流程为:场地压实、找坡、防渗-垃圾场垃圾搬运整形工程-导气工程-最终封场覆盖及导水工程-截排洪工程-渗滤液处理工程-绿化、美化工程等。如山东省东营市开发区垃圾堆放场,形成于1996年,是自然形成的一处不规则的垃圾填埋场,占地约 $2.23 \times 10^4 \text{m}^2$,截至2004年6月,垃圾填埋量总计 $1.5 \times 10^5 \text{m}^3$。该场地的改造成为我国第一个将生活垃圾填埋处理并造景的成功案例,建成后已有国内外多家企业前来参观考察,并有多处企业推广此处理模式(颜庆智等,2006)。

(3)能源再生模式 垃圾填埋场正在迅速成为一种新型绿色电力的来源。当易腐烂的废物,诸如食物残渣或废纸在填埋场内分解腐烂时就产生了气体。在无氧状态下,腐烂物被降解为含有50%沼气和50%二氧化碳的混合气体。作为可燃气体,沼气可被收集起来用于电厂发电,不仅能够有效改善垃圾场的环境,降低垃圾场填埋气的爆炸隐患,为城市提供符合环保的绿色能源,而且为降低全球温室效应作出了贡献。我国第一家利用垃圾填埋沼气发电的电厂是杭州天子岭垃圾填埋场沼气发电厂。

(4)生态复垦模式 城市垃圾填埋场上的垃圾渣土中含有大量的有机质和N、P、K等营养成分,生态复垦模式即是依这种优势,利用生态工程技术,包括以植物-土壤-微生物为主体的综合手段,使垃圾场成为生态公园。该模式尤其适合以生活垃圾为主的垃圾场。但是,生态美景并非简单地建在垃圾之上,而应遵守严的生态准则。复垦前期,不宜选择经济作物,尤其是人、畜可食用的植物。国外已有许多成功例子,如位于伦敦希斯罗机场附近的英国航空公司总部就建在一片巨大的垃圾场上,如今那里的湖光山色成为伦敦市民休闲度假的好去处。

(5)开采回用模式 填埋场开采回用的目的主要有以下几点:一是可以腾出可观的填埋容量,延长填埋场使用年限;二是可以出售或使用开采出的可循环使用的物料(金属、营养土等);三是避免场址修复的责任,减少封场费用;四是将填埋场址改作他用,提高土地价值等。填埋场中的垃圾何时可以开采利用,取决于填埋场所在地区的气候条件、垃圾组成、垃圾的稳定化降解过程及资源利用方式等因素。一般来说,南方地区8～10年,北方10～15年即可开采。开采必须遵守的一个原则是:填埋场应该达到基本稳定或无害化状态。

参 考 文 献

[1] 任海,彭少麟编著.恢复生态学导论.北京:科学出版社,2002.

[2] 李树志,周锦华、张怀新编写.矿区生态破坏防治技术.北京:煤炭工业出版社,1998.

[3] Down C G, Stocks J. 矿业与环境保护.祁兴久译.北京:中国建筑工业出版社,1982.

[4] Gemell R P. 工业废弃地上的植物定居.倪彭年等译.北京:科学出版社,1987.

[5] 钱易,唐孝炎.环境保护与可持续发展.北京:高等教育出版社,2000.

[6] 周树理.矿山废弃复垦与绿化.北京:中国林业出版社,1995.

[7] 国家土地管理局.土地复垦技术标准(试行).1995.

[8] 钦佩,安树青等.生态工程学.南京:南京大学出版社,1998.

[9] 黄铭洪等.环境污染与生态恢复.北京:科学出版社,2003.

［10］ Perrow Martin R & Davy Anthony J. Handbook of Ecological Restoration. The United Kingdom：Cambridge University Press. 2002.

［11］ Hobbs R J, Norton D A. Towards a conceptual framework for restoration ecology. Restoration Ecology. 1990, 4 (2)：93-110.

［12］ Gemell R P. Colonization of industrial waste land. Edward Arnold. London. 1977：21-47.

［13］ Bradshaw A D. Restoration of mined lands-using natural process. Ecological Engineering. 1997, 8 ：255-269.

［14］ Bradshaw A D. The reconstruction of ecosystem. Journal of Applied Ecology. 1983, 20：1-17.

［15］ Wong H M（黄洪铭）. Metal cotolerance to copper, lead and zinc in Festucarubra. Environmental Restoration. 1982, 29：42-47.

［16］ Wong H M（黄洪铭）. Reclamation of wastes contiminated by copper, lead and zinc. Envionmental Management. 1986, 10：707-713.

［17］ 宋书巧，周永章. 矿业废弃地及其生态恢复与重建. 矿产保护与利用，2001，（5）：43-49.

［18］ 彭少麟. 恢复生态学与退化生态系统的恢复. 中国科学院院刊，2000，（3）：188-192.

［19］ 刘青松，左平，邹欣庆. 吴县市露采矿区生态重建与环太湖地区生态旅游模式的契合. 生态学杂志，2003，22 (1)：73-78.

［20］ 朱利东，林丽，付修根等. 矿区生态重建. 成都理工学院学报，2001，28 (3)：310-314.

［21］ 白中科，赵景逵，朱荫湄. 试论矿区生态重建. 自然资源学报，1999，14 (1)：35-41.

［22］ 舒俭民，王家骥，刘晓春. 矿区废弃地的生态恢复. 中国人口·资源与环境，1998，（8）：72-75.

［23］ 孙泰森，白中科. 大型露天煤矿废弃地生态重建的理论与方法. 水土保持学报，2001，15 (5)：56-71.

［24］ 彭德福. 我国土地复垦与生态重建的回顾与展望. 中国土地科学，2000，14 (1)：12-14.

［25］ 姜军，程建光. 煤炭开发利用造成生态破坏对我国可持续发展的影响及对策. 山东科技大学学报：自然科学版，2002，21 (1)：114-116.

［26］ 孙翠玲，顾万春，郭玉文. 废弃矿区生态环境恢复林业复垦技术的研究. 资源科学，1999，21 (3)：68-71.

［27］ 孙翠玲，顾万春. 矿区及废弃矿造林绿化工程——恢复生态环境的必由之路. 世界林业研究，1995，8 (2)：30-35.

［28］ 徐嵩龄. 采矿地的生态重建和恢复生态学. 科技导报，1994，（3）：49-52.

［29］ 王国强，赵华宏，吴道祥. 两淮矿区煤矸石的卫生填埋与生态恢复. 煤炭学报，2001，26 (4)：428-431.

［30］ 连红芳，苏庆平，汪模辉等. 有害工业区域废址的无害化处理与修复. 环境保护，2003，（4）：20-24.

［31］ 房建国，刘树森. 矿区资源综合利用与生态重建. 山东煤炭科技，2001，（4）：61-63.

［32］ 阎允庭，陆建华，陈德存等. 唐山采煤塌陷区土地复垦与生态重建模式研究. 土地资源2000年北京国际土地复垦学术研讨会专辑：15-19.

［33］ 丁志平，周天鹏. 矿业城市的区域植被恢复和生态重建. 矿产保护与利用，2002，6 (3)：6-9.

［34］ 夏汉平，蔡锡安. 采矿地的生态恢复技术. 应用生态学报，2002，13 (11)：1471-1477.

［35］ 岑慧贤，王树功. 生态恢复与重建. 环境科学进展，1999，7 (6)：110-115.

［36］ 高国雄，高保山，周心澄等. 国外工矿区土地复垦动态研究. 水土保持研究，2001，8 (1)：98-103.

［37］ 林乐. 两种理念下江湾机场旧址利用分析. 城市问题，2003增刊：60-64.

［38］ 才庆祥，马从安，韩可琦. 露天煤矿生产与生态重建一体化系统模型. 中国矿业大学学报. 2002，31 (2)：162-165.

［39］ 刘国华，舒洪岚. 矿区废弃地生态恢复研究进展. 江西林业科技，2003，（2）：20-25.

［40］ 彭德福. 我国土地复垦与生态重建的回顾与展望. 中国土地科学，2001，14 (1)：12-14.

［41］ 马传栋. 论煤矿城市塌陷区和露天采矿区的生态重建战略问题. 城市环境与城市生态，1999，12 (3)：17-20.

［42］ 马彦卿. 矿山土地复垦和生态恢复. 有色金属，1999，51 (3)：23-29.

［43］ 申广荣，白中科等. 采矿废弃地生态重建专家系统的研制与应用——以安太堡露天煤矿为例. 土壤侵蚀与水土保持学报，1998，4 (3)：86-91.

［44］ 孙泰森，白中科等. 大型露天煤矿废弃地生态重建的理论与方法. 水土保持学报，2001，15 (5)：56-71.

［45］ 王文英，李晋川，谢海军等. 矿区生态恢复与重建研究. 河南科学，1999，（17）：87-91.

［46］ 张震云，张晋昌，张中慧等. 山西平朔ATB矿退化土地的林业复垦与生态重建研究. 山西林业科技，2000，（6）：

17-27.

[47]　白中科，李晋川等．中国山西平朔安太堡露天煤矿退化土地生态重建研究．中国土地科学，2000，14（4）：1-4.
[48]　刘志斌．法国 LA MARTINIE 露天煤矿的排土场建设及其生态恢复．露天采煤技术，2000（4）：27-30.
[49]　蓝崇钰，束文圣．矿业废弃地中的基质改良．生态学杂志，1996，15（2）：55-59.
[50]　杨修，高林．德兴铜矿矿山废弃地植被恢复与重建研究．生态学报，2001，11（21）：1932-1940.
[51]　张海星，姚丽文等．德兴铜矿1号尾矿库废弃土地生态恢复试验研究．环境与开发，1999，14（1）：9-11.
[52]　黄义雄．厦门海沧采石废弃地景观生态重建探究．福建师范大学学报：自然科学版，2002，18（1）：112-115.
[53]　陈瑞琛，黄义雄．厦门海沧海岸地区采石废弃地生态恢复研究．台湾海峡，2002，21（2）：252-257.
[54]　陈波，包志毅．国外采石场的生态和景观恢复．水土保持学报．2003，17（5）：71-73.
[55]　王向荣，任京燕．从工业废弃地到绿色公园——景观设计与工业废弃地的更新．中国园林，2002，(3)：11-18.
[56]　邓毅．城市生态公园的发展及其概念之探讨．中国园林，2003，(12)：51-53.
[57]　张费庆，张峻毅．城市生态公园初探．生物学杂志，2001，21（3）：61-64.
[58]　钱静．工业弃置地的生态恢复和景观再生．江苏建筑，2003，(1)：29-32.
[59]　http：//www.epa.gov/brownfields.
[60]　俞孔坚．足下的文化与野草之美——中山岐江公园设计．新建筑，2001，(5)：17-20.
[61]　俞孔坚，庞伟．理解设计：中山岐江公园工业旧址再利用．建筑学报，2002，(8)：47-52.
[62]　李皓．废弃工厂变城市独特景观——岐江公园．中国科普博览网．2002.
[63]　LeoneI A，Gilman E F 等．Growing trees on completed sanitary landfills．Arboricul，1983，7：247-252.
[64]　Reinhart D R，Townsend T G．Landfill biocreator design and operation．CRC Press．1998.
[65]　MacFarlaneIC．Gasexplorsion hazards in sanitary landfills．Public Works．1970，101：76-78.
[66]　郑勇，李梦华．城市生活垃圾填埋场浅论．四川地质学报，2000，20（4）：305-306.
[67]　冯亚斌，陈全．关于我国垃圾填埋场目前存在问题的探讨．环境保护，2000，(10)：14-16.
[68]　冯亚斌，陈全．对我国垃圾填埋场存在若干问题的调查研究．环境卫生工程，2001，9（1）：31-34.
[69]　黎青松等．城市生活垃圾填埋场封场技术．环境卫生工程，1999，7（2）：53-56.
[70]　彭绪亚，黄文雄，余毅．简易垃圾填埋场的污染控制与生态恢复．重庆建筑大学学报，2002，24（1）：106-110.
[71]　舒俭民，沈英华，高吉喜等．城市垃圾填埋场植树造林试验研究．环境科学研究，1995，(8)：13-19.
[72]　郭婉如，岳连喜，赵大民．垃圾填埋场营造人工植被的研究．环境科学，1993，15（2）：53-58.
[73]　韩立峰，郭爱国，刘野新．火力发电厂贮灰场环境综合整治及生态恢复初步研究．内蒙古环境保护，1996，8（4）：26-27.
[74]　沈英娃，高吉喜，舒俭民．城市垃圾填埋场生态恢复工程表面覆盖材料的研究．环境科学研究，1997，10（6）：10-14.
[75]　黄立南，姜必亮．卫生填埋场的植被重建．生态科学，1999，18（2）：27-30.
[76]　施文种．现代垃圾填埋场设计思路的探讨．福建建筑，2003，(4)：49-50.
[77]　郑昭佩．恢复生态学概论．北京：科学出版社，2011.
[78]　赵哈林，赵学勇等．恢复生态学通论．北京：科学出版社，2007.
[79]　章超．城市工业废弃地的景观更新研究．南京：南京林业大学，2008.
[80]　师雄，许永丽，李富平．矿区废弃地对环境的破坏及其生态恢复．矿业快报，2007，6：35-37.
[81]　石秀伟．矿业废弃地再利用空间优化配置及管理信息系统研究．北京：中国矿业大学，2013.
[82]　王云才，赵岩．美国城市工业废弃地景观再生的经验与启示．景观与城市，2011，(3)：22-26.

9 路域生态系统的恢复

近年来，随着国民经济的快速发展，道路建设成为我国城乡基础设施建设的热点，而且在今后相当长的一段时间里仍是我国交通发展战略的重点之一。道路的建设在一定程度上不可避免地加剧了对路域生态系统的破坏，使道路周边地区生态环境的恶化，影响了沿线地区的环境质量。因此，按照生态恢复的理论，坚持可持续发展的理念、协调道路建设与经济发展的关系对路域生态系统进行恢复和设计是新世纪环境保护的一项重要内容。

9.1 路域生态系统概述

9.1.1 路域生态系统的内涵

生态系统是生物与环境间进行能量流动和物质循环的基本功能单位。英国生态学家坦斯利（A.G.Tansley）于 1935 年提出了"生态系统"的概念，它是指一定的空间和时间范围内，在各种生物之间（群落内部）及生物群落与其无机环境之间，通过能量流动和物质循环而相互作用的统一整体。

道路建成以后，随着绿化和生态恢复为主的环保工程的实施，出现了一个新的生态系统。它的范围是道路用地界之内，宽约 50～70m，长数十至数百千米的地带。其中生物因素包括中央分隔带的植被、边坡植被、护坡道植被、立交区植被和隔离栅植被等，另外，这里栖息了许多小型哺乳和爬行动物、灌丛和枝头的鸟类、农田迁来的害虫和天敌、排水沟的两栖类等。因此，路域内的生命系统与环境系统可以构成路域生态系统。路域生态系统的成分、结构、演替等比周围自然生态群落要单纯，比农田等人工生态环境又要复杂。其代表性的特点是外来种属的引进，乔、灌、草、动物等生物多样性的变化，在很长的线形地域内，它的边界是灰色模糊的。

9.1.2 路域生态系统的生态功能

路域生态系统是自然生态系统的一个子系统，是一个开放的、动态变化的和具有自我调节的系统。路域生态系统的生态服务功能如下。

9.1.2.1 作为生物栖息地

在公路建设过程中，会破坏公路所在地的自然环境，对原有生物产生不良影响。随着一系列恢复措施的实施，路域的土壤、植被、湿地等为多种生物（鸟类、昆虫、两栖类、爬行类、小型哺乳类等）提供了良好的栖息环境。

9.1.2.2 降低噪声

路域林带能降低噪声，是由于林木能把投射到树叶上的噪声反射到各个方向，造成树叶微振使声能消耗而减弱。其对噪声的衰减量因树木品种、种植方式、种植密度及季节等变化而差别较大。通常林带的平均衰减量用下式估算：$\Delta L = kb$ 式中，ΔL 为林带的平均衰减量，dB；k 为林带的平均衰减系数，k 为 0.12～0.18dB/m；b 为噪声通过林带的宽度，m。

9.1.2.3　滞尘

路域生态系统复层结构的绿地在垂直空间上有较大的叶面积和阻挡面，能减缓气流并促使其中颗粒较大的尘粒沉降，从而较有效地减少作为细菌载体的粉尘。同时其自身也分泌较多的杀菌、抑菌物质。例如，油松、白皮松、云杉、核桃能分泌既可杀死球菌又能杀死某些杆菌的杀菌素；紫薇、侧柏、法国梧桐等能分泌杀死某些杆菌的杀菌素。另外，有些树种可以吸收（或吸附）CO、HC和NO_x等有害气体，以减少道路大气污染的范围。

9.1.2.4　稳固路基

路域生态系统的边坡植被还有稳固路基的作用。研究表明，树冠、地被可以遮蔽雨水，根系可固定土壤，落叶、地被植物可以涵养水源，从而减少和防止地表水汇集径流，降低雨水冲刷路堤的危害，这种效果在高填方路段大为明显。

9.1.2.5　景观功能

道路绿化工程用绿色的乔木、灌木、草合理覆盖两侧的边坡、分隔带及沿线其他裸地，加上道路两侧天然生长的乔木、灌木、花草及栖息的生物，可建成一条人工与自然相结合的风景迷人的道路线，令人赏心悦目，使驾驶员和乘客在绿的世界中得到美的享受。

9.2　道路建设对路域生态系统的影响

道路建设具有巨大的社会经济效益，但是道路建设占用土地、开挖山体等，会对路域生态系统产生一定的负面影响，主要表现为非污染型生态环境影响，一般为：植被破坏、局部地貌破坏、土壤侵蚀、自然资源影响（土地、草场、森林、野生动物等）、景观影响及生态敏感区影响（著名历史遗迹、自然保护区、风景名胜区和水源保护地等）等。尤其在我国"人多地少"的情势下，道路建设遇到的矛盾很多，有时还很尖锐、复杂，而且从总体和长远来看，道路建设能对大范围、大区域的生态环境产生重大影响，道路对路域生态系统的影响见图9.1。

9.2.1　对动植物及其生息环境的影响

在景观生态学中，道路被称为廊道。道路作为一种人工干扰廊道，其廊道效应在一定程度上影响景观的连通性，阻碍生态系统间的物质和能量的交换以及相邻景观间物种的迁移。这种"屏障效应"增加了景观和生物栖息环境的破碎化。道路建设的时候，所处区域的生态系统受到各种各样的影响，甚至存在大范围的生态系统消失的可能性。主要表现在以下四个方面。

① 道路建设直接导致森林、草地、湿地等生物生息地的破坏和消失。对植物而言，道路建设会使贵重的植物资源的生育地失去，植物群落消失。对动物而言，由于道路建设导致生境的消失、移动路线的分割、动物栖息环境的破坏，对动物的种类、种群数量、分布、生活习性、迁移等带来影响。

② 由于交通对道路周边区域产生的噪声污染、夜间道路照明、道路排水以及自然植被分割所产生的边缘效应，对生物种群会产生各种各样的定量或定性的影响。

③ 道路建设中对森林的砍伐，破坏了原来密闭的林冠，使林内受到强烈的日照和风的影响，导致树木的枯损和林下植被的变化，从而引起动物生息环境的变化（见图9.2）。

④ "屏障效应"所造成的生息环境的破碎化、动物迁移的障碍、移动路线的分割以及道

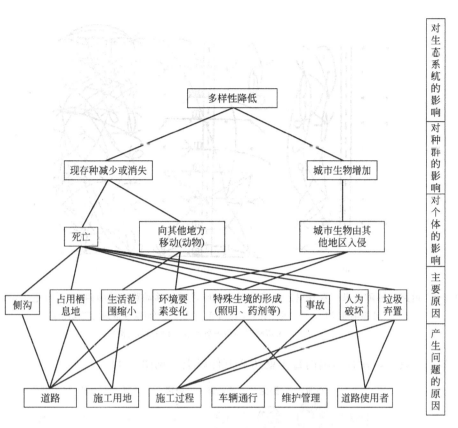

图 9.1　道路生态系统及其影响模式（引自龟山，1997）

对生态系统的影响　对种群的影响　对个体的影响　主要原因　产生问题的原因

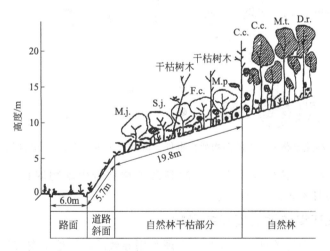

图 9.2　道路建设对亚热带常绿阔叶林的影响（影响范围：
道路一侧 20～50m）（引自龟山，1997）

路两侧种群的分隔，减少了生物种群内部以及生物种群之间的交流。道路对动物移动路线的障碍，是指道路导致动物的繁殖地与饵场的移动路线的分隔，生物的种群规模缩小、种群的遗传性减弱（见图 9.3）。

　　⑤ 交通事故造成穿越道路的动物死亡。随着高速公路建设的进展，道路不断延长，尤其是动物种类丰富的山区部分，道路建设也越来越多。高速道路上发生狐狸、野猿等野生动

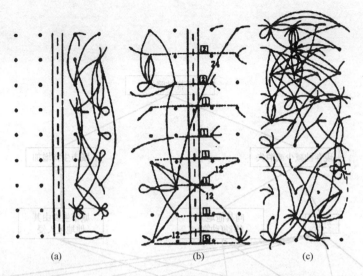

图 9.3　道路的屏障效果（森林里道路建设对小型哺乳动物移动路线的障碍）（引自龟山，1997）

(a) 小型哺乳动物不能横穿道路；(b) 小型哺乳动物可以横穿道路的移动路线；

(c) 森林中无道路时小型哺乳动物自由的移动路线

物死亡事故的数量，在日本国内每年就达 2 万件以上（见图 9.4）。

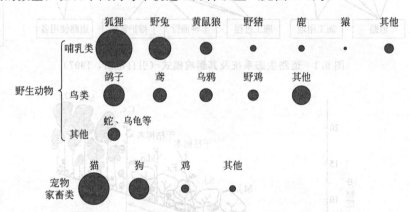

图 9.4　高速公路上发生的动物死亡事件（圆的大小表示件数）（引自龟山，1997）

　　⑥ 道路运营后，行驶机动车上丢弃的剩余食物被野生动物取食，会导致野生动物的"家畜化"，如分布日本各地的日本猿。

9.2.2　对区域环境和地表景观的影响

　　道路建设对自然资源的过量开发和不合理利用导致的环境地质灾害问题较为严重，大规模的地形变化、土壤填挖、植被破坏等可以造成区域性的土壤侵蚀、水土流失、山体滑坡、河流阻塞等问题，不仅为区域生态环境的恢复带来困难，还经常造成区域经济的损失并危及人民生命财产的安全。

　　（1）对大气和气候的影响　公路修建和运营对大气和气候的影响表现出不同的空间尺度。从全球性影响上来说，交通工具排放出各种各样的气体、悬浮颗粒以及微粒，对自然系统造成全球性的影响。例如 CO_2 等温室气体的排放导致气温升高，影响全球的气候变化，地球上的道路和汽车如此普遍，由此排放的温室气体数量将足以影响全球气候变化。这些温度、降水和其他气候变化会造成生态环境的大范围变化，进而影响地球生物的生存与分布。

从区域角度来说，交通工具产生的一系列颗粒和气体，这些颗粒和气体一经产生便被带走并在数小时甚至数年内长期存在（Houghton 等，2001）。虽然存在时间最长的物质最终会到平流层，但更多的颗粒和气体则聚集在对流层并产生区域效应。例如区域性酸雨的形成，区域性氮沉降导致的水生和陆地系统的富营养化现象，区域光化学烟雾的形成。总之，道路系统会增加区域大气圈的污染物，这种污染物又会对整个地区的自然生态系统造成各种各样的重大影响。

从小气候的角度来说，道路建设改变了植被的覆盖情况以及植物种群甚至某些景观的分布格局，更重要的是公路建设多用的砂石、沥青、水泥或者其他建筑材料造成路域下垫面热容性与自然下垫面不同，导致路域下垫面温度变幅较大。路域及其两侧建筑物的热力学特征，一方面使其周围地区气温增高，另一方面使得空气湿度降低，形成与周围自然生态系统不同的路域小气候。国内外研究还表明，公路路域小气候的特征主要与路域的地形和周围大气的稳定性有关系（Ellenberg 等，1981）。

（2）对土壤环境的影响　道路建设导致边坡土壤侵蚀，加剧区域水土流失。公路建设中的水土流失是由人为扰动或者不合理堆置固体废物而造成，属人为水土流失范畴，不仅损害农田设施、破坏水土资源、恶化生态环境、加剧洪涝灾害，而且极易导致路基结构失稳、增加养护成本、降低公路行驶安全。

（3）对景观格局与功能的影响　公路建设路基填挖会极大地破坏原有地形地貌，使边坡裸露且色彩、纹理及外形与周围景观极不协调。作为线性工程，公路不仅仅在某一具体路段影响周围的生态环境，更是以公路网络的形式改变了整个景观的结构、格局与过程。

公路建设造成生境破碎化，使整个景观的连通性大大降低，对生物和生态系统造成广泛影响。公路对某一景观的生态影响在一定程度上是由土地利用方式所决定的，Forman 等（2003）总结了公路建设对不同类型景观所产生的影响及其连带效应（见表9.1）景观破碎化产生的影响及其强度因为物种而异，它是由干扰效应阻碍程度、生境连接度、生境多样性以及被交通设施切割地域的面积尺度等因素共同决定的。

表 9.1　公路对不同类型景观的影响

所经地区景观类型	主要生态影响
人文景观	
建成区（城区、郊区及其边缘区）	改变流域水文过程，产生新的地表径流格局；加剧水体的污染程度；破坏自然植被，为外来物种的生态入侵提供了便利条件；加重噪声、空气污染
林地	扬尘严重；外来物种入侵和沿途扩散；对动物造成一定程度的扰动；在部分地区加剧酸雨对植物的伤害
农田	阻碍动物活动；对农田造成污染
牧场	路面质量通常不高，扬尘严重
自然景观	
偏远地区	造成外来物种入侵；可进入性增加，一定程度上干扰生态系统
极地高寒区域	改变排水状况和雪被格局；改变植物的种类组成；改变苔原的热力机制，造成土壤永冻层融化引起地面塌陷和沉降；旱季扬尘作用产生的尘土强化了公路周围的辐射吸收，导致部分地方融雪期提前
疏林区	影响路旁植物；传播和扩散外来物种；部分干扰动物活动
热带地区	可进入性增加，导致土地利用方式变化；植被和土壤退化；动物种群下降或消亡

注：引自 Forman 等，2003。

9.3 路域生态系统的恢复途径

9.3.1 道路的生态学基础

生态道路目的是要建立与其他生物和谐相处的道路。要实现与其他生物和谐相处，必须对这些生物的特性充分了解。

9.3.1.1 生物系统

（1）物种（species） 物种是生物分类的基本单位，是能够相互交换基因（遗传因子）的集合，也被称为遗传信息的集合。虽然物种是遗传因子类似的生物的集合，但是也存在同一物种因为地域不同遗传因子也不相同的情况。尤其是像小岛那样因为与大陆相隔离使得遗传因子的交流被迫隔绝的场合，有着很多即使是同一种类的生物但是却产生了地理上变异的例证。

不同物种依据其对环境要求、生活方式与生存能力的不同，而具有固定的特性。但是，仅靠以往的研究资料是不能完全掌握其特性的。因而，在探讨生态道路之际，有必要对物种进行调查并增加对该物种特性的认识。有许多物种的特性是目前人类难以解释的。以列入日本濒危野生动植物保护法的野生动物——狼为例，虽然在修筑道路时其生存屡屡受到影响，但是在修筑道路前进行环境影响评价调查时，却很难发现狼的踪迹。普遍认为狼在被发现以前便察觉到人类的踪迹，提前隐藏起来。狼拥有优于人类的甚至可以说是超常的视力，因而能看透人类的行动。

（2）个体（individual） 个体就是生物生存单位的具体形态。生物不仅仅是不同种类才不相同，即使是同一种类的生物也会有个体差异。对土木建筑材料来说，许多致密的材料组合后构造成建筑物，因而材料规格的统一性和品质的均等性非常重要。而对生物来讲，寻求土木建筑材料的那种特性是不可能做到的。生物的个体差异是在长期的进化中各种各样的遗传因子积蓄后的结果。因为个体差异的存在，在面对各种各样的环境变化时，才能够有残存下来的物种。

生物个体的另一个重要特性就是个体的地域性。生物受到生长环境的影响慢慢形成了一些个体的特性，即使是同一树种，在温暖的环境里生长的苗木与在寒冷的环境里生长的苗木相比更不耐寒冷。由基因造成的个体差异大部分是先天性的，而地域性则是后天培育出的个体特性，因而在生态道路建设中应考虑到这样的地域性影响。

（3）种群（population） 生物不可能只依靠单个个体来进行物种的延续。这是因为如果依靠单个个体进行物种延续，那么一个个体死亡的同时，这个物种也就消亡了。要维持种群则需要恰当的种群数量，如果种群数量减少，遗传信息也会相应减少。种群数量下降过低的不利后果是遗传多样性损失，将不能维持种群的生存，渐渐地该物种也将从此处消亡。

关于植物的种群，还有很多不为人知的地方。只要没有维持某一程度的种群数量，那么长此以往将不能维持该物种在该地的生存，这对生物生活是最基本的重要条件。随着城市化发展，周边环境能提供的花粉与种子逐渐减少，有很多物种会随着种群数量逐渐减少直至消亡。

（4）生物群落（community） 生物群落是指生活在一定的自然区域内，相互之间具有直接或间接关系的各种生物的总和。植物与动物的全体被称为生物系统，是生态系统中属于生物的部分。生物围绕着生存必需的物质能量等资源和生存空间相互竞争共同生存，而生物间的相互竞争关系还包含了捕食与被捕食的关系。生物间的共同生存的关系包括了双方获利的互利共生、一方获益的偏利共生以及寄生这三个主要关系。

生态系统管理也就是人为地管理生物之间的这种相互关系。对植物群落的管理被称为植被管理。在实行生态系统管理和植被管理时，最为重要的是对管理对象事先进行调查和充分了解管理对象的竞争关系、共生关系等相互制约的关系。如果没有充足的知识就进行管理，会给生态系统带来致命的影响。

（5）生态系统（ecosystem）　生物群落连同其所在的物理环境共同构成生态系统。生态系统包含了水与有机物的物质循环、以太阳能为主的能量流动和各种信息传递三个主要功能。

根据人为因素的影响，生态系统大致划分为以下三种形式：维持自然状态没有被人明显干扰过的自然生态系统、虽有农林业生产活动但仍然保留本身重要元素的半自然生态系统和由于城市化进程极大地受到了人类活动影响的城市生态系统等人工生态系统。另外，根据生态系统的不同特点，又被分成森林生态系统、草原生态系统、农田生态系统、海洋生态系统和湿地生态系统等。

一个地区的生态系统都是由多个生态系统构成的。在农村地区聚集了森林生态系、草地生态系统、农田生态系统、河流生态系统等，形成了复合型生态系统——农林生态系统，构成了农村特有的景观。

9.3.1.2　生物与环境

对生物的生长发育而言，适当的生育空间是必要的，其中生育空间的质量以及各个生育空间之间的相互位置关系最为重要。

（1）栖息环境　生物的栖息环境与人类的一样，必须考虑到与其生存有关的所有环境，特别是要确保生物生存必要的物质资源与能源这一最基本的条件。对于植物而言，必要的生活物质资源是有机物和水，能源则是阳光。对于动物而言，饵食是生存的根本，是延续生命的物质资源与能量的来源。

不论动物还是植物，其栖息环境都因种类的不同而有所不同。因为每个物种所要求的环境条件都不一样，所以必须严格满足每个物种的要求。由于动物根据日照周期的变化有不同的生活节奏，所以很多时候其夜晚活动的场所与白天活动的场所是不一样的。即使是白天，其休息的场所与捕食的场所也是不一样的，因而需要空间环境的多样性。

动物每年都要进行周期性地迁移，其繁殖时的环境与非繁殖期所处的环境尤为不同。在池塘里产卵繁殖的青蛙在非繁殖期时，大多数生活在草原和森林里，但等到繁殖期的时候便向着池塘迁移。如果迁移路线恰好通过道路，则青蛙有可能被汽车碾死。有许多鸟类在繁殖期时也寻求特定的环境来筑巢。

在生态道路建设中，对生物生存环境的保护是保全栖息环境的做法，而人工种植森林、草地以及挖掘池塘都是创造生物栖息环境的手段。道路绿化可以说是创造生物栖息环境的一种方法。

（2）生物移动空间　生物根据基因的遗传，能够在种群之间传递遗传信息，避免单位种群的遗传信息孤立化。因而生物移动的空间是必要的。

植物是由花粉和种子来进行传播的，一般分为让风来传播花粉的风媒花、让昆虫来传播花粉的虫媒花以及由水来传播三个种类。而对虫媒花来说，由于传播花粉的昆虫受农药的影响渐渐减少，因而向其他地方的传播越来越困难了。

植物种子的传播可通过风、动物、水、机器、自然撒落等几种方式进行。其中，像蒲公英那样由风来散播种子的植物可以远距离地传播，但是靠其他几种方式散播种子的植物其传播距离会受到制约。

对动物而言，动物个体携带了基因并自行传播，因此传递手段和传递空间的关系异常重要。动物的传递手段分为以下三大类。

① 水中游动的动物　鱼类、两栖类、水生昆虫等在水中生活的动物是在水里进行移动的。因此，对于这些水中生存的动物而言，确保遗传信息在水中的传递对它们的生长繁殖是不可欠缺的条件，被称为水环境的生态连续性或是生物学的水循环（君塚，1993）。举例来说，有落差存在的水体虽然能够保证水体连续不断的流动，但因为有了落差，鱼类不能够洄游到上游产卵，则该处的水环境失去了生态连续性。

② 空中飞行的动物　鸟类、昆虫类和一部分哺乳类动物等能够在空中飞翔移动，但是其移动距离根据种类不同也各有不同。鸟类一般能进行长距离的移动，而昆虫类长距离的移动则比较困难。就鸟类而言，有的像候鸟那样季节性地移动，因此有必要掌握这些羽毛类动物的移动距离和移动时期。

③ 陆地迁移的动物　哺乳类、爬虫类、两栖类动物都在陆地上移动，它们的移动距离也是根据种类的不同各有不同，一般体型越大的陆生动物其移动距离越大。哺乳类动物一般是按固定的迁移路线来迁移的，在迁移时期除了受光周期变化的影响外，还受繁殖期、产卵期等种类特征的影响，也存在季节性的迁移。因此，不能隔断这些陆上动物的迁移路线，即使隔断了其迁移路线，也必须采用替代设施。

连接生物移动空间的通道被称为生态走廊（corridor）。可以尽可能地延长道路的坡面，并利用它作为生物的生态走廊。

（3）生物与时间

① 生活史　生物个体从出生到死亡的全部过程被称为生活史。对植物来说，就是种子发芽、开花、结果的全部过程。也可以把每一个生长阶段看作是生物的季节。因为每个种类都有不同的特性，因而每个物种都有自己特有的生活史。

研究生物的时候，最重要的是对该种类生物生活史的研究。虽然对一些生物生活史的研究有了一定进展，但是未知的种类还有很多。

混凝土、铁这一类无机材料的时间变化，是以变质或风化等形式表现出来的。一般随着时间的逝去，其品质与性能都会变差。而生物的时间变化则是以生长、成熟等形式呈现出来，其特征是随着时间的变化，更加成熟化、稳定化、多样化。

② 生态演替　生物群落的时间变化过程被称为生态演替。演替是指生活在某个场所的生物群落随着时间的变化其组成与结构都发生了变化，并向另外一种群落演替变化的过程。与正常的状态相比较，群落是朝着更稳定的方向发展。

以植被演替为例：如裸地-1、2年生草本植物-多年生草本植物-灌木林-喜阳性乔木林-喜阴性乔木林，如此缓慢发展演变，群落里物种的组成与生活形的组成都发生了变化，见图9.5。

9.3.2　生态道路建设

9.3.2.1　生态道路的内涵

基于道路建设产生的种种生态问题，建设与环境协调可持续发展的道路发展模式应运而

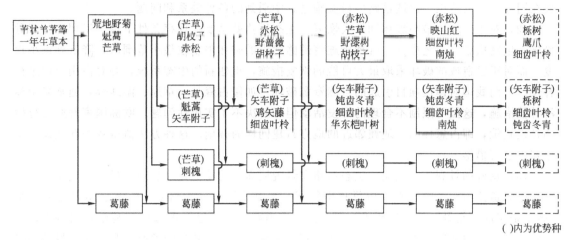

（）内为优势种

图 9.5　高速公路坡面的植被演替（引自龟山，1997）

生，便出现了"生态道路"的概念。然而关于"生态道路"的概念，目前并没有一个比较公认的确切定义，围绕着这一概念存在很多争论。对"生态道路"的理解关键在于在道路建设中要充分体现生态的发展标准，坚持人与自然相和谐的思想，树立可持续发展的战略意识，使道路既能高效、快捷、安全、舒适地提供良好的行车环境义能与自然生态系统和谐相容。

生态道路的提出是强调道路的生态性，并不是要求也不可能要求生态道路像健康的自然生态系统那样能够维持稳定性，而是以生态学的理论指导生态道路的发展，注重其在现有条件下最大生态化的实现。在此可将生态道路界定为：生态道路是指建设者在道路规划设计、建设过程中和建设完成后，都会将自然、人和道路进行有机的结合，融入生态设计方法，不会以牺牲生态资源为代价进行开发和建设，不仅考虑到人的活动和道路之间的相互影响，而且也特别注重维护人们与生存的自然条件相互融洽和遵循其自然发展规律，形成行车安全舒适、运输高效便利、景观完整和谐、保护自然的可持续的道路发展模式。

生态道路的内涵包括以下两个方面：①道路建设的时候，把对周围的动植物和生态系统的影响尽可能降到最低限度。这种保护、保全型生态道路的建设方法，适用于残存有丰富自然资源的地域。②对于道路的斜面和环境设施地带、服务地带的道路用地，采取积极、有效的措施创造动植物的生息环境。这种重建型生态道路的建设方法，适用于城市和城市周边自然资源较少的区域。

以上两种方法，根据地域环境条件的不同区别考虑。保护与保全对象明确的场合，重点考虑第一种方法，不明确的场合考虑第二种方法。但有时在同一个地域，保护、保全型与重建型两种方法并用的情况也会出现，这种情况下，要优先考虑保护、保全型的方法，这是生态道路的基本原则。

9.3.2.2　生态道路的特征

生态道路的出现是人类道路建设的生态意识从觉醒走向自觉的里程碑。然而由于它的宏观性和抽象性往往使人不易去理解和把握，因此需要分析生态道路的具体特征。

（1）整体协调性　生态道路最终要实现经济效益、社会效益和环境效益的统一和综合最大化。在道路规划、设计、施工、营运、管理各个阶段统一思想，把研究对象放在地球环境、生物、资源、污染等诸要素构成的"道路-自然-经济-社会"复合系统中进行全面考虑，把性质不同的生态环境系统与道路经济系统研究有机结合起来，把对技术、经济、环境分析放在同等重要的地位，协调道路项目实施过程中遇到的各种关系和问题。

（2）对生态环境最小破坏和最大恢复　生态道路就是要在现存条件下综合运用各种工程措施、生物措施、农艺措施、管理措施将道路建设的破坏限制在最小范围内，降低到最小程度。而对于已造成的破坏采取最大可能的恢复措施，重建新的生态系统，并对占用土地进行补偿。当前我国对建设项目引起的自然资源破坏（如侵占森林、草原、湿地等）通常采用经济补偿措施，这虽可限制不合理的开发活动但却解决不了实质性问题。欧洲国家普遍实行生态补偿政策，即占怎样的林地在邻近的地方营建同样的林地。这种方法值得我国在建设生态道路中学习借鉴。

（3）良好的景观生态效应　生态道路在景观层面上的特征是最直观、最易被人感知的特征。生态道路给行者的印象不应只是钢筋网、混凝土墙和沥青路面，生态道路要营造的是"脚下是路周围是景"的行车环境。因此，生态道路必须通过合理选线和利用路线特点，使道路路线最佳地适应于景观；通过道路的布局和设计来展示和加强道路景观；通过科学的绿化美化来改善道路景观。一方面给行者带来美的感受；另一方面维护自然生态系统的平衡。

（4）安全高效性　"生态"一词本身就代表着和谐与健康，生态道路自然也应是和谐健康之路。因为道路的基本职能就是为运输服务，所以这种"和谐健康"首先就应是道路系统的运输环境的和谐健康。因此，生态道路必然要求行车安全舒适、运输高效便利。生态道路基础设施为货流、客流、能源流、信息流、价值流的运动创造必要的条件，从而在加速各种流的有序运动过程中，减少经济损耗和对道路沿线生态环境的污染。

9.3.2.3　生态道路建设的对策和方法

要建设生态道路，从道路的规划设计到施工、建成后的养护，生态恢复的思想应该是贯穿道路建设全过程的。只有这样，才可能把道路建设对路域生态系统造成的生态影响降至最小，从而实现生态道路的目标。道路建设应该打破"先施工后绿化，先破坏后恢复"的传统，按照最小程度地破坏和最大程度地恢复的原则，在道路建设中遵循以下四个方针对策。

① 回避：道路建设时采用尽可能回避生物生息地的方针，如采用道路迂回、隧道等。

② 最小化：采用各种各样的方法，将道路建设对生息地分割的影响控制到最小限度，如设置各种各样的动物横穿道路的构造物等。

③ 替代：对于道路建设导致生物生息地的消失，可选择附近具有同样生态功能的空间进行替代补偿，如为两栖类设置的产卵池等。

④ 最适化：路旁空间的管理，应以保持野生动植物的生息、繁殖的最适状态为方针。如采用减少草地刈剪的管理方法，形成昆虫类和小型哺乳类的生息廊道。

（1）基础调查阶段　基础调查与环境影响评价同等重要，但生态道路规划的基础调查应该先于环境影响评价的调查。对区域自然环境状况的把握是生态道路建设成功与否的关键。

道路建设对植被的影响、对动物的生息环境和移动线路的"屏障"程度等，尚不清楚的地方有很多。根据对道路周边定点设置的监测调查，对植被的影响在某种程度上可以测定。但动物是经常移动的，清楚把握其生息状况是极为困难的。因此，要合理保护道路建设区域的自然生态系统，对道路周边的动物行为以及道路障碍效果的调查与数据的积累是一个首要课题。

在道路生态系统保护走在前列的德国，其联邦自然保护与景观生态研究所和州立自然保护研究所，都存储着丰富的与道路生态系统保护相关的各种资料。它们将这些成果制成生境地图、鸟类分布图、脆弱环境分布图等，公开出版发行。

（2）道路规划阶段　道路路线规划阶段是生态道路实现最重要的阶段，此阶段道路建设对生态系统的保全方法如图9.6所示。

道路从动物的生息环境之中通过，移动路线会被分断的场合［图9.6(a)］；道路路线离开生息环境是最好的办法［图9.6(b)①］；如果道路不能离开生息环境，至少从移动路线离开［图9.6(b)②］。以上是对应规划阶段最基本的考虑方法。

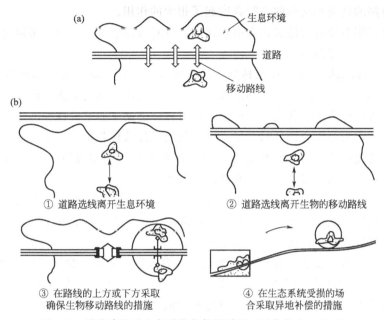

图9.6　道路建设对生态系统的保护手法（引自龟山，1997）

但是，如果这种对应行不通的话，考虑采取在道路的上部或下部确保生物移动的措施［图9.6(b)②］。另外可以考虑一些较小的生息地移到其他场所进行补偿［图9.6(b)④］，现实中这种做法并不容易，德国对一些小型的池沼的生态系统正在进行试验，这些经验的积累非常重要。

（3）道路设计阶段　如果规划阶段的对应不能充分，有很多应该在设计阶段对应。设计阶段的对应方法主要有植被与动物的保护、保全方法，生物的生息环境的创造。

① 植被保护

a. 植物群落保护措施　为了减轻道路施工对植物群落产生的影响，在森林里建造周边植被时，在沿道路两侧栽植人工林。为了减轻采伐森林带来的影响，在道路沿线栽植成长迅速的桦树科落叶植物以及柳树科落叶植物的幼苗。这些树木能够迅速成长并覆盖已被采伐的森林。另外，根据计划的路线，可以在道路工程开始以前阶段性地对路线附近的森林进行采伐，并事先在与道路相接壤的地方培育人工林。

就湿地植被而言，最为重要的是不能让湿地的水源被道路切断。因而道路的施工应尽量摒弃普通的地面填土结构，而改用高架桥一类的高架结构。

b. 珍稀植物保护措施　珍稀植物因道路而失去生长地的时候，一般采取移植保护的方法。对树木而言，移植到相同环境更加利于保护；对草本植物而言，因为即使移植也可能被其他植物压倒导致干枯而死，所以不一定固定在原来的地方。而且，在移植以前，必须事先确立种子或分株等繁殖方法。为此，事前对该种类的生活史进行试验性的调查是非常必要的。

② 动物保护：根据保护对象的不同有很多方法，包括鸟类、昆虫类、两栖类、哺乳类等的保护方法。在针对因道路施工而隔断动物栖息环境和迁移路线的保护政策里，有许多根据保护对象所制定的措施，而其根本依据则是与动物和谐相处的思想。

a. 鸟类与昆虫保护措施　鸟类和飞翔的昆虫在横穿道路的时候，如果不能够保证一定的飞行高度，就会与行进中的汽车相撞。德国许多的高速道路两边都栽植了高大的树木，这对确保横穿道路的鸟类和昆虫的飞行高度起了很大的作用。

因为道路照明对特定的昆虫也有引诱作用，针对被光引诱的昆虫，必须考虑到令该种类昆虫地域性消亡的灯光照明。

b. 两栖类动物保护措施　在森林里生活的青蛙一类的动物，要迁移到特定的池塘和沼泽里产卵。若修筑道路阻断了其迁移路线时，青蛙等会因迁移受阻而不能产卵繁殖。为了避免这种妨害，可以建造新的替代性产卵池，也可以在道路下面增设横穿通道。在德国，这些施工方法已经被定为道路的设计基准了。在替代池里细致地栽植了便于青蛙产卵的植物。而就青蛙的横穿通道而言，为了确保亮度，总长度越长出入口口径则越大；为了方便青蛙行走，则会在通道里放入土壤，铺上落叶并撒上些水。

针对两栖类小动物因跌入道路两边的侧沟不能爬出而干渴致死这一类的事件，一方面采用透水性强的侧沟，这样地下水可以从侧沟内部渗出使得小动物能够生存；另一方面，可以在侧沟里修筑斜坡或阶梯，使之可以爬出侧沟。

c. 哺乳类动物保护措施　保护哺乳类动物的措施包括避免动物接近或进入道路的措施、保护被道路截断的野兽的迁移路线的措施等。总之，最重要的就是保护动物的安全。近年来，对各种各样的动物都有了这一类的措施的尝试。

③ 生物生育环境的创造：在道路用地创造动植物的生育环境，采用丰富自然环境的积极的方法。

针对生态道路的另一个探讨就是使用道路用地，创造出动植物生息环境，使自然环境变得更加丰富。道路用地有路边斜坡、绿化带、高速道路出入口、高速道路休息场所以及加油站等，这些全部加起来就是面积很宽广的土地了。在那里栽种植物并将昆虫与鸟类聚集起来，形成了新生的生态道路。如日本已经完工 30 年的名神高速道路，在当初只是在路边斜坡上撒播了牧草的种子而已，其后，赤松的种子从周边地带飘来生根发芽渐渐成长，在路边斜坡与周围地带形成了高大挺拔的赤松林。

道路绿化不仅仅是创造出绿色的景观，更重要的是创造出动物生息环境。图 9.7 展示了在灌木丛中生活的动物的相互关系和这些动物的行动半径。在道路路边和斜坡上连续种植这种灌木丛，就形成了连接起被切断的动物生息地的绿色走廊。道路呈细长带状连接分布，被绿色包裹后作为生物绿色走廊。

④ 道路施工与管理阶段：道路的施工阶段，土木工程与设施建设导致的生物的生育环境直接消失，这种影响非常强烈。为了减轻这种影响，在施工中必须明确生态道路建设的方针，对生物影响的监测非常重要。

道路的管理阶段，作为生态道路的目的，实际上是否达到的监测很有必要，需要适当的管理。

9.3.2.4　生态道路的设计

公路行业的立足之本是提供安全、舒服、快捷的服务，因此应实现道路建设与旅客运输安全性、舒适性、愉悦性的和谐统一，体现"以人为本"，同时道路建设与环境保护应协调

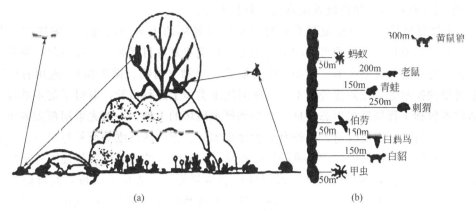

图 9.7　在灌木丛中生活的动物的相互关系（a）和这些动物的行动半径（b）
（引自龟山，1997）

发展，使道路建设与环境保护同步。公路生态绿化应尽可能地模仿自然，减少人为的痕迹，将设计和施工过程中对自然的干扰、破坏，努力控制在最小的限度内，实现道路建设与当地自然景观和人文景观的完美结合。

（1）生态道路的结构设计　要实现道路结构的生态性，就要顾全道路的整体性。可以在来回道路中间设计一条植被分隔带，形成一条绿色走廊。至于植被的选择首先要符合当地的自然条件，其次要选择绿化能力强的植物。还可以在路边设计具有生态型的边沟，用来更好地处理径流。选用排水沥青作为生态道路的路面材料，避免路面湿滑影响车辆的安全。

（2）生态道路的土壤改良设计　土壤是植物生长发育的基础，公路路域范围内的土壤大部分都经过施工扰动，致使土壤在一定程度上退化，其理化性质变差，植物难以生长。因此，有必要对路域土壤进行改良。路域土壤改良是指选用各种材料，经过计算配制用于植被恢复的人工土壤。这里的材料主要包括土壤、有机质、肥料、改良剂以及植物纤维等。

（3）生态道路的植被群落设计　路域植被种植在路域生态恢复工程中至关重要，对路域生态恢复效果产生直接的影响，是路域生态恢复工程成败的关键。路域植物群落设计是指以植物群落学为原理，对不同的路域裸地类型设计出相应的植物组合方案，以达到水土保持、保护环境和促进公路交通安全的作用。植物群落设计应遵循物种多样性原则、适地适树原则、结构层次简单原则、功能性原则、经济性原则等。

（4）生态道路的坡面排水设计　地表水和地下水都是造成人工坡面及其表面客土坍塌的主要原因之一，坡面排水设计对于保证坡面植被恢复工程质量非常重要，良好的排水系统是生态道路设计的一大重点。对于坡面植被恢复工程来说，坡面排水主要包括三方面：一是排除地表水；二是排除地下水；三是排除渗透水。

9.3.2.5　道路生态恢复技术

对于道路建设过程中及完成后具体的生态恢复措施，一般要遵循植被自然演替规律，采用植物措施与工程措施相结合的方法，通过一系列方式使植物有机地融合到多种工程结构中，同时考虑生态效应与景观效应相结合，将植物物种的自然生态习性与其对景观的绿化美化功能结合起来。

目前，国内外已形成的有关道路生态恢复的技术有土地复垦技术、生物环境工程技术

（或综合生物工程技术）和路域景观恢复工程技术等。

（1）土地复垦技术　土地复垦系指将修路中被破坏的土地因地制宜，采取综合整治措施，使其按预定的目标恢复到可供利用的状态。在确定复垦目标时，一般也包括恢复生态环境的内容。有些土地复垦技术，例如，生态农业、生物（植物、微生物）、施用有机肥以及复垦土壤侵蚀控制等，在高速公路不同的临时用地类型上进行试验，取得了初步的成果。土地复垦技术包括工程复垦和生态复垦。对遭到严重破坏的土地，一般先采用覆盖表土、平整压实等工程措施进行恢复改造。国外有人利用由木屑、聚丙烯纤维等原料与尼龙、稻草等编织的"侵蚀被"或用由聚丙烯带制成的三维栅格、金属编成的"石笼"等侵蚀控制构筑物来控制复垦土壤的侵蚀，将"侵蚀被"或侵蚀控制构筑物铺在表层或边坡，既可防止土壤侵蚀，植物又可在其中生长。这项技术不仅先进，而且其产品已实现了产业化。对已严重丧失生产力的土地，利用豆科植物、微生物或有机肥等进行改良，加速土壤熟化，恢复生产力。对已具备恢复植被的土地，因地制宜确定复垦目标，宜林则林，宜草则草，或发展生态农业，建立多层次、多结构、多功能的复合农业系统，达到既恢复生态，又获得经济效益和社会效益的目的。

（2）生物环境工程技术　所谓生物环境工程技术（或称综合生物工程技术），是将生物措施与传统的工程措施有机地结合起来。其技术体系包括三部分，一是环境基础工程，利用工程措施或土壤侵蚀控制技术等为植物恢复或创造生长的环境条件；二是植被营建工程，根据立地条件，正确选择植物品种，这是整个技术体系中的关键，应选择多年生、根部发达、茎叶低矮、水源涵养能力强、抗旱、耐瘠和可粗放管理的植物品种，尽可能选取当地品种栽植或直接播种，以便达到快速恢复植被的目的；三是植被养护工程，对营造的植被实行相应的后续管理，确保植物的正常生长。国外发达国家对高速公路建设中受损的坡面，多采用以柔性护坡为主体的生物环境工程技术。我国公路建设中路基坡面的生态恢复与防护也常采用这一技术。先用工程措施如水泥网格、浆砌石网格或由空心砖建成的多孔挡护结构等防护技术稳定边坡，并为下一步种植植物创造条件；然后在坡面铺草皮、植树种草等，将传统的边坡工程措施与生物措施有机地结合起来，形成具有一定的力学、水文学、环境学和美学功能的防护结构，既加强了公路边坡的稳定性，又恢复和改善了公路沿线的生态环境和景观环境。

（3）路域景观恢复工程技术　路域景观恢复工程技术运用景观生态学原理，预测公路景观组成元素及受其影响的土地变化特点，结合公路建设与营运的特点，设计恢复型植被景观，如在路基边坡、平台、中央分隔带等营建绿化带，不仅可以恢复公路沿线的自然环境，净化空气，降低噪声，改善公路沿线的生态环境，而且可以绿化美化公路的景观环境。这一技术主要用来改善道路的交通环境和条件，使道路周围的环境与线形流畅优美的道路配合协调。合理的景观恢复工程设计还可以诱导视线和防眩。

9.3.3　道路边坡生态工程

9.3.3.1　边坡生态工程概述

随着人们对于植被与侵蚀之间相关性研究的深入以及不同类型植被对边坡防护作用理论研究的增强，边坡生态工程越发凸显防治水土流失和稳定边坡的优越性，渐渐成为边坡治理的一个重要手段。边坡生态工程是指利用植被的特性进行边坡防护和控制土壤侵蚀的路径和方法，确切地说即边坡生态防护技术。

目前关于生态防护技术没有一个确切的术语，近期一些学者将生态防护技术定义为基于生态工程学、工程力学、植物学、水力学等学科的基本原理，利用活性植被材料，结合其他工程材料，在边坡上构建具有生态功能的防护系统，通过生态工程自支撑、自组织与自我修复等功能来实现边坡的抗冲蚀、抗滑动和生态恢复，以达到减少水土流失、维持生态多样性和生态平衡及美化环境等目的的技术。

从 20 世纪 30—40 年代开始，德国、法国等西欧国家逐步开展了边坡生态工程技术的研究工作，到 20 世纪 60 年代的中后期，铺草皮、喷播、植物网格等边坡生态工程技术开始大规模应用，在稳定边坡、防止坡面水土流失的同时，还起到恢复植被、改善生态环境的作用。在日本、欧美各国等发达国家，高速公路边坡生态防护技术运用已经相当成熟。尤其是日本，生态护坡与道路建设同时进行，至今已有半个多世纪的历史，开发出一些适应其气候、地质、土壤等条件的植被护坡技术。国内在护坡技术应用方面的研究起步较晚，生态防护技术的研究与应用也较少，近年来才进行了大量的实践和探索。

9.3.3.2 边坡类型与特性

从生态恢复与重建的角度对边坡进行分类研究，可以更加全面地了解坡面特点，以便选取适当的生态恢复技术与方法。关于边坡的分类，国内外提出的方法很多，特别是土木工程领域对边坡的划分非常细致。例如按边坡与工程关系可分为自然边坡和人工边坡；按人工边坡的形成方式可分为填方边坡和挖方边坡；按边坡变形情况可分为变形边坡和未变形边坡；按边坡岩性把未变形边坡统分为岩质边坡、土质边坡和土石边坡；按边坡高度不同可分为超高边坡、高边坡、中边坡、低边坡；按边坡坡度不同可以分为缓坡、陡坡、急坡、倒坡等。这些分类大都与坡面生态恢复与重建工程有一定程度的关联，除此之外，边坡表面的起伏程度和岩石风化程度也与生态恢复与重建工程的难易程度有关。表 9.2 是从边坡生态恢复角度对坡面所作的归纳分类。

表 9.2 不同类型坡面的分类和特性

分类依据	名称	特性
成因	自然边坡	由各种自然原因形成,按作用形式可分为剥蚀边坡、侵蚀边坡、堆积边坡
	人工边坡	由各种人为原因形成,按作用形式可分为挖方边坡、填方边坡
坡质	岩质边坡	由岩石构成,无土壤
	岩质土边坡	由砾石和土混合构成,岩质土中粒径>2mm 的土壤颗粒含量超过 50%或略小于 50%(几乎不含有机物,肥力极差)
	土质边坡	由砂石、砂性土、粉性土、黏性土等构成,土粒径<2mm 的土壤颗粒含量达 100%(以生土为主,有机物含量低,肥力较差)
风化程度	微风化	坚硬岩石,浸水后,大多无吸水反应
	弱风化	较坚硬岩石,浸水后,有轻微吸水反应
	强风化	较软岩石,浸水后,指甲可刻出印痕
	全风化	极软岩石,浸水后,可捏成团
坡高	超高边坡	岩质边坡高大于 50m,土质边坡坡高大于 15m
	高边坡	岩质边坡高 15~30m,土质边坡坡高 10~15m
	中高边坡	岩质边坡高 18~15m,土质边坡坡高 5~10m
	低边坡	岩质边坡高小于 8m,土质边坡坡高 5m

分类依据	名称	特性
坡长	长边坡	坡长大于300m
	中长边坡	坡长100～300m
	短边坡	坡长小于100m
坡度	缓坡	坡度小于15°
	中等坡	坡度15°～30°
	陡坡	坡度30°～60°
	急坡	坡度60°～90°
	倒坡	坡度大于90°
起伏程度	平整坡	坡面基本平整,无较大凹凸
	凹凸坡	坡面凹凸不平,有较大坑穴
稳定性	稳定坡	稳定条件好,不会发生破坏,可以直接进行生态恢复施工
	不稳定坡	稳定条件差或已发生局部破坏,必须处理使之达到稳定后才能进行生态恢复施工
	已失稳坡	已发生明显的破坏,不能进行生态恢复施工

9.3.3.3 边坡生态工程技术

常见的边坡坡面防护与植被恢复技术主要包括钢筋混凝土框架、预应力锚索框架地梁、工程格栅式框架、混凝土预制件组合框架地梁、工程格栅式框格、混凝土预制件组合框架、混凝土预制空心砖、浆砌石框架、松木桩(排)、仿木桩等技术模式。

(1)钢筋混凝土框架技术　钢筋水泥混凝土框架填土植草护坡,是指在高速公路路基边坡上现场浇筑钢筋混凝土框架或将预制件铺设在坡面上形成框架并在其内充填客土,然后在框架内植草以达到护坡绿化的目的。该技术适用于公路、铁路、城镇建设等项目,适用于土质、土石混合、岩质边坡,适用于浅层稳定性差的高陡岩坡和贫瘠土坡上效果尤为显著,适用坡比为1:1～1:0.5。

(2)预应力锚索框架地梁技术　由钻孔穿过软弱岩层或滑动面,把锚杆一端锚固在坚硬的岩层中(成为锚头),然后在另一个自由端进行张拉,从而对岩层施加压力对不稳定岩体进行锚固,达到既固定框架又加固坡体的效果,这种方法称预应力锚索框架地梁护坡。适用于公路、地铁、矿山、城镇建设等项目,适用于较松散、必须用锚索加固的高陡岩石边坡,边坡坡度大于1:0.5,高度不受限制。

(3)工程格栅式框格植被护坡技术　综合利用混凝土构件的防护强度高、抗破坏能力和耐久能力强,植物生长快速的特点,是一项高标准的陡坡防护措施,同时也更好地体现出生态护坡的理念。适用于河道整治、公路、景区边坡、城镇建设等项目,适用于土质边坡防护,适用于陡坡陡坎。

(4)混凝土预制件组合框架护坡技术　预制件可以在预制场大量生产,且现场施工简单,能够快速发挥护坡固土作用,有利于减少坡面在植被未形成前的水土流失。适用于公路、铁路、公园、城镇建设等项目,适用于土质、土石混合边坡,适用于坡比不大于1:1的坡面。

(5)混凝土预制空心砖护坡技术　具有增强边坡表层稳定性、防水土流失等功能。成功地解决了"绿化与硬化"的矛盾,对于营造生态景观、改善环境,起到了积极作用。混凝土预制空心砖可在预制场批量生产，施工简单，外观整齐，造型美观大方。适用于公路、河道整治、城镇建设、矿区、公园等项目，适用于土质、土石混合挖填边坡。适用于矿区坡度不陡于1：1的稳定边坡，每级坡面高度不超过10cm。

（6）浆砌石框架植被护坡技术　浆砌石框架植被护坡技术是通过浆砌石形成坡面防护框架，在框架内栽种灌草或形成工程、植物综合坡面植物防护体系，植被恢复初期可有效减轻坡面水土流失，同时还可以起到稳定坡体表面的作用。常用于公路、铁路、城镇建设、矿区等项目，适用于土质和土石边坡，强风化岩质边坡也可应用。一般适用于坡度在1：0.75~1：1.5，超过1：1时慎用，坡高每级不超过10m。

9.4　国外路域生态系统恢复经验

9.4.1　德国：保护路域生物生息环境

1992年巴西里约热内卢国际环境会议明确了可持续发展是21世纪人类环境的目标。德国政府在环境政策方面，为了实现可持续发展的现代化，道路施工各阶段路线建设部门与自然保护部门之间密切合作（见图9.8），将以下环境问题作为重点来考虑：①地球气候的稳定（尤其是对CO_2、NO_x、FCKW等温室气体的抑制）；②自然平衡的保护（尤其是对土壤、水、大气、植物、动物的保护）；③自然资源的节省（减少化石燃料的消耗以及原材料的循环利用）；④人类健康的维持（大气和水体的净化、交通噪声的抑制、绿色食品）；⑤用最小的环境代价促进经济的发展。

9.4.1.1　未来道路建设的任务

当前，交通是环境污染和能源消耗的第一位原因。因此，交通政策要坚持可持续发展的原则，建立必不可少的、环境污染尽可能低的交通管理网络。德国的交通政策侧重以下目标的实现：①回避不必要的交通建设；②发展环境污染小的交通工具，如公交、铁道、船运等；③通过改革技术而使环境污染达到最小；④限制用于道路、铁路建设的土地利用；⑤公路、铁路、航空、海上交通等各种各样交通系统的网络化。

9.4.1.2　德国的低污染道路建设

道路建设所产生的环境影响有两方面：一方面是道路本身对环境具有的影响；另一方面更主要是道路上行驶的车辆所产生的交通影响。即燃料消耗、排放的气体、噪声等方面的影响。道路建设本身也可以通过景观与自然的保护、减轻环境污染的手段与管理方法等来实现环境保护的目标。

按照欧洲的基本方针，德国的道路设计者必须对伴随道路建设所产生的负面环境影响加以预测、评价，尽可能回避或者必须采取补偿措施。

对环境影响较大的道路建设，按照1985年欧洲颁布的条例，必须进行环境影响评价。设计者应事先对规划的道路建设可能对人类、植物、动物、土壤、水体、空气、气候以及景观的影响进行预测。实际上德国从1976年开始，法律上就规定了建设项目要避免对自然和景观产生负面影响或者将影响降低到最小程度。如果不可避免地会产生影响，应采取适当的景观保护措施加以补偿。

9.4.1.3　注重生物栖息地保护的道路建设

道路规划必须慎重对待各种各样的自然保护区域。通常对冠以"自然保护区"与"国家前面空心砖可随机排成花纹形。施工量大大减少，施工简单，外观较大方，造价低于公路绿篱格，据调查适用于植草，可适用于土壤。山坡防护较好。

（8）筋条砖护坡和草皮混合使用，可设置于松软不稳固坡面或松软的坡面，实际中构建植物护坡效果比较好。在实际工程中植物护坡与工程护坡经常一同使用。结果使土壤水、肥、气、热协调，同时植被与工程护坡同样可起到防护作用，坡度较一般坡面高，适用于土壤坡地，坡度较小土坡地。坡度陡用1:0.75～1:1.5。根据工程的不同而有所差异。

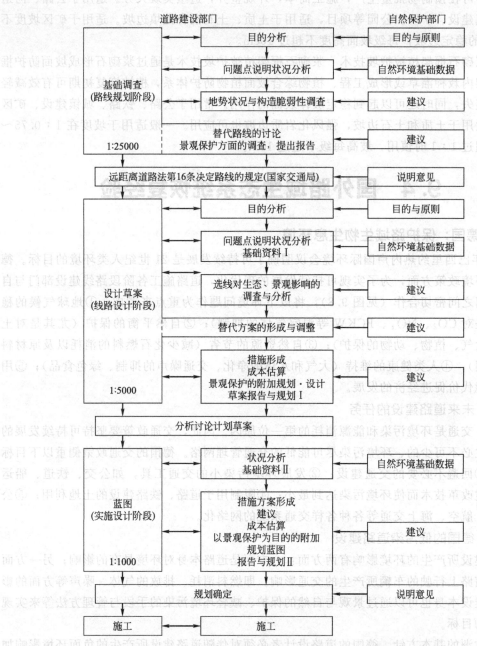

道路建设部门   自然保护部门

图 9.8　施工各阶段路线建设部门与自然保护部门之间的密切关系
(引自龟山，1997)

公园"的地方，应加以严格保护，绝对不能进行道路建设。"景观保护区域"与"自然保护区"及"国家公园"相比限制稍微宽松一些，道路建设虽然没有明确禁止，但必须对自然与景观给予特别的考虑。

根据欧共体（EU）动植物生息地保护条例，现在所有欧共体国家已经形成了一个动植物生息地保护网络——Natuera 2000。这个保护网络的目标是：保护或改善濒危或个体数目骤减的动植物种的生息地。保护欧洲鸟类的重要栖息地的条例已于 1979 年颁布。针对这些保护区域，如果没有替代方案或非优先考虑道路建设带来的公共福利的情况下，道路建设是不允许的。即使是工程得到批准也必须充分考虑补偿措施。

德国国土面积的8%被列入欧洲自然保护区域，55%为农业用地，30%是森林，仅有3%属于接近自然的动植物生息地。

德国的人口密度是230人/km²，是欧洲人口密度最高的国家之一。但存在地域性的差别，人口密度在50~1000人/km²。按照新的德国自然保护法，自然保护区域要达到国土面积的10%以上。但目前这个数字只是政策的目标。

道路建设规划许可的情况下，自然保护机构在道路的设计、自然保护与补偿的具体措施等方面提出意见。在充分尊重自然保护机构意见的前提下，如果没有有效的补偿措施，自然保护机构会请求道路建设方支付"补偿金"。"补偿金"用于其他自然保护区域。

9.4.1.4 德国生态道路建设的具体措施

① 为了使道路建设对自然环境的影响达到最小化，在自然保护价值非常高的地段建设"生态桥"或"绿色桥"。主要考虑由于道路建设而隔断了动物迁移路线，而且普通的桥梁无法保障动物的正常迁移。

② 在交通量很大的联邦道路，路面汇集的雨水流入河道之前首先进入沉淀池净化。沉淀池设置有滤油"栅栏"。从景观上考虑，这种沉淀池模仿自然池塘来设计。

③ 两栖类动物由于道路建设隔断行动路线的情况下，道路建设者必须为两栖类设置"路下通道"以及产卵的水池。

9.4.2 荷兰：消除道路生境破碎化

9.4.2.1 生息环境破碎化问题的对策

针对道路建设对自然环境的影响，尤其是为了减轻城郊地区的生息环境的破碎化，荷兰政府于1990年制定了"自然政策规划"。规划提出了"短期目标是杜绝机动车道路建设所造成的'国土生态系统网络'的破碎化；长期目标是逐步较少现已破碎化的案例"。根据这个规划，列入"国土生态系统网络"且已经破碎化的案例，到2000年40%、2010年90%要进行修复，或采取措施减缓影响。这个消除破碎化目标的完成情况每年要向国会提交报告。到1998年为止，机动车道路与国土生态系统网络"交叉场所"的36%完成了防止生息环境破碎化的措施。

9.4.2.2 消除破碎化的调查研究

荷兰道路水利技术研究所针对道路与交通对动物种群的影响进行调查研究，其研究成果对生息环境破碎化防止对策的开发与改善很有意义。最近的研究侧重于：交通照明对鸟类繁殖密度的影响调查；道路对野生动物的分散阻隔状况的模型化；动物局部场所种群灭绝过程的模型化；动物个体数与周围景观类型的关系调查等。

9.4.2.3 消除破碎化的对策

① 对策实施的优先场所：机动车道路的管理者，从众多需要实施"消除破碎化"的候选场所中正确选择优先实施的场所是非常重要的。

② 对策的种类：目前荷兰实施的对策见表9.3。

③ 对策的评价：近年来，荷兰政府对投资实施生息环境破碎化修复的效果不断进行评价。在评价的同时，对目前为止使用设施的改善、设施类型的多样化、设施设置数量等提出了新的战略方案。

表 9.3 荷兰机动车道路动物通行设施

动物通行设施	场所数
天桥	4
小型隧道	300
大型隧道	3
考虑动物通行而变更设计方案的土木设施	100
其他	4

注：引自龟山，1997。

9.4.3 日本：保护与重建多样化道路生境

日本从 20 世纪 80 年代开始意识到生态道路建设的重要意义并进行了很多实践。在自然森林保护与恢复、道路坡面植被恢复与绿化技术、利用道路两侧空间人工创建生物生息环境、保护丰富多彩的自然地域、保护与恢复路旁湿地等方面积累了丰富经验。

日本在道路绿化方面起步比美国晚二三十年，但现在其道路绿化水平处于世界领先地位。日本道路绿化的根本思想可以归纳为两点：一是尊重自然；二是以人为本。

日本的坡面绿化技术已逐步发展到工程措施与植物措施相结合，绿化工程方法不下十种。如在 20 世纪 50 年代，学者仓田宜二郎首次提出"绿化工程"的概念，产生了诸如喷附绿化、袋筋绿化等坡面绿化工程技术，取得了良好的植被恢复效果；20 世纪 80 年代，在湿法喷播技术的基础上，开发出了客土喷播技术，解决了在石质边坡上进行植物种植的难题，是绿化技术的一大进步；20 世纪 90 年代，山寺喜成和竹内雅彦都认为坡面树林化有利于边坡的稳定。

目前，根据日本生态道路委员会的调查，有 40 多条道路列为生态道路建设的示范案例。如日光宇都宫道路、横滨横须贺道路、常磐自动车道、阪神高速公路北神户线等。

9.4.3.1 成立生态道路专门委员会

建设省关东建设局 1992 年 1 月成立了生态道路专门委员会，由昆虫类、鸟类、小动物、鱼类、植被等方面的专家与政府、道路建设集团等开发者共同构成。该委员会的职责是对以下项目进行咨询评议：建设区域的自然环境调查；道路的规划、施工、管理的每个阶段对应的自然保护措施；选定与生态系统调和的线路，确保动物的迁移路线；替代生物生息地的选择等。对象不仅仅是新建道路，还包括已有道路用地内的动植物的生息、生育环境的创造，目的是建设与自然环境共生的生态道路。委员会还负责对野生动植物生息相关的道路进行调查与研究，包括：对已建设道路的两侧斜面生息的昆虫、鸟类等的实际状况、自然生态环境恢复的实例与恢复方法的收集；潜在自然植被恢复的尝试；水边生态环境的改善；沿路野生动物共生的策略等。

9.4.3.2 推动生态道路的建设

生态道路建设的有效推动，要依靠道路建设相关的规划、设计、施工、管理的每一个阶段的对应措施。道路建设部门与自然保护部门之间，从道路的规划到施工不同层次上的问题都要面对。因此，两个部门之间不断的联络、讨论、调整也很有必要。以往道路建设部门单方面主观地进行规划、设计，现在必须与自然保护部门共同进行、相互协作、密切接触、加深理解，最后制定出更为理想的规划。

9.4.3.3 示范案例的实际调查与评价

为了对已建设道路的动植物的实际生息状态进行把握，关东地方建设局在日本道路公团的协力下，在一般国道和高速自动车道之中选定具有地域特性的示范案例，全年对鸟类、昆虫类和植物类实施现场调查。

调查结果表明：伴随道路沿线建设的绿地有多种生物栖息；道路两侧的有限空间树林的多样性与生物种类多样性相关；道路沿线的绿地规模较小，应与周边的绿地形成网络化；作为鸟类的生息环境，对丰富地域生态系统有重要作用；道路沿线有限的水边环境空间，对生物类型的多样化作用明显。

9.4.4 其他国家：道路自然生态保护与恢复

美国等发达国家从三四十年代就意识到了道路建设中生态平衡的重要性，开始在道路边坡开展植被恢复工作，例如 R. H. Moorish 和 C. M. Harrison 早在 1943 年和 1944 年就进行了公路两侧草皮种植的试验，通过不同播种时间、不同草种及草种组合的小区试验来探讨建立草皮的方法；20 世纪 50 年代后制定法律要求新建公路必须进行绿化，并采用多种机制奖励对公路绿化作出贡献的团体；非常重视人与自然的和谐统一，尤其重视湿地的保护。

"尊重自然、恢复自然"的理念在加拿大的道路建设中得到了充分的体现。在设计、施工中，将对自然的扰动、破坏努力控制在最小的限度内，如在施工前先将树木或树桩移走，建成后搬回原地栽植；在动物出没的地段建设动物通道，避免对动物栖息地的分割；尽量避绕森林、湿地、草原等重要生态区域等，均已成为道路从业人员的自觉行为。

在公路生态环境保护方面，为保证公路建设与环境保护持续健康发展，安大略省交通部在环境战略计划中，将最大限度地减少公路对自然和人文环境的负面影响作为公路建设的重点目标。加拿大是森林、植被覆盖率相当高的国家，公路线形设计基本按照原地形、地貌走向设计，尽量避免高填、深挖，因而很少发生水土流失现象。对边坡、急流槽、挡墙的处理均采取以石块或箱石处理方式，因此，看不到国内最常见的浆砌片石结构。

为避免生态环境在公路建设和维护中遭破坏，安大略省交通部在承包合同中明确规定承包商必须承担的环保义务。对施工中受影响的地区，事后要通过选种适宜的花草树木等措施使其恢复生态平衡。针对野生动物经常出没的路段，有针对性地设置了环保标志。

采取一切措施，尽快地恢复原来的自然群落。尽量避免人工痕迹，使路域植被与周围环境融为一体。公路绿化以保护沿线生活环境和自然环境，提高行车安全性和舒适性，提供和谐的公路景观为根本目的，不"哗众取宠"。因此，在其公路上见不到"行道树"等明显的人工绿化痕迹，一般的立交也没有树木，一切回归自然。

在英国，基于道路沿线生态环境的保护、恢复及优化，人们越来越重视道路的生态设计。当人们开始计划修建一条新的道路时，会首先对这个修路计划进行生态学方面的评估。评估的内容包括：该计划对动植物产地和栖息地的破坏程度、由于干扰而导致动植物的死亡率、对原有林区和绿地的分割程度、对沿线水域的影响情况及可能造成的污染程度等。通过评估可以使有关部门在修建道路伊始就能够采取正确的方法保护生态环境。

参 考 文 献

[1] 亀山章，エコロドー生き物にやさしい道づくり．株式会社ソフトサイエンス社，東京，1997.

[2] 张玉芬．道路交通环境工程．北京：人民交通出版社，2000.

[3] 毛文永. 生态环境影响评价概论. 北京：中国环境科学出版社，1998.

[4] 黄小军，陈兵. 高速公路生态恢复若干问题探讨. 公路环境保护，2003，(2).

[5] 张凤毛. 简述以可持续发展理论指导公路建设. 华东公路，1998，(5)：74-76.

[6] 赵康. 基于环境影响的公路路线方案优选. 森林工程，2003，19 (2)：21-22.

[7] 章家恩，徐琪. 道路的生态学影响及其生态建设. 生态学杂志，1995，14 (6)：74-77.

[8] 陈红，梁立杰，杨彩霞. 生态公路概念浅析. 公路运输文摘，2003 (2).

[9] http://www.jtzx.net.cn/cgi-bin/zwolf1/show.cgi? class=2&id=166，2004.

[10] 孙青，卓慕宁，朱利安等. 论高速公路建设中的生态破坏及其恢复. 土壤与环境，2002，11 (2)：210-212.

[11] 21世纪德国道路建设中自然保护与生息环境的形成. 道路与自然 (日)，2001 (冬号)：10-12.

[12] 陈济丁，杜娟，江玉林. 公路绿化综述. 公路运输文摘，2002，(9)：12-13.

[13] 皋学炳. 公路建设必须与环境保护同步进行. 北京公路，2002，(2)：28-31.

[14] 叶慧海. 发达国家公路建设的环保观. 中国公路，2003，(2)：55-57.

[15] 王华，彭余华. 公路建设生态工程设计研究. 内蒙古公路与运输，2000，(4)：27-28.

[16] 贾成前，杨国栋. 高速公路临时用地复垦技术和生态恢复技术研究. 交通环保，2000，21 (6)：23-26.

[17] 杨国栋，贾成前. 高速公路用地复垦技术及其效果评价. 交通环保，2001，22 (2)：28-31.

[18] 刘朝晖. 高速公路路域景观恢复工程设计研究. 交通环保，2000，21 (6)：27-29.

[19] 江玉林，陈济丁，许成汉等. 中国南方公路生物环境工程实施的原则与实践. 交通环保，2000，21 (2)：23-26.

[20] 张浩，王祥荣. 城市绿地的三维生态特征及其生态功能. 中国环境科学，2001，(2)：101-104.

[21] 陈爱侠. 路域生态系统环境功能与稳定性的初步研究. 长安大学学报：建筑与环境科学版，2003，20 (1)：11-13.

[22] ハンス・ベッカー，生息環境の分断とその解消：インフラによる生息環境分断への対策の経緯、成果、および事業化手法. 道路と自然，107・00春号：11-13.

[23] 角湯克典，道路事業における生態系の環境影響評価手法. 道路と自然，110・01冬号：8-9.

[24] 刘世梁. 道路景观生态学研究. 北京：北京师范大学出版社，2012：122-127.

[25] Toward a Sustainable Future: Addressing the Long-Term Effects of Motor Vehicle Transportation on Climate and Ecology Washington, D.C: National Academy Press.

[26] 江源，顾卫，陶岩等. 道路生态影响与公路边坡植被恢复生态研究. 北京：中国环境科学出版社，2011，29-58.

[27] 沈毅，晏晓林. 公路路域生态工程技术. 北京：人民交通出版社，2009：15-19.

[28] 刘德松. 基于生态道路设计相关问题的思考. 黑龙江交通科技，2013：32-34.

[29] 赵方莹. 边坡绿化与生态防护技术. 北京：中国林业出版社，2009：64-103.

[30] 周培德，张俊云等. 植被护坡工程技术. 北京：人民交通出版社，2003：142-144.

10 城市自然生态恢复

10.1 城市自然生态恢复概述

城市自然生态恢复是指利用生态恢复学的理论方法，对城市发展变化中的环境生态要素进行重新整合，以维持城市生存和发展的城市建设和规划手段。从 20 世纪六七十年代以来，城市的发展过分地强调了政治、经济等社会职能，而忽略了城市作为人类聚集地而应该具有的生态职能。针对这种状况，人们将生态恢复的理念应用到城市建设和规划中，希望重新塑造城市景观，完善城市的生态职能。

作为城市生态规划中一项带有区域性质的长期性的策略，城市自然生态恢复是以合理利用、保护城市生态环境资源为基本任务的生态规划手段。它的目的在于对城市发展过程中所造成的和即将造成的环境破坏进行恢复和保护。城市自然生态恢复的过程，是以生态城市为发展目标，对城市现有的物质环境进行有机更新，促进城市社会、经济、自然系统向协调、有序的状态演进的过程。城市自然生态恢复可以促进城市内部人类与环境的协调，有效地抑制城市环境的恶化，改善城市的生态环境质量，实现城市的可持续发展（沈艳丽，2004）。

10.1.1 城市自然生态恢复的目标和原则

10.1.1.1 城市自然生态恢复的目标

由于城市环境问题的日益突出，进行城市自然生态恢复是实现城市可持续发展的必由之路，虽然我国的城市自然生态恢复还处于起步阶段，但是我们应该在初期阶段就根据城市自身的特色，制定城市自然生态恢复的目标。城市自然生态恢复的目标应该综合考虑城市的地理区位、环境气候、能源资源供给、历史人文条件等城市要素，结合城市本身的发展特色来确定。城市自然生态恢复应该因地制宜、各具特色。城市自然生态恢复的主要目标如下。

① 自然生态景观的保护与恢复。目的是保护和恢复自然景观或生态系统结构、功能，增强其整体性和自稳性，并用健全的自然生态为城市提供多种公共利益。

② 增加城市生物多样性。目的是保护城市地区物种的变异性，构成区域多样性保护的重要组成部分，与城市自然景观、生态系统保护紧密联系。

③ 实现城市植被与地带性植物群落的恢复，提高城市生态系统服务功能。

④ 创造视觉优美的城市自然景观。

10.1.1.2 城市自然生态恢复的基本原则

城市生态系统与重建要求在遵循自然规律的基础上，通过人类的作用，根据技术上适当、经济上可行、社会能够接受的原则，使城市退化生态系统重新获得健康并有益于人类生存与生活。

（1）整体优化原则 从系统分析的原理和方法出发，强调生态恢复的目标与省市总体规划目标的一致性，追求社会、经济和生态环境的整体最佳效益，努力创造一个社会文明、经济高效、生态和谐、环境清洁的人工复合生态系统。子系统之间和各生态要素之间相互影响、相互制约，不仅影响到区域或城乡大系统的稳定性，而且直接关系到系统的结构和整体功能的发挥。因此在城市生态规划中必须协调好生态农业、生态林业、防洪系统、城市建设等子系统间的有序和平衡。在生态恢复中，充分利用有限的绿地空间，通过绿地景观格局的优化设计，完善绿地生态功能和游憩功能。

（2）景观连续性原则　城市绿地往往处在城市建筑环境的重重包围之中，因此，通过设置绿色廊道，规划环城绿带公园、设置绿地斑块之间的"踏脚石"等手段加强鼓励绿地斑块之间的联系，加强绿地间生物物种的交流，形成连续性的城市生态网络，是城市绿地生态规划与城市生态恢复的重要任务之一。

（3）保护优先原则　更多地保留城市中的自然环境和自然风景，减少城市扩展和建设对原始生境的破坏，保留更多的自然植被和自然地形，同时在城市中营造野生动植物栖息地，改变原来先建设再恢复的模式。保护城市中具有地带性特征的植物群落，含有丰富乡土植物和野生动植物栖息的荒废地、湿地、自然河川、盐碱地、沙地等生态脆弱地带，这些地带在恢复和重建城市自然生态环境和保护生物多样性方面有很大的潜力。因此，区域生物多样性的调查、分类、监测、评估等很重要，包括陆地、河川、湖泊、湿地等，这些是保护生物多样性绿地环境和可持续利用的基础情报。在城市建设和扩展过程中，确定保护优先原则，这是城市生态保护与重建理念的根本性转变，也是城市自然生态恢复与重建的根本性原则。

（4）生物多样性原则　生物多样性包括遗传多样性、物种多样性和景观多样性。遵循多样化的生态恢复原则，对于增进城市生态平衡、维持城市景观的异质性、创造丰富多彩的城市自然生态系统具有重要的意义。通过合理规划设计植物材料，可以在城市绿地中创造丰富多彩的物种多样性。物种多样性的提高，必须以乡土树种为主，模拟当地自然植被的顶级群落类型，设计物种丰富、结构合理的景观。

（5）可持续性原则　要充分研究城市远期发展的规模和水平，指定远景发展目标。在城市向外扩展的同时，要留出足够的空间来为将来安排生态建设之用。将临时绿地和永久性绿地相结合，同时重点解决近期内环境质量较差、居民游憩困难的地方的绿地建设问题。以环境容量、自然资源承载力和生态适宜为依据，积极创造新的生态工程，寻求最佳的区域生态位，强化认为调控未来生态变化趋势的能力。

（6）因地制宜原则　在城市绿化建设中，一方面要使绿地更好地发挥改善城市环境质量，美化环境的作用，另一方面，在满足植物生长条件的基础上，尽量利用荒地、山地等布置绿地。另外，在各城市绿地面积、数量、空间格局等绿地指标和空间形态的规划设计时要从实际的需要和可能出发，因地制宜，避免生搬硬套，单纯追求某一种形式、某些指标。利用乡土树种和地带性植物，营造多样的、带有地域特色的城市绿地系统，影视城市绿地生态设计的基础，在选择植物方面，优先选择地带性植物和乡土植物，对创造优美、稳定的植物群落具有重要意义。

（7）多重目标原则　城市是人类居住和生活的主要场所，因此，城市生态恢复不可能像自然保护区建设那样隔离于人的影响之外。城市生态恢复一般都兼顾多种目标，如绿色廊道体系同时具有生物廊道、城市景观塑造、城市户外空间营建、历史遗迹保护及教育、游憩、观光等多种功能。这种多目标的方法消除了传统规划方法将生态保护与开发对立起来的局面，为自然引入城市提供了条件。

（8）经济合理原则　对于城市来说，要维持其生态系统的稳定性和多样性，必须向系统

178

输入能量。因此，一定的经济投入仍是必需的。消减经济投入有利于人们以更科学、更理性的思想去考虑城市自然生态要素的功能及存在的问题。通过保留自然生境、充分利用乡土树种和地带性植物、建立雨水汇集系统实现水资源的循环利用、重视群落自我维持以及支持自然演替的养护管理可以达到节省维护投入的目的。在养护经费削减、减少劳动力和机械投入、控制化肥和化学药品使用的情况下，创造自然的城市生态景观。

10.1.2 城市自然生态恢复的限制因素

(1) 土壤状况　城市内土壤大多缺水干旱，土层较浅且土质瘠薄。其中影响最大的是土层浅和土壤中的杂质，极大地改变了土壤结构和性质，使得城市内的土壤结构和性质复杂，差别很大，甚至有的区域不适合任何植物生长。即使在城市中正常生长的植物，其生命力也在很大程度上受到土壤的影响和制约。因建筑或地下设施施工使植物根系受伤，或者因土壤密实直接造成植物衰弱或窒息死亡。近些年，许多城市内大量植物的衰弱和死亡，与土壤透气性及土壤污染直接相关。

(2) 空气污染　空气污染在城郊或许不是重要问题，但对靠近交通拥挤的公路地段、较密的住宅区、工业区或城市商业中心区以及在能使空气污染物积聚的局部地区则是重要问题。如城市中空气烟雾和二氧化硫、氮氧化物、臭氧的浓度增加，常造成植物的损害，国内多个城市都开展过这方面的监测和研究。而有的城市空气中二氧化硫浓度并不高，但以酸雨形式落下的硫酸盐沉积物也会使城市内的植物受到损害。

局部重污染是危险因素，有研究表明，空气中 N 成分增加时，蚜虫对山楂、荚蒾的群体危害大大增加，是氨化物和氨基物造成蚜虫虫口密度增加。另外，空气污染还可能会加速真菌孢子繁殖，引起植物叶部病害加重。

(3) 水危机　随着城市的不断扩展，水的供应越来越困难，这是全世界都面临的难题。中国的水资源匮乏且分布不均，多数大城市都面临水危机。城市湿地消退、水环境恶化、敏感物种消失，甚至绿地灌溉也对城市用水构成压力，尤其在干旱和半干旱地区，城市中水资源的短缺成了生态建设和生态恢复的重要限制因素。

水危机同时促使城市建设者和管理者采取积极的应对措施，改变现在的绿地建设和管理模式，利用本地植物，建设自然化的绿地景观，减少灌溉用水，增加雨水利用与收集，应是城市生态绿地设计与建设中更有吸引力的选择。

(4) 营养和营养失衡　首先，为城市绿地中植物提供丰富的营养，是目前植物种植和绿地养护过程中的必要措施。然而正是这些富含营养的土壤，给城市自然生态恢复和城市生态绿地的维护造成困难，也使传统的公园向生态公园的转变陷入困境。

其次，由于城市内空气污染造成营养沉降，再加上人为的营养供给，造成绿地中营养失衡。城市绿地中化肥的大量使用以及营养元素失衡，不仅直接影响到植物生长，而且造成的营养流失，进入城市水体，还造成水体富营养化，对城市环境产生连锁影响。据北京对大量侧柏古树进行衰弱原因调查，土壤中 P 过量直接造成叶片失绿、灰化、树势衰弱，甚至濒危死亡。许多城市的绿地几乎都发生过由于元素失衡而造成病害增加、花量减少、长势衰弱、物种消失等问题，这也是城市绿地维护中的突出问题。

(5) 城市景观的破碎化　四通八达的交通网络，将城市切割成许多大小不等的斑块，与周围大面积连续分布的农田和自然植被景观形成鲜明对照，破碎化成为城市景观的主要特征。由于城市景观功能的多样性和人为活动的复杂性，使得城市中自然生态过程受阻，破碎的景观和分散的绿地极大地影响了绿地生态效益的发挥。

（6）城市的扩展　城市的不断扩展和环境的恶化是全世界面临的难题，人们生活在城市中，建设性破坏使所有生态建设和恢复手段成为城市中艰难的工作。许多城市面临城市化浪潮，尤其在发展中国家，大规模的城市建设在创造财富和就业机会的同时，也带来许多的生态损失。这种由城市建设带来的生态破坏有时比灾害和灾难给城市环境和生态带来的破坏更严重。

（7）人的影响　公园自其出现就成为城市居民亲近自然的场所，许多的城市绿地提供娱乐活动，随着旅游业和城市居民休闲、娱乐需求的增长，城市中心区绿地以及郊野公园甚至城郊风景区越来越受到人的影响，人的活动、机械损伤以及过量游人的践踏是城市绿地面临的最直接和主要影响之一。

对于城市绿化，有些人不考虑野生状态的潜在的利益，喜欢受控制的和有序的景观。有些人则只把自然看作是至高无上的、超凡脱俗的精神寄托。那些对规则式观赏性强的景观具有强烈愿望的人，常常认为野生环境不整洁，没有养护好，或在某些方面出现退化，而另一些人认为，退化是因为受到人类太多的影响，规则和管理正好体现了人类对环境的管理和改善。但问题是，过于规则或修剪整齐的绿地，使城市失去自然化，又被认为过于呆板。

一些生态学家倡议将观赏绿地改掉，而代之以本地的树木，甚至提出禁止在城市中栽植外来植物，因为它们对"生态无用"。对许多生态学家来说，"园艺"强烈的装饰性对改善城市生态是烦扰活动。城市绿地的设计者和建设者，认为绿地规划设计在城市景观方面占有重要地位，让土地保留自然状态如何体现设计和建设的成就？一些城市居民也对保护自然缺乏热情，甚至表示出敌意。人们普遍接受，城市绿化建设也应体现出建设规模，是城市化进程的一部分，虽然这使得野生动物在城市中越来越少，生存不断受到威胁，但现实的情况是，绿地建设中人们仍然选择半规则且有大量观赏植物的园林，大多数人也仍然喜欢看到城市的绿化作为建设成就来改变城市面貌。

（8）政策的连续性和规划的超前性　尽管城市化压力越来越大，但保护城市生态和绿地生态设计的政策应是连续的，这从各个国家许多历史名城的保护中可以得到验证。对于城市建设者来说，对大面积绿地的考虑应优先于对城市不动产的考虑。美国首都华盛顿和澳大利亚首都堪培拉分别是由景观规划设计师奥姆斯特德和格利芬设计的，连同美国波士顿"翡翠项圈"规划、西雅图的奥姆斯特德遗产以及风靡世界的英国自然式风景园林，都表现出设计师卓越的才能和城市管理政策的科学性与连续性；从中国古老城市的围城、建园到古典园林与城市规划融为一体，建设"山水城市"，也体现了城市建设者和决策者对自然与城市发展的深入研究。当前成功的城市规划，最初不管是有意识的科学规划还是无意中的保留，这样的结果只有依靠时间的检验。但事实上，这必须是明智而有远见的决策者和规划师才能实现的，还必须有公众的参与。这方面世界各国遇到的问题最多，也是城市生态恢复最困难、最重要的限制因素之一。

（9）自然灾害与战争　自然灾害、灾难以及战争常造成城市绿地的严重破坏和树种的大规模更新，对城市生态环境的破坏是巨大的。如第二次世界大战期间，柏林、圣彼得堡等许多欧洲城市的绿地都受到严重破坏，战后重建时，不得不重新规划并进行大规模的树种更新。一些生物入侵种，吞噬和压制本地物种生存，对本地生态安全构成威胁。另外滑坡、泥石流、火灾、地震等灾害也常直接或间接造成城市绿地受损，甚至有些灾害、战争频繁的城市，其生态保护和恢复十分艰难。

（10）经济投入　任何城市的经营者都会考虑到城市公共设施的管理成本问题，绿地建设和管理也是一样的，从建设时开始，人们就期望以低的投入建立长效的绿地，同时运用较低的维护投入实现绿地植物群落的自然演替，并能持续地为改善城市环境作贡献。但在投入建设费、削减养护费的思想指导下，城市绿地的自我维持和自然演替往往不能令人满意。客观说，几乎所有的城市绿地都会遇到投入不断增加的问题，包括资源利用、劳动以及土地成本等多个方面。而养护管理是一项持续性的工作，在城市维护经费不足的情况下，绿地的建设和养护管理往往首先被削减经费，这在发展中国家是普遍现象，甚至一些发达国家也为不断上涨的养护经费担心，削减经费投入是城市绿地建设和维护面临的现实问题之一。

10.2　生态绿地建设与城市自然生态恢复

城市自然生态恢复的目标是注重人和自然关系的调节，营造丰富的城市景观，创造丰富的城市生态系统多样性，借助自然生态系统调节人类的生理和心理。故此城市自然生态恢复的主要方向侧重于城市自然生态系统的多样化设计，营造多样化生态型绿地，以提高城市的生物多样性。

10.2.1　城市生态绿地建设原则

（1）乡土化和地带性原则　利用乡土树种和地带性植物，营造多样的、带有地域特色的城市绿地系统，应是城市绿地生态设计的基础，在选择植物方面，优先选择地带性植物和乡土植物，对创造优美、稳定的植物群落具有重要意义。

（2）物种多样性原则　物种多样性是城市绿地自然化、提高绿地生态功能的基础。"没有多样性就没有稳定性"。城市绿地中多物种的共生是绿地生态功能的重要体现，也是绿地生态设计的目的。通过绿地生态设计与建设，让城市绿地成为物种的栖息地，实现城市物种多样性的保护。

（3）群落稳定性原则　城市生态绿地设计应重点关注绿地植物群落的稳定性，利用植物种间关系和生态位理论，建立稳定并具有自我维持能力的植物群落。通过构建多样、复杂的种类组成和结构，形成植物群落对生境的适应和对外界侵袭的调控与抵御机制。

10.2.2　城市生态绿地建设途径

10.2.2.1　城市生态公园

生态公园起源于欧洲。早在20世纪20年代，面对迅猛的城市化进程，从保护自然景观出发，西方的景观设计师们就开始将城市绿地设计成与自然一致的植物生境和植物群落，从1925年荷兰海尔勒姆附近建造了包括树林、池塘、沼泽地、欧石楠丛生荒野、沙丘在内的绿地之后，英国、加拿大、美国等国迅速掀起生态公园建设的高潮。自然化和乡土化设计成为生态公园最大的特点，为城市公园的建设与改造又注入了新内容。在英国，影响最大的生态公园是1977年建成的伦敦William Curtis生态公园，原址是停放货车的场地，面积1hm²。通过植被的自然演变，公园内无脊椎动物、鸟类和小型哺乳动物逐渐增多，1984年发现的蝴蝶达21种。此后，伦敦市先后在废弃煤场、废弃码头、市中心建造了10余个生态公园。Camley Street Natural Park是伦敦最著名的生态公园，共0.9hm²，作为城市更新和城市土地环境教育的典范，以水池、沼泽、草地、灌木丛和林地形成复合生境，成为自然化的城市绿地。

生态公园注重乡土植物和抗逆性强的地域性植物的利用，依靠自然植被的拓展建立多生境的植物群落，构建生物多样、接近自然演替的生态系统。在管理中，充分发挥自然过程的力量，最大限度地减少人工管理，减少水、化肥、农药的应用。因此，生态公园是在城市中实现自然化的公园，以生态途径改善城市景观，最大限度地接近和实现城市中的生态恢复，避免使绿化成为破坏城市环境的人为活动。受生态公园的影响，1987年比利时哈瑟尔特市野生动物公园建设、1992年德国斯图加特市公共绿地自然化、丹麦欧登塞市生态公园的尝试、2000年加拿大的许多城市开始让野草回归城市等。从传统公园向自然化公园的转变，被市民接受都经历了一个过程，但结果证明生态公园是实现城市自然化的重要途径。

生态公园所体现的生态恢复理念对城市公园建设乃至城市绿地系统规划和建设将产生重要而深远的影响，尤其对于正处于大规模城市建设与城市生态保护矛盾中的中国城市，绿地系统规划和建设无疑有了更加明确的方向——自然化，改变过分人工造景和装饰美化的倾向。

10.2.2.2　城市自然遗留地

城市向周围农村地区扩展需要一个过程，许多废弃地或未开发的闲置地，通过多年的自然演替，保持着自然生态的特性，这一点在大规模的城市建设中往往被作为"不美"的景观而被无情地美化，但随着生态意识的增强，许多的景观设计师和园林专家开始思考城市生态和城市中的自然，反思城市绿化发展的道路，从数年前提出的让城市充满大自然的生趣，到现在提出自然化应是城市绿化发展的趋势，这充分体现了人们对城市绿化的新思考。人们对在城市中保留自然地或恢复自然地的特性与功能，有着极大的需求和愿望。

生态恢复在城市生态建设与保护中越来越深刻地被人们所认识，而正是自然的生态恢复，让人们在久别自然之后，重新在城市中回归自然，大自然无意之举，却成了人们对城市最寄予期望的选择。如上海的江湾机场，经过数十年的废弃，自然界进行了生态恢复，现在由乡土植物组成的植物群落，已能自然演替，区域内形成了生物多样性很高的自然湿地，被专家们称为不可多得的"绿宝石"。另外，城郊结合部已成为许多扩展中的城市绿地系统规划的重点地区，规划师们期望在这里找到城市用地重组、绿地指标提高、遏制城市环境恶化、建设城市生态防护屏障的机会和措施。但同时城郊结合部也是城市中最接近自然的地区，其中保留了许多自然地，乡土植物和自然植被经过多年的自然选择，形成相对稳定的植物群落，是自然界生态恢复的结果，应成为城市园林绿地建设的模板，在城市绿地系统规划中应占有重要位置。城郊结合部的自然遗存和自然生态恢复，为实现城市与周边地区的协调，建立稳定的生态联系，同时也为城市提供生态防护，为许多物种的迁徙提供走廊。城市内的自然遗留地无论从生态意义还是景观建设方面，都应成为城市生态保护的重要内容和最敏感地区。

10.2.2.3　城市森林

城市森林首先是在美国和加拿大兴起。1962年，美国肯尼迪政府在户外娱乐资源调查报告中，首先使用"城市森林"这一名词；1965年，加拿大多伦多大学 Erik Jorgensen 教授最早提出了城市森林的概念；同年，美国林务局提出城市森林发展计划。1968年，美国官方承认了城市森林，以后开始专门研究城市森林，改变美国人口密集区的居住环境。经过几十年的发展，城市森林除发挥生态服务功能以外，也在城市社会经济发展、生态系统的健康和城市居民的生活娱乐方面发挥着重要作用。相关的研究已经成为一门新兴的交叉性学科。

城市森林的范围很广，涉及城市市政、水域、野生动物栖息地、户外游憩场所、园林设计和抚育管理等多方面内容。虽然对城市森林并没有统一的概念，但都是面对城市生态问题，致力于建立城乡一体化的森林生态系统，形成大区域的绿化。这为城区的绿化、近郊的风景林、防护林抚育和远郊的森林公园和环城林带建设，统筹规划城市绿地系统，改善城市的景观格局，维护城市的生态安全，限制城区的无序蔓延，提供了新的理论和模式。

虽然城市森林提出的时间并不长，但已经引起世界许多国家的重视，在引导城市生态绿地建设、改善城市生态方面，越来越走向综合性的研究。首先，城市森林的生态服务功能研究更为复杂，自然森林研究可以提供借鉴。其次，城市森林的生态规划与设计生态规划就是运用生态学原理、方法和系统科学的手段去模拟自然森林的各种生态关系，这是城市绿地生态设计的重要途径之一。目前许多国家和城市都开始根据地域特点和实际规划城市森林，北京和上海的城市森林正在规划和建设之中，而对原有城市绿地系统和被破坏的城市森林的恢复与重建也成为城市森林生态规划的重要内容。第三，城市森林的经营与管理也为传统的城市绿地的养护管理注入了新的内容。由于城市森林所处的环境受人为因素的干扰很大，因此维护城市森林的生长和健康是突出的问题。需要制定出相关的法律法规，加强管理，从技术上形成规划设计、施工以及生态维护的方法。此外还涉及城市居民和全社会的广泛参与，这为城市生态建设与保护提供了很好的宣传和教育样板。美国的城市森林经营与管理、日本明治神宫的森林营造都是很好的典型，我国的长春、上海浦东已经开始了城市森林的建设。城市绿地的生态设计与建设更应向自然的森林学习，若敢于在城市中人工植树造林，必应保持其永久的繁茂。

10.3 特殊空间绿化与城市自然生态恢复

10.3.1 特殊空间绿化概况

在特殊空间绿化的各种方式中，屋顶绿化和垂直绿化都有很长的历史。垂直绿化的工程技术相对简单，而屋顶绿化则相对困难，但是，由于屋顶绿化的生态功能更显著，对城市生态恢复的贡献更大，它成为了特殊空间绿化的主要研究方面，国内外进行了很多的有益尝试并逐渐摸索出比较成熟的屋顶绿化设计建造模式。

在近代建筑史上，第一个尝试屋顶绿化建设的是1959年美国奥克兰港市的凯泽中心。虽然该中心的屋顶绿化面积只有1.2hm²，但是在屋顶绿化设计的技术探索中，它起到的作用却是里程碑性的。该屋顶绿化在植物的选择上，对种植的植物种类进行了深入的研究，选择了根系并不发达的植物以减少对防水层的破坏；在给排水系统上采用自动喷灌系统对花园的植物进行养护；在地形的塑造上采用架空轻质土堆砌自然郊野景象，这些都对以后屋顶绿化的建设带来了很大的启发。

在此之后，世界上许多国家都开始屋顶绿化的建设。在法国巴黎，树木和花卉在一幢幢高楼大厦上立足；在英国伦敦，清凉的林荫道在屋顶上展开；在加拿大，以轻型多孔材料为建筑主体的"盆景式"空中花园在18层的办公大厦顶端美轮美奂；在巴西的圣都蒙特广场上，墙壁和屋顶上如茵的绿草，与广场的花圃、喷泉相映成趣。除此之外，德国、日本、俄罗斯、意大利、澳大利亚、瑞士等国的大城市中，也都有着千姿百态的屋顶绿化。

在20世纪70—80年代，我国就开始进行了垂直绿化的尝试，直到今天，很多城市居住区和城市建筑物还依然保留着以前种植的绿化植物,并具有良好的生态功能,在城市的生态系统中发挥着良好的作用。近年来,我国的大中城市也开始了屋顶绿化的尝试,在北京、上海、重庆、深圳、广州等地都建设了各具特色的屋顶花园。据全国主要大中城市如北京、上海、广州、重庆、成都、武汉、杭州等地的不完全统计,在新建和改建的屋顶绿化中,绝大多数均取得了良好的社会效益和绿化效益,尚未发现因增建屋顶绿化设施引起建筑物结构事故(如屋顶漏水)的事例(石红旗,2003)。

10.3.2 特殊空间绿化的功能和效益

在现代城市中,由于特殊空间的绿化不占用城市土地面积,而又具有良好的生态功能,是城市自然生态恢复的一种行之有效的途径,城市设计者们渐渐开始将目光集中到特殊空间绿化上面。特殊空间绿化逐渐成为城市绿化系统不可或缺的一部分,极大地促进了城市生态恢复的进程。

10.3.2.1 特殊空间绿化的分类

城市特殊空间是城市中通常不为人注意的一些场所和角落,由于它们在建筑上缺少实用价值,往往被闲置着,但是只要合理地设计利用,这些地方就可以作为城市自然生态系统存在的良好场所。根据目前的实践,城市特殊空间指城市建筑物的立面和屋顶,不过城市交通公路的防噪墙面、城市轨道交通的路基、城市中的栅栏、隔墙、围墙、坡道等所有城市建筑中垂直的、水平的和斜向的空间都可以理解为城市特殊空间。利用这些空间进行城市的生态设计,进行城市中的生态恢复具有巨大的发展潜力。

按照绿化点位的不同,城市特殊空间城市的绿化可以分为建筑物外平面绿化、建筑物内平面绿化和立面绿化三种(见表10.1)。对应不同的城市功能,城市特殊空间的绿化也可以分成自然共生型绿化和城市防灾型绿化。

表 10.1　城市特殊空间绿化的分类

城市特殊空间绿化	建筑物外平面绿化	屋顶上	各种城市设施、城市建筑物的顶面
		高架上	高速公路、立交桥、步行桥等
		人工铺装地面	广场、车站等无法进行常规绿化的硬质地面
	建筑物内平面绿化	室内空间	办公室、起居室等
		地下空间	地下停车场、地下通道、地下室等
	立面绿化	建筑物立面	各种城市设施、城市建筑物的立面
		高架垂面	各种高架杆、防护网等
		其他立面	各种围墙、栅栏等

注:引自日本都市绿化技术开发机构,1998。

10.3.2.2 特殊空间绿化的效益

城市特殊空间的绿化作为城市绿地系统中的一个重要组成部分,相当于城市生态恢复的基石,可以渐渐完善城市的生态功能,为城市自然生态的逐渐恢复作出贡献。特殊空间绿化带来的效益可以分为生态效益、环境效益、社会效益和经济效益(见表10.2)。

(1)生态效益　城市特殊空间的绿化完善了城市自然生态系统,使城市中人与自然的关系更加和谐。特殊空间绿化有效地降低了城市负荷,改善了城市生态功能,并使城市中人与自然的关系上升到一个新的层次。

表 10.2　城市特殊空间绿化的效益

生态效益	降低城市负荷	减少城市资源利用	降低城市建筑的损耗,减少资源使用量
		减少城市能源利用	调节建筑物温度,减少能源的耗费
	改善城市生态功能	改善城市小气候	改善光吸收、降低风力、改善水分平衡
		改善城市大气环境	吸附降解大气污染物,具有防风滞尘作用
		形成特有的城市景观	体现了城市建设的先进性
		增大居住满意度	改善人居环境,提高人口素质
环境效益	改善环境	净化空气	降解 CO_2、NO_x、SO_2 等空气污染物
		调节空气温度和湿度	通过植物蒸腾作用散发水分
		防风滞尘的作用	植物叶片的防风滞尘功能
		净化水质	城市湿地生态系统具有净化作用
		降低环境噪声	隔声降噪
		减少光污染	减少光反射,控制城市光污染
社会效益	增加城市绿量缓解用地矛盾		创造了新的城市绿化空间
	调节生理、心理压力	降低心理压力	减缓神经压力,调节心态
		减缓精神疲劳	具有凝神醒目的作用
		增强环境保护意识	可以提高公众的环境意识
	加强城市防灾能力	预防火灾	植物具有阻燃作用,可以防止火灾发生
		在灾难中保护建筑物	在震灾、火灾中可以保护建筑物不受损害
		增加逃难通道	在灾难中可以引导逃生通道
		增加避难场所	在灾难中可以作为避难场所
经济效益	提高建筑物的商业价值		提高建筑物品味
	保护建筑物	遮蔽日光,防止建筑老化	减少了涂料中的光化学反应
		降低温差,减小建筑损坏	减少了建材因热胀冷缩引起变性的可能
	节省建筑物能源		有效地调节建筑物温度,节省能源
	改善城市投资环境		利于城市整体景观的改善

注：引自日本都市绿化技术开发机构，1998。

特殊空间绿化可以降低城市负荷，减少城市对资源和能源的需求，缓解城市生态系统对其他生态系统的压力。同时可以改善城市生态功能，特殊空间绿化增加了城市的植被覆盖率，可以有效地改善城市小气候、改善城市大气环境并增强生态系统稳定性。城市小气候和城市光吸收、城市风力和城市水分平衡有关，而城市绿化对这三个方面都有重大的改善作用。城市绿化系统还可以通过降解污染物、吸收温室气体、防风滞尘的作用改善城市大气环境。城市绿化系统还增大了城市中的物种多样性，降低了城市植物病虫害爆发的可能性，增强了城市生态系统的稳定性。

日本的一项研究表明，特殊空间绿化对城市热岛效应具有很好的减缓作用，不同面积的屋顶绿化可以降低城市的平均气温（见表 10.3）。

此外，特殊空间绿化可以创建良好的人与自然关系。它能够提高城市生态系统多样性，形成特有的城市景观和增大居住满意度，城市自然生态系统的恢复能够调节居住者的心态，拉近人与自然的距离，使人类重新审视自身在地球生态系统中的地位和作用，有助于城市居

表 10.3 屋顶绿化面积对热岛效应的缓解

气温降低值	屋顶绿化面积为 20%	屋顶绿化面积为 50%	屋顶绿化面积为 80%
2.2℃/每增加 10%绿化率①	0.33℃	0.84℃	1.41℃
1.4℃/每增加 10%绿化率②	0.21℃	0.53℃	0.90℃
0.3℃/每增加 10%绿化率③	0.05℃	0.11℃	0.20℃

① 美国萨拉门托地区实测值,引自 U.S. Environmental P. A,1992。
② 美国凤凰城地区实测值,引自 U.S. Environmental P. A,1992。
③ 日本东京地区实测值,引自山田,丸田,1989;山田等,1992。
注:引自日本都市绿化技术开发机构,1998。

民环境观念的改善。

(2) 环境效益 特殊空间绿化可以带给城市巨大的环境效益。屋顶绿化可以通过调节城市气环境、水环境、声环境和光环境等改善城市环境,还能够促进城市生态链的恢复,从而促进整个城市生态系统的恢复。

城市绿化系统可以降低大气污染物浓度,调节城市空气温度和湿度,并通过防风滞尘的作用降低城市悬浮颗粒物的浓度。

城市绿化系统可以涵养水土,减轻城市排水系统的压力,从而调节城市的水湿环境(金卫平,1996)。屋顶绿化的土壤层可以蓄积雨水,植物和人工种植土对雨水的吸收作用使屋顶绿化的雨水排放量明显减少。对雨水的截留效应一方面可以减少暴雨后的排水量;另一方面,雨后屋顶绿化中截流的雨水通过蒸发和植物蒸腾,能够缓慢地扩散到大气中去,从而稳定了城市的空气湿度;还有,植物和土壤能够滤除随雨水沉降的少量污染物,减少环境污染物的迁移。

城市绿化系统可以隔绝噪声,降低城市声污染。一方面,植物可以作为声障起到隔声的效果,另一方面,软质的植被对声音具有一定的吸收作用,还可以进行多角度的散射,消耗噪声能量,降低噪声声强。对于声音嘈杂、声污染严重的城市来说,屋顶绿化的这一特色无疑具有很大的环境作用。

无论进行何种生态恢复,植物的恢复都是生态系统恢复的最基本衡量标准。植物是生态系统中的生产者,是生态系统的基础,特殊空间绿化大幅度提高了城市中的植物覆盖率,为城市生态系统的恢复打下了良好的基础。

(3) 社会效益 特殊空间绿化具有良好的社会效益。利用城市特殊空间进行绿化可以增加城市绿量,缓解用地矛盾,创造新的城市绿化空间;城市绿化景观还可以调节人类的生理、心理,有效缓解社会、工作的压力;城市绿化系统还可以加强城市防灾功能,提高城市应对突发事件的能力。

特殊空间绿化可以缓解城市中用地不足的矛盾,解决城市建筑和园林绿化用地的尖锐矛盾(刘建波等,2000;赵定国,2001)。目前,大城市普遍用地紧张,密集的低层建筑环绕着大型建筑塔楼,绿化只能采用见缝插绿的方法。在老城区,各类建筑密度更大,很少或几乎无法进行绿化(金卫平,1996)。必要的城市绿化用地尚难以满足,生态恢复更是无从谈起。利用城市特殊空间进行绿化,不仅可以偿还被挤占的绿地面积,还可以增加城市空间层次,改善城市生态环境,使城市居民享受到丰富的城市园林景观。

特殊空间绿化可以改善城市视觉卫生条件,缓解城市居民的心理压力。在城市中,钢筋混凝土的暗色调往往会给人带来巨大的心理压力,而建筑墙面反射的眩光和阳光的辐射热更会让人有头昏之感。城市特殊空间的绿化能够将城市的丑陋最大程度地掩盖起来，增加城市中的绿色。目前，国内外许多高层宾馆都采用"绿裙"的设计手法，即在裙楼的屋顶最大限度地增加绿化面积。南京的金陵饭店、古南都饭店、江苏丝绸大厦都采用了裙楼屋顶绿化的设计手法。人们无论是俯视下面还是平视前方，屋顶绿化都给人以视觉的缓冲，使人与建筑物建立起愉快的视觉联系。屋顶绿化与主体建筑的几何空间对比，具有柔和、丰富和充满生机的艺术效果，形成了多层次的城市空中绿化景观。屋顶绿化在人们的生活环境中给予绿色情趣的享受，它对人们的心理调节作用比其他物质享受更为深远。人类来自于大自然，绿色植物本身就具有减缓神经疲劳、治愈神经疾病的作用。目前，在日本已经开始了用植物作为精神护理和疗养方法的研究。屋顶绿化的植物可以减轻城市病的发生，促进人类居住环境的健康发展。

特殊空间绿化还具有一定的防灾功能，如植被具有防火功能，可以隔绝火源，阻碍火灾的蔓延；土壤层可以蓄积雨水，减轻了城市水害的可能性。当城市灾难来临时，不同种类的城市植物种类可以给城市人类引导逃生的正确道路，一些特殊空间绿化如屋顶花园等也可以为人类提供临时的避难所。当城市面临火灾、震灾甚至战争时，特殊空间绿化可以保护建筑物不受损伤。

（4）经济效益　特殊空间绿化还能够带来经济效益。城市特殊空间的绿化增加了绿化的形式，很好地改善了城市景观，在建筑物的特殊空间上进行绿化，如屋顶的公共娱乐场所，无疑能够提高建筑物的商业价值，建筑物特殊空间上的绿化还可以保护建筑物，节约建筑物能源，一些盈利性质的屋顶花园还可以为业主带来商业利润。另一方面，城市特殊空间的绿化可以大幅度提高城市景观的品位，为城市投资者树立良好的城市形象，利于城市招商引资。

建筑物特殊空间绿化可以提高建筑物的商业价值。如将原先弃置不用的屋顶开辟为花园，可以为原先的建筑物提供新的使用功能和新的使用面积。优美的建筑物特殊空间绿化可以让人们得到更多的享受，同时也意味着更高的商业价值。对于开发商来说，建筑物的特殊空间绿化可以作为一种新的卖点。而且，特殊空间绿化还提供了咖啡茶座、休闲娱乐的场所，节省建设空间的同时也带来了商业的利润（刘华钢，2002）。

建筑物的特殊空间绿化可以降低建筑物的损耗，减缓建筑物的老化（戎安，2003）。植被通过隔热、减渗、屏蔽部分射线和电磁波等对屋面起到保护作用，减缓建筑物的损耗（金卫平，1996）。经过绿化覆盖的建筑物表层，在夏季，大部分太阳辐射热量消耗在水分蒸发上或被植物吸收；在冬季，植被起到了保护层的作用。对建筑物的保护作用节省了建筑物的维修支出，也提高了建筑物的寿命。研究表明，在夏天时，进行了特殊空间绿化的建筑物室内温度可以下降 $2 \sim 2.4\,℃$。

建筑物表层的绿化能够节约建筑物的能源。在夏季，由于植被的光合作用和对阳光的阻碍作用，可以降低阳光对建筑物的照射，起到隔热的效果；在冬季，建筑物表层绿化的土壤和植被就是建筑物的一个天然保温层（刘建波等，2000）。建有表层绿化的建筑物可以冬暖夏凉，大大降低了建筑物因为降温和取暖而耗费的能源。

特殊空间绿化可以改善城市景观，打造别具特色的城市。工业时代之后，城市的面貌就一成不变，总是以钢筋水泥的构建作为城市的主体，高楼拔地而起，高架路、高架桥贯通整个大城市，城市景观被大片的灰白平顶屋面所占据。信息时代的来临使城市的职能由生产渐渐转向生活，城市特殊空间的绿化能够在不影响城市正常节奏的前提下，最大程度地改变城市的景观。而城市景观的改善可以树立良好的城市形象，为城市投资者创造良好的投资环境。

10.3.2.3 特殊空间绿化的生态恢复功能

城市特殊空间的绿化增加了城市绿化的数量，提高了城市绿化的质量，有助于丰富城市生态系统的类型。城市生态系统类型的增多可以为野生物种（尤其是野生动物）在城市中提供更多、更好的栖息环境。生态系统多样性和物种多样性的增加使城市生态系统更加稳定。当这种城市绿化模式长期持久地坚持下去的时候，城市自然生态系统就慢慢地恢复了它的生态作用。

城市特殊空间的绿化几乎不占用土地资源，合理地避开了城市用地的矛盾，可以大幅度地增加城市绿地面积，而且特殊空间绿化受到的人类干扰相对较小，有助于植物的生长和发育。城市特殊空间绿化有助于形成城市中的生物缓冲层，为城市昆虫、鸟类和其他动物提供了很好的隐蔽、栖息场所，有助于城市生物链的恢复（见图10.1）。

图10.1 特殊空间绿化为鸟类提供生息空间（引自日本都市绿化技术开发机构，1998）

在城市中，传统的地面绿地模式单一，人类干扰过大，难以为城市生态链的恢复作出太大的贡献。而城市特殊空间绿化远离地面，可以给城市生物提供很好的栖息地，从而逐渐恢复城市生物链。据日本在城市屋顶花园中的调查表明，城市特殊空间绿化可以为多种鸟类提供栖息地，随着城市绿地率的增加城市鸟类的种类和数量都有所增加（见图10.2）。

10.3.3 特殊空间绿化设计方法

特殊空间绿化具有很大的效益，但是传统的城市绿地建设不能完全应用在城市特殊空间的绿化上，在这里，我们需要在传统的建筑技术上进行改进，也需要应用一些新的技术方法，下面以特殊空间绿化中实践最多、设计技术最完善、各种生态效益最大的屋顶绿化为主，介绍城市特殊空间绿化设计和建造方法。

10.3.3.1 特殊空间绿化的有利和不利因素

在城市特殊空间进行绿化建设与普通的城市绿化建设有很大的不同，如在屋顶上建造花园就具有视野开阔、光照好、昼夜温差大、污染小、人流少等有利因素，但是屋顶花园的建

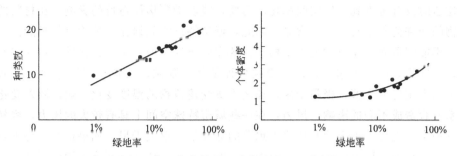
图 10.2　城市绿地率和鸟类数量和种类的关系（引自小河原，1992）

设也受到场地、承重、屋顶形状、方位、风力等许多不利因素的制约，而且从技术条件来说，屋顶造园比地面造园困难得多。

（1）特殊空间绿化的有利因素　特殊空间绿化具有很多的有利因素。例如，视野：城市特殊空间（尤其是屋顶）大多具有比较开阔的视野，可将周围远近景色尽收眼底。屋顶绿化的设计就可以充分利用这一优势，对于好的风景可以加以利用，对于不好的风景可以用植物遮掩，突出空中花园的广阔视角。光照与温差：在建筑物表层遮挡较小，与地面相比光照的强度和时间都相对较长，有利于植物的光合作用；另外由于建筑的影响，建筑物表面吸热快散热也快，昼夜温差大，有利于植物的营养吸收和积累，也有利于植物的生长。空气和污染：城市特殊空间尤其是室外环境，大多数具有良好的空气流通，相对地面来说，污染扩散也会较快。同时，由于城市特殊空间相对隔离，加大了病虫害传播的难度，有利于病虫害的防治。人流：大部分城市特殊空间很少甚至不会遭受人类践踏，受到的其他人类干扰也较小，便于特殊空间绿化的后期管理。

（2）特殊空间绿化的不利因素　城市特殊空间绿化也具有一些不利因素，几乎各种绿化方式都会遇到一些限制因素（见表 10.4）。

表 10.4　城市特殊空间绿化的不利因素

特殊空间绿化种类	环境不利因素
建筑物内部	缺乏日照
	温度和湿度的差异
	缺乏通风
	缺乏降水
建筑物外部	风力过强
	温度升高
	干燥
建筑物立面	光照不足(建筑物遮蔽)
	光照过多(建筑物反射)
	风力过大
	水湿条件不适宜

注：引自日本都市绿化开发机构资料，1998。

屋顶绿化还具有以下几方面的不利因素。例如，地形：城市特殊空间一般具有很规则的形状，如屋顶上一般都是面积一定的工整几何形状，而且在竖向上几乎均为等高平面，地形改造只能在屋顶结构楼板上堆砌微小地形，而且难以进行水景的设计。承重：大多数建筑物在设计建造时没有考虑到特殊空间绿化的需要，或者受到房屋造价的影响，在材料的使用上和建筑物的允许荷载上有一定的限制。因此，城市特设空间绿化的平均重量只能控制在一定范围内，不能超重而对建筑物或人工构造物的安全产生影响。土壤：在城市特殊空间进行绿化设计，必须重新铺设土壤层，由于受到种种条件的限制，特殊空间绿化的土层都比较薄弱，且多为人工合成土壤，极易干燥，加之土壤受建筑物的温度变化影响，温差变化大，对植物根系发育造成不利的影响。风力：在一些城市特殊空间上具有较大的风力，容易形成植被的物理损害，也加大了土壤和植物中水分的蒸发量，形成干旱。如果植物长势不好，还容易造成扬尘，反而对城市生态造成了负面的影响。成本：特殊空间绿化增加了城市绿化系统建设的成本，承重设备、防水设施、后期养护的投资也大于地面绿化带，造成了城市绿化建设经济上的困难。

10.3.3.2 特殊空间绿化的设计（以屋顶绿化为例）

由于特殊空间绿化具有一定的难度，因此需要一定的设计方法来解决这些难题。以屋顶绿化为例，绿化的垂直剖面从上到下依次是：植物和景点层、种植基质层、过滤层、排水（蓄水）层、防水层、保温隔热层和结构楼盖层。在这里，我们简单地介绍屋顶绿化的承重结构设计、防渗透设计、给排水设计和防风设计。

（1）屋顶绿化的承重结构设计　在建筑屋顶端建设屋顶绿化意味着加重建筑物的负荷，这些负荷包括屋顶加固，防漏水及辅助设施等建筑材料重量，种植基质及各结构层（如排水层、过滤层等）的自重及其饱和水分重量，植物本身及其生长后重量，山石、水体、建筑小品及园林设施的重量，风、雨、水、雪等影响的重量，游客的荷载等，一般屋顶的负载为$150\sim180kg/m^2$，而屋顶绿化的负载为$320kg/m^2$（朱向红，姜增彬，2002）。因此我们必须减轻屋顶绿化的重量以减轻屋顶的载荷。可利用的方法包括：减轻种植基质重量，采用轻基质如木屑、蛭石、珍珠岩等；减少大乔木的数量，增加小灌木及绿草地被数量；减少建筑小品的数量，或者使用轻质材料建造建筑小品；选择根系不发达的植物品种，以降低种植土的厚度；尽量选择轻质材料，如人工介质土壤、小型空心砌块、加气混凝土砌块、轻质墙板、铝合金材料和塑料板材等；合理布置承重，把较重物件如亭台、假山、水池安排在主梁、柱、承重墙等主要承重构件之上或其附近，以利用荷载传递，提高安全系数；减轻防水层、过滤层和排水层重量，尽量选用轻质材料，如用玻璃纤维代替粗沙，用陶粒代替砾石等。

（2）屋顶绿化的防渗透设计　植物的根系具有很强的穿透作用，但是以往的建筑物顶层防水设计往往没有考虑这个因素，为了防止植物的根系穿透建筑物的防水层造成漏水，我们需要对建筑物的顶层进行特殊的防渗透设计。可以使用防水布、喷塑夹层防渗漏技术和其他的防水、防穿透材料。

屋顶防水层一般有三种形式：刚性防水层、柔性防水层和涂膜防水层。刚性防水层是在钢筋结构层上用普通硅酸盐水泥砂浆掺防水粉抹面而成，造价低但施工技术要求高。这种防水层的缺点是怕振动，耐水性、耐腐蚀性、耐热性等都较差，曝晒后易干缩开裂而影响防水抗渗效果。柔性防水层是用油毡或PEC高分子防水卷材粘贴而成，缺点是耐热性差，易老化，怕腐蚀。涂膜防水层是用聚胺酯等油性化工涂料涂刷成一定厚度的防水膜而成，这种防水层在温度较高时老化速度迅速加快（陈炳超，1999；缪义民等，2001）。

在具体工作中可以采用如下两种方法：一种是双层防水层法。先铺一层预应力刚性防水层，即二层玻璃布和涂五层氯丁防水胶，然后在上面浇4厘米厚的细石混凝土，内配双向钢筋，做成刚性防水层。另一种是硅橡胶防水涂膜法。先将屋顶用水泥砂浆修补平整，确保表面无粉化、起砂等现象，再在上面铺上硅橡胶防水涂膜（张文渊，2003）。

（3）屋顶绿化的给排水设计 由于植物生长的需要，屋顶绿化需要进行给水系统的设计，而且，由于植物对建筑物顶层的水土涵养作用，旧的建筑物屋顶排水系统的排水能力一般不符合增建屋顶绿化的需要，因此，建设屋顶绿化的建筑需要进行给水系统和排水系统的设计。

首先，喷灌系统是建设屋顶绿化的必要设施，喷灌的方式有人工浇灌、自动喷灌、低压滴灌等多种，所用管道应该采用轻质管材如塑料管（朱向红，姜增彬，2002）。一般要对屋顶绿化进行持续的给水，由于屋顶日照充足，而且风力大，蒸发快，土壤中水分蒸发非常快，所以土壤需加入保水剂。排水系统由排水层、排水管、排水口、排水沟等组成。小面积屋顶绿化，一般通过屋顶坡度外排水方式排水。面积较大的屋顶绿化要采用较大管径的排水管来排水，以免积水，造成植物烂根。

另外，屋顶绿化的排水系统设计除要与原屋顶排水系统保持一致外，还应设法阻止种植物枝叶或泥沙等杂物流入排水管道造成管道的阻塞。大型种植池排水层下的排水管道要与屋顶排水口相适合，使种植池内多余的浇灌水顺畅排出。施工质量是保证屋顶绿化建筑不渗水的关键，因此，在屋顶绿化工程交付使用前，必须进行灌水试验。

（4）屋顶绿化的防风设计 由于屋顶的风力比地面上大得多，为了抗风，在屋顶绿化的设计中，各种较大的设施如亭、台、人造假石山等，都必须用地脚螺栓锚固在屋顶承重层的混凝土结构内，棚架等应进行抗风设计以免倾覆（张文渊，2003）。对屋顶绿化的植物层也应该采用一定的固定措施，尤其是较大规格的乔灌木更要进行特殊的加固处理，常用的方法有：在土层中铺设网状设施以扩大根系固土作用；在土层上结合自然地形设置石块或景观以压固根系；将植物或树木主干成组组合，绑扎支撑。

另外，出于安全的考虑，也应该在屋顶上加强护栏、防护网等安全措施，以免屋顶绿化的植物、设施坠落造成伤害事故，减少人身伤害的可能性。

（5）屋顶绿化的种植设计 屋顶绿化的植物选择要先考察水分情况、日照情况和土壤层的质地和厚度，根据绿化景观设计的需要，有选择地栽种植物。一般选择耐旱、喜光、矮小、浅根、抗风的灌木、球根花卉和草坪、藤本植物。当覆土厚度不大的时候，栽种大乔木应该采用盆栽的方式。一般来说，植物选择原则包括：选择耐旱性、抗寒性强的矮灌木和草本植物；选择阳性、耐瘠薄的浅根性植物；选择抗风、不易倒状、耐短时潮湿积水的植物品种；选择以常绿为主，冬季能露地过冬的植物；尽量选用乡土植物，适当增加当地精品（林夏珍，1998；陈宇英，2001）。

常用的植物栽植设计方式有覆土栽培（地栽）、盆栽（桶栽）、种植池栽和立体种植（棚架、垂吊、绿篱、花廊、攀援种植）等（陈炳超，1999）。选择种植方式时不仅要考虑功能及美观需要，且要尽量减轻非植物重量（如花盆、种植池等）。选用何种方式要考虑当地的环境情况如日照、风力等，也要根据特殊空间的活荷载、载重面的位置、人流量、周边环境和绿化的用途等来确定。

（6）屋顶绿化的景观设计 屋顶绿化的景观设计具有一定的束缚条件，这主要表现在两个方面：一是屋顶一般具有固定的性状和面积，不像地面造园那样可以根据需要设计园林的形状。二是由于负荷的限制不能够大面积地堆砌、重塑地形。由于这两个束缚，屋顶绿化的景观设计方法就显得更加精致。要求充分运用植物、微地形、水体和园林小品等造园要素，组织绿化空间。采取借景、组景、点景、障景等造园技法，充分使用园林景观手法创造出具有不同使用功能的屋顶绿化。在设计中应该注意：屋顶绿化要具有一定的设计风格，针对某一层次的特定群体，确保某种特定内涵和品位；植物配置应该尽量多样化，构成层次丰富、四季变化的景观；特殊空间绿化的景观要和周围的景观相融，注意缩小园林小品、游憩设施、植物、园路、活动场地等的尺度，达到小中见大、意犹未尽的视觉效果（毛学农，2002）。

10.4 多自然型河流与城市自然生态恢复

10.4.1 多自然型河流概述

多自然型河流的概念源于德国以及瑞士。1938 年，德国 Seifert 首先提出近自然河流整治的概念，即指能够在完成传统河流治理任务的基础上，可以达到接近自然、廉价并保持景观美的一种治理方案。1989 年生态学家 Mitsch 提出生态工程（Ecological Engineering）概念，它是指以生态系统的自我设计（self-design）能力为基础，强调透过人为环境与自然环境间的互动实现互利共生（symbiosis）目的。另外，在此之前，也有相当多的类似应用，如 Odum 等曾于 1962 年提出应用自律行为（self-organizing activities）的生态工程理念，将生态工程应用于处理污水，并先后于 1967 及 1973 年应用此理念于盐水湖及湿地（wetland）处理污水等方面。生态工程所重建的近自然环境，能提供日常休闲游憩空间、各类生物栖息环境、防洪、水土保持、生态保育、环境美化、景观维护、自然教育及森林游憩等功能。因此，此类生态工程基本上可归纳为"遵循自然法则，使自然与人类共存共荣，把属于自然的地方还给自然"（WERC，2004）。

20 世纪 70 年代起，一些城市化程度很高的发达国家，如日本、欧美各国等，开始重视对城市河流湿地的保护，并着手对部分已被破坏的城市河流湿地进行恢复。德国莱茵河进行的河流回归自然改造，将水泥堤岸改为生态河堤，不但恢复了河流两岸储水湿润带，还延长了洪水在支流的停留时间，减低了主河道洪峰量。日本对 5700km 河流河道采用自然型治理法，其中 2300km 为植物的堤岸，1400km 为石头及木材护底的河堤，都将按"多自然型护堤法"进行改造，覆盖土壤。美国、法国、瑞士、奥地利等国，也在积极修建生态河堤，恢复河岸植物群落。这些国家在河流环境综合整治中，广泛地采用了"多自然型河流"的建设方法。这种方法是把水边作为多种生物生息空间的核心，并把河流建设成尽量接近于自然的形态，即把自然河流的状况作为样本，在确保防洪安全的基础上，努力创造出具有丰富自然的水边环境，恢复城市河流湿地的自然生态和环境功能。

10.4.2 多自然型河流生态恢复技术

完整的河流生态系统是由水体和流域空间构成的，水和流域空间连成一体而形成生物栖息场所。河流流域空间包括河道、堤防和河岸植被。因此，针对河流结构组成的不同，多自然型河流生态修复也有不同的技术方法。

10.4.2.1 河道治理技术

河道的治理主要是改造河道流向及河床的物理特性，即创造出接近自然的流向，水流要有不同的流速带。具体来说，河流低水河槽（在平水期、枯水期时水流经过）要弯曲、蛇形，河流要既有浅滩、又有深潭，河床要多孔质化，造出水体流动多样性以有利于生物的多样性，为营造出有利于鱼类等生长的河床。其具体技术方法如下。

（1）植石治理法 在日本常将直径0.8~10m大小的自然石经排列埋入河床造成深沟及浅滩，形成鱼礁，这种方法被称为植石治理法或埋石治理法。例如在福岛县伊那川，采用此法营造出适于香鱼喜好的周边流速为60~80cm/s、砾石内部流速约为30cm/s的鱼礁后，据跟踪调查表明，自然河流中香鱼生息密度由1尾/m²左右提高到10尾/m²左右，鱼类因有更佳的生息环境而更快繁殖。植石治理法适用于河床比降大于1/500、水流湍急且河床基础坚固的地方，遇到洪水时，植石带一般不会被冲失，枯水、平水季节又不会被沙土淤塞的河道。

（2）浮石带治理法 另一种常用方法为浮石带治理法，适于那些河床为厚砂砾层、平时水流平缓、洪水凶猛的河床治理。即将既能抗洪水袭击又可兼作鱼巢的钢筋混凝土框架与植石治理法相结合的治理法。

10.4.2.2 河岸治理技术

河流护岸工程的标准型式，一般可分为三种。其一，自然原型护岸。即通过种植植被、利用其根系来稳固堤岸、保持自然河流特性。例如配植柳树、水杨、白杨以及芦苇、菖蒲等喜水植物。但此类护岸抵抗洪水的能力较差，因此只能用于洪水冲刷力小、缓冲力大的河流区段。其二，自然型护岸。即在自然原型的基础上，配置石材、木材等天然材料，来增强护岸的抗洪能力。如采用石笼、天然卵石、柳枝、木桩或浆砌石块（设有鱼巢）等护底，其上筑设一定坡度的石堤，其间种植植被，加固堤岸。这种驳岸类型在我国传统园林理水中有着许多优秀范例。其三，多自然型护岸。即在以上两种护岸的基础上，更多地利用人工手段，如混凝土、钢筋混凝土等，确保护岸抗洪能力。

多自然型护岸是一种被广泛采用的生态护岸。生态护岸是指恢复自然河岸或具有自然河岸"可渗透性"的人工护岸，它可以充分保证河岸与河流水体之间的水分交换和调节功能，同时具有抗洪的基础功能。具有以下特征：①可渗透性，河流与基底、河岸相互连通，具有滞洪补枯、调节水位的功能；②自然性，河流生态系统的恢复使河流生物多样性增加，为水生生物和昆虫、鸟类提供生存栖息的环境，使河流自然景观丰富，为城市居民提供休闲娱乐场所；③人工性，生态护岸不一定是完全的自然护岸，石砌工程可以增加河流的抗洪能力和堤岸持久性；④水陆复合性，生态护岸将堤内植被和堤岸绿地有机联系起来，为城市绿色通道的建设奠定坚实的基础，同时建立的人工湿地可以利用水生植物（如芦苇）的净化处理技术增强水体的自净能力和水体的自然性。常用的多自然型护岸技术如下。

（1）蛇笼护岸法 此法为传统型护岸方法。将方形或圆柱形的铁丝笼内装满直径不太大的自然石头，利用其可塑性大、允许护堤坡面变形的特点作为边坡护岸以及坡脚护底等，形成具有特定抗洪能力并具高孔隙率、多流速变化带的护岸。茂密的水生植物在其间生长之后，能发挥作为鱼类和水生昆虫生存场所的多重效果。同时，植物繁茂的根须可紧缚土壤、增强抗洪能力，且在铁丝腐蚀前就裹住石笼石材，石笼寿命得以延长。

（2）面坡箱状石笼、卵石护岸法 该治理法是将混凝土柱或耐水圆木制成直角梯形框架，再在其中埋入大量柳枝等、直径较大的石头或将直径不同的混凝土管插入箱状框架内，形成很深的鱼巢。在邻水的一侧还可种植菖蒲等水生植物。此法可在营造植物生长护岸的同时，形成天然鱼巢。

（3）河湾治理法 用丁坝等将原来较直的河岸人工形成河湾。河湾漫滩大小各异，形状、深度、底质也可富于变化。它是介于"普通河岸型"与"半沼泽、沼泽湿地型"的河岸，成为多种生物的空间，并为人们亲近自然提供较好的场所。

（4）柳枝治理法　种植柳枝是多自然型河流治理法中最普遍、最常用的方法。这是因为柳枝耐水、喜水、成活率高；成活后的柳枝根部舒展且致密能压稳河岸，加之其枝条柔韧、顺应水流，其抗洪、保护河岸的能力强；繁茂的枝条为陆上昆虫提供生息场所，浸入水中的柳枝、根系还为鱼类产卵、幼鱼避难、觅食提供了场所。柳树品种繁多，低矮且耐水型的柳枝及其他水生植物可被插栽于蛇笼、面坡箱状石笼、土堤等处，应用十分广泛。

10.4.2.3　河流断面技术

河道断面设计的关键是设计能够保证常年流水的水道和能够应付不同水位、水量的河床。可以采用多层次台阶式（复合式）断面结构，低水位时河道保证一个常年流水的蓝带，提供鱼类生存的基础环境，满足 3～5 年的防洪要求；在蓝道两侧为滩地和栈桥，平时可以作为城市中开敞空间环境，亲水性较好，适合市民休闲游憩；当发生较大洪水时，允许淹没两侧滩地和栈桥。此外，可以根据流域地貌、地形的改造，加强河流的防洪能力，被称为"超级堤防"。

10.4.2.4　河岸带植被恢复技术

根据对河流廊道的大量研究发现，河岸植被的最小宽度为 27.4m 才能满足野生生物对生境的需求。一般认为廊道宽度与物种之间的关系为：在 3～12m 时，廊道宽度与物种多样性之间的相关性接近于零；宽度大于 12m 时，草本植物多样性平均为狭窄地带的 2 倍以上，16m 的河岸植被就具有有效过滤硝酸盐等功能。多数人认为，河岸植被宽度至少 30m 以上才能有效发挥在环境保护方面的功能。因此河流植被宽度在 30m 以上时，能起到有效的降温、过滤、控制水土流失、提高生境多样性的作用；60m 宽度，则可以满足动植物迁移和生存繁衍的需要，并起到生物多样性保护的功能。上海市在城市河流改造过程中对河岸植被实行了两级控制，即市管河道两侧林带宽各约 200m，其他河道两侧林带宽度各 25～250m 不等，有效地保护了城市水域环境。

河岸带植被恢复方法一般采用乡土植被恢复、物种引入技术和生物工程措施。为提高河岸带滩地重建后植物的存活率，植被恢复中需对河滩地土壤结构及其氮、磷等条件进行改善，其中，生物过程（特别是营养物质的积累）对支撑生态系统功能的生境发展至关重要。例如，在对皖西潜山县境内长江支流潜水部分退化河岸带进行恢复和重建实践中（张建春，2003），采用了两种植被恢复模式，即元竹-枫杨-苔草模式和意杨-紫穗槐-河柳-苔草模式，从滩缘至岸坡到河岸高地，按照株行距 3m×3m 的密度，形成长 4km、宽 30～60m 不等的河岸植被带。恢复后，该试验区土壤理化性质发生了较大变化。由于土壤养分及其理化性状和其他生态要素的改善，恢复区河岸缓冲功能增强。此外，两者植被恢复模式有利于保护河岸，防风消浪，改善小气候和抗蚀促淤等生态功能。随着植被恢复与土壤条件的改善，潜水河岸带生态系统的生物多样性、稳定性均有所增加。与荒滩地对比，河岸带恢复重建后的生态效益明显。

参 考 文 献

[1]　科尔布·瓦尔特、施瓦茨·塔西洛. 屋顶绿化. 袁新民、何宏敏、崔亚平译. 沈阳：辽宁科学技术出版社，2002.
[2]　沈清基. 城市生态与城市环境. 上海：同济大学出版社，1998.
[3]　杨小波，吴庆书等. 城市生态学. 北京：科学出版社，2000.

[4] 都市绿化技术开发机构，地面植被共同研究会. 地面绿化手册. 王世学等译. 北京：中国建筑工业出版社. 2003.

[5] 景观设计编辑部. 屋顶绿化和社区花园. 吴梅等译. 北京：中国轻工业出版社，2002.

[6] 建设省都市局公園緑地課推薦. 都市緑化技術開発機構編集. 環境共生時代の都市緑化技術. 大蔵省印刷局. 1998.

[7] 都市緑化技術開発機構特殊緑化共同研究書. 新緑空間デザイン普及マニュアル. 誠文堂新光社. 1994.

[8] 日本东京屋顶绿化义务条例. http://news. hotoa. com. cn/newsv2/2000-12-11/5/38007. html.

[9] 沈艳丽. 城市生态恢复与城市发展初探. 小城镇建设，2004，(1)：66-67.

[10] 刘华刚. 屋顶花园——改善城市生态环境的有效途径. 南方建筑，2002，(2)：17-19.

[11] 戎安. 德国城市建筑大面积植被化研究. 环境保护，2003，(10)：60-64.

[12] 王本泉. 城市上空的彩云——屋顶花园. 中国林业，2002，(3)：32-33.

[13] 朱向红，姜增彬. 打造屋顶绿化，改善居住环境. 南方金属，2002，(10)：53-55.

[14] 毛学农. 试论屋顶绿化的设计. 重庆建筑大学学报，2002，24 (3)：10-13.

[15] 张文渊. 城市屋顶绿化装饰与营造. 江苏绿化，2003，(2)：30-31

[16] 缪义民，赖宝清. 对屋顶绿化中几个常见问题的认识和探讨. 中国园林，2001，(4)：31-33.

[17] 陈炳超. 屋顶绿化建造技术. 广西师院学报：自然科学版，1999，16 (3)：108-112.

[18] 石红旗. 谈屋顶绿化规划设计. 科技情报开发与经济，2003，13 (10)：157-158.

[19] 李金娜. 花园城市与屋顶绿化. 山西建筑，2002，28 (4)：152-153.

[20] 赵鑫. 推广屋顶绿化建筑的构想. 科技情报开发与经济，2000，10 (6)：64-65.

[21] 林夏珍. 论屋顶环境与屋顶绿化. 浙江林学院学报，1998，1 (15)：91-95.

[22] 金卫平. 浅议屋顶花园对环境的影响. 江苏绿化，1996，(6)：8-9.

[23] 欧林事务所. 旧金山市恩巴卡德罗大楼屋顶花园平台. 世界建筑，2002，(3)：49-51.

[24] Clouston Brian. 风景园林植物配置. 陈自新，许慈安译. 北京：中国建筑工业出版社，1992.

[25] 希契莫 J. 澳大利亚城市绿地中自然化景观的实施与管理. 17 届国际公园会议 (IFPRA) 论文集，1996.

[26] 陈波，包志毅. 生态恢复设计在城市景观规划中的应用. 中国园林，2003，(7)：44-47.

[27] 王向荣. 生态与艺术的结合——德国景观设计师彼得·拉茨的景观设计理论与实践. 中国园林，2001，(2)：50-52.

[28] 张庆费，张峻毅. 城市生态公园初探. 生态学杂志，2002，21 (3)：61-64.

[29] 严玲璋. 自然化应是上海城市绿化发展的趋势. 天津园林，2003 (总 23)：62-63.

[30] Bernatzky A. 树木生态与养护. 陈自新，许慈安译. 北京：中国建筑工业出版社，1987.

[31] 郭晋平，张芸香. 城市景观及城市景观生态研究的重点. 中国园林，200 (4)，(2)：44-46.

[32] 张庆费. 城市生态绿化的概念和建设原则初探. 中国园林，2001，(4)：34-36.

[33] 丘国贤，张耀江. 迈向绿色大都会. 中国园林，2004，(1)：56-60.

[34] 林楚燕. 郊野公园的地域性研究——以深圳郊野公园为例. 北京：北京林业大学，2006.

[35] 张婷，车生泉. 郊野公园的研究与建设. 上海交通大学学报：农业科学版，2009，27 (3)：259-266.

[36] 余晓华，乔白. 多自然型河流建设措施的初探. 西北水电，2009，(5)：5-8.

[37] 杨芸. 论多自然型河流治理法对河流生态环境的影响. 四川环境，1999，18 (1)：19-24.

[38] 张谊. 城市水景的生态驳岸处理. 中国园林，2003，(1)：51-54.

[39] 李洪远，常青，何迎等. 海河综合开发改造与多功能生态堤岸建设. 城市环境与城市生态，2003，16 (6)：26-27.

[40] 张建春，彭补拙. 河岸带研究及其退化生态系统的恢复与重建. 生态学报，2003，23 (1)：56-63.

[41] 车生泉. 城市绿色廊道研究. 城市规划，2001，25 (11)：44-48.

[42] Zube Ervin H. Greenways and the US National Park System. Landscape and Urban Planning, 1995, 33：17-25.

[43] Searns Robert M. The evolution of greenways as an adaptive urban landscape form. Landscape and Urban Planning, 1995, 33：65-80.

[44] Grayson J E, Chapman M G, Underwood A J. The assessment of restoration of habitat in urban wetlands. Landscape and Urban Planning, 1999, 43：227-236.

[45] Baschak Lawrence A, Brown Robert D. An ecological framework for the planning, design and management of urban river greenways. Landscape and Urban Planning, 1995, 33：211-225.

[46] Ndubisi Forster, DeMeo Terry, Ditto Viels D. Environmentally sensitive areas：a template for developing greenway

corridors. Landscape and Urban Planning, 1995, 33：159-177.

[47]　许木启，黄玉瑶. 受损水域生态系统恢复与重建研究. 生态学报，1998，18（5）：548-558.

[48]　杨冬辉. 因循自然的景观规划——从发达国家的水域空间规划看城市景观的新需求. 中国园林，2002，（3）：12-15.

[49]　宋庆辉，杨志峰. 对我国城市河流综合管理的思考. 水科学进展，2002，13（3）：377-382.

[50]　孙鹏，王志芳. 遵从自然过程的城市河流和滨水区景观设计. 城市规划，2000，24（9）：19-22.

[51]　王东宇，李锦生. 城市滨河绿带整治中的生态规划方法研究. 城市规划，2000，24（9）：27-30.

下篇

生态恢复应用与实践

11 森林生态系统恢复案例

11.1 美国北落基山白皮松林恢复工程

11.1.1 工程背景

　　白皮松主要分布在落基山脉的高海拔地区，从加拿大阿尔伯塔省中部的 Baniff 国家公园到美国怀俄明州的风河流域，且沿着太平洋西北的喀斯喀特山脉脊柱和内华达山脉。由于山松甲虫（*Dendroctonu sponderosae*）流行肆虐、火灾隔断政策和广泛传播的外来疱锈病感染的综合作用，美国北部白皮松（*Pinus albicaulis*）数量大幅度减少。

　　白皮松的减少对北落基山上部亚高山森林生态系统有着严重的影响，因为白皮松林是北落基山地表森林景观的主要部分（面积占 10%～15%），因而被认为是一个关键物种。白皮松所生产的大粒无翼种子，对 110 多种动物来说都是一种重要的食物来源。另外，白皮松是唯一可以生长在严峻高海拔环境的树种，它能够保护积雪层并使雪延迟融化，这可以减少洪水的隐患，并为夏天提供高质量的水源。

　　白皮松的恢复对高海拔地区的生态系统和依靠白皮松而生存的众多动物来说是非常重要的。因此，于 1993 年在美国落基山北部选择五个位置点，采取不同的措施对其实施白皮松林的恢复计划。这五个研究地分别是 Smith Creek、Bear Overlook、Blackbird Mountain、Coyote 和 Beaver，具体位置如图 11.1 所示。这五个位置点被称为恢复区，并被进一步分成恢复单元。通过对每个恢复单元采取不同的恢复措施，观察比较其恢复效果。

图 11.1　美国北落基山白皮松林恢复计划五个实施区域位置图

11.1.2　恢复措施

　　为了提高白皮松的更新和繁殖效果，采取了有计划的火烧、砍伐和人工造林等重要的恢复措施。

11.1.2.1 火烧

白皮松林中发生的火灾有以下三种类型。

低强度地表火灾（underburns）：非致命的地表火，一些高海拔地区由于可燃物的稀少而导致的低强度的火灾。

混合强度火灾（mixed-severity fires）：该类火灾更为常见，火灾的强度在时间和空间上都是不同并且混合的，导致树木景观产生很复杂的镶嵌现象。混合强度火灾发生的时间间隔通常为 60～300 年，烧灼范围经常为 1～50hm²，这与地形和可燃烧物的状况密切相关。另外，火灾烧灼后的开阔地为星鸦提供了重要的生境。

促使物种更替的高强度火灾（stand-replacement fire）：蒙大拿州的西北部，爱达荷州北部和喀斯喀特山脉的许多白皮松林都是由于这种可以使物种更替的火灾而形成的，该类火灾发生的时间间隔往往会超过 250 年。这种火灾通常受风的驱使，并且经常来源于低海拔位置的树林火灾。

火烧程度根据这三种火灾类型可分为三个等级。高强度的火烧规定内放火模拟的为促使物种更替的火灾的影响，超过 90%的上层林冠会被烧毁；中等强度的火烧规定内放火模拟的是混合强度火灾的影响，它集合了能够促使物种更替的高强度火灾与不致命的地表火的混合强度的影响，可造成 10%～90%的上层林冠死亡率；低强度火烧规定内放火模拟的是不致命的地表火的影响。内放火的强度是通过不同风速、可燃物的水分和可燃物量的组合来控制的。大多数的火烧用 3～6m 宽的带状头火来引燃，但是在两个研究地用日光火来模拟 stand-replacement fire，在 Beaver Ridge 研究地用安装在卡车上的火焰喷射器来模拟 stand-replacement fire。

11.1.2.2 砍伐

采用不同强度和类型的砍伐措施可以进行不同目的的白皮松恢复。首先，需要制造"星鸦空地"，也就是砍伐掉方圆 0.4～2 英亩（1 英亩＝4046.86m²）区域内除白皮松以外的所有树木，诱使星鸦藏匿白皮松的种子。这些空地是为了模拟混合强度火灾的影响而设计的。研究发现，星鸦主要生存在 0.1～15 公顷打乱的或无树木的森林斑块。在恢复单元内的"星鸦空地"之间，移除所有的亚高山冷杉和云杉，留下所有的黑松和白皮松。之所以会留下黑松是因为通常认为其生长密度并不会对白皮松幼苗的生存造成不利的影响。

除了 Smith Creek 研究地之外，所有的造林措施都是非商业性的，砍伐下来的树木均被运送出去卖给了当地的米尔斯人以换取最低限度的利润。在 Beaver Ridge 的两个恢复单元（2B、3B）内实施一种被称为"增加可燃物"的砍伐措施，即砍伐所有的冷杉和云杉并把它们放在可燃物量低的地方，从而可以增大白皮松的表面燃料床层来实现所规划的火烧。这种措施会使燃料载荷增加 0.3～2.8kg/m²，并因天然可燃物的热值和分布的不同发生变化。

11.1.2.3 人工造林

因为缺少可用的种子和芽苗，我们只能在 Beaver Ridge 研究地的两个单元（2A、3A）种植白皮松。每个恢复区和恢复单元所采取的具体措施如表 11.1 所示。

表 11.1　不同恢复单元所采取的具体措施

恢复单元	具体的恢复措施
Smith Creek1A	低强度的有计划的火烧
Smith Creek 2A	中等强度大面积的火烧,将一部分面积 0.1～0.2 英亩的树林砍光,保留白皮松
Smith Creek 2B	将一部分面积 0.1～0.2 英亩的树林砍光,保留白皮松
Smith Creek 3A	无处理
Smith Creek 4A	本研究不涉及
Bear Overlook 1A	低强度的有计划的火烧
Bear Overlook 2A	低强度的有计划的火烧,砍伐树木以增加可燃物
Bear Overlook 3A	无处理
Coyote Meadows 1A 2A 3A	无处理
Coyote Meadows 1B	低强度火烧
Coyote Meadows 2B	高强度火烧,并砍掉小树增加可燃物
Coyote Meadows 2C	高强度火烧,无砍伐
Coyote Meadows 3B	在成年树中采用低强度火烧
Coyote Meadows 3C	高强度火烧,并砍掉小树增加可燃物
BlackbirdMountain 1A	无处理
BlackbirdMountain 2A 2B	高强度火烧
Beaver Ridge 1A	无处理
Beaver Ridge 2A	将一部分面积 1～2 英亩的树林砍光,保留白皮松
Beaver Ridge 2B	中等强度大面积的火烧,将一部分面积 1～2 英亩的树林砍光,保留白皮松
Beaver Ridge 3A	将一部分面积 1～2 英亩的树林砍光,保留白皮松并种植幼苗
Beaver Ridge 3B	中等强度大面积的火烧,将一部分面积 1～2 英亩的树林砍光,保留白皮松并种植幼苗
Beaver Ridge 4A	低强度的有计划的火烧
Beaver Ridge 4B	低强度的有计划的火烧,砍伐树木以增加可燃物
Beaver Ridge 5A	中等强度
Beaver Ridge 5B	中等强度火烧,砍伐树木以增加可燃物

11.1.3　恢复效果与经验

　　所有的高中强度的火烧＋砍伐的处理方法都很有效,能有效地创造星鸦所需的栖息地,提供幸存和新生的白皮松的生长条件。然而,白皮松的更新现象并不是特别明显,除了在 Beaver Ridge 种植幼苗对于白皮松林的更新有一定效果之外,其他恢复区域并没有很明显地观察到。这是多重因素导致的结果。星鸦对种子的回收、恢复区域过于严峻的生境条件以及广泛的外来疱锈病和更经常、更严重的山松甲虫的爆发都会扼杀白皮松幼苗的更新。

　　对此,在白皮松死亡率高于 20% 和疱锈病感染率高于 50% 的地区,应当增加抗性植株的人工种植量,以缩短对生态系统的干扰和再生的时间间隔。在放火措施前一年适当砍伐树木,以增加地表可燃物的量来保证火烧后的效果。点火方式同样也很重要,对于经常使用的带状火焰来说,在潮湿的地方并不适合其使用,因此得到的火烧强度比预期的要低,但焰炬火源就可以达到预期的效果。

　　火烧和砍伐作为白皮松生态恢复的第一步,虽然在研究地并没有观察到明显的白皮松更新现象。但观察发现,将火烧和砍伐措施与人工种植抗性植株的方法结合起来,并根据当地的气候、地形等条件将其进行合理的运用,这些措施就会达到很好的效果。因此,更加广泛的、长期的、综合的白皮松恢复和管理迫在眉睫。

11.2 宫胁法在地中海干旱贫瘠地区森林恢复中的应用

11.2.1 工程背景

20世纪80年代，Akira Miyawaki（宫胁昭）教授在日本提出了一个全新的再造林方法，是一种在人类干扰地区快速恢复稳定自然植被景观的有效方法。这个方法实践了自然植被演替阶段（从裸露的土壤到成熟的森林），加速了自然演替过程。该方法营造的森林是坏境保护林，而不是用材林和风景林；造林用的物种都是乡土物种，主要是建群种类和优势种类，并且强调多种类、多层次、密植与混合；使用宫胁法造林成林时间短，自然演替需要200年以上的森林，利用宫胁法只需要20~50年就恢复了。20世纪80年代宫胁法创立以来，在日本已经有550多个成功的案例。从1990年起，又先后在马来西亚、巴西、智利、泰国和中国等国家，应用于热带雨林、常绿阔叶林、落叶阔叶林的恢复与重建，也相继获得成功并取得了显著的效果，使严重退化的环境得到了很快的恢复。然而，这些已有的有关宫胁法的应用都是在降雨量丰富的地区，同样的方法还从来没有应用到地中海干旱贫瘠、面临荒漠化的地方。

1997年，意大利图西亚大学环境学院林业系的研究者们在意大利的帕塔达市北撒丁岛（见图11.2），首次将宫胁造林法应用于地中海干旱贫瘠而面临荒漠化的地区。该地区的自然环境经过人类千年的开发利用，尤其是森林遭受了严重的退化和土壤流失。由于长时间的人类干扰，该地区的森林生态系统得到完全恢复需要很长时间。虽然已经多次使用传统的造林恢复方法，但是大部分都没有取得成功。为了在这种地方合理应用宫胁法，在保留原有理论规则的同时对原有方法进行了修改，种植2~11年后达到了理想的结果。

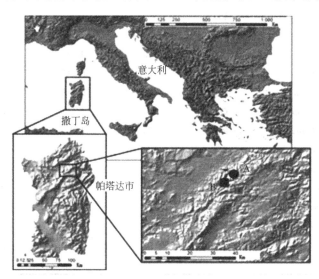

图 11.2　恢复区域的地理位置（分别用黑色圆点和小正方形代表 A 和 B 样地）

11.2.2 恢复过程

为了测试宫胁法，在临近人工湖，海拔为 760m 的 SosVanzos 建立一个 4500m² 的试验田（命名为站点 A）。土地的准备工作包括灌木的清除和耕种，以形成 13 条 3.5m 宽的试验田，种植密度为每公顷约 8600 株。第二块试验田（站点 B）临近 Uca de s'abbalughida，海拔 885m，面积 1000m²，准备工作与站点 A 类似，但是包括整个试验田。在这块试验田里，苗木种植密度约为 21000 株/hm²。在种植前需要对样地进行植物社会学分析，以检查潜在的自然植被，进行树种选择。本次恢复试验所采用的物种全部来自附近的天然林（见表 11.2），同时在测试点对原始的宫胁法进行了几点改进：一是目标地区土壤贫瘠，表层 20～30cm 土壤很难开垦，没有增加新的土壤；二是一些本地早期演替物种（如海岸松和灌木）与后期演替物种一起种植，以提高植物群落的适应能力；三是采用不同类型的材料进行地膜覆盖。

表 11.2 宫胁法在两个样区分别使用的乡土植物种类和数量

物种	缩略名	A 样地		B 样地	
		数量	百分比/%	数量	百分比/%
法国槭（*Acer monspessulanum*）	AM	21	1.22	30	1.40
草莓树（*Arbutus unedo*）	AU	50	2.90	11	0.51
欧洲板栗（*Castanea sativa*）	CS	42	2.44	—	—
南欧朴（*Celtis australis*）	CA	22	1.28	37	1.73
花梣（*Fraxinus ornus*）	FO	8	0.46	9	0.42
枸骨叶冬青（*Ilex aquifolium*）	IA	112	6.50	125	5.84
尖刺柏（*Juniperus oxicedrus*）	JO	—	—	45	2.10
月桂（*Laurus nobilis*）LN		22	1.28	19	0.89
欧洲女贞（*Ligustrum vulgare*）	LV	126	7.31	13	0.61
苹果（*Malus domestica*）	MD	21	1.22	19	0.89
香桃木（*Myrtus communis*）	MC	19	1.10	95	4.44
窄叶冬青（*Phyllirea angustifolia*）	PA	1	0.06	—	—
欧洲冬青（*Phyllirea latifolia*）	PL	—	—	203	9.49
海岸松（*Pinus pinaster*）	PP	273	15.84	155	7.25
西洋梨（*Pyrus communis*）	PC	19	1.10	22	1.03
冬青栎（*Quercus ilex*）	QI	300	17.41	394	18.42
柔毛栎（*Quercus pubescens*）	QP	268	15.55	93	4.35
西班牙栓皮栎（*Quercus suber*）	QS	11	0.64	621	29.03
迷迭香（*Rosmarinus officinalis*）	RO	23	1.33	23	1.08
药鼠尾草（*Salvia officinalis*）	SO	5	0.29	4	0.19
治疝花楸（*Sorbus torminalis*）	ST	18	1.04	24	1.12
鹰爪豆（*Spartium junceum*）	SJ	53	3.08	21	0.98
欧洲红豆杉（*Taxus baccata*）	TB	251	14.57	126	5.89
百里香（*Thymus vulgaris*）	TV	—	—	24	1.12
棉毛荚蒾（*Viburnum tinus*）	VT	58	3.37	26	1.22
合计		1723	100.00	2139	100.00

为了评价改进的宫胁法对于地中海环境的效果和种间竞争的关系，在这两块试验田上都进行了三项调查：在 1998 年 9 月，1999 年 4 月，10 年后的 2009 年 3 月分别进行了用全球定位系统进行的植物定位，高度和 DBH（胸高直径）＞3cm 的植物的统计。此外，对死亡率趋势和相对频率（即每种物种的个体数占植物总数的比率）也进行了测算，还与同时代的两个应用传统造林技术的站点进行了比较，以更好地了解植物生长差异、森林组成和植被覆

盖率。

11.2.3 恢复结果

在 1997 年 5 月种植之后，对试验田进行了监测并对每种物种的死亡率进行了统计。在站点 A，死亡率分别为 15.84%、22.98%和 61%。站点 B 除了第一年的调查外其他两项调查的死亡率都要高于站点 A，分别为 10.24%、35.25%和 84.29%。另外，在样地 A 中，同时出现了橡树群落与冬青栎、柔毛栎和栓皮栎等，同时还存在着早期演替物种（如鹰爪豆、草莓树和迷迭香等）。在样地 B 中，中期过渡物种只有简单植物群落中的栓皮栎和冬青栎。可以看出采用宫胁法的样地 A 的物种多样性比传统恢复法的样地 B 明显高很多。通过宫胁法与其他两种传统方法的比较，结果表示，用宫胁法种植的植物生长更快，特别是早期演替物种。

通过调查结果可知，宫胁法可以提供一个较短的和更有效率的造林方法来恢复地中海的环境，它采用自然的理论原则，不需要进行预先测验。试验过程中，采用了耕作来提高冬季的土壤蓄水量，并减少夏季水的压力。与传统造林法的一些研究结果相对比，避免清除所有灌木丛的做法更适合地中海的环境。另外，对于地中海的环境，在中级和后期演替中添加早期演替是十分有效的。

11.3 苏格兰 Katrine 海湾地区森林景观的恢复

11.3.1 工程背景

Katrine 海湾处于苏格兰的中心地带，位于 Lomand 海湾和 Trossach 国家公园附近，见图 11.3。该海湾是格拉斯哥城市饮用水的来源地，亦是重要的观光娱乐场所。Katrine 海湾

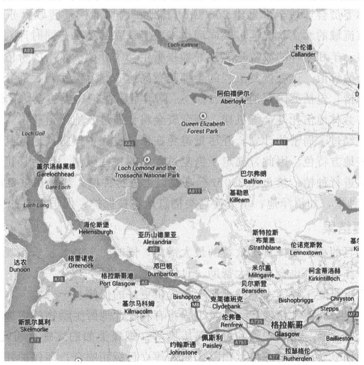

图 11.3　Katrine 海湾及周边区域位置图

地区森林位于 Caledonian 森林的边缘地带，距其最近的森林片断只有七英里。该区域的自然林主要由白桦和苏格兰松组成，还包括橡树、榛树、欧洲山梨、桤木、柳树、樱桃树和杨树等其他树种。另外，在条件比较恶劣的高海拔山坡上还分布有一些灌木丛。

Katrine 海湾及其源头 Arklet 海湾最近因其森林景观恢复工程而成为关注的焦点。过去苏格兰水公司在此拥有土地 9598hm²，但在 2005 年 4 月份将其以 150 年的租期租借给苏格兰森林委员会，这个委员会将在 10～20 年时间内重建超过 8500 公顷的原生态栖息地。这项租借关系将直接导致至少 2000hm² 原生林地的恢复。自中世纪以来，由于森林砍伐和土地开垦原生林已经变得十分稀少，为使其具有空间上的连续性，周边林地也会被恢复。恢复后，这片区域将成为苏格兰最大的由阔叶林如白桦和橡树等组成的森林，而之前苏格兰其他两个具有连续区域的重建森林大部分都是由针叶林苏格兰松组成的。

11.3.2 工程目标

该工程最基本的目的包括：①对现存原生林地的保护、恢复与重建；②通过研究加强对连续区域原生林地的管理；③保护该流域的水资源，包括水质水量两方面；④重新定义保存目的，并加强对林地的监测措施；⑤增加额外娱乐设施以弥补现有设施不足的缺点。

另外，这项恢复工程将会加强行使苏格兰森林政策法中规定的本地管理的优先权，即扩大、加强和连接原生林区域并使其具有连续性。同时此项举措也与 Katrine 海湾地区连续流域管理计划、国家公园局的本土森林和土地框架公约及已经起草的国家公园计划等计划和草案的要求相吻合。

11.3.3 恢复方法

Katrine 海湾地区原生林地的恢复主要是通过现存林地的自然更新和种植本地树种来进行的。该地区有接近 1000hm² 的林地需要巩固，其中有 890hm² 的原生林地及 120hm² 的商业林地，而森林委员会计划至少重建 2000hm² 林地。确切的恢复区域由苏格兰水公司和森林委员会根据该流域的水文状况通过共同商讨来决定。森林委员会同时计划在一些区域通过控制低密度的牛、羊和鹿等的放牧来实现并加强野生动物开放栖息地的价值，进而用来维持该区域生态系统的价值。这项恢复工程的全部花费高达 500 万英镑，大部分的资金将由苏格兰森林联盟来筹措，包括英国石油公司（BP）、英国皇家保护鸟类协会（RSPB）、苏格兰森林委员会和苏格兰林地信托基金等机构，剩余资金将会通过其他渠道获得。

该恢复工程经过了周密的计划，并尽量避免在恢复过程中损害该地区其他的典型生态环境特征以及一些地方特色。因此，规定了恢复过程中的一些限制，包括禁止在特殊科研基地和重要考古区域进行种植；禁止在 350m 等高线以上进行种植；禁止在重要国家植被分类区（NVC）内进行种植，如沼泽地；季节性鸟类栖息地将被保护；保护重要的公共进入通道。

11.3.4 恢复结果

此项工程的目的在于发挥自然效益的最大潜力，同时对于公共娱乐和观光旅游、为当地居民提供本地工作机会等也会有巨大帮助。具体如下。

（1）水资源　恢复工程为本地的水质安全提供更好的保障。

（2）自然/野生动物/文化遗产　恢复工程将有利于此地野生动物的增加，其中包括鸟类如啄木鸟、交喙鸟、鹰、松鸡、鹞和短耳猫头鹰等；蝴蝶类如豹纹蝶；哺乳动物如野兔等。该项工程的预期恢复效果也与苏格兰国家公园的建立目标相吻合，即保护并加强管理国家的自然和文化遗产。

(3) 社区/旅游　森林委员会将与当地社区、国家公园局、苏格兰森林遗产委员会和其他一些机构进行合作，共同为达到此项工程的预期目标并为提高本地娱乐观光收入和提供工作机会作出努力。这项工程的规模足以在环境教育和信息咨询等领域提供很好的工作机会。由森林委员会开发的一些新的旅游路线和野餐地将会与国家公园和伊丽莎白森林公园等其他地方相连接，从而为当地的旅游和经济提供更好的前景。

11.4　广东电白热带季雨林恢复

11.4.1　工程背景

热带季雨林的恢复试验地位于广东电白县的沿海台地上（110°54′18″E, 21°27′49″N），属热带北缘地区。年均温约23℃，最高温度36.5℃，最低温度4.7℃。年降雨量在1400～1700mm，但分布不均，有明显的干湿季，其中干季的10～4月雨量占全年的28%，温季的5～9月占72%。试验区属于滨海台地，相对高差15～20m，最高海拔只有50m。地带性土壤类型为发育于花岗岩上的热带砖红壤，由于地表无植被覆盖，水土流失达百年历史，平均每年冲刷表土约1cm，大部分表土层遭严重侵蚀，亚土层裸露。根据试验区所处的地理气候环境及附近自然次生热带季雨林现状植被的表现，本试验区地带性植被类型为热带季雨林，以桃金娘科、樟科、大戟科、桑科、山龙眼科、山茶科、豆科和棕榈科等为主的一些种类所组成，但由于长期的人为干扰破坏，原生森林早已不复存在，大面积为裸露的冲刷坡，只在局部地方有稀疏而呈丛状分布的灌草丛，常见的有鹧鸪草、华三芒和银丝草等草本及了哥王、越南叶下珠、鬼灯笼和陈氏山矾等灌木。由于近百年的砍伐和开垦，水土流失严重，生态环境恶劣，自1959年起开始对其进行恢复。

11.4.2　恢复目标

该恢复工程的目的是探索恢复热带地区已退化的生态系统的有效途径，提高当地的环境质量，其研究成果可以为森林植被的恢复提供科学依据。

11.4.3　恢复过程

试验地及其周围50km²内水土流失非常严重，土壤极度贫瘠。自1959年起，采用工程措施和生物措施分两步进行整治和森林重建。

(1) 重建先锋植物群落（1959—1964年）　在光板地上，采取工程措施与生物措施相结合但以生物措施为主的综合治理方法。工程措施包括开截流沟和筑拦沙坝等，生物措施是选用速生、耐干旱、耐贫瘠的桉树、松树和相思树重建先锋植物群落。通过这一阶段，可以改善恶劣的环境并利于后来植物的生长。在营林措施上采取了丛状密植、留床苗植等方法，提高造林成活率。

(2) 配置多层多种阔叶混交林（1964—1979年）：在20hm²的先锋群落迹地上，模拟热带天然林群落的结构特点，从天然次生林中引入了黎蒴、铁刀木、白格、黑格、白木香等乡土树种和大叶相思、新银合欢等豆科外来种种植。混交方式有小块状、带状和行混等。树处配置考虑了阳性与阴性、深根与浅根、速生与慢生、常绿与落叶、豆科与非豆科的种类搭配问题。在土壤贫瘠地方恢复阔叶混交林必须要有一定的营林措施。要用小苗定植提高成活率，要挖大穴施基肥保证成林，幼林成林后要封山育林，避免人为干扰。

(3) 发展经济作物和果树（1979—）　在400多公顷侵蚀台地得到全面绿化的同时，环境条件得到改善后，开展了多种经营，种植热带作物和水果。

11.4.4 恢复效果

11.4.4.1 恢复后的森林群落结构

在森林恢复过程中，先后引种了 320 种植物，分属 230 属、70 个科。数量较多的种类有竹节树、黎蒴、铁刀木、白格、黑格、白木香、大叶相思、新银合欢等树种 10 个。

最近的群落调查发现，在 1400m² 的样地中出现 72 个树种。森林群落都可分为乔木层、灌木层和草本层 3 层。群落外貌浓绿，高度达 12m。乔木层覆盖度达 80%，主要种类是红车、樟树、山杜英、鸭脚木、猴耳环、竹节树、黑嘴蒲桃、降真香等。灌木层以九节、黄栀子等占优势，还有鸭脚木、猴耳环等乔木小树，覆盖度为 40%。草本层有弓果黍等草本植物，还有一些乔灌木的小苗。鸭脚木、红车、降真香等种类不仅在乔木层生长较好，个体较多，在灌木层和草本层中也有较多的个体。而大叶相思、黑格等种类在林下没有更新。因此，在群落的进一步发育过程中，会发生一些种类的更替，红车等适生种类将会逐步取代原来种植物大叶相思等而成为群落乔木层的优势种类。这表明群落在发育过程中，对生态环境有相似需要的种类会逐步生长于同一个高度，从而形成群落的层次。群落层次的形成使群落生境进一步分化，从而使适应群落生境的新的种类入侵和发展创造了条件，群落利用资源更加充分，群落可以获得更高的生产力，从而使群落向着地带性植被类型方向发展（Tanne，1980）。

群落乔木层、灌木层和草本层的多样性指数分别为 2.18、3.01 和 4.12，均匀度分别为 0.64、0.77 和 0.79，生态优势度分别为 0.12、0.10 和 0.13。彭少麟（1996）研究发现一个较成熟的群落往往具有较高的物种多样性、较高的均匀度和较低的生态优势度，一个具有较高的物种多样性、均匀度和较低的生态优势度的群落并不一定处于最稳定的状态，广东境内的亚热带区域在自然条件下形成的常绿阔叶林的物种多样性指数为 4～5，均匀度为 0.7～0.8，生态优势度为 0.08～0.12。上述数据表明这个人工混交林虽为不成熟的群落，但已处于向顶极群落演替的过程中。

11.4.4.2 恢复后的森林群落功能

生物量和生产力是衡量生态系统恢复程度的基本指标之一。光板地的生物量基本上为 0，阔叶混交林的三个样地上的地上生物量分别为 46.33t/hm²、72.88t/hm²、112t/hm²、50t/hm²，而同地带的天然林约为 350t/hm²。此外，该群落的生产力达 7.61～9.69t/(hm²·a)。由此可见，退化生态系统恢复后，其生物量与生产力均有较大的增加，而各人工林小于天然林，其主要原因是，人工林层次少，叶面积指数小，而天然林层次多，叶面积指数大，因而要提高人工林生产力，可通过选育光合效益高的树种和种植多层的混交林来实现。

植被恢复后，水土侵蚀会得到控制。光板地的水土侵蚀量为 52.3t/(hm²·a)，而人工阔叶混交林仅 0.18t/(hm²·a)；基本接近天然林的水土保持能力。据李志安等（1995）对小良造林前后土壤的成分分析表明，植被恢复后土壤的理化性质趋于好转。光板地的土壤肥力有减少的趋势。

经过 30 余年对混交林和光板地的温湿度比较观测发现，混交林的年均气温、气温年振幅均比光板地的低，而相对湿度和最低湿度均比光板地的高。尤其是混交林在造林前的 1958—1959 年年均温度是 23.2℃，年振幅是 14.4℃；造林后的 1981—1982 年年均温度为 23.0℃，年振幅为 13.6℃；1988—1989 年年均温度为 22.6℃，年振幅为 12.2℃。这是由于林冠的存在，截留了部分降雨以及进入林内的太阳辐射能量减少，加之林冠层的遮盖作用，阻碍林内外空气的流动，以致林内风速小，乱流作用较弱等，从而出现上述结构。此结果表明热带人工阔叶林的温湿度条件向有利于林木生长的方向发展。

11.5 秘鲁南部干旱森林恢复（伊卡工程）

11.5.1 工程背景

秘鲁南部伊卡地区气候极度干旱，年平均降水量只有0.3mm，植物主要分属于禾本科、豆科、菊科、茄科、锦葵科等，其中牧豆是当地重要的植物。此外，伊卡地区环境退化非常严重，99%的干旱森林遭到砍伐。因此，由英国皇家植物园负责并得到DEFRA达尔文基金支持的"秘鲁南部干旱森林的生境恢复和可持续利用工程"应运而生，该恢复工程俗称"伊卡工程"。图11.4所示为秘鲁南海岸森林生态恢复区域位置图。

图11.4 秘鲁南海岸森林生态恢复区域位置图

伊卡恢复工程的其中一个恢复点 Huarangal 村庄，位于安第斯山脉丘陵地带干旱谷地，有一条季节性流动的河流，植被主要是由干旱林、残存灌木丛构成的。牧豆的高热值使其成为一种理想的燃料，促进了当地铜矿的冶炼，导致人们的滥砍滥伐，并放弃田地去矿山工作，无人灌溉，天然森林和矮林恢复困难，种子库受损。本地植被的减少及森林砍伐的增多，使得当地一条季节性河流被侵蚀消减成为一条深达15m的干涸沟壑。

11.5.2　工程目标

该工程的目标有以下三点，尤其侧重第三点。

① 基础调查。到现在为止，遭到严重破坏的秘鲁南部干旱森林和与其相关的生态系统科学知识库还非常匮乏。因此，这项工程的首要目标是进行全面的基础调查，对秘鲁南部植被群落中的植物标本进行收集并编制目录。另外，该工程还需对鸟类、爬行动物以及其他动物进行深入的研究，做好该项工作是完成这项工程另外两个目标的基础。

② 生物多样性恢复。在工程初期，伊卡没有陆生植物保护区。经过长期的努力争取到伊卡和纳斯卡两政府为修复区提供树苗。保护区的试验地点和苗圃地均建在当地社区和农业基地，并受到当地政府制定的相关政策的保护，从而能够保证工程的顺利进行。

③ 宣传教育。为了达到此目的，伊卡工程组织者与当地农村和城市社区（包括地区政府、地主和工商业人士）通过以下方式联合到一起：节日集会、当地学校活动、提高公众意识活动（如开补习班、培训教师和自然资源政策制定者）以及大量的有关本地树种和有用树种混合种植的教育活动。这些活动可以通过海报、印刷的讲稿以及综合性的教学刊物来宣传，主要针对者为当地居民，旨在通知当地社区并使公众认识到植物保护和修复对于提高人类生活质量的重要性。另外，通过重建秘鲁南部丰富的自然资源和农业遗产不仅可以重建当地人的民族自豪感，还可与其本身所具有的悠久的文化传统一起成为宝贵的旅游收入来源。

11.5.3　恢复方法

11.5.3.1　保护残存物种

运用遥感手段进行广泛的实地考察和调查，结果显示在秘鲁南部地区，干旱森林只有两个残留种，其中最大的一个种分布在纳斯卡附近的 Rio Poroma。通过国家自然资源协会（INRENA）提供的地图和数据资料，当地管理自然资源的秘鲁政府协会负责监测和控制滥砍滥伐的行为。为此，秘鲁政府和相关保护部门制定了一系列的条约和措施来保护该区域的自然资源。例如，秘鲁爱鸟组织于 2007 年通过了一个针对 850 公顷土地包括 Rio Poroma 河岸林地残留种在内的保护条约；2008 年，尖嘴雀被列为国际组织联盟自然保护的红色名单；由秘鲁爱鸟群体（GAP）和皇家植物园（RBG Kew）达成的国际协议定义了鸟类学相关的专业知识以及包括靠近伊卡市区森林分散区的需要进行深入研究的范围；当地某地区政府撤销了所有使用木炭的许可。

11.5.3.2　恢复本地树种

原产于干旱地区的植物物种通常适应水资源短缺的环境状况和破碎边缘化的生态。尽管当地的生态系统既干旱又脆弱，但是如果给予足够的水分，栖息地还是可以迅速恢复的，并且植物在日光照射下也能够增长。例如，仅仅利用地下水，牧豆树属的植物和秘鲁乳香树的生长速率就会很惊人。由于处于干旱地区，伊卡植被恢复最大的挑战就是要保证当地人民的灌溉用水和对恢复试验的实时监测。

该项目在两种类型的区域建立恢复试验，分别是 Huarangal 村庄和三个伊卡农业工业地。

其中在 Huarangal，恢复试验点有 13 种本地植物种存在。恢复点四周围上了栅栏，并使用泵和发电机到邻近的井里提水。在恢复过程中，避免使用任何土壤改良剂，混合泥团和自然生成的种子，经烘焙、烤干然后埋在灌溉渠和季节性河流中等待自然漫灌，并对山涧河床进行重建。

在农业工业地，建立试验田，用本地物种替换非本地物种；用节水的滴灌、人工地面灌溉和地下滴灌技术及污水渗灌；建立生态栖息地恢复区域，包括人工筑巢来吸引鸟类；在试验田挑选三种本地树种（刺槐、秘鲁胡椒树和牧豆树）种植，并进行对照试验，用每周 1L 的低水量进行灌溉。

对这些恢复试验的检测，最初是每月一次，后期两个月一次，由国立大学圣路易斯冈萨加伊卡学院农学系学生来记录当地每棵树的种源、高度和林冠面积。与此同时也对水供应，植物健康和生态，昆虫的灾害和物候进行观测。在该项目所有监测点记录了大量的数据，从而可以根据不同的外部因素来改变测定方法。

11.5.3.3 建立乡土树种苗圃

该项目与 UNICA 的农学院一起建立一个苗圃，这个苗圃以乡土树种和灌木树种为重点，集中于能反映出当地农业产业中的葡萄、芦笋、洋葱、番茄以及柑橘的生产，而不是本地野生或本地驯化物种（除了棉花）。该项目与学院签署协议，通过建立与 UNICA 现有的苗圃设施相连的植物苗圃，来重新关注本土物种。这个苗圃是由 UNICA 学院的一个拥有几十年的南海岸农林业方面传统经验的成员来管理的。大多数园圃由种子或扦插繁殖了三十多种当地树种，在管理员的培育下逐渐萌芽并繁殖。苗圃目前已生产出 40000 多棵灌木，可以为恢复试验和植树工程提供种苗。

种子贮藏技术遵从 MSBP 开发的方法，并开始开发研究低成本的种子储存、传播和专门技术，以实现某些小种子发芽。例如，15～20 年的牧豆树的种子在室温下储存还能免受虫害并达到 98% 的发芽率，以及使用 50% 的海水让牧豆树种子发芽。

11.5.4 恢复效果

在 Huarangal 村庄恢复地，因避免使用任何土壤改良剂，并且抽取的井水缺乏必要的营养，再加上植物生根受贫瘠的浅层土壤和长期有效的水资源限制，只能依赖于植被残存或临时的河水灌溉渠提供的有机质和水分，恢复难度很大。尽管困难重重，该项目已经掌握到详细的植物和鸟类多样性基础变化数据。

在伊卡农业工业地，种植 24 种先锋物种三年后，70 种新的植物种出现；结合菊科植物生长快速的特点，安置鸟类栖木和造巢地点吸引了 39 种鸟类和两种地方性爬行动物；刺槐、秘鲁胡椒和牧豆树都可以在桉树防风林下生长并逐渐取代现存的桉树；秘鲁胡椒生长异常迅速，18 个月后高达 4.5m。在滴灌区水（10L/天）结合相邻农作物芦笋灌溉的补充，提供了地下 2.5m 水分。

恢复过程中，几乎所有本地植物都可以利用低耗水量灌溉技术取得较好的效果，但不同的植物的响应程度不同，其中山柑科的 *Capparis avicennifolia* 在所有的试验中都长得很慢，因此它在伊卡地区相对比较珍贵。由于当地环境状况的限制，该恢复工程物种的种植要选择合适的地下灌溉、种植密度和地面覆盖体系才会取得较好的恢复效果。

参 考 文 献

[1] Keane, Robert E, Parsons, Russell A. 2010. Management guide to ecosystem restoration treatments: Whitebarkpine forests of the northern Rocky Mountains, U. S. A. Gen. Tech. Rep. RMRS-GTR-232. Fort Collins, CO: U. S. Department ofAgriculture, Forest Service, Rocky Mountain Research Station. 133p.

[2] Schirone Bartolomeo, Salis Antonello, Vessella Federico. Effectiveness of the Miyawaki method in Mediterranean for-

estrestoration programs. Landscape EcolEng, 2011, 7: 81-92.

[3] Lamont Russell. A Forest Restoration Information Service case study: Loch Katrine Forest Landscape Restoration. 2006.

[4] 彭少麟. 恢复生态学. 北京：气象出版社，2007.

[5] 彭少麟. 恢复生态学与植被重建. 生态科学，1996，15 (2)：26-31.

[6] 曹洪麟，余作岳. 广东南部电白小良试验站 4 种森林群落结构的对比研究. 应用与环境生物学报，1998，4 (4)：315-319.

[7] Whaley Oliver Q, Beresford-Jones David G, illiken William M, et al. An ecosystem approach to restoration and sustainable managementof dry forest in southern Peru. Kew Bulletin. 2010, 65 (4)：613-641.

12 水域生态系统恢复案例

12.1 美国加利福尼亚冲溪生态恢复工程

12.1.1 工程背景

冲溪流域位于美国加利福尼亚（California）州，面积为 $133km^2$，流经加州内华达山脉（Sierra Nevada Range）东部的陡峭斜坡，排入一个咸水湖——莫诺湖（Mono Lake）（见图12.1）。河流源自流域上游的积雪融水，较低处河段则处于内华达山脉半干旱气候的雨影区。自 1941—1982 年，洛杉矶水利部（Los Angeles Department of Waterand Power，LADWP）将原来汇入莫诺湖的主要支流引入格兰特水库（Grant Lake Reservoir），使冲溪在格兰特湖水库下游河段消失，并使之前盛产褐鳟（*Salmo trutta*）的一个渔场被迫关闭。到 1982 年，由于径流补给量远远小于蒸发量，莫诺湖水面下降了 7m。在多雨的年份（1967 年，1969 年，1982 年和 1983 年），高流量水流从格兰特湖中涌出，因此需要通过一系列法律的措施确定冲淤水流的最小流量需求，并强制执行了一个恢复工程计划，以改善河岸及水生生境。恢复工作是在加州水资源控制委员会（State of California Water Resources Control Board，SCWRCB）主持的诉讼和听证会背景下进行的。

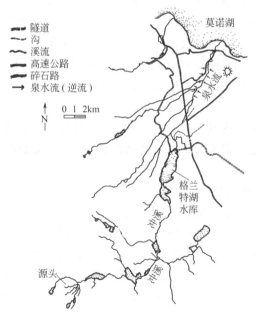

图 12.1 冲溪的地图 "草甸" 河段位于 Narrows 和北部碎石路交叉处

12.1.2 恢复过程

12.1.2.1 堤岸侵蚀和河岸植被恢复

在 1941 年之前，冲溪两侧布满了河岸带植被，特别是坡度较低的泛洪平原河段以 "草甸"而著称。如今所有的河岸带植被都已经因为河道干涸而死亡。恢复计划目标之一是要恢复河岸带植被,然而冲溪河段的河岸带植被恢复存在限制条件,即河道两侧(之前的泛洪平原和河道)高出地下水位太多以致秧苗无法存活。此外,由于它们与河床的较大高差以及格兰特湖水库蓄水造成的洪水减少,两侧河滩不能被洪水淹没(洪水淹没可以增加土壤湿度并可以散播种子)。冲溪两侧河滩之前生长的柳树及其他一些河岸植物,如今都变成了旱生种,如线叶艾(*Artemisia schmidtiana*)。

莫诺湖上游3.5km处的冲溪下游河曲右边河滩上生长着茂密的柳树,而左边只生长着线叶艾和其他旱生植被。在对左侧河岸的实行保护之前,通过对左侧斜地的侵蚀以及新河曲边滩表面的沉积,正在恢复此河段的健康植被。河曲边滩与现有河道具有水文相关性并且为河岸植被的生长提供了有利的条件。

原来的冲溪河道由于侵蚀边滩而拓宽,河岸带植被能够在侵蚀后接近冲积地下水位,在边滩上自然生长。在河口上游3.5km,河道以低于邻近地面0.8m的高度切入地下,进行侵蚀,在河湾的内侧沉积成为河曲边滩。河曲边滩的表面只比夏季水位高出不足0.2m,这里的地下水位很浅,并常常被淹没,长有浓密的柳树及其他河岸植物。边滩高处的斜地只能生长旱生植物。对此冲溪最早的"恢复"工程是在1991年开展的,目的在于阻止河曲边滩的堤岸侵蚀。其规划报告中指出,河岸已被严重侵蚀而且溪流横向侵蚀堤岸情况加重。设计者没有对实际的侵蚀速度数据进行监测,也没有注意到有研究者曾对河曲的横截面进行过测量,其侵蚀速度分别是0.15m/年和0.85m/年。工程还在外侧弯角处种植柳树对其进行保护,即所谓的"软护甲"(soft armouring)保护,该工程明显地考虑到了"生态恢复",因其"依靠乡土植物的'软护甲'代替传统的工程恢复方法"。

堤岸侵蚀并没有对任何结构或其他资源构成威胁,也没有证据显示对该点进行堤岸保护是必要的或有益的,但恢复工程却开始进行了。可能管理者对堤岸侵蚀存在成见,认为侵蚀必然是有害的。管理者对于侵蚀和河水质量表现出极度的关注,并担心如果放任河漫滩的侵蚀,就有可能错过将其恢复成湿草甸(wet meadow)的机会;来自行政部门的压力也在推动恢复计划的实行(草甸恢复可能无法实现,因为维持湿草甸的源泉已经因为坡道上灌溉面积的减少而枯竭了)。

然而,堤岸侵蚀正是河流恢复和植被再造这一自然过程的关键部分。从这个角度看,这个侵蚀控制工程(部分是为将来的草甸恢复创造条件)的实施最终对冲溪下游的恢复产生了负面影响。

12.1.2.2 改善水生生境的措施

为鱼类改善水生生境的措施包括:开挖更大的水;在渠道中放置大石块和其他大型天然材料;在河底铺设沙砾为鱼类制造产卵生境。河底沙砾铺设工程于1991年完成,并于1992年秋天对该工程的效果进行了现场观察,观察结果发现整治过的河段(例如人工铺设沙砾)与未整治的河段相比,前者的产卵生境面积(肉眼观察确定那些具备适宜尺度沙砾、水深和水流速度的地点)是后者的6倍,鱼卵密度是后者的3.5倍。与1990或1991年相比,冲溪内幼鱼的数量大约增加了两倍(或更多),而且在整治河段中幼鱼的密度最高。但是对冲溪工程的后评估只对人工改善产卵地点的可行性和效果情况进行了分析。随后的几年冲溪处于高流动性状态,正是对沙砾安置稳定性情况进行检测的最佳时期,然而由于负责此项恢复工作的机构洛杉矶水利部缺乏足够的后评估资金,所以在1992年后就没有继续进行后续监测。

洛杉矶水利部随后又对冲溪的整个恢复工程进行了一次定性评估，评估结论是该工程缺乏一个以清晰目标为基础的连续恢复策略，而且该工程并未进行设计标准分析。该恢复工程在加州水资源控制委员会和州听证会前的宣讲中也遭到了批评。由于对该工程存在问题的解决方法争议太大，而且也缺乏详细数据资料，所以该工程绩效的目标评价也没有继续进行。

12.1.2.3 冲淤水流的释放

释放一些水流使冲溪的河水终年不断的流动，这需要设置特定流量和流速以保护水生生物和河岸生物。从本质上来说，设置全年最小流量需求（以确保水生生物产卵、哺育后代所需的适宜水流）所需要解决的问题是，某一既定流量填充河道的情况如何，其所产生的深度和流速分布情况如何，以及以上的这些河道填充、深度、流速的情况是否能够满足目标物种的生境要求。从某种程度上来说，由于高流动性的存在以及渠道本身的影响，冲淤水流需求量的设置是十分复杂的。

从 1941—1983 年，流经草甸区部分冲溪的宽度拓展超过原来的 3 倍，所以尽管现在冲溪水流是终年不断流动的，由于径流较浅且河道没有任何树木遮蔽，该处的水生生境仍旧十分单一。所以该地区恢复工程和特定冲淤水流设置的目的之一，就是使河道向适宜的宽度演化。流动性较高的水流能够淹没河界从而产生河漫滩，使得悬浮沉积物能够在这些漫滩表面沉积下来，可以在上面种植河岸植被。设置冲淤水流的另一目的就是冲刷用于生物产卵的沙砾层细颗粒沉积物，从而使填塞在沙砾空隙中的细颗粒沉积物浮出并被水流冲走。

加利福尼亚州水资源控制委员会所采纳的冲淤水流推荐值和其他生态基流（instream flow）需求量是以 1936—1993 年水库区（Damsite）、上游格兰特湖水库两处的冲溪水流量记录（只是日均流量）为依据的。这些流量记录反映了在 1941 年以前冲溪下游的水流情况。由于 1916 年冲溪上游就建立了水利堤坝，堤坝的建设降低了冲溪的洪峰值并延长了积雪融水径流期，所以上述这些记录只反映了在上游水利堤坝调控下的冲溪水流情况。而没有水利堤坝的调控天然径流只能从现场径流实测值和水库储水量的变化计算得到。

通常确定河流冲淤水流的需求十分困难，因为在能够移动的沙砾径流流量以及移动适当比率沙砾（沙砾移动的数量不应过多，否则沙砾移动所带来的益处就会被沙砾本身的损失及向下游迁移带来的害处所抵消）的径流流量之间的差别非常小。

12.1.3 恢复经验

首先，加利福尼亚河岸保护工程反映出地貌过程和生态过程目标之间的相互矛盾。为了恢复湿地草甸，必须阻止（至少局部阻止）河岸遭受侵蚀，而由于水文条件的不断变化，这一做法很可能是不切实际的。而且由于工程阻止了河岸的侵蚀作用，使得河流自我恢复及河岸木本植被的再生过程受到限制。至少在工程报告中，应该充分讨论这些利弊关系，但事实上却没有做到这一点。同时认为该工程仅仅努力对河道进行人工控制，而没有通过水力变化和演化来保护河流生境。

在此案例中，通过对河道排干、河道建设、上游水库对冲淤水流调节情况的研究，使得河流生态学效应得到了充分的体现。最后，也证明了工程后评估的必要性。尽管该项恢复工程投资金额巨大，但是工程建成后目标评价所需的资料收集工作却没有足够的资金支持。在随后的听证会中该工程备受争议，并收到了很多投诉，所以不得不再进行了一次工程后评估。

12.2 韩国清溪川自然化整治项目

12.2.1 项目背景

清溪川是一条自西向东穿越首尔的古老河道,全长 5.8km,汇入中浪川后流往汉江,如图 12.2 所示。最早的清溪川为自然河流,四周环山的地理特点使水流汇集于首尔这座地势较为低平的城市中心,提供给周边居民生活场所。随着经济腾飞,急于建起一座现代化都市的韩国政府于 1958 年开始大规模建设清溪川覆盖工程,在发展中国家的激昂情绪中填埋了已经污染的溪水,并且花了 20 年的时间顺着这条小溪的位置建造了一座高速公路桥,汽车川流不息,日行车量达 12 万辆,一直是城市繁华的象征之一。伴随生态的破坏、生活质量的下降,在千篇一律的水泥丛林中,城市个性日渐模糊,韩国人重新意识到恢复自然环境的重要性。

图 12.2　清溪川位置图

2003 年 7 月起,为了将首尔建设成低公害清净城市,首尔市政府开始重建清溪川。拆除高架桥,挖开被覆盖了 40 余年的清溪川,引汉江水重回清溪川,并将沿岸堤坝建造成可供市民游玩的绿色花园,而原来的桥两侧区域则变成沿岸繁华的商业区。

12.2.2 恢复过程

12.2.2.1 交通疏导

清溪川恢复工程的实施首先要解决的一个重要难题就是交通疏导问题,建于 20 世纪 70 年代的高架桥是双向汽车专用道,承载着大量东西方向的城市交通。清溪川工程开始以前,很多首尔市民和民间利益团体都认为拆除高架桥将会使首尔市中心原本就拥堵不堪的交通状况更加糟糕。政府在经过认真细致的交通调查、市民调查以及在对项目有可能对交通产生的影响进行评估的基础上,采取了相应的交通疏导以及限制措施,同时增加穿过城市中心的公共交通,为市民提供便利的出行条件,倡导原来习惯自驾车出行的首尔市民乘公交出行。因此,工程完工后虽然曾经一度出现过交通混乱的现象,但在短时间内就消失了,原来大家担心的交通灾难并没有发生。

12.2.2.2 水体恢复

由于清溪川被覆盖在地下以后承载着排污的功能，因此为了保证水质的清洁，防止恢复的水体再次被污染，拆除高架桥后，建设了新的独立污水系统，对原来流入清溪川的生活污水进行隔离处理。

此外，还要解决水源的问题，没有水源，清溪川将常年处于干涸状态，但是如果全面恢复历史上的天然水系，由于涉及区域过人和造价过高，实施的可能性不大。为了保证清溪川一年四季流水不断，最终采用三种方式向清溪川河道提供水源。主要的方式是抽取经处理的汉江水；另一种方式是取地下水和雨水，由专门设立的水处理厂提供；第三种方式是中水利用，但只作为应急条件下的供水方式。

12.2.2.3 河流整治

重建的清溪川还要面临夏季洪水的考验，因此泄洪能力设计为可抵御200年一遇的洪水。

（1）河道整治区间　整体河道整治分为三段，自然与实用原则相结合的基础上，在不同的河段采取了不同的设计理念。

河道整体设计为复式断面，分为2～3个台阶，人行道贴近水面，达到亲水的目的，其高程也是河道设计最高水位，中间台阶一般为河岸，最上面一个台阶即为永久车道路面。同时，为减少水的渗漏损失以及减少水渗透对两岸建筑物安全的威胁，设计中采用黏土与砾石混合的河底防渗层，厚1.6m，在贴近河岸处修建一道厚40cm的垂直防渗墙。

此外，河道整治注重营造生物栖息空间，增加生物的多样性。如建设湿地，确保鱼类、两栖类、鸟类的栖息空间，建设生态岸丘为鸟类提供食物源及休息场所，建造鱼道用作鱼类避难及产卵场所等。

第一区间：西部上游河段位于韩国的政治和金融中心，周边有总统府、市政厅、新闻中心、银行等，景观设计上要求处处体现现代化特点，河道两岸采用花岗岩石板铺砌成亲水平台，河流断面较窄，一般不超过25m，坡度略陡。利用灌木（野玫瑰、雪柳等）等来体现高水护堤、低水护堤、复式河床的绿色带的生态连续性。建造自然河流，形成鱼类、两栖爬虫类、小动物等栖息地，从而实现早期的生态恢复。

第二区间：中部河段穿过东大门地区，这里是韩国著名的小商品、机械工具、照明商品以及服装鞋帽的市场，是普通市民和游客喜爱光顾的地方。因此，设计上强调滨水空间的休闲特性，注重为小商业者、购物者和旅游者提供休闲空间。河道南岸以块石和植草的护坡方式为主，北岸修建连续的亲水平台，设有喷泉。

第三区间：东部河段周边地区发展相对落后，居民区和商业区相混。相对于西部和中部的人工化河道设计，东部河段的设计强调自然和生态特点，河道改造以自然河道为主，河道宽度为40m左右，坡度较缓，设有亲水平台和过河石级，两岸多采用自然化的生态植被，选择乡土物种。建造生态通道，连接生物栖息空间，形成植被带与群落生境。

（2）建造高水护堤和低水护堤

① 高水护堤：混凝土斜面墙体，营造柔和的景观；再现传统砌石（垒砌石筑堤防、垒砌城墙石、广桥石筑）景象；利用黄金比例（1∶1.618）的剖面规划，确保了审美角度的稳定性。

② 低水护堤：确保防洪安全；确保生物栖息空间，以便促进生态系统的多样性；提高

水边景观的水平，促进亲水活动；根据区域特性，采取相应的护堤形态。

（3）建造双层截面 强调人与水的接近度（强化亲水性，1、2工区），扩大高丘地的使用性（散步道及绿地的协调），通过掩埋下水道管渠优化景观（2工区），确保护堤斜面的稳定性（如1、2工区的斜面倾斜度为1∶1，不稳定），3工区双层截面的护堤斜面倾斜度是1∶2，确保了安全性，还突出了河川的生态保护层面。

（4）建造生态工程 设计方向为建造富含自然性能的环境亲和型生态公园；建成消极的利用空间；建造成学习、体验大自然的空间；向能够形成稳定的生态系方向引导。其中，柳树沼泽地10处，3520m²（3工区）；生态岸丘4处，17074m²（2工区2处、3工区2处）；浅水滩和池塘27处（1工区11处、2工区8处、3工区8处）。

12.2.3 恢复效果及问题

对生态恢复后的清溪川进行了为期5年（2006—2010年）的生态监测，发现：2006年共有328种植物，而2007—2010年的植物种类分别为446种、444种、471种和510种。其中2006年的植物种类中有233个为引入种，2007—2010年的引入种分别为312种、308种、314种和300种，在监测期间还发现了3～5种危险种。引入种在第一、二年增长非常迅速，从第三年起便呈现出较为稳定的增长趋势。从生活型来看，生态恢复完成后草本植物不断增加，一年生和两年生草本植物占主导地位；随着时间的推移，多年生草本植物所占比例逐渐增加。从植物所属的科来看，菊科植物出现得最为频繁。综上可知，在清溪川的河流生态恢复中，恢复完成后的前两年里恢复地植被会发生明显的变化，在此期间需要进行人工管理并采取措施以减少危险物种干扰。经过三年左右时间的过渡，河流生态系统会趋于稳定状态。图12.3所示为清溪川恢复工程后现状。

图12.3 清溪川恢复工程后现状

清溪川生态恢复工程结束后仍存在一些问题，首先是生态恢复方面的问题。当年参与清溪川整治工程规划的首尔大学景观系教授金晟均认为工程对于河川生态和永续经营等问题考虑不足，因而清溪川是一条没有生命的人工排水道，其水面宽度较窄，水深只有30～40cm，且流速很慢，在夏季仍有可能变臭。河床底部和两侧都铺了防渗层，对于鱼虾等生物的生长不利，从长远而言，也不利于可持续发展。其二是日常维护方面的问题。由于清溪川80％的水均由汉江抽取而来，是人造的自然景观，需要经常性的人工维护，因此开支较高，达600多万美元/年。第三是历史文化发掘方面的问题。清溪川地区有着六百多年的历史，应该有大量的历史文物遗迹残留在河道周遭，需要时间慢慢挖掘整理，然而政府强势地要求其在两年多的时间内完工，因此使得改造工程中对历史文化的发掘并不十分充分。

12.3　美国 Apopka 湖的富营养化与生态恢复

12.3.1　项目背景

Apopka 湖处于美国佛罗里达州中部（28°37′N，81°37′W），属亚热带气候，年平均水温25℃，湖泊面积 124km²，主要水源是降水，其次是农业排放水和地下泉。目前，Apopka 湖属超富营养型（见表 12.1）。浮游蓝藻和滤食性鱼类砂囊鲥（*Dorosoma cepedianum*）是该湖动物区系的优势种类。

表 12.1　Apopka 湖的一些湖沼学特征（1987—2003 年平均值①）

平均水深:1.7m	pH:9.1	总氮:4.8mg/L
最大水深:5m	总碱度:115mg/L	溶解无机氮:76mg/L
湖水交换时间:5a	叶绿素 a:80μg/L	总磷:172μg/L
透明度:28cm	总悬浮物:73mg/L	正磷酸盐:28μg/L

① 圣约翰斯河水资源管理局，未发表数据。

然而，1947 年以前，Apopka 湖是一个清水湖，水生植物区系由沉水植物美洲苦草（*Vallisneria americana*）和伊利洛斯眼子菜（*Potamogeton illinoensis*）组成，覆盖水面70％左右。大口鲈（*Micropterus salmoides*）为主要游钓鱼类，每年给该湖地区带来百万美元的收入。

人类活动对 Apopka 湖的影响可以追溯到两个世纪以前。早在 1844 年，欧洲开拓者就开始在湖的南岸地带种植蔬菜和柑橘。1877 年 Beauclair 运河的开通导致 Apopka 湖水位明显下降。20 世纪 20 年代，位于 Apopka 湖旁的污水处理厂和一些柑橘加工厂开始向湖排放经过初步处理的生活污水和有机物。1942 年，当地农民在湖北面积达 80km² 的锯草（*Cladium jamaicense*）湿地建立农场，导致 Apopka 湖在这段时间沉水植物生长茂盛，覆盖率达 70％。湖水位降低，围垦种植和农业水排放是造成 Apopka 湖富营养化的根本原因。水位下降水中光照条件改善和大量的外源营养输入导致沉水植物生长达到生态极限。而且，外源营养输入也刺激了浮游植物和附生藻类生长，沉水植物因得不到足够的光照而死亡。由于沉水植物大量死亡，大口鲈失去了繁殖基质和幼鱼逃避凶猛鱼类的庇护所，产量大幅度下降，大口鲈游钓鱼业不复存在。而作为野杂鱼的砂囊鲥因为没有大口鲈的捕食压力和持续的藻类水华提供大量的食物而迅速增殖。1947 年，砂囊鲥占鱼总产量的 20％。到了 1950 年，砂囊鲥上升至鱼总产量的 69％。1956—1957 年，砂囊鲥占鱼总产量的 82％，游钓鱼产量却下降到 18％。鉴于砂囊鲥繁殖过剩，1957—1959 年 3 年间，佛罗里达州野生动物和淡水鱼类委员会（Florida Game and Freshwater Fish Commission）在 Apopka 湖毒杀砂囊鲥共达

9000t。另外，在1963年，由于气体泄漏，又导致1400t砂囊鲥死亡。这些鱼死亡后无人清理，遗弃在湖里腐烂分解。

12.3.2　政府干预和初步调查

　　1967年，Apopka湖的富营养化引起了佛罗里达州政府的重视。当年4月，州长指定成立了一个技术委员会评估Apopka湖的生态恢复问题。这个技术委员会包括联邦水污染控制署（Federal Water Pollution Control Administration，FWPCA）在内的16家机构。1968年，FWPCA对Apopka湖的沉积物进行了调查，发现湖底的松散沉积物深达1.5m，含氮22.5×10^4t和磷2000～3000t。FWPCA强调，恢复Apopka湖必须清除沉积物和控制农业排放水、工业废水和城市污水的输入。除了控制外部营养源外，Schneider和Little还提出了6项改善水质措施：①清除营养丰富的松散沉积物，提高湖的深度和降低内源营养盐输入；②降低水位，暴晒，氧化和压实湖底大部分沉积物；③向湖中投放惰性封闭物质以稳固沉积物；④利用大型水生植物清除水中的溶解营养盐；⑤收获浮游藻类；⑥大规模地捕捉野杂鱼。

　　1970年，州政府指定佛罗里达州大气和水污染控制委员会（Florida Air and Water Pollution Control Commission）负责Apopka湖的恢复工作。这个委员会建议通过干湖来巩固沉积物，降低营养循环速率，同时为植物生长提供合适的底质然而，考虑到费用过高（2千万美元）和干湖对农业经济和环境的负面影响等因素，这项计划最终没能付诸实施。与此同时，其他研究人员对Apopka湖水质和恢复问题也作了研究。这些研究包括水质和湖沼学调查，利用砂囊鲥对藻类进行生物操纵（biomanipulation）和通过在湖中种植和收获凤眼莲来清除湖水中的营养盐。

12.3.3　整治和恢复措施

　　20世纪70年代末和80年代初，Apopka湖附近的柑橘加工厂和污水处理厂先后停止了向湖里排放有机物和生活污水，打响了整治Apopka湖的第一炮。1985—1987年，佛罗里达州通过了Apopka湖法案和地表水改善和管理法案，要求圣约翰斯河水资源管理局（St. Johns River Water Management Distric）负责Apopka湖的整治工作。圣约翰斯河水资源管理局因此制定了5项Apopka湖恢复措施。

　　（1）降低外源磷输入　这是Apopka湖整治方案的核心之一，耗资巨大，主要措施是购买湖北岸的农场，并将其改造成为湿地，以切断农业径流。1999年，圣约翰斯河水资源管理局购买了面积为19000英亩的农场。其中2000英亩业已改造成为湿地。

　　（2）建造人工湿地，过滤湖水中的悬浮物　这是因为Apopka湖90%的总磷以颗粒性磷的形式存在。这项措施一方面除磷，另一方面提高湖水的透明度。20世纪80年代末，圣约翰斯河水资源管理局在湖的背面建造了一块面积为2km²的试验湿地，试图利用湿地除去Apopka湖中的悬浮物。经过过滤的湖水再排回湖中。其运行指标和29个月的运行结果归纳如下：水负荷率6.5～65m/a；平均水停留时间7d；流入水总悬浮物浓度40～180mg/L，总磷80～380μg/L；去除效果总悬浮物为89%～99%，总磷为67%，总氮为30%～52%。

　　（3）捕获砂囊鲥和生物操纵　目前，砂囊鲥占Apopka湖鱼产量的90%，此鱼对Apopka湖的生态恢复有许多负面影响：①砂囊鲥在湖底摄食时搅动表层沉积物，从而降低湖水的透明度；②未消化的食物随粪便排出加速有机物分解；③摄食浮游动物，间接帮助藻类生长。因此，捕捞砂囊鲥有多方面的积极作用：①可以从湖中除去一部分有机磷。1993—2003 年期间，圣约翰斯河水资源管理局总共捕获砂囊鲥 4000t，折合除磷 260t，除氮 880t。②改善湖水透明度。③降低营养循环。④减轻鱼类对浮游动物的摄食压力，浮游动物的增殖可以降低藻类生物量。

（4）种植水生植物　近年来圣约翰斯河水资源管理局多次在湖的浅水区种植了 6 种本地水生植物。另外，1995 年以来，已发现非人工种植的美洲苦草在 20 多块浅水区出现。

（5）提高水位变动幅度　水位变动是自然生态系统的标志之一。干旱期的低水位可以帮助巩固沿岸带沉积物，为埋在沉积物里的植物种子提供萌芽机会。近年来圣约翰斯河水资源管理局利用干旱期在沿岸带种植多种水生植物。同时，高水位有利于水生植物生长、饵料生物增殖和鱼类摄食繁殖。

12.3.4　恢复效果

通过以上措施，近年来 Apopka 湖水质有了明显的改善。比较 1987—1995 年（恢复前）和 1995—2003 年（恢复期）两个阶段，总磷从 $217\mu g/L$ 下降到 $153\mu g/L$，叶绿素 a 浓度从 $100\mu g/L$ 下降到 $71\mu g/L$，总悬浮物从 93mg/L 下降到 66mg/L，这些指标均下降了 29%，透明度平均增加了 3cm，总氮也有所下降。据统计，历年来美国联邦政府、佛罗里达州政府、Apopka 湖所在县和圣约翰斯河水资源管理局总共为 Apopka 湖整治投入了 1.46×10^8 美元，大部分资金用于购买农场，其余用于研究和项目实施。

12.4　美国基西米河生态恢复工程

12.4.1　工程背景

美国基西米河（Kissimmee）位于佛罗里达州中部，由基西米湖流出，向南注入美国第二大淡水湖——奥基乔比湖，全长 166km，流域面积 7800km²。流域内包括有 26 个湖泊；河流洪泛区长 90km，宽 1.5～3km，还有 20 个支流沼泽，流域内湿地面积 18000hm²。为促进佛罗里达州农业的发展，1962—1971 年在基西米河流域上兴建了一批水利工程。直线形的人工运河取代了原来 109km 具有蜿蜒性的自然河道，连续的基西米河被分割为若干非连续的阶梯水库，同时，农田面积的扩大造成湿地面积的缩小。

从 1976—1983 年，进行了历时 7 年的研究，在此基础上对水利工程对基西米河生态系统的影响进行了重新评估。评估结果认为水利工程对生物栖息地造成了严重破坏，生境质量大幅度降低。据统计，保存下来的天然河道的鱼类和野生动物栖息地数量减少了 40%。人工开挖的 C-38 运河，其栖息地数量比历史自然河道减少了 67%。其结果是生物群落多样性的大幅度下降。据调查，过冬水鸟减少了 92%，鱼类种群数量也大幅度下降。

基西米河被渠道化建成以后引起的河流生态系统退化的现象引起了社会的普遍关注。在 1976 年开始对于重建河道生物栖息地进行了监测评估，经过 7 年的研究工作，提出了基西米河的被渠道化的河道的恢复工程规划报告，并经佛罗里达州议会作为法案审查批准。规划提出的工程任务是重建自然河道和恢复自然水文过程，将恢复包括宽叶林沼泽地、草地和湿地等多种生物栖息地，最终目的是恢复洪泛平原的整个生态系统。为进行工程准备 1983 年州政府征购了河流洪泛平原的大部分私人土地。

12.4.2　恢复过程

12.4.2.1　试验工程

1984—1989 年开展的试验工程位于水库 B，为一条长 19.5km 渠道化运河。重点工程是在人工运河中建设一座钢板桩堰，将运河拦腰截断，迫使水流重新流入原自然河道。示范工程还包括重建水流季节性波动变化，以及重建洪泛平原的排水系统。同时还布置了生物监测系统，评估恢复工程对于生物资源的影响。

对于钢板桩堰运行情况进行了观测。观测结果表明，一方面水流重新流入原来自然河道达 9km，导致了河流地貌发生了一定程度的有利变化。但是，钢板桩堰建成后，在附近的河道水力梯度比历史记录值高 5 倍，在大流量泄流期间，观测的流速为 0.9m/s，这样的高能量水流对河床具有较强的冲蚀能力。另外，在示范工程区域内，退水时水位每天下降速率超过 0.2m/d，淹没的洪泛区排水时间为 2～7d。地表水和地下水急剧回流，水中的溶解氧水平很低，导致大量鱼类因缺氧而死亡。为此又进行了模型试验研究，最后的结论是：仅仅用钢板桩堰栏断人工运河还是不够的，需要连续长距离回填人工运河，最终方案是连续回填 C-38 号运河共 38km，拆除 2 座水闸，重新开挖 14km 原有河道。回填材料用原来疏浚的材料，运河回填高度为恢复到运河建设前的地面高程。同时重新连接 24km 原有河流，恢复 35000hm² 原有洪泛区，实施新的水源放水制度，恢复季节性水流波动和重建类似自然河流的水文条件。

12.4.2.2　一期工程

从 1998 年开始第一期主体工程，包括连续回填 C-38 号运河共 38km。重建类似于历史的水文条件，扩大蓄滞洪区，减轻洪水灾害。至 2001 年 2 月由地方管区和美国陆军工程师团已经完成了第一阶段的重建工程。在运河回填后，开挖了新的河道以重新联结原有自然河道。这些新开挖的河道完全复制原有河道的形态，包括长度、断面面积、断面形状、纵坡降、河湾数目、河湾半径、自然坡度控制以及河岸形状。建设中又加强了干流与洪泛区的联通性，为鱼类和野生动物提供了丰富的栖息地。

2001 年 6 月恢复了河流的联通性，随着自然河流的恢复，水流在干旱季节流入弯曲的主河道，在多雨季节则溢流进入洪泛区。恢复的河流将季节性地淹没洪泛区，恢复了基西米河湿地。这些措施已引起河道洪泛区栖息地物理、化学和生物的重大变化，提高了溶解氧水平，改善了鱼类生存条件。重建宽叶林沼泽栖息地，使涉水禽和水鸟可以充分利用洪泛区湿地。

12.4.2.3　二期工程

在 21 世纪前 10 年进行更大规模的生态工程，重新开挖 14.4km 的河道和恢复 300 多种野生生物栖息地。恢复 10360hm² 的洪泛区和沼泽地，过滤营养物质，为奥基乔比湖和小游河口及沼泽地生态系统提供优良水质。

12.4.3　恢复效果

在工程的预备阶段，就布置了完整的生物检测系统。在收集大量监测资料的基础上，对于生态恢复工程的成效进行评估，目的是判断达到期望目标的程度。该项工程制定了评估的定量标准。以 60 分为期望值，各个因子分别为：栖息地特性（含地貌、水文和水质）占 12 分，湿地植物占 10 分，基础事物（含浮游植物、水生附着物和无脊椎动物等）占 13 分，鱼类和野生动物占 25 分。随着自然河流的恢复，水流在干旱季节流入弯曲的主河道，在多雨季节水流漫溢进入洪泛区。恢复的河流将季节性地淹没洪泛区，恢复了基西米河湿地，许多鱼类、鸟类和两栖类动物重新回到原来居住的家园。近年来的监测结果表明，原有自然河道中讨厌繁殖的植物得到控制，新沙洲有所发展，创造了多样的栖息地。水中溶解氧水平得到提高，恢复了洪泛区阔叶林沼泽地，扩大了死水区。许多已经匿迹的鸟类又重新返回基西米河。科学家已证实该地区鸟类数量增长了三倍，水质得到了明显改善。

12.5 美国芝加哥河自然化恢复

12.5.1 项目背景

芝加哥河是芝加哥最宝贵的自然资源和文化遗产之一，不但为芝加哥提供了重要的航运、贸易通道，满足了城市工业用水需求，还为市民及游客提供了重要的游憩场所，同时也是野生动物的重要栖息地。它全长 45km，主要由南段（South Branch）、北段（North Branch）及主支流段（Main Branch）组成。也包括了一些人工运河，如 Sanitary 和 Ship Canal，North Shore Channel，North Branch Canal。

但在过去的 150 年里，为了军事和贸易的发展，河道不断被疏浚和裁弯取直，河岸被固化，大量的工业垃圾及污染物被直接倾倒到河流中，使河流变得臭气熏天（"stinking river"）。为了建设新的铁路线，河道曾被向西挪了 400m。1900 年，河流主支段和南段流向被颠倒，以防止密歇根河以及城市供水系统被污染。大量外来种入侵，生物多样性降低，河岸被侵蚀，河流生态系统遭受严重破坏。

随着城市的发展，河流沿岸工业逐渐衰退。今天，除了某些区段仍以工业为主外，游览渡轮、水上巴士、帆船、赛艇等成为了河道中的主角，河流变成了居住区和商业用地。这大大提升了河流的价值，也引起了人们对河流生态环境和休闲、游憩功能的重新关注。20 世纪末，芝加哥市开始致力于改善芝加哥河的水质和生态环境，尝试恢复芝加哥河的自然性。

12.5.2 恢复措施

12.5.2.1 河流自然化设计

（1）矮墙式河岸处理 矮墙式河岸处理方法是将原有的板桩墙截断或者用更短的板桩来代替它，这种矮墙的设计方法非常适用于缺乏后退距离的滨水地区。采用短墙后，原有的河岸坡度需要重新调整使之变得平缓，或者需要回填部分土壤创造一个平缓、自然的岸坡。也可以在板桩墙外建造一个悬臂架子，将河岸延伸至桩墙以外，并且在悬臂架子中种植水生植物，形成一个小型的人工湿地生境。

另有一种不采用悬臂架来重建岸坡和恢复植被的方法，它将一种渗透性网格结构的构件安装在改造后的岸坡上，用于锚固重新种植的植被。栽植的蔓藤类植物生长后悬挂于缩短的板桩岸堤的顶端，宛如幕帘一般，可以起到柔化堤岸的视觉效果。

在一些河岸高度侵蚀的地区，采用石灰岩块锚固重建的岸坡的做法可以起到美观的效果。同样，板桩护堤被缩短后，用石灰岩块沿着新造的坡岸呈阶梯状排列，在石灰岩块之间种植本地的草本植物或休眠的树木枝条，而在坡顶种植灌木和乔木。这种技术的优点在于具有自然特征的石灰岩块能够固定岸坡，维持岸坡的整体性，同时，生长在岩石块之间的植物的根系能够使岩石块稳固。

（2）板桩护岸的植物强化处理 板桩护岸的植物强化处理方法通过一些关键部位种植树

木枝条和灌木，来改善现有的板桩墙式护岸。种植在褶皱形板桩墙式驳岸的凹槽内的亲水植物，会逐渐生长出驳岸外。这些植物不仅可以软化和美化硬直的河岸，同时也能起到强化板桩护岸的作用。合理选择植物种类，通过精心的设计能够形成小型的滨水生境，改善河流的生态环境。

矮桩墙的运用和板桩墙式驳岸自然强化方法都是很好的河岸处理方法，它们向我们展示了在不改变桩墙护岸的结构功能的情况下，也可以很容易地对现有桩墙护岸进行自然化改造。

12.5.2.2 河岸恢复的工程技术

（1）植物扦插技术 许多被证实可行的生物工程技术已经被开发用于河岸稳定，它们都非常依靠本土植物的作用。其中活的植物枝条扦插是最简单的方法之一，该方法主要将活的植物枝条插入现有河岸土壤中，由于这些木本植物的活枝既无需要太多的维护，也不需要对根系进行特殊的处理，它们能够在恶劣的滨河环境中迅速生长。另有一种改进了的活枝扦插技术，它用一簇活枝做成柴笼，将活枝簇插入河岸的土壤中。这种方法的优点在于柴笼要比单根枝条更容易存活生长，能够更快速在河岸上形成植被。这些方法的一个重要特点是能够稳定河岸坡脚，能够减少河岸的泥泞及进一步被侵蚀。

（2）植物纤维卷技术 另有一种类似的技术可以增强河岸对侵蚀的免疫力，它采用一种纤维卷作为扦插枝条的容器，这种纤维卷通常用椰子的纤维包裹成卷状，它具有的海绵特性及稳固性能够为植被的生长提供媒介和基底。同时，它还能起到缓冲媒介的作用，防止退化的岸坡受到水波和激浪的冲击。

（3）植被垫层技术 植被垫层技术是恢复河岸植被实用方法中最好的方法之一，它运用了本地植物和树木的活枝作垫层进行河岸的稳固。这种技术能够较好的运用于侵蚀程度严重的河岸护坡。植物垫层利用生长在河岸护坡不同层面上的根系稳固下层土壤，来达到稳定护坡的目的，同时还可以为鱼类等水生生物提供良好的生境。坡脚亦可采用悬架、石块和坡脚抛石的方法进一步稳步。此外，本地植物可以种植在坡顶上和垫层中以强化河岸的自然特征和生态功能。

12.5.2.3 挑空式亲水平台

亲水平台能够将人们带到离水边很近的地方。它能够作为教育宣传点、景观点、野生动物观赏点、垂钓区、社区入口、林阴道的连接点和非正式的集会场所。当亲水平台作为滨水区的通道时，它也可以为公共开敞空间和滨水林阴道提供连续性。当然，亲水平台还有另外一个重要作用，即它能够为鱼类等水生生物提供遮护和阴蔽。

天然河道的河岸蜿蜒曲折，大块的漂石（冰河时期遗留下的，美国中西部非常普遍）被运用于沿河岸的植被护坡坡底的设计中，这些漂石具有诸多功能。首先，合理排放的石块能够消解由游艇激起的水波能量。其次，安放在坡脚的石块能够像锚碇一样牢牢锁住土质岸坡起到稳定河岸的作用。第三，这些石块粗糙的表面以及摆放的随意性能为水生有机物提供各种各样的栖息场所。而这些有机物成为了候鸟和芝加哥河内鱼类的食物。这种亲水平台另外一个重要特点是它的挑空式的构造能够在平台下面形成阴蔽区域，这种阴蔽区域容易吸引鱼、青蛙、乌龟等生物。

12.5.2.4 创造和恢复野生生物环境

有许多技术被用于芝加哥河的河岸恢复中来增加和改善野生动物的生存环境。其中方法之一是紧贴水面以下构造一个梯台，梯台或者平台的功能是形成一个狭窄的滨水湿地，并维持湿地中自然生长的滨水植物。这个新的湿地生境会吸引野生动物，包括昆虫、小龙虾、蜗牛、水鸟、鱼等前来栖息。利用石块锚固，重建后的岸坡，其水面线以上的区域可以用本地植物恢复植被，并逐渐地融入到公共林阴道中。垂在岸边的植物同样也能够为滨水的野生动物提供庇护。

此外，为了增强和提高鱼类的栖息环境质量，可在河岸水线及水线以下的区内构建一个用石块填充的洞穴以形成浅滩，这些小的生境为鱼类提供了产卵的场所，同时也吸引那些生长在卵石河床的昆虫前来，例如石蛾、蜉蝣，它们都是鱼类很好的食物。同样的，湿地的植物和灌木能够为被石块洞穴吸引而来的鱼类提供重要的庇护。这种设计方法的优点是能够在河岸的恢复过程中为野生动物提供生存环境。

采用上述河岸恢复方法的项目能够成为优秀的公众教育和宣传点，向公众展示、讲解河流的自然生态和历史文化特征。

12.5.2.5 浮岛技术

这项技术非常适用于河岸陡峭，岸坡不稳定，土壤受侵蚀速度快的自然河流。这类河流虽然自身未经人工化改造，但其汇水区受城市化影响而导致河流的健康恶化。经过锚固后，近岸的一系列浮岛可以保护河岸不受水波和激浪的侵袭。这些浮岛由塑料管道连接而成，在支撑管道之间安置可渗透的植草纤维格。这样，这些漂浮的平台就成为了植物生长的基础媒介。一段时间过后，浮岛上的植被会逐渐与河岸上的植被生长在一起，形成一个庞大且复杂的湿地生物栖息环境。当浮岛发展形成湿地以后，河岸的植被通常会因为生态的延续性而自我重建。

12.5.3 恢复过程的启示

芝加哥河自然化和生态恢复方法的理念和实践提供了几点重要的启示，它们有助于我们了解城市河流的特点，及探索城市生态恢复的实践方法。

第一，生物多样性的重要性。芝加哥市努力恢复芝加哥河自然生态的原因，并非只为美化河岸，改善景观，而是希望通过改善生境质量来提高生物多样性，进而提高整个生态系统的稳定性。

第二，功能整合的作用。芝加哥河自然生态设计概念中，除希望恢复芝加哥河的生态功能外，还将芝加哥河的环境美学、休闲娱乐、人文教育等功能引入河岸的自然化设计中，将城市河流的生态功能与其他诸多城市功能进行整合。这种多功能整合的方法能够有效地吸引公众的参与，从而获得广泛的支持。

第三，本地种属植物和动物的价值。在芝加哥河的生态恢复实践中，大量运用了本地种属的植物，这是基于对本地种属植物特性的认识。在实施河流的自然生态恢复时，应避免单纯为达到美学景观功能的需求而盲目引进外来植物，了解并掌握本地植物的习性和功能，合理运用，往往可以达到事半功倍的效果。

参 考 文 献

[1] G. Mathias Kondolf. Lessons learned from river restoration projects inCalifornia. AQUATIC CONSERVATION：MARINE AND FRESHWATER ECOSYSTEMS 8：39-52 (1998).

[2] 论文：청계천복원사업의목적, 계획, 타당성과청계천복원사업의문제점및향후청계천복원사업의과제, 전망분석.

[3] 청계천복원사업사이트 http://cheonggye. seoul. go. kr/.

[4] 冷红，袁青. 韩国首尔清溪川复兴改造. 国际城市规划，2007, 22 (4)：43-47.

[5] 古滨河. 美国 Apopka 湖的富营养化及其生态恢复. 湖泊科学，2005, 17 (1)：1-8.

[6] 董哲仁. 美国基西米河生态恢复工程的启示. 水利水电技术，2004, 35 (9)：8-12.

[7] 万帆，熊花. 城市河流的自然化和生态恢复设计方法——以芝加哥河为例. 中国城市规划协会. 生态文明视角下的城乡规划. 大连：大连出版社，2008：1-13.

13 湿地生态系统恢复案例

13.1 西班牙瓜达尔基维尔河河口潮沼湿地恢复

13.1.1 工程背景

工程位于西班牙西南部的瓜达尔基维尔河（Guadalquivir River）河口，该地有半日潮（最大范围为 3.30m）现象。河口湿地作为 Donana 国家自然公园受到保护，Donana 湿地接纳来自欧洲地区的约 50 万迁徙过冬的水禽（见图 13.1）。

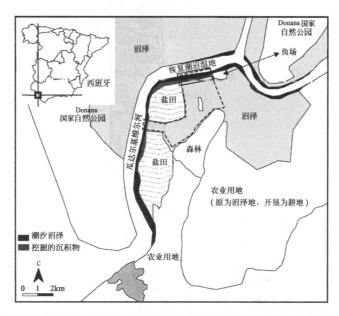

图 13.1 瓜达尔基维尔河河口左岸湿地恢复区域及 Donana 国家自然公园边界图

由于农业的发展，瓜达尔基维尔河河口现存的潮沼湿地只占 20 世纪初湿地总面积的 1.9%。20 世纪 50 年代时，在原堤坝外围建了一座平行的土制堤坝，并在两坝间填入挖来的沉积物，整个堤防在潮沼中伸展开来，宽约 0.25km、长 2km、深 0.5~2.8m。它们的建成使潮汐流消失，而且该区一些水禽和稀有的篦鹭生境消失，湿地沦为"废弃地"，生物多样性大大降低。瓜达尔基维尔河河口潮沼还遭受了互花米草（*Spartina densiflora*）的入侵，互花米草是大米草属的一种禾草，于 20 世纪从南美传到 Cadiz 海湾。

2000 年开始启动 52hm² 的 Algaida 沼泽地生态恢复工程，包括清淤、地表地形重造、生境多样化和潮汐流的恢复等措施。

13.1.2 工程目标

恢复工程的目的是在短时间内重建潮汐流，打通入河口的渠道，实现生境多样化，恢复湿地的鱼类和鸟类群落、植被覆盖率和物种丰富度，使其接近天然湿地群落。根据自我组织设计方法，人为构建一系列不同的生境、不同的网络将河口和研究区域联系起来，并通过这种网络构造生物群落。由西班牙环境部 Andalucla-Atlantico Coastal 授权实施两种不同干扰水平的恢复计划，于 1999 年至 2000 年开始实施。

13.1.3 恢复过程

整个恢复工程分为以下三个步骤完成：除去从填充区挖出的沉积物；重建潮汐流，打通进入河口的渠道；结合底土层特征以及洪水规律实现生境的多样化。第一步在整个区域实施，第二、三步分别在两个不同干扰水平下对湿地的相邻两区实施（见图 13.2）。

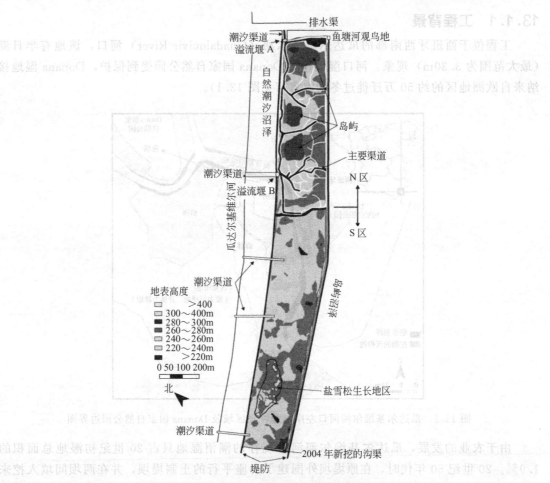

图 13.2　高强度干扰水平下的 N 区和低强度干扰水平下的 S 区示意
（溢流堰 B 于 2004 年拆除，同年 S 区开挖了新渠）

13.1.3.1　移除沉积物

1999 年 9 月，从 52hm² 的填充区里挖出 600000m³ 沉积物，一块平整且具有轻微坡度的表土（坡度为 0.3％）裸露，坡度向河口倾斜。表土最大深度范围在 0.66～1.26m，可以用来容纳潮汐洪水。沉积物的主要成分是沙子，挖出后送到附近的农业用地用于土壤改良。为了控制洪水发生，保留现有外围堤坝，保持其高度为 2.85m，控制涨潮时只有 17％的洪水流过堤坝，潮水将通过槽堤通道从河口进入湿地。为了区分两个不同干扰水平的区域，建立了一个横向的堤坝分为 S 区（30hm²）和 N 区（22hm²）。该工程还特地沿内部堤坝在湿地周围建起一条 2km 长的高出地面的道路，作为参观者的通道。

13.1.3.2 重建潮汐流和恢复生境多样化

（1）N 区（22hm²）实行高强度干扰　N 区的干扰主要包括开通两条通往河口的渠道、构建一个蜿蜒交错的沟渠网络模拟潮沼的变化、构筑一个池塘和三块岛屿。网状交错的渠道便于潮来时水的分流，使有机体能够到达镶嵌的生境。设计洪水面积的最大值为一年最大潮水位（3.3m）时洪水面积的 90%，最小值为永久洪水面积的 10%。水深将超过最小洪水面积的一半的 1m，以增加鱼类和大型海底生物的种类；研究采用了一个水力学模型计算 N 区不同点的水深。为达到上述要求，已向河口开通了两条顶宽 11m、底宽 5m 的渠道，并形成了 N 区的内部沟渠网。各种沟渠的规格从大型的渠道（与河口通道截面积相等）到 0.5m×0.5m 的浅窄沟不等，总长度为 2060m。渠道密度达到 100m/hm² 湿地（沟长 1m/100m² 面积）。N 区的渠道使用一个 12m 宽、2.35m 高的溢流堰使每年 67% 的潮水注入湿地。溢流堰形如一个小型水坝，由砂砾和本地淤泥的混合物外包一层致密的纺织料层再覆盖砾石制成。溢流堰处的流速预计为 0.5～1m/s（最大流速为 1.13m/s）。因为鸭子和其他水禽的存在，还挖出了一个面积为 1000m² 的池塘。

为了达到生境的多样化，在其中的两个岛屿上覆盖一层 10～20cm 厚的沙质表层土，利用其中包含的植物种子和土壤动物在岛上建成一个沙质生境。第三个岛上没有加任何的表层土。

（2）S 区（30hm²）实行低强度干扰　S 区的干扰强度比 N 区小，打通三条通往河口的渠道，横截面积小于 N 区的截面积（底宽 3m，高 1.95m）且没有溢流堰，让水流直接冲蚀底床。对原来平整的湿地表面进行地形改造，将其切分成树枝状的小块湿地。河口渠道在 S 区内延伸 25～75m，使进水易于随潮水在区内扩散；与 N 区的 100m/hm² 相比，S 区的 3.3m/hm² 是一个很小的数字了。

S 区中有一片约 2.2hm² 的含沙区（占 S 区面积的 7.3%），生长了一片灌木丛，其中还有 17 株大型盐雪松（*Tamarix canariensis*）；四周是 1.5m 高的土坝，可以阻止潮水淹没这片灌木丛，并使雨水淋去盐分而形成淡水生境。

13.1.4　恢复监测及效果评估

13.1.4.1　恢复期间进行的监测

（1）渠道内的沉积作用　记录了 N 区内部网状沟渠中的沉积作用（S 区内未建设这种沟渠）。2000 年 9 月—2002 年 3 月记录了 115 个低潮时沉积作用随水深变化的固定点，测量工具是长为 2m 的树桩（刻度为 1cm）。

N 区内部网状沟渠中沉积物不断积累。建成 16 个月后，最初于低潮期建设的 110cm 深的沟渠都变窄了；沉积物平均增长速率为（30.1±11.6)cm/a，在流量最小的地区沉积物增长最高速率为 58.5cm/a。与河口紧邻的强紊流（strong turbulence）渠段没有沉积物的淤积。与此相比，这段时间内 S 区的渠道以及缓慢延伸通往别的地方的沟渠则没有沉积物堆积。通向河口最南部的渠道由于互花米草入侵，被淤泥充塞。表 13.1 为 N 区和 S 区的生态恢复情况总结。

（2）植被监测　2000 年 9 月，在植被生长之前，使用 GPS 定位系统，沿主要地形梯度在六个等高面（N 区 4 个，S 区 2 个）上选择 18 个大样方（5m×5m）。大样方分别设在低

表 13.1　N 区和 S 区的生态恢复情况总结

	北区（N 区）	南区（S 区）
面积/hm²	22	30
开向河口的渠道数	2	3
渠道宽/m	11	3
进口堰数	2	—
最大洪泛面积/%	90	95
最小洪泛面积/%	10	5
渠道长/m	2060	290
每公顷渠道长/km	0.1	0.03
不可淹没区	3 个岛屿（2.4hm²）	1 个选区（2.2hm²）
沉积物挖出和堆存量预算/[€（欧元）/hm²]	40475	55475
恢复	9860	781

位湿地（low marsh）（$n=6$）、中等湿地（middle marsh）（$n=6$）和高位湿地（high marsh）（$n=6$）。将 2001 年 7 月和 2005 年 8 月采到的新生植被制成标本；地上生物量是在每个大样方中选择 1m² 小样方，齐地收割所测而得。在天然湿地里，从含米草属（*Spartina*）（$n=4$）的低位湿地和含猪毛菜属（*Sarcocornia*）（$n=4$）的高位湿地中，对这两种优势植被区做 1m² 的样方。每个植被区均为随机取样。采集后的样品在 70℃ 下烘干，用于衡量植物地上生物量。记录每个大样方内的植被覆盖率和物种丰度。为了对 N 区和 S 区进行比较，2005 年 8 月在恢复湿地和天然湿地的同一等高面上，分别对比 N 区和 S 区的植被。记录 N 区等高线长度（403m 长，$n=25$）和 S 区等高线长度（389m 长，$n=37$）上 2m² 的植被覆盖率。2000—2005 年所有出现的植物种类都有记录。

（3）鸟类观测　2000 年 9 月—2003 年 8 月，每月观测一天，清晨沿堤行走观察并记录鸟类种数，得到整个区域内鸟类的数量。由于鸟类迁移频繁，很难对两区实行独立的数量普查，故数据是由两区汇总而得。

（4）鱼类采样　对 N 区内部沟渠进行鱼类抽样。该处的水在低潮时被溢流堰截流。2002—2003 年期间每个月的高潮期进行了采样，2004—2005 年期间每季度的高潮期进行采样。在高潮到来以前三个小时铺撒鱼网，高潮过后六个小时收网；鱼以种计，并分为四个生态类别：海水淡水两栖的［diadromous（D）］，须从淡水进入海水繁殖；河口生活的［estuarine（E）］，生活和繁殖都在高潮线、低潮线之间区域和河口区域；海洋和河口洄游的［marineestuarine dependant（MD）］，海洋中成群进入高低潮线间区域觅食的鱼种；海洋生活的［marine straggler（MS）］，很少在潮线和河口区发现的海产鱼种。

13.1.4.2　恢复效果评估

在一段很短的时间内，恢复湿地的鱼类和鸟类群落、植被覆盖率和物种丰度，5 年后已比较接近天然湿地（见图 13.3）。在 Algaida 湿地恢复中，因为在邻近地区有足够的生境来源，利用生态系统的自我调节，提供了一个非常好的提高该地区生态多样性的方法。此工程还对潮沼水文条件进行了恢复。该地区的生物多样性通过多样化的生境镶嵌以及生物桥（biological bridges）的辅助扩散而得到充分发展。

由于是自组织设计，在生态恢复的过程中，不可避免地会有一些入侵物种出现（如

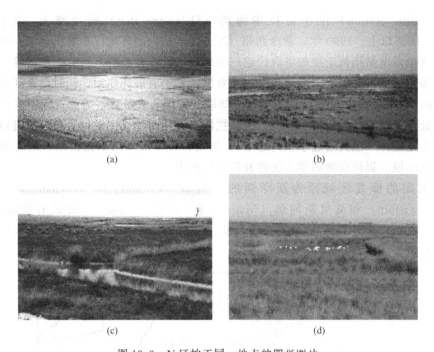

图 13.3　N 区拍于同一地点的四张图片

(a) 为 2000 年洪水到来前恢复工作刚刚完成时期；接下来的三张分别为 2001（b）、

2002（c）和 2003（d）年渠岸和泥滩植被快速演替结果；此后 N 区的植被外貌几乎没有发生改变

S. densiflora）。自潮汐流恢复以来，乡土种和外来种都利用新渠道进行迁移。解决生物入侵的方法包括限制外来种生存的适宜条件，引进新种（竞争者、消费者和肉食动物）控制入侵种，或者使用适应的管理方法进行特别控制。

使用两种不同干扰强度进行生态恢复（实际上是两个不同工程的同期实行）的实践证明了它们各自的优点。强度干扰是以干扰换取时间（N 区），在鱼类和鸟类的丰度上成效很快。渠道淤塞减少了鱼类的生存空间，还使得互花米草（*Spartina densiflora*）入侵，导致了 5 年内监测到的鸟类和鱼类减少。低强度干扰（S 区）使得渠道被潮汐流侵蚀产生的新环境逐渐成为鸟类和鱼类的栖息地；植被的演替比 N 区要慢，并且可以检测出互花米草的入侵。在两种情况下，生境的异质性都有利于物种多样性的增加，但高强度干扰生态恢复中用于营造异质生境所花费的额外成本与恢复结果没有相关性。渠道深度和宽度的微小差别以及 S 区由于潮流运动形成的浅塘，足够给鸟类和洪泛植被提供多样的生境。

从 5 年的监测来看，N 区和 S 区的差异并不显著，而且从植被的角度来说，两区都与河口湿地接近。如果在监测过程中加上适当的处理方法，如本案例中的干扰法很容易将恢复效果扩展。鸟类和鱼类群落的短期形成以及植被的快速演替需要投入很大成本；但如果公众、自然资源保护论者以及政府官员愿意接受更长时间的恢复，减小成本是可能的。

13.2　美国特拉华海湾盐沼恢复

13.2.1　项目背景

美国电力电气公共部门（Public Service Enterprise Group，PSEG）的塞伦发电厂（Salem Generating Station）位于特拉华海湾（Delaware Bay）的沙滩上，美国东海岸194000hm²的河口上。1990年，新泽西州（New Jersey）的环境保护署出台了一项草案，草案要求，塞伦发电站用两个冷却塔取代建厂时的一次性冷却系统，因为一次性冷却系统在进口拦网处滞留、释放污染物，会对鱼类和无脊椎动物类有破坏作用，同时会杀死通过拦网和冷却系统的虫卵和幼虫。PSEG认为更换冷却塔的费用非常昂贵，为此，他们提出采用另一种方法来处理这个问题，包括重新设计进口拦网，利用声波作用使得鱼类远离进口，在有水坝的地方建造鱼梯（鱼类通过水坝的通道），恢复特拉华海岸的退化盐沼。恢复的盐沼要通过创造鱼类生境、提供食物源等方法弥补鱼类的损失。

最终选定的修复区域原为新泽西的商贸镇（Commercial Township）、丹尼斯镇（Dennis Township）和莫里斯河镇（Maurice River Township）三处筑有堤防的干盐草（salt hay）农场（见图13.4）。通过渠道改良、挖掘和旧堤拆除等工程措施使这三处的日常潮汐流得到恢复。

图13.4 特拉华海湾（塞伦发电站和三个恢复地）

20世纪初，新泽西州和特拉华州鼓励将盐沼开垦为农田，用围堤来阻止和控制潮汐洪泛。干盐草为这些地区的作物，一般为狐米草（Spartina patens）和盐草（Distichlis spicata）。围堤一般有1～2m高，暴雨时经常被水淹没。湿地中建有的排水沟和围堤内的水控构筑物用于暴雨后的湿地平原排水；水控构筑物也用来一年一次的春季湿地灌水，以提供干盐草生长所需的盐分和营养物质，并抑制丘陵植被的生长。

生境的变化带来预料之外的影响。雨水的冲刷作用使土壤中的盐分减少。低盐度和洪水稀少降低了抑制芦苇（Phragmites）生长的环境压力。另外，围堤的存在使沉积物不能流入湿地平原。一般情况下，湿地可以保持沉积物，积累泥炭，保持湿地平面的海拔高度。沉积物来源的丧失、干淤泥的氧化都导致了湿地平原海拔高度的降低，不再属于高位湿地水平。

13.2.2 恢复目标

恢复目标为恢复潮汐的自然冲刷作用和盐沼湿地的功能，具体来说包括以下几个方面。

① 以大面积狐米草（Spartina patens）存在且互花米草（Spartina alterniflora）为优势种的盐沼生态系统的建立，争取在12年内使得互花米草和其他相关湿地植被的覆盖率达

到 76% 以上。

②形成有深水区和浅水区的蜿蜒渠道网络,这些网络使得潮水自由流入流出盐沼平原,且能保证渠道内的水流速度相对较低。

③从小渠道到大渠道都有大面积植被覆盖,以提供丰富的边缘生境,为小鱼进入盐沼繁殖提供通道。

④从海湾到盐沼都有一系列的沟渠连接,以保证鱼类、碎石能够自由进出盐沼。

⑤增加该地区岩屑生成物的量,给湿地/河口的食物网提供保护,提供动物藏身和摄食的生境,以及为各种鱼类提供生长的场所。

13.2.3　恢复过程

13.2.3.1　新泽西早期的恢复活动

新泽西州过去曾采用破坏已有围堤的办法将一些干盐草农田恢复到天然含盐湿地,使其自然生长恢复。该工程采用了若干种方法,并取得了很多种不同的结果。图 13.5 所示为恢复年记事表。在将近 10 年中,平均有 50% 的湿地得到再种植。

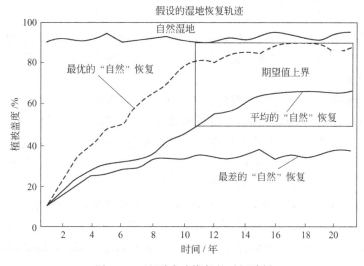

图 13.5　达到成功恢复的时间计划

简单易行的围堤拆除方法在整个年纪表内都起到了作用,包括图 13.5 中的最糟糕状况,即湿地平原中积有大面积的地表水,延缓了湿地的再种植。

围堤的无组织拆除和湿地平原上的高速层流造成侵蚀,将植被冲走,并形成网状河道系统而不适宜沉积作用的发生。

13.2.3.2　恢复中污染物的缓解

新泽西的干盐草农田已经有几个世纪的耕种史,存积了土壤废弃物(垃圾),如可能含有石油烃类(润滑油)和金属(涂料残余)的家庭生活垃圾和农田垃圾。这造成了地表的典型污染,但这种污染可以通过垃圾和土壤上表面一个薄层的移除而除去,这是不成问题的。

由于缺少蚊子幼虫的天敌,围堤干盐草农田的蚊虫控制是决策者的一个关注点。1972年以前,人们都使用 DDT 来控制蚊子的增殖。对围堤干盐草农田的土壤样本进行了农药污染分析,DDT 及其分解产物是唯一检出的农药污染物。在还原环境中(低氧)如湿地沉积物,缺氧条件和厌氧菌数的增加促进了 DDT 相对快速和充分的降解,DDT 在河口沉积物和海洋沉积物中的半衰期分别为3年和4.4年。由于湿地土壤中的有机组分（与杀虫剂结合的潜能）含量很高，在健康湿地生态系统中，DDT的影响要小于其他生态环境。此处测得的浓度比邻近开放湿地的背景值低，低于可对鱼类、野生生物和其他自然资源造成威胁的浓度。另外，修复后湿地中的沉积物预期会降低表层DDT浓度，对水体中可能降低水质的污染物起到过滤作用。

13.2.3.3 生态工程

采用生态工程的理念来恢复盐沼的结构和功能，设计并建造了主要的排水系统（初级和二级水渠），允许自然发展的排水模式（第三级和更小的水渠）的形成。当干湿循环形成、排水系统发展为一系列的小溪和沟渠的时候，不需人工干预，沼泽植被就可自然恢复。然后，只要是有益的或者至少是无害的，允许自然过程改变这个设计。

（1）水压/水力恢复　修复步骤的基础为重建日常潮汐的水力学条件，而获得良好水利条件的关键是建立盐沼生态系统的渠道网络。渠道可以运输营养物质、沉积物和鱼类进入湿地，把一次产物和二次产物从湿地运出至河口。如果水压系统重建不成功，湿地就不能恢复了。设计工程师可以模拟邻近区天然湿地，对高位湿地区中的潮流进水主干渠道以及最小的引水渠进行设计，以完成一个完整的渠道系统。然而，这可能需要强度很大的建造活动，成本很高。本案例使用了工程与自然过程相结合的生态工程方法，即人工建造主要的沟渠（一级和二级渠道），三级和四级渠道、渠道深度、倾斜度、浅滩的位置以及渠道的截面积等都任其自然发展形成。

① 渠道设计的步骤　通过由工程师、科学家、生态学家和公众代表组成的设计组的通力合作，渠道设计分四个步骤，推出了最后的设计因子。第一步是对恢复区完成详细的地形分析；第二步得出渠道示意图和进潮口草图；第三步将渠道示意草图量化，使用二维水力数值模型生成渠道，并对渠道进行定向、密度控制，计算出进潮口尺寸；第四步将最终渠道设计与邻近参考湿地进行比较，校验渠道密度和方位。

② 渠道设计的关键因素　网状渠道与湿地中开阔水域所占的比例、侵蚀速率和洪水淹没期（确保湿地平原有一段时间保持被潮水淹没的状态）有紧密的联系。分析结果表明，渠道设计的两个重要的影响因子为低潮平均速率（low-average tidal velocities）和固定的渠道截面（stable channel cross-section）。

a. 低潮平均速率　将邻近湿地作为参考，以确定建成一片稳定的湿地需要多少个开口和大型潮沟。在设计方案的基础上，应用一个渠道设计的有限元二维水力学数值模型（finite element two-dimensional hydrodynamic numerical model），确定设计渠道的流速。

对邻近湿地的沉积物和干盐草农田排水沟的检验结果，验证了数值模型的结果。设计渠道流速小于0.6m/s时，可以营造一个不受潮水侵蚀的环境，确保新渠道系统可以提供足够的进潮量，使湿地在一个潮汐周期内湿透和干透，并使可能造成侵蚀和阻止沉积物进入湿地的层流速率最小化。

在较小的丹尼斯镇和莫里斯河镇，初步设计模型预示了设计将相当成功。但在较大的商业区（约1700hm²），情况比较复杂，初步设计需要很多通往海湾和邻近潮汐河的开口来恢复，预示由于该镇西北岸的海湾和潮汐河之间有2个小时的潮水时延，在高潮时，可能会引起强大水流和沉积物的悬起。这股水流势必阻止沉积物积累，使互花米草的幼苗不能生存下来，同时使其种子不能落居。

设计组决定将商业区在每个开挖的潮沟周围分成独立的分区，分隔带是用当地的湿地材料建成的，直至湿地平原长出新的植被，才会逐渐拆除，在周围植被长成之前由于暴雨造成的破坏应即时修补。该格局的模型结果显示水流减弱、沉积物浮起大大减少。东北部有相当高的悬浮沉积物的一个地区，是湿地平原中海拔最低的，所以多余的沉积物可以带来好处。

b. 稳定的渠道截面　一个稳定的横截面积可以确保潮汐周期中小的或年幼的鱼生长，使它们留在离天敌很远的浅水区。

最初的生态恢复设计要求建立梯形截面，以接近自然盐沼中的渠道截面，而水利挖掘机无法建造这样的截面。所以试验了各种不同的截面（U形、阶梯状的 U 形、有侧切口的 U形、边缘倾斜的 U 形）（见图 13.6），来达到自然梯形截面。结果表明，不论何种截面，最终都会形成自然状态下的截面。1~2 年后，所有渠道截面都演化成了预期的样子。

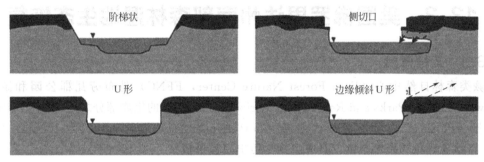

图 13.6　不同的渠道截面

弯曲性是理想渠道的一个特征，但因所有的渠道几乎都是用水力疏泥机开挖的，建设充分弯曲的河道需要耗费相当高的成本，所以变得不可行。在设计评审时提出以下一些问题，如"你怎么知道渠道将向右发展，而不是弯向左边？你如何确定从一个弯曲到另一个弯曲的距离？"案例得出的结论是，只要不建直渠道，与湿地河道动力学相结合的生态工程或自我设计将产生理想弯曲度的渠道。

③ 渠道形成情况　以丹尼斯镇为例。表 13.2 总结了丹尼斯镇 1996 年之前、1999 年之后各级渠道的数目。

表 13.2　Dennis 镇 1996 年、1999 年各级渠道的数目

渠道级别	渠道数目（1996 年）	渠道数目（1999 年）
1	65	216
2	26	53
3	5	18
4	0	6
5	0	1

（2）植被恢复　植被恢复是在自然潮汐条件得以恢复的基础上进行的。通常来讲，在生境恢复到自然状态的时候，自然植被即可恢复。考虑到种植的人力物力消耗过大，而且恢复地周围也有类似的参照盐沼（Oranoaken Creek，Moores Beach-West，Wheeler Farm），因此植被恢复采用了依靠临近种源的方法，再结合自然恢复过程来完成。

通过分析，综合考虑了土地利用的情况、距离海湾的距离、盐度、潮汐频率、盐沼植被、沟渠地形等因素，最终选择了莫尔斯（Morse）海岸西部的盐沼湿地作为植被恢复的种子源。

13.2.4 恢复结果与经验

利用红外线拍照技术对恢复地进行跟踪监测，随时记录植被的恢复情况，结果显示莫里斯河镇和丹尼斯镇在 5 年内达到了植被恢复目标。特拉华海湾盐沼的恢复可以认为是成功的恢复案例。三个盐沼中的两个在 6 年的时间内达到了植被恢复的目标。我们认为其成功的原因主要是面积相对较小，与种源和乡土植物较为接近，以及适当的水利情况。第三个湿地是面积更大的区域，它也正在走向成功，虽然也许还要经过几年的时间才能达到恢复目标，因其面积较大使得自然渠道的形成、种子的分布都需要更长的时间。这个恢复案例强调了合适的水利条件、可用的种子源以及自我恢复在湿地恢复中的重要性。

13.3 美国佛罗里达州南部森林湿地生态恢复

13.3.1 工程背景

蕨类森林自然中心（Fern Forest Nature Center，FFNC）是布劳瓦郡公园和游憩部（Broward County Parks and Recreation Division，BCPRD）的组成部分之一，位于美国佛罗里达州（Florida）南部的劳德代尔堡（Fort Lauderdale）地区，面积为 102hm^2（见图13.7）。该地区植物资源丰富，具有生物学历史研究价值。

图 13.7 美国佛罗里达州南部的位置以及项目所在地示意图（据编者，2009）

佛罗里达地区的 Okeechobee 湖季节性泛滥。这个湖通过湿地向南输水，其中的一些水通过大西洋海岸山脊的低洼地排入东南部海洋。FFNC 是处于其中的一个低洼地，当地人称之为希腊柏沼泽（Cypress Creek Slough）。这里柏树（*Taxodium*）和枫树（*Acer*）生长茂盛，有利于土壤有机质的形成。然而，20 世纪早期为了减轻洪水危害而修建的防洪河道，其次是地区发展和农业使用等原因，这个地区的水量逐渐减少，有的地方甚至已经变为旱地。

FFNC 有 11 类植物群落，即松树林、亚热带硬叶林和橡树-卷心棕桐树群落等，包括 34 种稀有和濒危的蕨类植物。还有一种在特殊地质条件下形成的裸露石灰石土丘，这些石灰石通过表面张力将地下水吸到地表，增加了土丘的湿度。20 世纪 70 年代后期对 FFNC 进行的一次调查确定了这里有几处湿地符合 Cowardain 和 Mitsch and Gosselink 定义的湿地类型。同时调查了动植物种类，发现了历史上残留的一些不连续的湿地，包括小型孤立的湿地、落叶硬叶林湿地、柏树林湿地和许多干石灰石土地等。这些地区共占地 26hm²，大约占 FFNC 总面积的 25%，目前巴西胡椒（*Schinus terebinthifolius*）为优势植被。

13.3.2　工程目标

工程的目标是使已衰竭的湿地重新蓄水，增加现存的湿地面积；重新恢复本土湿地植被，恢复一些重要湿地的功能，实现以下目标。

① 恢复野生动物栖息地；

② 恢复鱼类栖息地；

③ 恢复在旱季时期能为溪流提供水源的水库；

④ 补充地下水。

13.3.3　恢复过程

13.3.3.1　恢复方法

利用附近 Cypress Creek 运河和佛罗里达州南部水资源管理区滞洪运河作为水源，完成 FFNC 的再蓄水工程。运河里的水通过泵抽入 FFNC，然后依靠自然地形形成的水位差，在整个 FFNC 内部流动。所使用的泵流量为 3.0×10^4 L/min，通过设置不同直径的圆木止流阀来输导和调节水流。这些止流阀采用 5cm×15cm 的闪动板来调整水流，使水在管道中有规律地流动。建立 12 个地表监测井来监测抽入 FFNC 的水源。

通过植物识别、土壤样品采集以及在湿地野外指导（Field Guide for Wetland Delineation）的方法来确定湿地边界。在向 FFNC 引进水源之前需要对低洼的孤立湿地进行植被调查，所有这些植物均属于典型湿地植物。

为了确保工程成功实施，宜采取以下程序。

① 按照自然需求量向 FFNC 注入水源。本地区大量的运河和保留池塘截留了东南部的部分自然径流，使得这部分水源无法流入 FFNC，因此要用泵抽水来补偿这部分水的流失。

② 用泵抽水的水量大小受佛罗里达州南部旱季和雨季的影响。一般旱季是 5～9 月。

③ 所引入的水源全部包含在这个湿地地区里。

④ 当预报有雨时，即停止泵水，自然降水将给整个系统补充水源。

运河水需要隔天进行检测以确保水源质量。佛罗里达州南部水管理处经常使用除草剂来处理运河中的水草，因此需要特别关注除草剂污染情况。运河水会携带周边农业地区排放的农田肥料进入 FFNC 中，成为该地区水体富营养化的潜在污染源。经过两年的水质检测，结果显示污染没有超过危险限。

13.3.3.2　水文恢复

工程实施第一周的时候，FFNC 低洼地区的表面水能保持 5cm 水深的时间仅为 48 小时。而现在，持续时间已经增加到 144 小时。

美国两个地质测量井的数据表明了地下水水位变化的情况。FFNC 的一些地区，地下分散的黏土已经接近不可浸透的程度，因此两个地下水监测井的水位由 70cm 提高到 80cm。

由于地下水位的提升，暴露的石灰石又可以将水吸收到表面，增大整个土丘的湿度。这个过程对石灰石的存在以及 FFNC 蕨类植物和凤梨科植物的生存具有重要的作用。

13.3.3.3 植被恢复

在将引水入 FFNC 之前，对该地区自然生长柏树科柏树属进行调查，发现仅有 22 株柏树的生长期低于 25 年，没有任何幼苗。1993 年调查发现 35 株柏树幼苗长到 1m，证明了柏树林生态系统的恢复工作已经取得了进展。

FFNC 的低洼地区自引水以来已发现了 37 种植物（见表 13.3）。

表 13.3 蕨类森林自然中心（FFNC）的湿地植物名录

中文名称	拉丁学名
乔木	
红花槭	*Acer rubrum* var. *tridens*
池苹	*Annona glabra*
达宏冬青	*Ilex cassine*
舌状鳄梨木	*Persea borbonia*
月桂叶栎	*Quercus laurifolia*
水栎	*Quercus nigra*
卷心棕榈	*Sable palmetto*
柳树	*Salix caroliniana*
落羽松(美国水松)	*Taxodium distichum*
灌木	
亚马孙巴香草	*Baccharis halimifolia*
风箱树	*Cephalanthus occidentalis*
可口梅(金果梅)	*Chrysobalanus icaco*
毛草龙	*Ludwigia octovalvis*
白蜡杨梅	*Myrica cerifera*
接骨木	*Sambucus simponii*
草本,蕨类和藻类	
卤蕨	*Acrostichum danaeifolium*
螃蜞菊	*Althernanthera philoxeroides*
阔叶水苋	*Ammannia latifolia*
蔓紫菀	*Aster carolinianus*
钻形紫菀	*Aster subulatus*
卡州满江红	*Azolla caroliniana*
假马齿苋	*Bacopa monnieri*
圆筒花苎麻	*Boehmeria cylindrica*
崩大碗、积雪草	*Centella asiatica*

中文名称	拉丁学名
轮藻属	*Chara* sp.
芋头	*Colocasia esculentum*
美洲文殊兰	*Crinum americanum*
维州纽扣草	*Diodia virginiana*
鳢肠(金陵草)	*Eclipta alba*
凤眼莲	*Eichhornia crassipes*
黑藻	*Hydrilla verticillata*
铜钱草	*Hydrocotyle umbellata*
叶底红	*Ludwigia repens*
薇甘菊	*Mikania scandens*
瓜达鲁帕茨藻	*Najas guadalupensis*
欧亚萍蓬草	*Nuphar luteum*
王紫萁	*Osmunda regalis* var. *spectabilis*
楯蕊芋	*Peltandra virginica*
大藻	*Pistia stratiotes*
黑孢藻属	*Pithophora* sp.
樟脑味阔苞菊	*Pluchea camphorata*
多叶阔苞菊	*Pluchea symphytifolia*
深红红景天	*Polypremum procumbens*
蓝花梭鱼草	*Pontederia lanceolata*
丝带水兰	*Sagittaria lancifolia*
华夏慈姑	*Sagittaria latifolia*
圆叶槐叶萍	*Salvinia minima*
蜥尾草	*Saururus cernuus*
狐尾草	*Seteria geniculata*
海滨一枝黄花	*Solidago sempervirens*
盐地鼠尾草	*Sporabolus jaquemontii*
红鞘竹芋	*Thalia geniculata*
水烛	*Typha angustifolia*
狸藻	*Utricularia gibba*
禾本,莎草和灯心草	
聚穗须芒草	*Andropogon glomeratus*
地毯草	*Axonopus furcatus*
巴拉草	*Brachiaria mutica*
阿尔塔苔草	*Carex alata*
牙买加砖子苗	*Cladium jamaicense*
短叶莤茎	*Cyperus brevifolius*

中文名称	拉丁学名	
格莱布卢斯莎草	*Cyperus glabulosus*	
埃及莎草	*Cyperus haspan*	
里格拉利斯莎草	*Cyperus ligularis*	
香附子	*Cyperus odoratus*	
多穗莎草	*Cyperus polystachyos*	
粉穗莎草	*Cyperus surinamensis*	
阔叶星光草	*Dichromena latifolia*	
海岸稗	*Echinochloa walteri*	
蟋蟀草	*Eleusine indica*	
黑果飘拂草	*Fimbristylis cymosa*	
细茎灯芯草	*Juncus marginatus*	
某灯芯草	*Juncus virbinum*	
李氏禾	*Leersia hexandra*	
类芦	*Neyraudia reynaudiana*	
洋野黍	*Panicum dichotomiflorum*	
锐穗黍	*Panicum hemitomon*	
大黍	*Panicum maximum*	
铺地黍	*Panicum repens*	
红头稷草	*Panicum rigidulum*	
双穗雀稗	*Paspalum distichum*	
水生雀稗	*Paspalum repens*	
丝毛雀稗	*Paspalum urvillei*	
象草	*Pennisetum purpureum*	
芦苇	*Phragmites communis*	

13.3.3.4 野生动物

恢复后发现 16 种水鸟，21 种水生哺乳动物和 8 种鱼类（见表 13.4）。表明，在短期内该地区所有物种的重现，都直接与增加水和重建湿地群落有关。

表 13.4 恢复后蕨类森林中可见的动物种类

中文名称	拉丁学名	
鸟类		
灰鹬		*Actitis macularia*
鹈		*Anhinga anhinga*
秧鹤		*Aramus guarauna*
大蓝苍鹭		*Ardea herodias*
牛背鹭		*Bubulcus ibis*
绿鹭		*Butorides striatus*

中文名称	拉丁学名
中白鹭	*Casmerodius albus*
双领鸻	*Charadrius vociferus*
小蓝鹭	*Egretta tricolor*
美洲白鹮	*Eudocimus albus*
南美洲小蓝鹭	*Florida caerulea*
林鹳	*Mycteria Americana*
夜鹭	*Nycticorax nyticorax*
鹗	*Pandion haliaetus*
紫青水鸡	*Porphyrula martinica*
爬行类和两栖类	
密河鳄	*Alligator mississippiensis*
甘蔗蟾蜍	*Bufo marinus*
鳄龟	*Chelydra serpentina*
佛罗里达彩龟	*Chrysemys floridana peninsularis*
纳氏彩龟	*Chrysemys nelsoni*
黄腹滑龟	*Chrysemys scripta scripta*
红尾蚺	*Coluber constrictor priapus*
美国森王蛇	*Drymarchon corais couperi*
白化美国树蛙	*Hyla cinerea*
密西西比泥龟	*Kinosternon subrubrum steindachneri*
猩红皇帝蛇	*Lampropeltis triangulum elapsoides*
南美水蛇	*Nerodia fasciata pictiventris*
棕色水蛇	*Nerodia taxispilota*
古巴骨雨蛙	*Osteopilus septentrionalis*
猛鳖	*Trionyx ferox*
鱼类	
地图鱼,俗名猪仔鱼、尾星鱼	*Astronotus ocellatus*
秀体底鳉	*Fundulus diaphanus*
食蚊鱼	*Gambusia affinis*
白鮰	*Ictalurus catus*
斑点叉尾鮰	*Ictalurus punctatus*
佛罗里达雀鳝	*Lepisosteus platyrhynchus*
大口黑鲈	*Micropterus salmoides*
罗非鱼属	*Talapia* sp.
软体动物	
椎实螺	*Amnicola limnosa*
淡水无齿蚌	*Anosonta grandis*
轮钉螺	*Gyraulus hirsutus*
双刃旋节螺	*Helisoma anceps*
佛罗里达苹果螺	*Pomacea paludosa*

13.3.4 恢复效果

该工程主要关注植被组成和动物重现。工程使佛罗里达州南部森林湿地在三年内恢复到干扰前的状态。通过移除那些不受欢迎的植被（例如巴西辣椒），以及重新引进水资源，从而实现了：提高表面流的持续时间；使地下水从70cm提高到84cm；恢复了森林湿地、落叶硬叶林湿地，并且新出现一些湿地；扩大了涉水鸟类的栖息地，使浅滩溪流河床扩大到3.2km长（至少1.5m深）。这些成果确保FFNC中34种稀有和濒危蕨类植物得以生存，促使16种湿地鸟类、8种鱼类、16种鳖、6种蛇、5种蜗牛、2种蛙类，甚至美洲短鼻鳄鱼重新回归湿地。

13.4 美国密西西比-俄亥俄-密苏里流域湿地恢复

13.4.1 工程背景

密西西比（Mississippi）-俄亥俄（Ohio）-密苏里（Missouri）（MOM）流域位于美国的中西部，该流域有达 $3.0×10^6$ km² 的区域发生大面积水土流失，从而造成了墨西哥湾水体缺氧。1950年以来人类对氮肥的使用逐年增加，大量的氮通过各种渠道排入了海湾，引起了富营养化或水体持续缺氧，缺氧的范围达 $2.0×10^5$ km²。2002年Goolsby等确定了MOM流域硝酸盐排放与近海富营养化之间的关系。美国海洋和大气安全局（National Oceanic and Atmospheric Administration，NOAA）、国家环保署（United States Environmental Protection Agency，USEPA）及农业部（Department of Agriculture，USDA）等机构都对墨西哥湾的状况进行了研究。

墨西哥湾氮元素来源的90%来自MOM流域，其中43%来自密西西比河，34%来自俄亥俄河，而密苏里河尽管面积是前者的两倍，氮元素却只占到13%。图13.8为该流域的氮流失情况，表13.5列出了流域上部水流量与氮含量。

表13.5 密西西比河-俄亥俄-密苏里流域上部水流量与氮含量

流域	面积 /km²	流量 /(cm/a)	氮含量 /t	氮产量 /[kg/(km·a)]	比例 /%
俄亥俄	526000	50.2	323500	620	34.0
密苏里	1357700	6.5	125900	90	13.2
密西西比河上部	489500	22.7	411100	840	43.2
整个密西西比河上游流域	2373200		860500	362	90.4

该地氮元素的年排放量大约为1000kg/km²，范围广泛，大部分属于中西部的玉米种植区，是美国和世界上主要的农业区之一。本地区人口众多，拥有很多大型城市：如芝加哥（Chicago），明尼阿波利斯（Minneapolis），印第安纳波利斯（Indianapolis），辛辛那提（Cincinnati）以及哥伦布（Columbus）。

据Goolsby等1999年估算，自从1960—1990年该流域的氮肥施用量增加了7倍，大部分是在1960—1980增加的。氮的其他来源有：豆类植物的固氮作用、土壤矿物质分解、大气固氮作用以及市政和工业废水等。相对于肥料使用来说，这些来源的量都比较小。

流域内的氮富集呈明显的季节性变化。大部分河流在8~11月氮浓度相对较小，施肥季

图 13.8　密西西比-俄亥俄-密苏里流域地理位置及墨西哥湾的缺氧状态

节 1～6 月尤其是 5 月份浓度最大，在上游的小支流中可达 20mg/L。在 3 级和 4 级支流中一般硝酸盐氮的浓度为 5～10mg/L，在 8～11 月会下降到 2mg/L 甚至更少。最后排入海湾的平均浓度大多数情况下小于 2mg/L，但是这已经足以引起沿岸水体的缺氧和富营养化，尤其是在浓度最高的 4～7 月份（见图 13.9）。

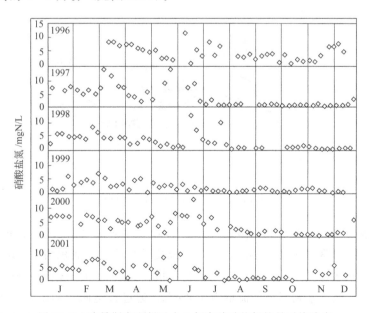

图 13.9　路易斯安那州过去 6 年中硝酸盐氮的月平均浓度

13.4.2　工程目标

MOM 流域的生态和水环境恢复是美国保护墨西哥湾环境的一项重要工作。本工程的目标是 MOM 流域的生态恢复，墨西哥湾富营养化问题的解决以及整个流域环境质量的改善。硝酸盐氮是墨西哥湾富营养化的主要原因，恢复目标是流域内 $2.2 \times 10^6 hm^2$ 由于农业灌溉以及洪水泛滥引起水土流失的湿地的重建和恢复工作。流域恢复的主要收益包括：解决墨西哥湾持续缺氧的状态，改善水环境质量，减少对公共健康的威胁，建立动物栖息地，减少洪水泛滥的影响等。在恢复开始前，需要对流域进行大规模的调查研究以减少不确定性。

13.4.3　恢复方法

Mitsch 等在一份联邦报告中提出减少农业氮流失的三种方法：①通过减少氮肥使用并且采用管理方法来减少氮的流失；②设置截流设施防止氮污染地下水和地表水；③在密西西比河上建立截流系统防止洪水造成的大量氮流失。

农业部已经采取了一些相关的管理措施：比如改变种植系统、减少氮肥使用、控制排放，以及管理施肥范围和时限。这些措施可以减少大约 20% 的氮排放。但是强制减少氮肥施用以及控制水质量会减少农业的产量。

除了上述方法，他们还建议在保证农业产量的基础上采用以下方法。

13.4.3.1　农田径流湿地（farmland runoffwetlands）

自然和人工湿地的转移氮化物以及有机负担的能力已经得到论证。如果这些湿地位于小分水岭的上游或农场径流的下游，其效用会更加明显。图 13.10 为农田径流湿地概念设计。

（1）伊利诺斯（Illinois）的农业径流湿地　1994 年在伊州中东部 Embarras 河的洪泛区建立了 4 个表面径流的湿地，以论证其是否能接纳农田径流，暂时控制水流，转移污染物，并将这些水转移到邻近的河流中。这四块湿地（面积 0.3～0.8hm² 不等）通过一条 15m 长的水道与河流相连，用来阻截玉米田和大豆田中的排水。在下游建造出口堰观测流量，经过 10 年的数据观测，这些湿地将硝酸盐氮的浓度从原来的 32g 减少为 10.88g，平均减少率为 23g/(m²·a)。

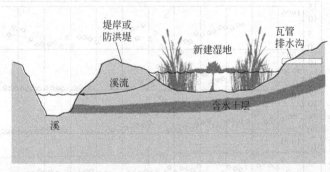

图 13.10　农田径流湿地概念设计

（2）俄亥俄（Ohio）农业径流湿地　1998 年春天在洛根（Logan）县建造了一块湿地，位于著名的度假区印第安湖（Indian Lake）上游几千米处。其面积为 1.2hm²，主要接纳上游 17hm² 范围的来水，其中 14.2hm² 用于作物种植，其余 2.8hm² 用于林业。2000 年的地表流量为 6.64m/a，地下水到湿地的流量为 4.2m/a。通过长达两年的研究发现地表水位约为 40cm，暴风雨能引起显著但是短期的水位上升，约为 20cm。然而暴风雨主要是在晚冬和初春发生，很少能对水质有改善作用。地表水的硝酸盐氮和亚硝酸盐氮的平均浓度为 0.8mg/L，而地下水的浓度却高达 2.0mg/L。有趣的是，流入湿地水体的氮化物浓度并没有增加。总的来说，湿地截留了 40% 的硝酸盐氮和亚硝酸盐氮，39g/(m²·a)。这个湿地的总体设计非常适合作为缓冲来应对暴风雨对地表的冲刷，并能接受地下水高浓度的硝酸盐氮和亚硝酸盐氮。

13.4.3.2 河流缓冲湿地（river diversion wetlands）

河流缓冲湿地靠近洪泛区或在人工坝后面接受来自干流的水流（见图 13.11）。在 MOM 流域上游伊利诺斯、俄亥俄是小型河流缓冲湿地，在路易斯安那州密西西比河流域是大型河流缓冲湿地，二者都说明了此方法具有改善水质的潜在能力。每个河流转移系统都进行了多年研究，每个工程都涉及高营养的含氮河水流入邻近湿地。所有的案例都用到了一些基础设施（如缓冲闸门、控制阀以及水泵）来控制和测量进入邻近湿地的水流量。

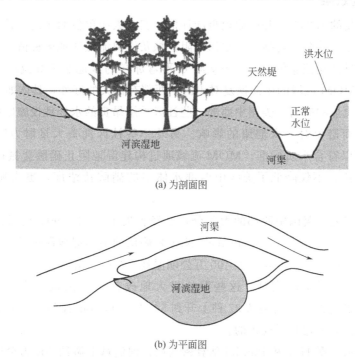

(a) 为剖面图

(b) 为平面图

图 13.11 河流缓冲湿地的概念设计

（1）伊利诺斯（Illinois）试验性的河滨湿地 在伊州东北部 Des Plaines 河建立了小型漫滩湿地，作为研究河流缓冲湿地的试验地。最初建造了四块湿地，面积从 $1.8 \sim 3.8 hm^2$ 不等。1986 年在 Des Plaines 河的洪泛区冲积层挖掘形成这四块湿地，通过水下管网将水输送到湿地中。1989 开始泵水，1990 和 1991 年获取大量有效数据，在此期间同时进行整个生态系统的试验以分析其中两块湿地流速很高（$18 \sim 20 m/a$）而另外两块湿地流速很低（$5 \sim 8 m/a$）的原因。1991 年对其中三块湿地的硝酸盐氮进行预算。湿地可以看作硝酸盐氮的接收器，能除去 $78\% \sim 84\%$ 的氮。在三年内，湿地中滞留氮的浓度为 $46\% \sim 95\%$，这只与流速有很小的关系，滞留速率为 $2 \sim 43 g/(m \cdot a)$。

（2）俄亥俄（Ohio）试验性的河滨湿地 1994 年，在俄亥俄州立大学的 Olentangy 湿地研究公园建立了两个面积为 $1 hm^2$ 的试验性湿地，并在 1994—2002 年对湿地生态系统进行了试验。按照 Olentangy 河的流速，使用泵向试验湿地以 $20 \sim 30 m/a$ 的平均速率连续逐日注入水流。注入的水流约 $3 \sim 4$ 日流过湿地并排入一块沼泽地，然后再流回 Olentangy 河。经过 16 年湿地的测量（2 块湿地×8 年），俄亥俄湿地滞留了硝酸盐氮浓度的 34%，整个硝酸盐氮质量的 33%。在氮浓度较高的年份（1996 年，1997 年，2000 年和 2001 年），$1 hm^2$ 湿地里的氮浓度从最大值 4mg/L 降到了 3mg/L。而在低浓度氮的年份（1994 年，1995 年，1998 年和 1999 年），氮从最大值 2mg/L 降到了 1mg/L。

（3）俄亥俄（Ohio）的 U 形弯　1996 年夏天在 Olentangy 河湿地研究公园建立了一个 3hm² 的河流缓冲湿地，以缓解此流域南 30km 的一块面积为 1.1hm² 的湿地丧失带来的影响。U 形弯淡水湿地在洪水期接纳水流，河流水位高于湿地水位时，水通过渠道流入湿地，河流水位低于湿地水位时，渠道的阀门关闭，防止水回流到河流中。这样所有的洪水就可以经过湿地并最终从坝的出口流出。

13.4.4　恢复效果

最近又对恢复的 2.2×10⁶hm² 湿地重新评估，实践表明单位面积的森林滞留氮的能力远远小于湿地。农业区的恢复包括在湿地修建阻拦坝及沿河流低洼地区种植森林。在河流系统中，水体可以通过修建俄亥俄 Olentangy 河 U 形弯那样的湿地实现其流动，但需要规模更大、数量更多。MOM 流域的生态恢复对美国中西部有很大的好处，具体如下。

（1）水环境质量的提高　美国中西部一些社区采用昂贵的水处理设施以降低饮用水中硝酸盐氮的浓度从而避免对公众健康的影响。另外一些社区耗费大量财力物力用于去除污水中的硝酸盐氮以符合水质标准。MOM 流域通过构建湿地阻止硝酸盐氮排入溪流或去除已有硝酸盐的方法，不仅降低了美国中西部水体中的硝酸盐浓度，更为城镇用水节省了大量费用。

（2）生境的恢复　美国中西部的大部分州已经丧失了 80%～90% 的湿地。美国研究委员会原来（National Research Committee，NRC）确认的美国湿地保护目标为：到 2010 年，主要通过对耕地、牧场的恢复来增加 400 万公顷湿地。MOM 流域 2.2×10⁶hm² 湿地的恢复和重建加速了 NRC 目标的实现。这些湿地极大地改善了该区域野生生物的生存条件。Hickman 发现在新建湿地的鸟类从 37 种上升到 54 种。Olentangy 河湿地有超过 150 种的鸟类，其中许多是在湿地建好后迁来的。

（3）控制洪水　据 Hey 和 Phillipi 估算密西西比河流域上游约 500 万公顷的湿地和水洼地恢复可以提供足够的洪水控制功能，甚至对 1993 年密西西比河上游发生的百年一遇的洪水也起到了缓冲作用。

（4）保护农业生产　强制减少氮肥施用以及控制水质量会减少农业的产量，MOM 流域采用以上措施既去除了氮，又保证了农业生产的正常进行，还恢复了河流和湿地生态系统的功能。

13.5　美国新泽西大西洋花柏湿地林恢复

13.5.1　项目背景

大西洋花柏（Chamaecyparis thyoides）是一种重要湿地树种，生长在沿大西洋和美国沿海海湾的淡水沼泽，从南缅因直至中佛罗里达和西密西西比。虽然它们与其他树种混杂生长，但大西洋花柏倾向于密集、单一的分布，在一片成熟的群丛中，一英亩往往超过一千棵。西北佛罗里达、北卡罗来纳和东南新泽西拥有大西洋花柏最大的天然分布区域（Kuser and Zimmermann），多数花柏沼泽发现在 Pinelands 地区，110 万英亩（445000hm²）区域内，它们大约占 23000 英亩（9200hm²）。

在 19 世纪和 20 世纪，花柏的分布面积出现了巨大的衰减。一个重要的原因是人们为了获得珍贵木材对其砍伐，此外，白尾鹿的啃食，火灾发生频繁，人为开发，花柏林变为耕地，以及水文的变动都使得花柏面积减少。在卡罗来纳，超过 90% 的原始林区消失，在新泽西，欧洲人到达之前本来有 115000 英亩（46000hm²）花柏森林，但到 1974 年已经不到 5000 英亩。1986 年，新泽西林务局估计，还有 41690 英亩花柏林留存。因此新泽西最近致力于维护现存的花柏林，同时在适当的地点进行恢复，尤其在松林带地区。

研究区域位于新泽西曼海洋县彻斯特乡 ByrneState 森林的农业湿地。这块面积为 50 英亩的湿地，包含 32 英亩的废弃蓝莓田和 12 英亩的越橘沼泽。在恢复前，这里灌木丛生，一些小的阔叶树种开始侵入。

13.5.2 恢复目标

恢复目标主要是树种及其自然生态系统的恢复。具体目标包括：①重新连接被分割的补丁区域；②将被其他类型植被占据或用作其他用途的地区恢复为花柏的生长地；③为依靠这个生态系统生存的动植物创造栖所；④为未来的木材生产开发可持续的资源基地。大部分的项目目的在于按照自然育苗密度、树种构成以及栖所特征对花柏林进行恢复。

在研究报告中，调查了新泽西松林带原农业用地的恢复情况。评估这一地点的总体成功并且讨论三个关键问题：①引种方法（自然播种还是插根育苗）；②自然恢复时松散土壤和直接播种的效果；③白尾鹿的食草作用对人工育苗以及自然播种的影响。同时也讨论形成稳定的花柏林所需要的种植密度，以及这些结果对将来的花柏林恢复有何启示。

13.5.3 恢复过程

13.5.3.1 场地准备

土壤类型是有机沙土，在研究过程中，监测了地下水位的深度，水位深度平均在地表下 16 英尺（1 英尺＝0.3048m），变动范围从地下 46 英尺到地上 13 英尺。

修复活动都基于由 Williams 提出的方案，这一方案得到了新泽西环保局公园与森林处以及松林带委员会的批准。在 1995 年的春天，蓝莓田上的植被被清理，但蓝莓和其他灌木很快又生长起来，需要重新进行准备工作。1996 年春天，这些地区经过了碎土压实。

设立了两种碎土压实水平来检测双重压实对种植效率的影响，以及随后的花柏生长状况。试点的一半被单层压实，另一半被双层压实。场地准备成本单层是一英亩 75 美元，双层是一英亩 145 美元。1997 年秋天，这些地区空中播撒了 Arsenal 除草剂（1% 浓度），来控制其他木质植被的竞争。1997 年夏，对遗弃的越橘沼泽实施机械清理，使用日本神户制钢所跟踪的机器处理，一英亩成本是 225 美元。以两道太阳能的电篱笆围拢了整个 50 英亩的研究试点，防止白尾鹿啃食新成活的花柏。电篱笆在新泽西和北卡罗来纳都取得了成功的应用。

13.5.3.2 大西洋花柏的引种

在这片地区引种了花柏，使用人工插根育苗和自然播种两种方法。1996 年春，在 38 英亩蓝莓田上种植了 5200 株花柏，第二年春天又种植了 40000 株。新泽西森林署和志愿者在 1997 年秋种植了 1400 株花柏。1998 年春，种植了另外 40000 株。从 1996 年春到 1998 年春总共种植了 87600 株花柏。所有的花柏都是手工栽种。

不同于蓝莓田，依靠现存的毗邻花柏林对 12 英亩的越橘沼泽区进行自然播种。在这之前，这片地区未被砍伐的花柏林也有一定的自然再生。1999 年的春天，在小片土地上进行直接播种，以观测直接播种是否对自然再生有改善作用。

13.5.3.3 恢复设计和监测

对于插根种植，分两组监测花柏的生长和存活。组一包括 1996 年春季和 1997 年种植的插根，原因是研究开始时这两个时间种植的花柏已无法区别。在 1997 年秋季，从组一中随机选取 200 个体测量高度和直径（地表上 1 英寸，1 英寸＝2.54cm）。1998 年春季种植的插根归为组二。在 1998 年秋季、1999 年春季、1999 年秋季三次测定了两组的存活率、高度和直径。为了监控白尾鹿啃食的程度，计算了 1998—1999 年冬季花柏的高度损失。为了减少白尾鹿的啃食，组二于 1998 年深秋用单个的保护罩（12 英寸宽、36 英寸高，塑料网状）保护。

对于进行自然修复的蔓越莓地区，建立了 36 个 1m² 的实验点。为评估土壤破碎情况对花柏修复的影响，在无破碎（0％～5％碎土覆盖）、部分破碎（20％～40％碎土覆盖）、完全破碎（60％～100％碎土覆盖）三个破碎处理等级中各选 12 个点。

为了研究了修复中直接人工播种的效果，在 1999 年春季用 0.5g 种子对 18 个试验点进行了直接人工播种。每 1000 颗花柏种子约重 0.96g，相当于每一个试验点 5208 颗种子（每英亩 21077836 颗种子）。Little（1959）提出一个成熟大西洋花柏林下的种子库大约有 260000～1000000 个可发育的种子，在两英寸的地下应有相同数量的种子。不考虑种子的发芽率，仅仅保证即使发芽率低的情况下大量的种子可以提供足够的萌芽数量。为了考察物种组成和花柏的修复，在 1998 年和 2000 年的秋季监测了试验点内的所有植物。

13.5.4 恢复效果

13.5.4.1 花柏监测结果

对于插根育苗，1998 年秋季的成活率为 92％，1999 年春季的成活率为 88％。假设插根种植所有地点第一年有相似的成活率，估计每英亩大约有 1844 颗根苗存活。虽然两次压实提高了人工插根的效率，但并不影响花柏的存活率。

研究阶段花柏的平均高度。尽管白尾鹿的啃食情况较重，截至 1998 年秋季，组一长高了 13.28 英尺，组二长高了 3.75 英尺。由于白尾鹿的啃食，在随之而来的冬季，组一的高度平均降低了 4.33 英寸，约占总高的 19％。组二由于采用保护措施，高度损失平均为 1.98 英寸，约占总高的 12％。从 1999 年春季到秋季，组一平均增高了 13.76 英寸，组二平均增高了 11.92 英寸。尽管在冬季由于鹿的啃食损失较明显，花柏的生长速度与其他文献提供的相似。例如，Little（1950）发现在种植后的第一年，适宜条件下可以增长 1～10 英寸，之后生长速度大约是每年 1～1.5 英尺。

13.5.4.2 限制因素

第一阶段，1998 年秋季树苗的平均密度为每英亩 12590 棵。但是，恢复非常不平衡，种苗集中在母树的周围。53％的试验点内没有树苗。这个结果与预计的不相符合，所以应用 Kruskal-Wallis test 分析不同的预处理，并没有发现碎土处理有明显的影响。

2000 年秋季树苗的平均密度为每英亩 21921 棵，包括人工播种点和非人工播种点。但是人工播种点的密度为每英亩 36422 棵，而非人工播种点仅为每英亩 7405 棵。研究者发现人工播种的作用明显，但并没有发现碎土处理的明显作用。以前的学者对花柏修复的人工播种效率并没有共识。Little（1965）认为花柏的人工播种可以收到很好的初始效果，Laderman（1989）认为在多数情况下播种比插根种植更合适。然而，研究者在过去的论文中提到在新泽西播种试验的成功具有不确定性，并不推荐人工播种。在这次试验中，结果显示在自然种子资源有限的情况下人工播种能够提高初始的发芽率。

研究者也发现最初发芽的幼苗并不能成长到较大的水平。第三次数据监控后，发现高度大于1英尺的花柏密度并没有提高。在初始密度较高情况下较大高度花柏的缺乏表明不利的环境或者白尾鹿的啃食正在阻止花柏的生存和成长。在插根育苗试验中得到的结论表明环境是适宜的，是白尾鹿的啃食阻碍了秧苗的成长。

13.5.4.3　恢复相似的种群密度

花柏林修复的最终目的是能够生成与自然条件下密度、单一性相似的成熟的花柏林。Korstian and Brush（1931）提供的林分结构表指出成熟的、单一性水平的花柏林每英亩至少有1000棵花柏，所以修复目标应达到相似的种群密度。然而，现在并没有可靠的数据说明达到上述种群密度所需的自然种子数和幼苗数。原始树苗的数量依赖以下因素：地质情况、芽的种类、成活率、食草作用、自我稀疏。

存在自然种子库的地点的自然修复可以达到每英亩几棵到一百万棵幼苗的密度。虽然没有可靠的数据表明年轻种群中自我稀疏的重要性，但很可能会受到自我稀疏的影响。插根育苗，幼苗的成活率、购苗的费用和维护费用都限制了插根的数目。人工修复较自然恢复低的种植水平在成活率较高和自我稀疏作用减弱的情况下可以产生成熟的林分结构。本文中人工种植和自然修复的比较表明同初始密度一样，成活率和生长速度对修复同样有重要作用。在蓝莓田得到的结果表明每英亩1844棵幼苗在前两个试验阶段成活且生长速度与自然修复速度相似。研究者认为在持续的高成活率条件下，这一密度对一个完全的种群已足够。应该监控花柏林的整个成长过程来判断初始密度是否确实能够产生一个成熟的、单一种群的花柏林。蔓越莓田的自然修复结果显示高的种群密度。然而，恢复不平衡而且幼苗难以长到较大的水平，最终会妨碍成熟种群的产生，最后会通过人工种植来对缺口进行修补。

参 考 文 献

［1］　Juan B. Gallego Ferna′ndez，Francisco Garc?′a Novo. High-intensity versus low-intensity restorational ternatives of a tidal marsh in Guadalquivir estuary, SW Spain. Ecologicalengineering, 2007, (30)：112-121.

［2］　Weishar Lee L, Teal John M, Hinkle Ray. Designing large-scale wetland restoration for Delaware Bay. Ecological Engineering, 2005, (25)：231-239.

［3］　Hinkle Raymond L, Mitsch William J. Salt marsh vegetation recovery at salt hay farm wetland restoration sites on Delaware Bay. Ecological Engineering , 2005, (25)：240-251.

［4］　Weishar Lee L, Teal John M, Hinkle Ray. Stream order analysis in marsh restoration on Delaware Bay. Ecological Engineering, 2005, (25)：252-259.

［5］　Teal John M, Weishar Lee. Ecological engineering, adaptive management, and restorationmanagement in Delaware Bay salt marsh restoration. Ecological Engineering, 2005, (25)：304-314.

［6］　Teal John M, Weinstein Michael P. Ecological engineering, design and construction considerations for marsh restorations in Delaware Bay, USA. Ecological Engineering, 2002：607-618.

[7] Weller Jeffrey D. Restoration of a south Florida forested wetland. Ecological Engineering , 1995, (5): 143-151.

[8] Mitsch William J, Day John W. Jr. Restoration of wetlands in theMississippi-Ohio-Missouri (MOM) River Basin: Experience and needed research. Ecological Engineering, 2006, (26): 55-69.

[9] Kristin A, Mylecraine, George L. Zimmermann, Robert R. Williams, John E. Kuser. Wrtland Restoration on a former Agricultural Site in the New Jersey Pinelands. Ecological Restoration, 2004, (2): 92-98.

14 草地生态系统恢复案例

14.1 澳大利亚半干旱稀树草原的植被重建

14.1.1 项目背景

Ord 河位于澳大利亚西北部 East kimberley 地区，流域面积 55000km²，半干旱气候，降雨以夏季为主，平均降雨量 500~750mm，在降雨多的地区，自然植被是半干旱稀树草原或开放的高草林地。当降水量少时，这些稀树草原变得更开放且耐寒性矮草占优势如冠芒草（*Enneapogon polyphyllus*）和三芒草（*Aristida contorta*）等代替了高草。

East kimberley 地区的畜牧业是在 1884 年牛被引入时开始的。用今天的眼光看，当时的放牧者没有意识到这些半干旱热带地区的限制性。到 1944 年，由于牛的过度啃食引起大面积退化，多年生植物消失，接着在一些地方引起了土壤侵蚀。由于过度放牧，这些地方的干旱矮小植被消失，只留下粉末状的石灰质黏砂土大片暴露，引起冲蚀和风蚀。

1960 年，Ord 河流灌溉规划的第一步已经启动，第二步也已提出了方案。灌溉的结果是 Ord 河大坝的建造，形成了 Argyle 湖，1962—1968 年的标准流量和沉积数据显示：每年约 29.8×10⁶t 的沉积物排入 Argyle 湖。这些沉积物大部分来自陆生生态系统的侵蚀。据估计，该流域有超过 3600km² 以上的牧场被大面积侵蚀，上层厚达 30cm 的表土被剥离。

14.1.2 重建目标

为了减少上游 Ord 牧场的土壤流失，于 1960 年确定了 Ord 河再植区（ORRA），包括 Ord 河坝上 4.6×10⁴km² 的区域和另外的 10⁴km² 的区域。重建的目标是：①通过治理提高表层渗透率，降低流失和侵蚀，以减少流入 Argyle 湖的沉积物；②控制放牧水平；③采用高种子产量的植物建立牧场。

第一个目标需要使用一些机械工具以打碎土壤的硬壳，好让水分能够渗入，在冲沟的分水岭上创建培养带。但由于小溪和冲沟是复杂的网状结构，使得这种机械重建很困难。

第二个目标通过移走家畜和野生动物减轻放牧。然而，这实际上也是很困难的，需要许多居民和政府管理机构通力合作努力才行，而且花费也是很大的，需要 700km 长的栅栏将牛和野生动物圈起来。这样，直到 1975 年，还没能有效地将牛控制起来，到 1990 年，野驴的数量仍很高。

第三个目标是用多产植物处理该地区的重建植被。选择三个外来种并播种：美洲蒺藜草（*Cenchrus ciliaris*）、刚毛蒺藜草（*Cenchrus setigerus*）和爪哇白花苋（*Aerva javanica*）灌丛。到 1968 年，一共有大约 10000hm² 的地区被犁过并播种了这三种植物。

14.1.3 监测重建过程

评价这么大面积的重建活动需要一个灵活的监测计划。1981 年得出的结论：重新定居的植被很少，主要是由于土壤被大面积剥离了，不过分水岭上的效果还不错。1983—1988 年，在重建区的分水岭上进行了一次放牧试验，试验发现牛选择的啃食区一般在多年生草本植物定居较少的区域。牛体重的增加更多的与本地耐旱矮草有关（如冠芒草），而与外来多年生物种不太密切（如藜草草）。

发育条带形成了复杂的植物镶嵌形式，限制了流失率。总之，这些表面处理和草的定居，使水分能够完全保留了下来。水分的保留也有利于树木，包括定居下来的新树和原先即将死亡而又复苏的树木。

14.1.4 重建效果评估

重建取得了部分上的成功。机械法处理土壤表面的硬壳提高了红壤草原的渗滤率，这种处理方法促进了外来植物的定居。黑黏土地区没有采用播种和机械法进行处理，该地区的牛和野生草食动物已经得到控制，虽然有效地控制驴花费了 30 年的时间。然而，上游牲畜控制和提高植被的覆盖仅仅将每年流入 Argyle 湖的沉积物由 2980 万吨降到 2350 万吨，90% 的沉积物来自占总流域不到 10% 的冲沟侵蚀。自然和放射性同位素研究表明，大多数冲沟相对年轻，从畜牧业出现在该地区时才开始形成。这样看来，控制家畜的方法存在一定的问题。

地面状况显示了在半干旱稀树草原进行重建的复杂性，首要目标是通过提高渗透和控制侵蚀等改善水文学过程的方法减少沉积物的流失。虽然渗透率增加了，但是当植被重建仅部分成功时，冲沟侵蚀仍在继续。改善水文学过程不是改善景观功能的首选。还包括植被重建，改善有机质的循环过程，如有机质的组分可以增强土壤的总体稳定性，减少土壤侵蚀。ORRA 的许多重建受到限制就是因为这些过程是低水平的。

14.2 美国南加利福尼亚海岸鼠尾草灌丛恢复

14.2.1 工程背景

加利福尼亚海岸鼠尾草灌木（Coastal Sage Scrub，CSS）群落分布于太平洋沿岸的狭长区域，自旧金山（San Francisco）和 Lafayette 向下贯穿圣地亚哥（San Diego）到达加州南部内陆和河岸（见图 14.1）。鼠尾草灌木由几种不同的维管植物联合体组成，加利福尼亚鼠尾草（Artemisia californica）是群落的优势种。加利福尼亚丁香（Ceanothus spp.）、荞麦（Eriogonum spp.）、耐旱的石猴花（Diplacus spp.）、鼠尾草（Salvia spp.）等耐旱植物种是群落的常见种。CSS 群落物种丰富，形成了独特的生境，是许多珍稀动物的重要栖息地。CSS 群落与其他群落共存，在景观上呈镶嵌状，常处于生物地理过渡区。

CSS 曾经覆盖了加州海岸低地约 2.5% 的面积，并扩展到加利福尼亚巴扎（Baja）太平洋海岸。由于城市化、频繁火灾、外来种入侵、氮素沉积及其他干扰，CSS 物种丰富度不断降低，密度急剧下降，破碎化严重，40% 的 CSS 消失。如今大部分栖息地被一年生欧洲草种和外来黑芥菜（Brassia nigra）为主的草地所包围，本地草地几近消失，南部的橡树林地也受到了威胁。20 世纪 90 年代初，CSS 中超过 60 种维管植物、超过 30 种动物稀少甚至濒危。

最早的 CSS 保护措施开始于 1989 年，由加利福尼亚大学 Irvine 分校（University of California Irvine，UCI）进行，目的在于保护以 CSS 为栖息地的加州食虫鸣禽（gnatcatcher）。为了补偿因校区扩建造成的 CSS 生境损失，学校决定在其新发展区和大学生态保护区之间创建 46m 宽的缓冲区。这些补偿性的保护措施一般受濒危物种法案驱动，栖息地创建工程只关注那些列入保护名录的动物所利用的灌木，如荞麦（*Eriogonum* spp.）、加利福尼亚鼠尾草（*Artemisia californica*）等。

图 14.1　加利福尼亚鼠尾草灌木群落分布状况（阴影加利福尼亚鼠尾草灌木群落）

14.2.2　恢复措施和过程

在 CSS 保护实践中，恢复措施只是一种集成的方法而非演替过程。创建栖息地的措施有机械播种、水力播种、人工撒种、苗圃盆栽植物安置。迁移抢救植物的方法也逐渐被认可。

14.2.2.1　播种法恢复

早期的 CSS 恢复多采用苗圃盆栽植物与水力播种或机械播种联用的方法。以林下层植物丰富的灌丛物种作为标准模板，使用容积为 1 加仑（1 加仑＝0.785L）的盆栽植物，并在其中植入菌根进行培植。此法目前仍是 CSS 恢复的重要途径，但对邻近群落及本地种子资源的关注和要求越来越多。

最常使用的陆地景观技术是"水力播种（hydro-seeding）"法，即将本地种子与水混合喷洒于恢复地段。在低营养条件下，起到肥料的作用，同时发挥护根作用。这种方法减少了短期的侵蚀，但很可能造成种子提前萌发，导致快速死亡；种子不能与土壤接触；或出现野生环境中不存在的随机组合等。

恢复的具体过程包括以下几部分。

（1）选择恢复模板　选择与恢复地点照射量、坡度和土壤条件相似的自然区域，通过样线、样方和数字摄影来记录其自然特征，为恢复和监测提供依据。数字航空摄影和样线证实了在 UCI 位于线性自然群落保护区的"生物廊道"，邻近高速公路。可选择较大模板群落的植物集群的镶嵌模式作为基础，进行仿真的、适当比例的设计，根据图（见图 14.2）进行恢复种植。这种方法具有更高的生态相似性。

（2）种子收集　播种前需要进行种子收集，种子最好来自本地或光照量、土壤类型、坡度相近的地段，以保证种子的本地化。这个过程需要耗费较长的时间，如水晶谷国家公园花费数年收集 38 种本地物种的种子用于恢复 CSS。另一个恢复行动则在方案实施前的两年中收集 24 种物种的种子，并进行了纯度、萌发及种子库的分析。加州大学 Irvine 分校同样进行数年的准备工作，收集种子、迁移植物，尽可能地保存土壤并运输至校园中需恢复的区域。

（3）播种种植　种子收集后，采用水力播种、机械播种法或人工撒种进行播种。也可将种子在本地苗圃培育后移植。随后，模拟自然状态按垄进行种植，每垄 1～2m 宽，两垄间隔 5～8m 宽。

（4）外来种的处理　外来者入侵是 CSS 恢复的一个威胁。外来杂草阻碍了本地灌木丛的扩张，大量的外来种子还会改变食谷物类动物的食物链。以 UCI 为例，在其生态保护区中约有 167 种维管物种，其中 31% 是外物种。78.8% 的外来物种为一年生的。外来一年生物种覆盖了 60 英亩保护区的绝大部分地区。抑制外来种的主要方式有：人工除杂草、刈割

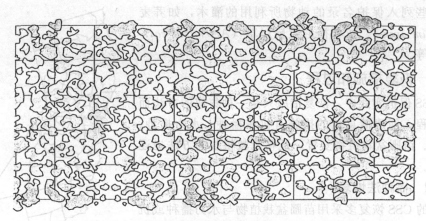

图 14.2　基于航片和样线调查的鼠尾草植物集群镶嵌模式

和火烧等方法。

14.2.2.2　抢救性移植

采用移植的方法对即将遭到破坏的栖息地进行保护的方法越来越受到关注，此法对已知基因的植物恢复益处很多，但仍处于试验阶段。作为移植来源地的 CSS 群落具有许多重要的价值：种子资源；植物补充或秧苗资源；成熟的冠层资源，移植植物时可以带来附生植物和无脊椎动物等；基因的完整性，种子、秧苗及成年植物来自于同一个地点；土壤，带来真菌以及偏僻地区的种群。作为恢复点的价值：种子资源，移植植物时经常出现意外的种子，可收集备用；秧苗资源；吸引鸟类、哺乳动物以及无脊椎动物利用移植的冠层作为临时的栖息地；野生冠层植物跳跃式恢复。

从自然栖息地中移植补充秧苗具有较高的成功率，主要表现为冠层植物，随后附生植物也出现了。研究表明既可以直接移植秧苗，也可移植较成熟的大型植物。在土壤较为干燥、天气较热时，可以将秧苗置于温室数周以减少移植的冲击，提高存活率。从实际应用角度看，移植也是较为经济的一种方式，在桔县自然保护地域的管理中，大型冠层植物移植单价不到 4 美元。一般市场上可接受的盆栽植物单价约为 3 美元。恢复可以手工或利用重机械进行，一般在冬季（11 月—3 月中旬）进行，此时正值雨季，可省去灌溉的工作。一般落叶种的移植成功率较高，它们以落叶的方式应对移植的冲击，然后重新长出叶子。而常绿种的死亡率则相对较高。

根部结构也会影响挽救性移植的效果。根部浅而蓬松的灌丛易于移植，如艾属和鼠尾草。具有很大直根的植物（如莲属的金雀花）秧苗可从野外成功移植，而成熟植物体的成活率则不高。常绿物种（如柠檬浆果）作为大型植物则很难被成功移植。类似地，柳叶石楠也很难被移植。荞麦（*Eriogonum* spp.）的根呈绳状，且为常绿种，很难移植。

机械移动灌丛会造成一定数量的树枝死亡，但其中的少数会存活并结出种子。在恢复地点中保留植物残体也非常重要，植物残体或长期休眠植物在自然栖息地非常普遍，保留它们可使恢复点更接近于自然群落，并可被鸟类广泛利用。

应该强调的是移植只能作为遭破坏地点的一种挽救和恢复技术，不应为补充物种而破坏野生生境，也不应该简单地视之为将生境从一个地点移到另一个地点，并使之在预定的地点发展的过程。

14.2.3　恢复效果评估

通过 5 年的恢复，大部分 CSS 的冠层部分得到恢复，群落物种丰富度有所提高。尽管林下叶层没有得到完全恢复，郁闭的冠层、大的斑块和移植的冠层灌木很快吸引了本地动物群并但被许多野生动物如鸟、蝴蝶及爬行动物所利用。UCI 生态保护区观鸟点发现了 13 种鸟类，在邻近的 CSS 监测点又发现了 3～10 种。在 UCI 生态保护区和城区东部边缘共存在 18 种蝴蝶，其中的 11 中出现在 CSS 群落中，其中 5 种和另外 2 个新种出现在 CSS 恢复点。在自然 CSS 中出现的所有 4 种蜥蜴、3 种蛇类均出现在 UCI 生态保护区的恢复地。

由于目前 CCS 恢复主要应对栖息地保护计划（HCP），工期一般为 5 年，主要完成了对冠层的恢复，林下叶层物种仍然稀少。"冠层"工程一般在高速公路和路旁建立，作为连接孤立 CSS 斑块的"生物廊道"。移植于即将受破坏区的 CSS 可以成为其基因库。这既丰富了本地基因库，又保存了外部基因资源。

这种保护方法也存在许多缺陷。对 CSS 而言，群落恢复周期一般为 10 年以上，5 年的工程期限对于群落恢复显然是不足的。一些工程措施造就了奇怪的物种组合，如桔县水晶谷国家公园里盐生灌木滨藜成为优势种。由于高架洒水和播种密度的问题，许多灌木和半灌木生长受阻，尤其是在土地填埋场和公路沿线的空地。一些恢复工程的选址只满足了开发者和高速路工程便利和经济的需要，没有考虑到生态需求，朝向、坡度和土壤因素常与与新建栖息地的物种不匹配。此外许多保护工程没能真正执行，欠缺持续性，监测的方案也不恰当。

总之，南加州的 CSS 恢复缺少对景观规模足够考虑，恢复措施只完成了优势灌丛的冠层工程恢复。因为联邦所列出的需进行保护的脊椎动物群主要使用地上多年生灌丛的冠层，不会有长期的资金用于保证全体群落栖息地建立上。只有到整个群落的价值被认同时，才可能进行"完全的恢复"，目前只能恢复到冠层植物以本地种为主和林下层以外来种为主的状态。而这种轮廓性群落会具有怎样的功能尚不确定，但它仍有望成为鸟类和大型食肉动物的散布路线。此外，冠层植物的恢复可以更好地增强栖息地片断的边缘效应，为邻近的 CSS 的提供可侵入的区域，有助于栖息地的延伸和植物基因的保护，防治基因资源的流失。栖息地保护计划在这些方面也发挥了重要的作用。

14.3　南非东部高地草原露天
煤矿开采迹地的恢复与重建

14.3.1　工程背景

南非是矿产大国，南非东部的高地草原曾是天然的绿色草场，但煤矿的开采，无论是露天开采还是地下开采都会对草地造成大面积的破坏（大约 $100000hm^2$）。露天煤矿的开采会干扰地形，侵蚀土壤和使表土结皮变硬，使得土壤中的磷、钾、锌等限制植物生长的关键营养元素缺失，土壤中有机碳和氮流失严重。在上述干扰因素的交互作用下，乡土植被也受到较大破坏。

许多南非的煤矿开采企业都对该地区的受损草地进行了自愿恢复工作，而东部高地草原地区的生态恢复则是一个恢复本土草种和非禾本科草种多样性的天然草原的恢复过程，是一个缓慢的次生演替进程。

14.3.2　恢复目标

草地恢复的基本原则是将土地恢复到煤矿开采前的土地容量。同时，开采后的土地被新的土地重新覆盖，恢复景观功能；排土场被其他地方取来的表层土覆盖得以恢复。煤场附近的构筑物及相关管理和维护区域通过采取各种精确的干预手段得以还原。恢复的关键是在草地上种植适应当地土肥的基础作物，并保证该物种在未来几年的时间内保持高产，之后利用作物的落叶来补充土壤肥力。

14.3.3　恢复的影响因素

14.3.3.1　土壤破坏

通常开采后的矿区顶部土层是由表土、底土、腐殖质以及石块混合组成的。就环境而言，底土、腐泥土、岩石不可能成为支撑植物生长的土壤。土壤破坏的直接影响是将底土、腐殖质、石块带到土表，因此土壤活性大大降低。举例来说，少量存在的碎石或 pedocrete（土壤剖面的一种坚硬物质，如杂赤铁土或钙质结砾岩）都会导致土壤丧失活性。

14.3.3.2　土壤酸化

土壤破坏并不一定会降低土壤的 pH。相关地区的研究结果表明，没经过采矿等开发的草地土壤也呈现酸性。研究表明未开发的草地呈酸性，但该区域原有的土壤大多呈中性或弱酸性（pH 值为 4～6）。而强酸性土壤（pH＜4）则主要是由酸性矿山排水所造成的（AMD）。最早引起 AMD 的最主要的原因是矿层、矿渣中含硫矿物的氧化分解导致的。典型的煤矿含硫量高达 10％，其中大约有一半是常见的硫铁矿（FeS_2）。接触到水和氧气，黄铁矿发生自然氧化，但是这种作用过程可以在食岩细菌（多达 10^6）的参与下而加速进行。

14.3.3.3　营养元素的缺失

南非天然湿润草原的土壤大约含有机碳 2％，且变化较大。如暗草炭土和黏性土壤都可高达 5％，而湿地将更高。而砂质土壤往往有机碳含量低于 2％。而采矿干扰使得土壤破坏，可以使土壤矿物质含量降低或消耗土壤中的有机物，也可以改变土壤中有机氮含量或影响土壤的温度、湿度、干燥周期。

土壤破坏可能造成磷和钾的含量较低。植物可有效利用的营养物质在表土中的含量要多于底土和腐泥土的含量，因此东部高地草原煤矿开采使得土层的混合更加剧了土壤中营养物质的流失。在草地进行改良前，植物可利用的钾含量为 50mg/kg，可利用的磷含量只有 1～2mg/kg，锌也往往含量不足。

14.3.4　恢复措施

14.3.4.1　地形改造

（1）拆除矿坑内的基础建筑　拆除矿坑内的基础设施有利用保持土壤活性，增强植被恢复效果。在一项关于 50 年前建造的穿过草地的地下输水管道对土壤和植被影响的研究中，Mentis 发现除少数情况（如暗黑草炭土等），土壤剖面特别是土壤质地、砾石、杂赤铁土、腐泥土、卵石等都由于时间跨度的关系，都发生不可逆的转变。在有较少植被和较多先锋种的植被中，曾经建造的管道位置通常是可以看到的。在对东部高地草原埋藏管道的上面及毗邻的植被研究中，管道上面植被的演替均迟于管道周围的植被演替阶段。Mentis 预计管道建设后，经过 10～100 年，才可以使草原恢复为顶级群落。因此，适当的拆除矿坑内的地下建设管道有助于加速草地恢复。

（2）煤渣回填　矿坑的回填取决于土壤开采所形成的土壤剖面。根据矿渣上层回填土层的高度，种植不同的植物来恢复矿渣植被。回填土层高度在 60cm 以上，种植经济价值较高的农作物，30～60cm 种植一般农作物，低于 30cm 就种植牧草。

14.3.4.2　植物定植

（1）植入顶级种的繁殖体　当土壤条件较为适宜时，可以考虑植入顶级种的繁殖体。经采矿破坏后植被群落演替到顶级群落较为缓慢的另一个重要的原因是缺少当地顶级种的繁殖体。一个面积为 100 平方公里的矿区草场，与外界没有进行物质交换时大概有 500 个植物种群。然而，采矿前的植被条件经常造成乡土群落的衰竭，从而转变为农场或其他土地用途。不过，其他因素对演替进程的影响比繁殖体的影响更为有效。

举例来说，顶级草种在中性草原比在酸性草原中容易再现，在黏性土壤中比在壤质或砂质土壤中容易再现。白茅（*Hyparrhenia hirta*）是演替后期出现的一个种，在黏土中的出现时间要早于在砂土中。

（2）引入先锋种植物　当植被覆盖率低时，难免受雨水冲刷和地表径流的影响，因此土壤面临高侵蚀风险。大量的土壤流失会造成表土土层越来越薄，甚至使底土层暴露于土表从而抑制了植物的定植和演替。地表裸露的条件下，土壤肥力低，环境恶劣，顶级种的繁殖体可能缺乏，需要采用一年生的牧草定植。贫瘠的土壤植被覆盖率低，而其他因素（如过分黏重的滩地土壤，土壤深度过浅，土壤结壳，土壤压实等）更可能加剧这一现象。

（3）适当施肥　在地表裸露的位置由于往往伴随强烈的日照，温差变化很大，易受流水冲刷和风力侵蚀的影响，因此是不适合植物生长定居的。当土壤中植物可利用的有效氮磷钾含量很低时，顶级草原就出现种间的竞争，而肥料的使用加快了早期演替的进程。采矿干扰的土地，如果不进行人工施肥，那么多年生植物的自然定植将极其缓慢，同时也可能被次生种或其他因素所干扰。

14.3.4.3　牧场管理

（1）维持牧场土壤的肥力　土壤中的有机物和进入土壤中的营养元素通过植物根系进行输送，并在植物死亡后又以腐根的形式经过矿化作用重新释放到土壤中。营养元素经过牧草根系转移到茎叶，再被食草动物取食，除人工加工的牧草外，一般来说，有 80%～90% 的营养元素会被牲畜摄取又以粪便和尿液的形式重新回到牧场。

杂草丛生的稀疏植被群落不利于形成经常性的落叶。由于牲畜不喜欢食用一年生植物，因此放牧的潜力是有限的。而当放牧和割草结束后不使用火等，又限制了营养元素的循环。

如果不是由于夏季生长季节的放牧或割草活动引起的落叶，禾草的地上部分和根系普遍只经历一个生长周期，同时吸收土壤中的有机营养，进入冬季则地上部分和植物根系均死亡。当牧场在夏季进行放牧时，牧草往往经历 2 个或 2 个以上的生长周期，促进了牧草根系的更新，从而使土壤中有机碳得到有效补充，促进养分循环，从而恢复土壤的正常机能。

（2）实现围栏轮牧休牧　南非大部分地区干旱缺水，成为发展草地畜牧业的最大制约因素。畜牧业主要靠种植牧草和饲料作物来解决牲畜的饲料来源。因此，家庭牧场都十分重视利用雨季开展人工种草，尤其是在东部和沿海畜牧业比较集中地区的奶牛场和肉牛肥育场，几乎靠人工种草发展畜牧业。种草面积视饲养规模而定，以栽培禾本科牧草为主或禾本科与豆科牧草混播，选择耐旱、产草量高、草质较优的品种，在牧草生长季节进行放牧利用。

（3）促进植物群落演替　位于南非东部高地的顶级草原是在营养不良的土壤条件下形成的，同时顶级种之间在营养物质缺乏的情况下存在竞争关系。但是，一般情况下采矿干扰后的极端土壤，植被是无法定植的。与结果相伴产生的有土壤的裸露、土壤侵蚀、缺少食草动物、营养物质输入不足、最小养分循环受阻等。这些限制因素可以通过以下途径减轻：采取适当的管理干预手段，包括建立一个高产的牧场并且可以自我维持若干年，并施加化肥，然后演替可以发生。

14.3.5　恢复经验

今后的恢复中应重点关注土壤破坏对土壤有机碳、氮素矿化、丛枝菌根真菌生物区系、无机氮、磷、钾、锌等限制性营养元素对植物直接和间接的影响，恢复土壤中有机碳和丛枝菌根真菌的生物群，促进营养元素的循环和植物有效利用等方面。

① 事先准备进行表土处理，采矿后的底层土壤并不是具有恢复活性的土壤。成土作用缓慢，中间植物的生长需要较长的时间。

② 酸性矿山排水造成土壤呈极端酸性，植被死亡，由于表土剥落而使地表变得裸露，植物定植将推迟到土壤的酸性完全消退时。

③ 在土壤干扰的作用下，土壤有机碳枯竭，加速氮的矿化。尽管可能存在短期的植物可利用营养元素充足，但仍存在如下极端养分缺陷情况（如磷、钾、锌）直到土壤有机碳以及相关矿物养分库、正常土的机能得到恢复。这可能要花费几十到几百年的时间。

④ 无机肥料的使用加快了演替开始的进程。没有土壤的肥力，就不会有植被建立。

⑤ 在生态演替晚期，在竞争中处于劣势的顶级种中继续投加无机氮肥，防止逆向演替。

⑥ 群落繁殖体的稀缺视演替过程中的限制因素而定。

⑦ 土壤有机碳的匮乏、土壤养分库以及正常的土壤机制延迟，由于植被的稀少和家畜产量的不协调，所以要输入营养物质并促进养分循环。

14.4　英国集约地耕作后受损草地的恢复和重建

14.4.1　工程背景

自然和半自然的植被转化成集约耕作地，这种生境转变是当前生物多样性减少的最主要的原因（Lawton and May，1995），也是使欧洲西北部的畜牧业大量减少的主要原因（Poschlod and Wallis-DeVries，2002）。

在过去的 50 年里，欧洲西北部很多草地被开垦为耕种土地，自然和半自然的植被转化成集约耕作地，使生物多样性减少，特殊草原动植物种群衰退。如果不恢复和重建自然和半自然的生态系统，很多物种将最终走向灭绝（Tilman 等，1994）。人类对退化生境的恢复，可能逐渐成为生物多样保护的重要方面。

在英国，政府主动为恢复退化生态系统的活动提供基金支持。我们在近期的英国生物多样性实施计划（BAP）中查阅了有关半自然低地草原恢复的资料（见表 14.1）。这些计划特别关注提高土壤肥力和提高种子的有效性，既包括改良的草地（恢复）、耕种的土地（重建），也有非农业用地上建立草场（如工业废弃地）等。

14.4.2　恢复限制因素

14.4.2.1　生物因素

由于栖息地的丧失和破碎化，低地的物种种源贫乏，因此草地恢复常受到种子的限制。

以前普遍失败的农耕方式迫使草地物种分布于不同区域，这意味着现在的许多草地物种像许多小岛一样被孤立在耕作土地的"海洋"中。

草地物种不适应密集种植和补种等频繁的干扰，而农业的集约化使得短寿命的种子库更加贫乏。

表 14.1 生物多样性行动规划（BAP）的优先低地半天然草地类型

BAP 草地类型	国家植被分类委员会	编码	植被生态学组织	研究数目
高地草地(50hm²)	以黄华茅和银叶老鹳草为主的草地	MG3	Polygono-Trisetion	2
低地草地(500hm²)	以看麦娘早熟禾-地榆为主的草地	MG4	Cynosurioncristati	3
	以冰草-并矢车菊属为主的草地	MG5	Cynosurioncristati	20
低地干旱酸性草地(500hm²)	以高羊茅-剪股颖为主草地	U1	Plantagini-Festucionovinae	5
	以茵陈蒿-杂交酸模为主的草地	U2	Violioncaninae	0
低地石灰质草地(1000hm²)	以高羊茅-仙人掌为主的草地	CG1	Xerobromion	0
	以高羊茅-早熟禾为主的草地	CG2	Bromionerecti	4
酸沼草原和受破草地(500hm²)	以灯芯草-蓟属杜香的沼泽草地	M22	Calthionpalustris	0
	以灯芯草-蓟属杜香的破坏草地	M23	Juncionacutiflori	1

地表植被移除后，草地原有物种的减少速度大大增加，并且有被一年生植物和杂草替代的趋势。由于这些限制，物种很难独立地传播到其他独立地耕地中。

14.4.2.2 非生物因素

草地恢复的一个重要的非生物限制因素就是土壤肥力。化肥的多次使用使土壤残留着高营养物质，氮的大气沉降也加剧了此过程。氮肥的频繁使用可能导致各种土壤类型上的草地物种贫乏。

氮肥的施用也会对半自然草地生态系统的土壤微生物和真菌群落产生很大的影响。土壤系统的草地多样性受到真菌降解影响，它们在生态系统中扮演着重要的角色；例如，控制主要营养元素磷的分解，早期演替中的系统组成结构等。

高营养水平有利于竞争草种和多年生杂草的生长，这很大程度上限制了半自然草地典型物种的生长。

14.4.3 恢复措施

14.4.3.1 利用粗放的管理方式恢复草地

（1）刈割和放牧提高草原物种的多样性　停止肥料输入，通过刈割和牧草对草地进行恢复，能够极大地改良草地的成分、生产能力以及物种多样性（Bakker，1989）。虽然这些改变很大程度上取决于草地的土壤类型和先前的管理方式，但常常也与竞争性草种覆盖面积的减小有关。比如说，在威尔士西部海拔较低的地方，黑麦草覆盖面积的缩减速度在高地边缘处的表层土壤要比低地处深层土壤快得多（Hayes 等，2000；Hayes 和 Sackville Hamilton，2001）。

在荷兰已改良的农业牧草地中，停止施肥后，优势草种适度衰退。比如说，在两块应用刈割方法的草地中，绒毛草从 30％～60％ 的覆盖率缩减到少于 5％，这需要 13 年。然而，在另一处黏质土草地中，黑麦草和偃麦草的持续频繁生长超过了 10 年。

粗放的管理方式和终止施肥总体上能够提高物种多样性，进行氮肥加富试验中，不施肥土地的物种增长率明显要高，但相对比较缓慢。刈割并且转移牧草后，利用再生草放牧要比单独刈割或者单独放牧对加速减少土壤养分要有效得多。这些管理方法都是为了加速降低土壤中的养分，使目标物种的生长条件达到最优。

（2）促进前耕作土地的自然定植　在英国，许多半自然的草地都是 18 和 19 世纪，因谷物价格低人们放弃可耕土地进行放牧，耕地慢慢转变成了草地（Gibson，1998）。然而，这个演变过程的速度是非常缓慢的（Gibson 和 Brown，1991）。例如，种子限制是制约英国两块前耕地发展成白垩土草地的主要因素（Graham 和 Hutchings，1988；Gibson 和 Brown，1991；Hutchings 和 Booth，1996）。在两块前耕地中，白垩土草地的物种限制在两个草地的边缘地带，对草地的土壤种子库及植被群落的贡献非常小。白垩土草地物种最丰富的都是曾经放牧过（Gibson 等，1987）或刈割过（Hutchings 和 Booth，1996）的样地。

14.4.3.2 克服非生物限制因素的方法

（1）降低土壤肥力 耕种作物降低土壤养分的基本原理是，土壤中的养分，特别是磷，被农作物的转移量大于养分的输入量（Marrs 等，1998）。然而，在不可耕土壤中，通过作物转移的有效磷会很快被更大营养库的矿化作用替换掉（Marrs 等，1998）。结果，对于需要大量降低营养成分才能恢复的草地，农作物作用就不是非常有效（Marrs，1993；Marrs 等，1998）。

刈割后施用氮肥和钾肥，三年后转移走的磷的总量明显增大（Tallowin 等，2002）。利用一个线性损耗函数，Tallowin 等（2002）估计，用这种方法来降低土壤中磷肥的含量，大概只要 12 年就可以使磷含量减少到半自然水平，而对于不施肥的土地来说，这至少需要25 年。

其他降低土壤肥力的措施还包括：加入化学药品（氧化铁、氢氧化铁、氢氧化铝、硫酸铝、硫酸铁、氯化铁）来吸附有效养分；利用深度种植的方法稀释土壤中的营养库；在土壤中混入碎石，采石废料或者煤灰等一些非活性的材料；在土壤中加入麦草秸秆等来增加微生物和活性霉的数量；早期英国利用燃烧的方法来耗尽石灰性土中的有效养分。

（2）土壤酸化 在英国，最初草地修复是在可耕种土地上施用一些酸性物质，以降低土壤的 pH 值。硫是常用的酸性物质，因为它较便宜且见效快（Owen 等，1999）。假使英格兰东部的草地土壤的原始 pH 值为 6～7，则 1～3t/hm^2 的施硫量就能使该土壤达到半自然的水平（pH 3～5）。同时，为了防止杂草丛生，可以加大硫用量，但如果超过 8t/hm^2，则土壤酸性过低（<pH 3），就会影响目标物种的生长（Owen 和 Marrs，2000；Pywell 等，2000）。在沙土中施用硫化铁矿泥也能达到这样的效果，同样一些化学物质也能起到固磷作用。

相对而言，一些便宜且毒性较小的替代性化学物质的效果却不是很好。在英格兰东部 Minsmere 的沙土中加入大量的树木碎屑并没有显著降低其 pH，而在抑制杂草方面，欧洲蕨远远没有硫化物有效。

14.4.3.3 恢复生物多样性的方法

（1）引进新物种，提高草地的多样性 假使草地的破坏是由过度放牧和机械破坏引起的，在改良的草地上直接播种混合草种不失为一个简单和节省成本的方法。在改良的土壤中引入一些保育种，在种子生长的早期它能给予有效的保护，并抑制杂草的过量生长，从而改良物种的生长性能。引入物种成功与否的另一个因素就是混合物种本身的成分组成。尽管相对物种较少的草地短时间内有利于群落的发展，但更为多样化的混合物种的效果会更明显。

将一些半寄生植物引入改良的草地中，能降低竞争物种的生命力，从而为草种提供合适的微居地。在选定的草地上引入一些混生植物。与播种相比，该方法具有一定的优势，尤其当种子比较稀缺或者需要引入的种子会产生休眠情况时。但是，尽管混生植物存活率很高，由于后续的损失和其分布范围的有限性，一些学者怀疑其在大范围修复上的应用效果。

（2）耕作后草地重建 在英国，使原来物种多样性的草原得以恢复的有效途径是直接播种不同种属且适宜生存的种子。该技术是 20 世纪 70 年代 Terry Wells 提出并应用的，现在用于检测不同土壤类型。早期对石灰质草地修复的经验得出草地修复的有效时间。如 Hertfordshire 的 Royston Heath，在草地上播种 37 种不同的种属，草地的种属很快丰富起来，和邻近草地几乎没什么差别。在 Hampshire St. 的 Catherines Hill 也有类似的情况，当地播种了 47 种不同的草种，施种量最大为（4g/m²），见效也比较明显，两年之后即恢复到破坏之前的情况。

对中性土壤研究结果表明其与大部分情况相似。例如，在剑桥郡 Monks Wood 的半改良重黏土上播种混合物种，三年后 Cynosuruscristatus-Centaureanigra 草地就得到了很大的改善，而在英格兰的两个试点，在刈割和放牧后进行播种足以使该草地修复并维持在 9 年以上。对于石灰质土壤草地修复而言，深耕和播种是最有效的办法。如在多试点研究中，Pywell 等发现未经耕种的草地更有利于杂草的生长，而除耕种地区外，播种了其他物种的草地却没有达到预期目标。在可耕种的土壤上引入一些保育种，其在种子生长的早期能给予有效的保护，并抑制杂草的过量生长，从而改良物种的生长性能（Mitchley 等，1996）。

14.4.4 恢复过程的困难

① 种子的选取和土壤肥力是农业耕地修复的主要限制因素。

② 由于区域限制和外来物种的竞争，引入物种受到一些阻力，从而使大部分地区的恢复速度减慢。

③ 由于土地利用、土壤和气候的不同，使得各地区土壤情况不同。不同地区磷的减少速率各不相同，调查数据表明，土壤中的磷含量是在不断变化中的。

④ 由于草地的低差异性和真菌/细菌的比重较少，在施肥减少时，氮的流失严重，从而要不断地追加氮元素。

⑤ 虽然恢复后的草地有助于实现生物多样性，但是成功与否取决于群落的恢复情况以及半自然区域的生态功能。

14.4.5 恢复效果评估

① 在草地恢复或重建中，土壤中的磷是重要的营养元素。通过对不同土壤类型和初始条件的研究，还需要进一步确定磷的重要性。

② 在草地恢复中，为了进一步确定土壤的养分和 pH 范围，以及半自然体系的功能特性，应在群落重组中土壤微生物和动物、营养等方面，进行更多的试验。

③ 对于那些没有进行过详细试验的草地以及仅对几个试点的群落进行研究的草地，应给予优先研究。

④ 在草地恢复和重建中，还需要更多的物种生长情况的信息，对那些重要的但较为敏感的物种，要进行试验性的研究。

⑤ 在对恢复中引入的非本土基因种进行影响评定时，要给予进一步的研究。尤其是在非本土种的引入范围、引入后的潜在影响以及其与本地物种的竞争方面。

参 考 文 献

[1] Perrow Martin R. & Davy. Anthony J. Handbook of Ecological Restoration. Cambridge University Press, 2002.

[2] Bowler. Peter A. Ecological Restoration of Coastal Sage Scrub and Its Potential Role in Habitat Conservation Plans. Environmental Management Vol. 26, Supplement 1, pp. S85-S96.

[3] http://www.laspilitas.com/nature-of-california/communities/coastal-sage-scrub.

[4] Mentis M. T. Restoring native grassland on land disturbed by coal mining on the Eastern Highveld of South Africa. South African Journal of Science, 2006, 102: 193-197.

[5] Kevin J. W, Paul A. S, David P. S, et al. The restoration and re-creation of species-rich lowland grassland on land formerly managed for intensive agriculture in the UK [J]. Biological Conservation, 2004, 119: 1-18.

15 海岸带生态系统恢复案例

15.1 美国得克萨斯州 Loyola 海岸带生态恢复

15.1.1 工程背景

该工程是美国得克萨斯州（Texas）克雷伯县（Kleberg）Loyola 海岸的生态恢复，克雷伯县位于得克萨斯州南部墨西哥湾沿岸，Loyola 海岸位于得克萨斯州克雷伯县东南，在巴芬湾（Baffin Bay）入口处（见图 15.1）。巴芬湾位于得克萨斯州南岸，是 Laguna Madre 第二大湾，美国第一大盐水泻湖（hypersaline lagoon），巴芬湾具有低浪环境，浪的强度很小，水位高度受海浪影响小，受风影响显著。水深在 1.2～2.4m。Loyola 海岸附近的生态环境状况原本很好，但是随着 1989 年公园扩建并更名为 Kaufer-Hubert 纪念公园，便出现了严重的海岸侵蚀问题，几年内就被侵蚀了 4.5m。由于 Kaufer-Hubert 公园是一个非常著名的供当地居民和观光旅游者钓鱼、划船、野营、观鸟和其他休闲娱乐活动的场所，该区内已经修建了长为 182.8m 的防护堤来保护 Kaufer-Hubert 纪念公园免受侵蚀。近年来在其东部又延长了 45.7m，花费了大量的人力和物力。

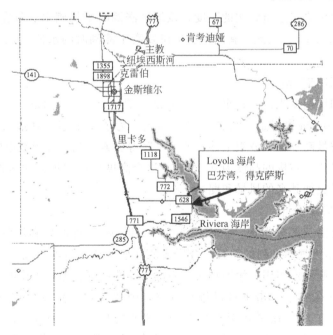

图 15.1　Loyola 海岸在巴芬湾的具体地理位置

15.1.2 工程目标

此工程的主要目的是利用生态恢复手段保护 Loyola 海岸，减缓侵蚀过程。①设计实施一套生态管理措施，减缓 Loyola 海岸的侵蚀，使 Loyola 海岸具有美学价值，并且尽量降低成本，工程竣工后，能够满足公众需求，尽量减少对现有生态系统的影响。②构建一套方法论。利用地理技术数据和其他参数来评估生态海岸侵蚀，例如土壤特性，包括粒径分析、可塑性指标、含水率等。③开发一种减缓侵蚀的生态海岸设计模型。

15.1.3　恢复过程

整个 Loyola 海岸恢复工程由两部分构成：硬质（水坝、堤岸）构成元素和软质（植物）构成元素。硬质元素包括混凝土的护堤和抛石护坡设计，目的是保护已恢复的海岸免受潮水和暴风侵袭作用。抛石护坡需要设计在恰当的场所以达到令人满意的效果。

此海岸带恢复工程主要包括海滩养护，向海滩填加填充物并与抛石固定，在岸边坡地种植乡土植物以抵御潮水的冲刷。种植在新土壤上的植物可以逐渐增加土壤的有机质和无机质含量，能提高土壤颗粒的凝结力，减缓被侵蚀的速率。天然纤维编织物可以保护原有充填沙免受侵蚀，土工织物用来固定土壤并可以与抛石护岸相连。

此工程设计的具体要素是：薄层抛石护岸，双层填料物质，土工织物和植物。海岸恢复所选用的自然材料要能够削减波浪能量，减轻海岸侵蚀，并保护重要的海岸带生态系统。设计主要包括如下几项：

① 以自然纤维编织物覆盖的两层填料，用来固定土壤；

② 抛石选用耐久性强的石头，以充分保护填料物质，并削减波浪作用；

③ 土工织物位于抛石的下面，作为固定土壤的屏障；

④ 植物由于其根系束缚土壤，可以达到稳定海岸带的目的。

15.1.3.1　建筑结构的高度

当地潮水的水位决定建筑结构的高度，该地区涨潮时平均潮水水位在 0.116m，落潮时平均潮水水位在 0.024m。因此，新的抛石护岸要高于涨潮时的水位 0.61m，新护岸应当可以保护填料。

15.1.3.2　海浪评估标准

海浪的高度和周期变化是非常重要的。但是，到达 Cayo Del Grullo 海岸的海浪强度很弱，基本不会对 Loyola 海岸造成侵蚀，尽管如此，为了安全起见并最大限度地保护海岸，在设计时还要考虑最高水位、波浪上冲、波浪下降等因素。当计算出波浪的上冲和下降水位之后，就可以算出建筑结构的高度为 0.584m。这个高度可以保证该建筑抵御最高水位带来的影响，但是除了突如其来的风暴和飓风。

15.1.3.3　抛石护岸设计

抛石护岸主要由三部分组成，护面层（armor layer）、过滤层和坡脚保护层（toe protection）。护面层是无规律排列的抛石组合形成的几何结构。过滤层的功能是过滤排出来的水，坡脚保护主要起固定作用，缓冲建筑物底部所受的冲刷。抛石护岸的一个优点是其具有良好的稳定性并且在波浪冲击下可以进行调整，因此可以避免发生灾难性的后果。对于 Loyola 海岸，抛石护岸建在平均潮水高度处，竖直方向高 0.61m，水平和竖直面大约成 2∶1 的比例。使用二层 20～30mm 的石灰石，石灰石对剧烈环境条件变化具有很强的适应性和调整能力，从而增加了护岸的潜在强度，而混凝土没有这种性质。

过滤层的主要功能是允许水通过但防止土壤流失，其主要成分是沙砾、小石块或织物，阻止土壤微小颗粒从空隙处迁移。此外，过滤层增加了防御体系的重量从而减轻了流体压力。过滤层材质的选择需要根据空隙的大小，并参照美国 Standard Sieve 的数据，在 Loyola

海岸，颗粒土壤（粉和黏土）重量小于50%，过滤织物选择直径0.212mm。在护岸底部选择非机织土工织物用于土壤固定，折叠两次增加过滤效果。

坡脚保护是在整个结构前面附加一个保护层，用来预防来自侧面的冲刷和破坏。坡脚保护需要很大的稳定性，因其决定整个结构成功与否。在浅水区，底部护面层还需要一个至少0.28m的附加层来加强它的稳定性。在Loyola海岸带抛石护岸中，在原有的基础上延长0.61m的坡脚保护。

15.1.3.4 填料的选择

底泥颗粒物大小分布状况与海岸剖面性质决定了如何选择新填料颗粒物的大小，新的土壤应该具有与原来海岸沙土相似的性质，尽量避免使用细砂，因为细砂容易被潮水冲刷。设计者选取5种不同类型的土壤作为填料，即混凝土用砂、充填砂、垫层砂、灰浆用砂和砂壤土，进行筛选分析，并与原来土壤性质进行比较。比较结果显示，垫层砂的结构和柔韧性与原来土壤性质接近，因此选择垫层砂。用自然编织物包在土壤的外面以防沙土流失，并可以起到保持水分含量的作用。

15.1.3.5 种植乡土植物

植物对于海岸带稳定性具有重要意义，植物可以起到覆盖地表和固定土壤的作用。该工程选择的植物需要具有耐盐性强和生长速度快的特性。在底泥层以上，植物保护土壤免受水流侵蚀，并产生一个有利于颗粒沉积的表层。因此，如果形成植物生长合适的环境条件，植物是可以减轻侵蚀的。植被生长环境能够随着植物的成熟而得到改善。该工程选择两种植物，盐地鼠尾粟（*Sporobolus virginicus*）和大米草（*Spartina spartinae*）。这两种乡土植物都具有高耐盐性，根系发达，并且能够适应恶劣的土壤条件及各种天气条件。

15.1.4 恢复效果评估

15.1.4.1 恢复效果

评估海岸带结构的一个最重要的指标是土壤剪应力强度。土壤剪应力强度是单位面积土壤所能产生的抵御任何方向滑动的内应力。土壤含水率对土壤强度和剪应力强度有影响，可以用重量法测定。

在施工前与施工后分别测定土壤的剪应力强度和含水率，以确定引入新填料后对土壤剪应力强度的影响。采集土壤样品时，发现土壤性质与采样点潮水的高度有关。取样地点如下：沿海阶地土壤（Berm），涨潮潮水平均高度（MHT），山和山之间的潮水平均高度（MT），落潮潮水平均高度（MLT），有时也在MHT、MT和MLT之间采样。结果表明，MHT的淤泥和黏土含量相对MT和MLT较高（9.76%），初步分析表明最易受侵蚀的土壤主要分布在MLT和MT之间缺乏凝结力的砂质土壤上。

一般情况下，土壤含水率和剪应力强度成反比，随着土壤含水率的增加，土壤的剪应力强度降低，潮水容易对底泥产生迁移。这种关系对于缺乏凝结力土壤更为明显。

新加入的填料比较干燥并且具有比施工前海岸砂土更高的剪应力强度。评估的结果表明施工建设后土壤剪应力强度比施工前更高，含水率则更低，因此潮水对土壤的迁移能力降低，从而减轻海岸的侵蚀。

15.1.4.2 经验总结

海岸带恢复主要有两种方案：硬质建筑结构恢复途径和生态恢复途径。硬质建筑结构恢复途径是指利用混凝土建成防波堤或大块的石质护岸，以阻止对高地海岸的侵蚀和海岸带沙子的迁移，除此之外还有防波堤、防洪堤。这种方式的一个明显的缺点是改变了当地的海岸生态系统，而且如果设计不当，还会对临近的海岸线带来不利的影响，从而加重临近海岸线的侵蚀压力。生态恢复途径又被称为软质恢复途径，这种方式与自然生态系统相适应，既控制了海岸带侵蚀，又不干扰生物栖息地。

Loyola 海岸带恢复工程同时应用了两种恢复方案，不仅应用硬质的建筑结构对侵蚀进行了很好的控制，而且应用了生态恢复方法，实施了生态管理设计，节约了大量的人力和物力；该工程所种植的植物还提供了较好的自然景观，增加了生态和自然效应，具有美学价值；此外，该工程打破了传统的混凝土海岸建筑，工程耗资大约每英尺 330 美元，与传统的防波堤建筑每英尺 1000 美元左右的费用相比，大大降低了恢复成本，是一种结合人类社会和自然环境共同利益的可持续生态设计。

15.2　美国佛罗里达红树林和潮汐沼泽恢复计划

15.2.1　项目背景

Harrison Tract 红树林和潮汐沼泽恢复计划（Harrison Tract mitigation project）是佛罗里达（Florida）南部（Dade 和 Monroe 郡）Homestead 和 Key Largo 之间的公路（US 1）拓宽规划的一部分（见图 15.2）。拓宽规划拟将双车道公路扩为四条分离的车道，并相应地替换几座桥梁。缓解计划是为了缓解公路加宽对红树林及其生境的影响，为红树林和潮汐沼泽地设置生态恢复目标并进行恢复。这个规划始于 1990 年，分两部分分别进行建设湿地缓解区的申请与公路建设申请。缓解区建设申请已于 1994 年在佛罗里达通过并在 1995 年 3 月 1 日结束，但是公路建设申请一直没有通过。

15.2.2　恢复目标

该计划主要的目标是实现红树林和相关物种的覆盖率达到 80%；恢复濒临灭绝的美国鳄鱼（Crocodylus acutus）的栖息地，此物种需要穿过红树林的开放水体，因为它的主要食物为河口或海洋鱼类；利用海藻种植来补偿由于替换 37 座桥而引起的海藻损失；恢复 4050hm² 已退化潮汐沼泽以实现补偿港湾鱼类物种的损失。

15.2.3　恢复方法

① 红树林生境地的坡度确定。尽管对湿地恢复的设计深入细致且花费颇多，并且在两年间经过多次管理机构审查、计划修改和进一步的协商，红树林恢复计划仍然存在很大的缺陷。这个缺陷主要是由于没有对建设的地面高程进行全面的考虑所致。初始设计没有对红树林生境地的坡度进行说明，修订方案详细精确地指明了最终坡度，这是根据对计划区附近红树林地面标高的实际调查来确定的。

② 恢复规划中对人工建设潮汐流的忽略造成的影响。规划中没有将人工建设的潮汐流纳入该地主要的水体中。在开工的前两周此设计的错误才引起建筑项目负责人的注意，而他们原本打算在鳄鱼非繁殖季节（历时六个月）内完成这个项目。最终这个项目改变了设计方案而且获得了成功，总花费为 475 万美元。

③ 恢复岛屿上的海藻以补偿建设影响。利用海藻来补偿由于替换 37 座桥而引起的建设影响。这些海藻位于佛罗里达海岸以外的 25 个点位上，其目标是补偿在建设期毁掉的 20hm² 红树林和 37.2hm² 海藻。

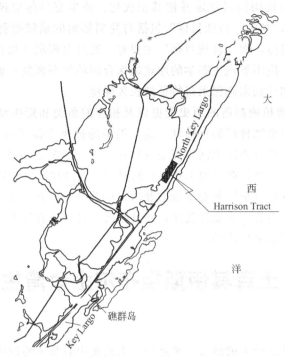

图 15.2　Key Largo 礁岛群北部实施 Harrison Tract 缓解规划的具体位置

④ 降低鱼类因建设发电厂而受到的影响。Weinstein 等简要地提出了一套程序，为特拉华海湾（Delaware Bay）上一个发电厂提供了一个补偿措施来抵消由于冷却系统而造成的鱼类损失。他们强调，恢复已退化的 4050hm² 潮汐沼泽是为了对港湾鱼类物种的损失进行补偿，应用"生态基准（ecological criteria）"提高湿地植被地面上的净生产率，从而使受影响的四种鱼类的次级生产力有所增加。

15.2.4　经验总结

① 恢复规划应有明确的目标和可行性。大量恢复案例都是以"快速实现植物覆盖"为目标，并以此作为 20 世纪 70 年代"第一代"潮汐沼泽恢复规划成功的主要标准。第二代规划依据是从先前方案中总结的经验教训，如"缺少适当的监控程序来测定项目的可行性和功能属性"。

② 应该对实施恢复技术的人员进行培训。为了让生态目标的设置与成功的恢复技术相结合，有必要对实施恢复技术的人员进行培训和复训。

③ 恢复规划需要考虑七个关键因素。最初的理念认为补偿性红树林和潮汐沼泽恢复计划对于实现美国湿地和功能区的"无损失"起着重要作用，但现在可以看出这种观点是不正确的，而且这些计划并没有起到太大的作用。一个能够恰当实施的计划需要七个关键因素：政策发展、法令规章（许可程序）、职员培训和再培训、项目监控、适用性监控、强制执行力和适当的管理，其中并不包括政府愿意为完成管理计划提供充足的资金和人员。其中，特别强调为必需因素的只有政策发展和法令章程改进。但如果计划不包括培训与再培训、计划监测、适用性监控、强制执行力和适应性管理，那么湿地补偿性缓解方案仍将因不能达到预期目的而失败。

④ 海岸生境的保护、恢复以及缓解/补偿程序中生态目标的设置，应该由联邦资源管理

局、合作的各州和地方机构同时制定并使其正式化。该生态目标应该涵盖"特殊目标"和"常规目标"两个部分，其中"特殊目标"包括与受到影响的动植物群落相关的所有目标和已通过程序中提议的目标，而"常规目标"主要有：通过合理利用最新的管理和恢复技术来确保恢复计划的成功；应用景观生态学的原理确保合理的生态恢复；确保恢复计划的花费有效；通过合理的设计和计划来确保景观特征的长久保持。

⑤ 应评估当地沿海植物群落的历史变更以及相应的鱼类和野生动物的丰度变化，从而保证恢复的成功和海岸植物种群的持续性。这个类型的程序类似于由 Lewis 环境服务公司、联合海岸环境和联合坦帕海湾国家河口规划（1996）开发出来的程序。该文件建议为坦帕海湾（Tampa Bay）制定一个长期（如 100 年）的保护、管理和恢复计划，依据对海岸植物群体覆盖和分布的历史变化分析以及对生境的要求，由公众筛选出十种鱼类和野生动物种群。它代表了"第三代"生境管理和恢复程序，并且财政上可行，有生态学依据，而且是通过对成功的恢复进行量化评估来确定的。

15.3　土耳其伊斯坦布尔金角湾生态恢复

15.3.1　项目背景

伊斯坦布尔是土耳其最大的城市，是港口、工商业中心和主要的旅游胜地，亦为欧洲最大的都会区之一。此市位居博斯普鲁斯海峡，控制了黑海的进出，是重要的港口城市。其中金角湾位于伊斯坦布尔市中心，是一个 7.5km 长、200～900m 宽的角形水域，它连接着 Alibeykoy 和 Kagithane，通向 Bosphorus 海峡。入海口水域面积 2.6km²，河口最大深度 36m。该海湾的水体是由地中海、黑海以及城市排水、降雨和小河流等淡水共同作用而成的。湾口低速率的表面风速以及稳定的大气条件造成了周边地区空气流通不畅。因此，不良的水和空气流通严重阻碍了金角湾口内部和周边的水循环，这产生一个污染物极易长期存留污染的环境。由于无植被的陡山、采石场的存在以及排水系统的缺乏等复合效应，这种环境进一步助长了持续的侵蚀和湾口泥沙淤积。因此，伊斯坦布尔政府开始大规模的金角湾生态修复工程，并取得了显著的成果。

15.3.2　恢复方法

伊斯坦布尔的工业大多数都在金角湾边上，工业所带来的环境污染问题日益严重，再加上金角湾岸边大量居民的安置也给金角湾的发展带来了巨大的压力。因此，政府投入大量的资金并授权伊斯坦布尔供水和污水管理局（ISKI）解决金角湾的生态恢复问题。

15.3.2.1　搬迁工厂和住宅

政府首先对金角湾岸边非法建立的工厂、商店以及家庭户棚等进行购买（占 80%）、征用、拆除和搬迁。其中约有 40% 工厂非法建在公共土地，经过市议会批准直接拆除；大多数船厂阻碍了海湾流通，除保留三处外全部拆除。除此之外，在金角湾地区禁止工厂废气的排放，在减少空气污染的同时也有利于公众的健康。另外，政府在金角湾以西约 15km² 处为居民和企业新建了 5000 栋住房和工业区，并在工业区旧址新建了 120 万平方米的公园以恢复其部分娱乐价值。

15.3.2.2　建立污水处理系统

阻止未经处理的废物流入海湾是金角湾生态恢复需首要解决的问题。多年的研究和实践表明，对污水进行初级处理是目前城市能承担的最佳解决方案。金角湾污水收集工程将排污口设在博斯普鲁斯海峡离岸边 1200m 处的 70m 以下水面，设施包含混凝土管道和收集器，用来对污水进行初级处理。伊斯坦布尔的大部分水处理都是初级处理（一般只是筛选和除砂），28% 是二级处理，8% 是三级处理。因为这项技术目前处于起步阶段，建立城市临时处理技术的同时，实施长远的污水收集和运输的基础设施计划是未来发展的方向。

15.3.2.3 疏浚厌氧污泥

海湾内高含量的沉淀物、岩屑和废物的蓄积抑制了海湾的生态功能，妨碍了船只的航行，厌氧分解散发出大量难闻的臭味也对居民的公共健康造成了危害。因此，市政府着手开展了广泛的改善项目，以处理 500 万立方米的厌氧污泥。

伊斯坦布尔政府和 ISKI 根据实际情况，最终选择的处理方法是通过卡车或管道将污泥运输到废弃矿山或垃圾填埋场，或通过驳船放到金角湾外部、马尔马拉海和黑海深层海底。其中，通过压力管道技术进行转移能够避免疏浚沉积物时散发的难闻气味，具体过程为：采用进口的吸式挖泥船和疏浚船只，在海平面以下 0～6m 处吸取污泥，然后用海水把污泥稀释至 50%，并用泵抽至 56m 高处，以 4000m³/h 速度流经高密度聚乙烯管道。被稀释的沉积物经脱水后存储在附近的一个废弃采石场内，用两个 20～30m 高的防渗大坝保存在沼气井中。沉淀后的上清液排入河中，然后流入金角湾，而污泥填埋地则用土壤覆盖并建造了 20 万平方米的娱乐设施。

此外，市政府还经常组织在海岸线或船只清理固体废物垃圾。大量的疏浚工作和碎片清理消除了缺氧底泥发出的异味，恢复了海湾的通航，这既有利于运输和旅游，也有利于沿岸的娱乐活动。

15.3.2.4 拆除浮桥

加拉塔大桥建于 1912 年，漂浮在海湾口离水面 4m 处。大桥建成后严重阻碍了海湾环流，造成海湾水体高度分层，从而使受到污染的低密度径流保留在金角湾内。因此，伊斯坦布尔市决定拆除加拉塔桥，将桥的两个中心部分断开并搬到外部，只留下中间断开的渠道以保证水的循环。另外，为了进一步改善积水冲洗，从附近的 Alibeykoy 河大坝释放大量的淡水到金角湾。

15.3.2.5 恢复文化设施

在对金角湾进行生态恢复的同时，其文化设施的恢复也变得迫在眉睫。为此，政府将清除的岸边工厂改造成大型餐馆和文化景点，例如将非斯工厂翻新成一个文化中心和展览大厅，将 Cibali 卷烟公司改造为一所私立大学，其他的历史文化修复包括在海湾北部建立长廊、在山顶上新建集旅店和餐馆为一体的娱乐场所，还专为游客建立了电车系统。另外，海岸边也批准新建了一些建筑，包括博物馆、会议中心以及主题公园等。对此，伊斯坦布尔市政府开展了大量的宣传活动，安排了大量的社会活动，并组织了金角湾文化谷项目，在满足人们休闲和娱乐需要的同时也解决了由于工业拆迁导致的当地的失业问题。

15.3.3 恢复效果

15.3.3.1 水体质量提升

浮桥的拆除使得表面水循环量显著增加，这使得内外湾口的平均盐度梯度变窄，水体透明度显著升高，水体表面溶解氧也呈现出积极的变化。另外显著的改善表现在水体内营养物质浓度的下降，例如亚硝酸盐、无机磷酸盐和 H_2S 的减少。随着恢复的进行，河口内部到外部 BOD 值也均逐渐减少。总体而言，通过监测数据可以看出，虽然恢复使得水体质量明显得到改善，但仍需要进一步的处理才能完全解决金角湾内的水体污染问题。

15.3.3.2 生物种类增加

在对金角湾进行生态恢复之前，金角湾有大量浓度的微生物和毒性沟鞭藻类，但是仅能生存较少种类的水生动物。随着金角湾水体的改变，其生态效应也在迅速改变。浮桥开放以后，细菌数量逐步降低。污泥清淤和拆除浮桥对降低有毒的蓝细菌和增加真核浮游植物也是比较有效的。另外，甲壳纲动物、棘皮类动物和有被囊的幼虫的多样性和种群密度在浮桥拆除后逐步增加。其他河口恢复的迹象包括滤食性摄食生物和底栖鱼类的广泛分布，以及对污染极端敏感的顶级食肉动物海马的重新出现。

15.3.3.3 社会效应明显

在拆除工厂的初始，公共社会对政府所采取的措施采取了批评的观点，失业率增高，抵触现象不可避免。但是，在接下来的几年里，支持率增长到70%，随着公园代替了工厂，暂居房的供应，新工厂的建成，生态恢复过程按部就班地完成，最终支持率增加到96%。在金角湾恢复往日风采之后，人们竞相来到这里重建、捕鱼、野餐、划船等娱乐活动。金角湾地区快速的生态恢复吸引了很多公共关注，大量的新闻媒体都对其进行了相关报道。市长和其他社会重要人物在金角湾公开游泳，号召人们重新关注金角湾。另外，居民居住量的增加，河口和沿岸商业、娱乐业和旅游业价值的增长等更加长远的社会效益也逐步呈现出来。

15.4 日本日立海滨公园内海岸沙丘的生态恢复

15.4.1 项目背景

日立海滨公园位于东海阿字浦沙丘的最南端，约350公顷的公园整体位于沙丘之上。除过已经得到建设的约1/3以外，内陆一侧为人工林和次生林起源的松树和落叶阔叶树的乔木林，海岸一侧约400~500m处则发育有自然性较高的海滨植被。该沙丘是由从久慈川等流出的沙成为飘沙堆积到海岸，然后这些沙又被来自东北的盛行风推至位于海岸边际的台地基岩上而形成的，海拔超过30m，变成裸露地面的部分从东北方向到西南方向以纵队状侵入到内陆一侧直到台地的内部。形成于沙丘上的砂滨植被从海岸线到自然裸地按照一年生草本植物群落、多年生草本植物群落、灌木群落、乔木群落的顺序连续变化，根据这些植物群落的组合，日本的砂滨植被可以区分为6种类型。

在日本完整保留了自然性较高的地点是极为少有的，日立海滨公园内的沙丘植被即便从日本全国范围来看也是非常少见的。另外，作为太平洋沿岸的沙丘来说，不论是规模还是形状方面都是日本屈指可数的，其重要性是其他沙丘无可比拟的。然而，近年来原本栖息在内陆一侧的植物向海岸一侧推进、驯化植物等原本并非海滨种类的植物繁育的急速扩大，原的海滨植被的存活正面临危机，阻止其发展或是至少加以复原的自然再生必要性是相当高的。

15.4.2 恢复目标

当前的恢复目标就是，在补给砂砾并积极促进其移动的同时，通过阻止向海岸一侧推进的内陆一侧的植物如黑松、白茅和驯化植物等的增加或者是减少，进而扩大栖息在多年生草本植物群落背后地区的结缕草等占据优势的砂滨多年生草本植物群落等来恢复沙丘景观。

15.4.3 恢复措施

15.4.3.1 去除有害植物

在自然再生中，不仅仅要保护濒临灭绝危机的植物，还必须要清除压制濒临灭绝危机植物的栖息环境的外来植物，并防止其增殖。其中，去除对象之物有一般植物（F）、一般有害植物（G）、重要有害植物（H）3个范畴（见表15.1）。

表 15.1　被列为除去对象的有害植物

范畴			符合种
F	一般植物	在沙丘中促进繁育基础的稳定化和富营养化的种①	黑松，白茅，毒空木
G	一般有害植物	G-1 驯化种、逸逃种	欧洲千里光，睫毛牛膝菊，圆齿野芝麻，欧蒲公英，豚草，三裂叶豚草，白花鬼针草，大狼杷草，匙叶鼠曲草，钻叶紫菀，欧洲猫儿菊，加拿大苍耳，梁子菜，野茼蒿，美洲商陆，截叶铁扫帚，弗吉尼亚须芒草，犬菊芋，紫穗槐，外来胡颓子类（秋胡颓子等）等
		G-2 旱地杂草等	结缕草，秋结缕草，牛筋草，小酸模，红心藜等
H	重要有害植物	H-1 驯化种、逸逃种	茜草，大花月见草，月见草，裂叶月见草，加拿大飞蓬，光茎飞蓬，苏门白酒草，美洲假蓬，加拿大一枝黄花，北美独行菜，弯叶画眉草，绒毛卓，海马康草，火棘
		H-2 旱地杂草等	酸模

① 在一般植物中，挑出会促进沙丘上繁育基础的稳定化和富营养化的种，定位为除去对象植物。

15.4.3.2 清除黑松

黑松清除的目的，不仅仅是要减少植物体，还要恢复使沙能够更加活跃移动的条件。为此，要制定清除的方针，以此为基础选择要清除的数目及其优先顺序，调整采伐的棵数和地点，决定采伐的树木等。另外，选择不会对现有植被产生恶劣影响的采伐方式也很重要。

黑松清除方针的要点是要考虑到盛行风的主风向及其造成的沙丘发展的位置和风向、左右风流的地形条件、现状中能够整体观察到结缕草等优势群落等目标植被的地点的植被条件，以及确保从观察园路和眺望地点向大海一侧看去的视野等。

采伐的方法最好是能够连根拔除，但是拔根需要让反铲挖土机等重型机械进入现场，对现现有植被产生干扰的危险性很高。另一方面，人工作业连根拔除又较为困难，仅止于清除地上部分。因此，在影响较小的地方可采用重型机械拔除，而除此之外的地方则最好人工进行。另外，为了使得采伐树木在搬运出去时对现有植被的干扰控制在最小范围之内，设定搬运的路径十分重要。在这种情况下，就必须把方法等告知全体参与工程的工作人员，而集中相关人员开办讲习班讲解采伐的背景和目的、定位以及采伐方法等也很有效。黑松的清除方法如表15.2所示。

15.4.3.3 清除驯化植物

驯化植物的种类较多、分布区域也较广，再加上掩埋种子的实际情况也不清楚，在短期内清除较为困难，必须进行持续的清除工作。在除草之际，要充分掌握各个植物种的生活样式和植物季节，在能够判定为效率最高的时期进行。一年生草本植物基本上不开花的个体在开花当年就会消失，因此以开花个体为中心清除即可减少。而二年生草本植物和多年生草本植物如果持续清除开花个体的话，就会因失去种子的供给，从而减少。因此，除草基本来说要配合对象种的开花期，以开花和结实的个体为对象进行多次会比较有效。而对象地则要配

表 15.2　黑松的清除方法

应该考虑的条件	清除方针
风的主风向	是沙更加活跃的移动的方向,清除该方向的黑松,使风能够通过
沙丘发达的位置及其方向性	是沙具有能够更加活跃的移动的潜在能力的地点和方向,因此要优先清除该位置和方向上的黑松
地形条件	优先清除主风向上风能够平滑流动的山谷线和山棱线上的黑松;从大海一侧看,在沙丘的前方和后方之间有个与海岸线平行但是坡度略微有些抖的地点。该地形本身就会减弱背后部分的风势,再生长有黑松,会使得风势更弱。为此,要优先清除位于该斜披最顶端部分前后的黑松
现存植物	除了对象地的道路边际之外,从沙不稳定的地方到稳定的地方,依次分布着结缕草群落、结缕草-白茅群落、单叶蔓荆群落、海滨桧群落、白茅群落和黑松群落。沙丘再生之际,如果以形成于沙更加不稳定的立地条件的结缕草群落所在的地方为基点,将这些群落加以扩大,会比较有效果,应该优先清除具有这些群落的地点的黑松
景观	确保从观察园路的眺望地点看向大海一侧的视野。在沙丘的北方和东北方向上有车辆的进入道路和港湾,黑松具有遮蔽这些的作用。因此,要在不妨碍上述条件的范围内保留黑松。另外,零散分布在沙丘中的黑松也是自然的植被和颇具风情的景观,因此要在不妨碍上述条件的范围内保留黑松

合主要清除对象植物的生活史,最好能够进行 4 次。不过,关于其频率和时期,要在实际中一边进行除草工作一边观察状况,不断修改以找到最佳时期。

15.4.4　恢复评价与展望

日立海滨公园中沙丘的恢复还处于试验性的进展阶段,对当前的目标进行项目评价还为时尚早。因此,将就现状评价与监测调查以及今后的课题与展望加以论述。

黑松和驯化植物的清除,会直接减少这些植物的数量。尤其是黑松的生物量较大,要恢复到采伐前的状态需要 20 年左右的时间,因此采伐的效果较大。另外,在景观方面繁茂的黑松遮蔽了视野,但是通过砍伐开阔了视野,再生了原本开阔的沙丘景观。

今后的课题,就是通过监测,长期应对由于港湾设施和道路造成的沙的供给和移动减少这一根本原因。在道路方面,最为重要的就是取得当地居民的同意,通过废弃道路或者是使道路地下化,从而恢复与大海之间的连续性。另外,沙丘中自然性较高的砂滨植被的珍稀性尚未得到广泛的认知,因此必须掌握全国范围内的状况,使民众认识到其重要性。关于需去除的对象植物的清除,在市民的协助下进行、获得众人的理解很重要,为此必须要多公开各种信息。

15.5　日本冲绳县石西礁湖的珊瑚恢复

15.5.1　项目背景

日本规模最大的珊瑚礁石西礁湖（东西约 25km，南北约 15km）于 1972 年被指定为西表国立公园,1977 年礁湖内海域中划定了 4 个海中公园地区。然而,在 1980 年左右,大面积出现棘冠海星,礁湖的珊瑚除了北部以外其余部分由于啃食基本上全部灭绝。1980 年代珊瑚的恢复基本没有进展,持续处于停滞状态,不过从 1990 年代初期开始逐渐地出现了恢复的迹象,到了 20 世纪 90 年代后期基本恢复到了以前的状态。但是,1998 年出现的长期异常高水温造成的白化现象造成了大范围的珊瑚死亡。另外,从石岛流失的赭土也对石西礁湖产生了不小的影响。为此,环境省计划在单靠自然恢复没有进展的珊瑚礁中,进行人为修复加速恢复，同时推动防止赭土流失的对策、扩大珊瑚幼虫供给源，以图再生有益于创造其他动物的栖息地、改善海中景观等的珊瑚礁，并于 2002 年将石西礁湖作为自然再生推进计划的对象，着手进行恢复。图 15.3 所示为石西礁湖珊瑚覆盖度较高区域。

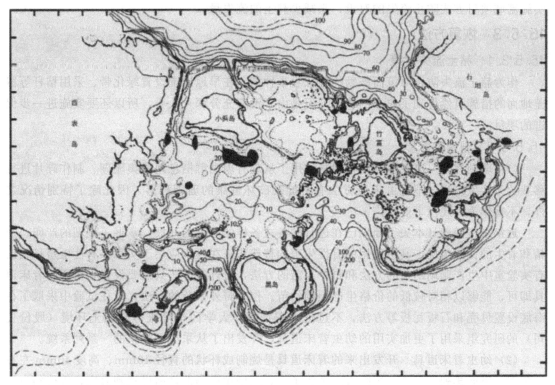

图 15.3　石西礁湖珊瑚覆盖度较高区域图

15.5.2　恢复机制

15.5.2.1　珊瑚礁现状调查

首先为了掌握珊瑚礁的现状，2002—2003 年，以石西礁湖为对象、以航拍照片和照片图像为基础进行了实地调查，制作了珊瑚礁底性状分布图（珊瑚群落、海草群落、底质等）。结果，在礁湖南礁、小滨岛南岸、新城岛周边等发现了大范围高覆盖度的珊瑚分布。其次，以珊瑚的覆盖度以及淤泥的堆积状况为基础制作了健康度分布图，结果发现石垣岛市区附近以及石表岛西岸的健康度尤其低，判断是由于这些海域来自陆地区域的赭土堆积严重，破坏了珊瑚礁的健康度。

为了掌握赭土的扩散动态同时掌握珊瑚幼虫的输送过程，在珊瑚产卵期对礁湖海域的海流进行了调查。由于珊瑚在生活史初期有 3～5 天的浮游期，因此，关于其输送和扩散的知识对于珊瑚的加入是极为重要的。调查结果发现，在石西礁湖主要盛行南北方向的海流，而平均流则是漂流较大。另外，还明确了降水较大时来自石垣岛的流失赭土较多，珊瑚幼虫在礁湖北方的外海分布较多等。

15.5.2.2　珊瑚礁修复的基本思路

根据调查结果，选取珊瑚覆盖度较高、健康度没有受到破坏，海流状况允许作为幼虫扩散源的礁湖南部的若干海域作为了重要海域候补地。

重要海域作为母珊瑚群保存区域，通过永久样方进行监测，监控棘冠海星刺激和水温上升，实施了防止干扰的管理。另外，有些栖息环境虽然并没有特别恶化但是依旧没有幼虫加入，对这些珊瑚群落恢复没有进展的地方，通过移栽珊瑚进行了珊瑚礁的修复。

关于防止赭土流失，规划求得主要流失源即农民对于自然再生推动规划的理解，通过以实施流域项目方式防止流失的对策，来减少赭土的流失量。

15.5.3　恢复方法

15.5.3.1　赭土流失对策

作为赭土流失防止对策而鼓励的甘蔗春季种植、在旱地周围设置绿化带、采用秸秆等覆盖地面的措施虽然得到了农家的认识，但是由于没有充分深入人心，所以还要实施进一步促进的项目。

15.5.3.2　珊瑚礁修复

（1）珊瑚移栽　以往进行的移栽是使用了从现有珊瑚群栖息地采集珊瑚、制作碎片进行移栽的无性生殖法，不过由于该方法有可能会破坏健康的珊瑚群落，因此除了特别情况之外，不宜作为大规模事业推广。

近年来，随着日本关于珊瑚已在进行的各式各样的研究的开展，掌握了珊瑚的产卵、受精和着生的详细情况，其中采用的有性生殖的移栽法正在逐步应用于实际。有性生殖移栽法有实验室中生产珊瑚幼苗的方法和野外采苗的方法，野外的方法只需要设置采苗用的着床道具即可，能够以相对较低的价格生产珊瑚幼苗。作为野外采苗的方法，以往试验中采取了在海底设置贝壳和石板瓦板等方法，不过近来东京海洋大学冈本峰雄等与国土环境（股份公司）的研究组采用了更加实用的幼虫着床道具，开发出了从采苗到移植的一系列系统。

（2）幼虫着床道具　开发出来的着床道具是烧制成杯状的直径40mm、高度40mm左右的瓷器，纵向排列，每200个收入一个箱子内，在珊瑚产卵期之前设置到海底，等待幼虫的着床。约一年半之后可以用肉眼清楚地识别珊瑚幼苗，即可作为移栽种苗使用。移栽时，在杯状的着床道具下部涂上黏合剂，用手摇钻在海底开洞后将着床道具插入其中即可。该着床道具量轻、价廉，可以大批量生产，因此具有大量移栽珊瑚种苗生产的可能性。

（3）修复方法

① 着床道具地点的选择　关于采苗地点，根据推测石西礁湖南侧幼虫到达的数量较多，因此在该海域中就以下条件进行探讨并进行选择。

a. 海流：具有幼虫易于接近和滞留的海流。

b. 波浪：着床道具不会由于台风时的波浪而产生剧烈的摇晃。

c. 水深：珊瑚能够旺盛生长的水深。

d. 底质：不会因为波浪而卷扬，不会受到飘沙的影响。

e. 水质：没有赭土的流入。

关于珊瑚幼虫的加入，通常认为存在潜在到达度较高的地点，但是幼虫会受到漂流的强烈影响，气象条件不同往往会使幼虫的到达地点受到偶然性的左右，因此设置地点不应该集中，而应该分散设定。

② 着床道具的设置　着床道具的设置要在西石礁湖里的鹿角珊瑚类珊瑚产卵期之前，即5月上旬的满月之前进行。设置地点要通过潜水勘探微地形，选取不会直接受到波浪影响的地点，将着床道具箱固定在打进海底的钢筋板桩上，提高抵抗波浪的稳定性。在设置的过程中要对水温进行自动连续观测，同时在9月份对着床道具进行抽样，调查着床的情况。结

果，在约 67%的着床道具上确认到了着床的幼虫。约一年半之后，如果达到了肉眼可以清楚地确认珊瑚幼苗的状态，即可作为种苗进行移栽。

15.5.4 展望

关于着床道具的采苗率和附着率，在预备试验中已经得到了证实，而关于移栽后的存活率，尽管可以从迄今进行的珊瑚移栽结果来推测，但在今后还必须要进一步的加以验证。关于防止赭土流失的对策，已经提出了各式各样的策略，今后的课题就是如何通过当地各个主体的参与来实现这些策略。

陆地区域表土的流失和堆积造成的珊瑚礁环境的恶化是世界性的大趋势，Pandolfi 等指出，由于滥捕和污染，全球的珊瑚礁生态系统自从 100 年前就出现了衰退的倾向，近年来的白化现象和疫病的蔓延又加速了该倾向，如果不尽早实行保护措施的话，珊瑚礁在 20～30 年之内就会衰亡。在发展中国家不仅有表土的流失，用炸药炸鱼和用毒药毒鱼也会对珊瑚礁造成显著的破坏，迫切需要珊瑚礁的恢复，珊瑚礁的再生得到了强烈的关注。

参 考 文 献

[1] Jones Kim, Hanna Emile. Design and implementation of an ecological engineering approach to coastal restoration at Loyola Beach, Kleberg County, Texas. Ecological Engineering 22 (2004) 249-261.

[2] Lewis Ⅲ. Roy R. Ecologically based goal setting in mangrove forest and tidal marsh restoration. Ecological Engineering. 15 (2000) 191-198.

[3] Coleman Heather M, F GurdalKanat, IlterAydinolTurkdogan. Restoration of the Golden Horn Estuary (Halic). Water Research, 43 (2009) 4989-5003.

[4] 龟山章, 仓本宣, 日置佳之. 自然再生: 生态工程学研究法. 桂萍, 詹雪红, 孔彦鸿译. 北京: 中国建筑工业出版社, 2011: 234-244.

果，在约 67%的覆盖率下在土壤约 1m 高的地方（约一半之后），初夏还没到就提前以高
标准得到播种或播种的水苔。即便看看或来种进行移种
15.5.4 [...]

关于冬季的某某事情某某，当年春末春中山台湾某某，而关于某某局的某某
年，冬季可以及开行某某某种种结果某来某某，但有某某每某必要进一步的时以某某某。关
某某某某山某某的某种，某某山某某基本某某某某某，与某某某每某某或某某某某某山某某个
某某某
相地区覆养土的某某基和某某某某或或某或或某某其某某或某当用某某生的大某某，Pandolti 某晶
山，由于某某和某某，某全某某或某某基山某某某某或某某前期出现了 30 [...]

16 工业废弃地生态恢复案例

16.1 巴西亚马孙热带雨林废弃矾土矿生态恢复

16.1.1 项目背景

巴西亚马孙（Brazilian Amazon）热带雨林地区废弃矿场的生态恢复是一项极具挑战性的工作，需要整合现有的生态恢复技术，采取适合特定场址条件的生态恢复策略，并考虑包括景观生物多样性等在内的方方面面。很多热带雨林生态恢复过程中，由于对破坏前的森林所特有乡土树种等基本信息掌握不足，以及对设计有效恢复计划所需的生态学知识理解得不充分，阻碍了恢复工作的顺利进行。但是 20 世纪 80 年代由巴西矾土矿公司（Mineracao Rio do Norte S. A. ，MRN）在亚马孙中部的 Pará 州 Trombetas 实施的热带雨林恢复计划却是一个著名的成功案例。

Trombetas 采矿场址位于海拔 180m 的 Saracaá-Taquera 国家森林公园高地上（见图 16.1），该地区年均降水量为 2185mm，有明显的旱季和雨季，除 7～10 月以外其他月份平均降水量都在 100mm 以上，平均最高温度和最低温度是 34.6℃和 19.9℃。Saracá 高原的土质是砖红壤酸性黄黏土并且具有一层薄薄的腐殖质层。该地区的植被主要由赤道常绿湿润森林组成，森林生态系统平均树冠高度为 20～35m，有些树木的高度甚至达到 45m。到目前为止，采矿场址周围的森林大部分是人迹罕至的，在过去的 200～300 年没有遭到人类狩猎和伐木破坏，因此在废矿场址的周围野生动物多样性仍然保持在很高的水平，如大型的陆栖和树栖类哺乳动物以及鸟类在森林生态系统的延续中起着关键的作用。

图 16.1 恢复场址在巴西版图上的位置

在许多热带国家，露天采矿相对于毁林开荒、伐木以及水电工程等对小范围环境的直接影响较小，但是对厂区以外的环境影响则要大得多，例如侵蚀和冲刷作用和由此导致的附近

274

水体的淤积和土壤退化。为了避免这些不利影响，对采矿场址进行有效的森林生态恢复是必要的。

16.1.2　恢复目标

在恢复过程中对比各种恢复方法的优劣，找出影响森林恢复的各种主要因素，选出最优恢复方法。恢复的目标是尽可能采用各种方法，探究最合适的途径，把开矿破坏后的场址恢复到破坏前或者接近破坏前的水平。这样才能保护热带森林的完整性和生态多样性，保证动植物资源的可持续发展和永续利用。

16.1.3　恢复措施

森林生态恢复要做到以下几个方面：①场址前处理。表层土壤的处理/替换对森林恢复过程中森林的生物量以及生物多样性的恢复具有重要意义。包括废矿场址的景观美化、表层土壤的改良以及深层土壤的翻耕，这些对于后期种植的树种生长十分重要，而且有利于发挥矿场自然生态恢复中土壤种子库的作用。②运用森林学知识进行树种的筛选并建立起适合当地情况的森林生态恢复技术，同时设立相应的恢复目标。在很多森林生态恢复的案例中，人们往往缺乏对候选树种种子供给、传播方式和生长速率等方面的必要知识。

16.1.3.1　恢复方法

目前世界上如巴西、澳大利亚以及其他一些热带国家对热带雨林的恢复主要是依靠种植一些乡土树种或外来树种来迅速重建植被，以此来促进自然恢复的进行。巴西在 1980 年以前对矾土矿场的生态恢复也是这样进行的，所用的树种有桉树属（*Eucalyptus* spp.）和澳大利亚阿拉伯树胶属（*Acacia* spp.）等。

从 1979 年以来，MRN 实施了一系列的森林恢复计划，旨在以每年 $100hm^2$ 的恢复速度对破坏的植被进行恢复。混合种植乡土树种进行森林生态恢复的方法已经成为采矿场址森林生态恢复的标准方法，该方法包括场址前处理以及混合种植 80～100 种的乡土树种，恢复工作的花费大约为 2500 美元/hm^2。

16.1.3.2　恢复准备工作

（1）乡土森林物种的繁殖与演替能力评价　20 世纪 80 年代在废矿场址周围的原生林中发现了 160 个树种，对它们的繁殖情况及其在废矿场址上种植后的前期生长状况进行了评价，包括植物物候、种子成活能力、种子发芽处理方法、传播途径以及前期的成活率和生长情况等，并据此找出最适合的废矿场址森林生态恢复的方法。

（2）森林生态系统恢复评价　在 1995—1997 年，对不同恢复方法的森林生态系统的结构、组成和森林分层结构的发育情况进行了评价。将该地区原生林内一块直径为 10m 的区域作为参照区，来对恢复效果进行对比评价。对每一个区域内的灌木丛数、蔓生植物、草本植物以及禾本植物的成年植株或者幼苗进行详细统计。记录每种植物的个体数、乔木和灌木（包括棕榈类）的高度和胸径，单独记录人工种植的乔木数据以进行区分；同时按照树龄（<20 年，20～40 年，40～80 年，>80 年）来对树木进行分类，记录树冠的郁闭程度及枝叶和腐殖质的厚度等指标。

（3）严格采用标准场址前处理措施　在黏土含量过高的地方覆盖近 15cm 的表层土壤和木屑；深耕土壤达 90cm，种植密度为 2500 株/hm^2（2m×2m），种植方式为播种、分苗移植和盆栽，方法的采用取决于树种和恢复方法。

16.1.3.3 不同森林恢复方法比较

在 Trombetas 采矿场址上进行了一系列森林生态恢复方法的对比研究，这些对比研究包括混合种植乡土树种、直接播种速生树种以及混合种植主要由外来树种组成的树种。研究结果表明：①混合种植乡土树种，其后续的树木生长速率降低很明显，其主要原因为操作上的失误（如表层土壤改良的不合理）；②在采用各种恢复和处理方法的过程中，没有种植树木的空地上长出了树木，这启示我们应该比较和评价这些树种在森林生态恢复过程中的价值。

另外，主要从树种的丰度方面分析了恢复后的森林生态系统和原生林的相似程度，并对采用各种恢复方法恢复后的森林生态系统的树冠郁闭度、树冠高度、树干断面积、枝叶覆盖层的厚度、腐殖质层的厚度、植株密度以及物种丰度等方面进行了比较。

16.1.4　恢复结果讨论

16.1.4.1　乡土树种繁殖策略

MRN 对待恢复的废矿场址上的 160 种乡土树种进行各种繁殖试验，按照费用升高的顺序排列为：直接播种、种植截干幼苗、移植野生幼苗以及移植人工培育的幼苗。研究发现其中适合直接播种的树种占 21%，其成活率≥75%，这些树种的种子个体一般较大（长和宽都＞2cm）并且很方便收集和管理；适宜采用种植截干幼苗进行移植的树种有 13 种（8%）。

许多热带树种需要经过机械或化学方法处理破坏其休眠过程以加快其萌发，但播种前的处理可能会使森林生态恢复的费用大幅上升。研究的 160 种亚马孙乡土树种中，有 71% 树种是不需要采取特殊措施处理的，有 21% 需要经过一定的机械方法来处理，另外的 7% 需要经过化学的处理（在浓硫酸中浸泡）。有些树种通常需要阴凉的环境，因此建议将这些树种种植在其他树木的树冠之下。

16.1.4.2　场址处理对森林恢复的影响

表层土壤的处理对于森林生态系统恢复的成功有特殊重要性。在表层土壤处理不好的场址上，树木的树冠高度和郁闭度都明显地低于其他场址的树木，枝叶和腐殖质的累积量也相对较少，优势物种主要是那些易燃性杂草以及一些数量十分有限的速生二代树种。

16.1.4.3　野生动植物在森林恢复中的作用

成熟树林中种子的引入主要是通过一些鸟类、蝙蝠以及一些陆栖哺乳类动物的传播作用，而且这种传播作用与场址及周围原生林的距离有直接的关系，距离越短量也就越大。在热带雨林的恢复过程中，种子个体较大的树木，其种子传播很大程度上依靠各种各样的鸟类和哺乳类动物，正因为此这些树种恢复受到传播者数量多少的制约。

16.1.4.4　上层林冠组成对森林结构和物种多样性的影响

(1) 森林覆盖率和树木的密度　通过各种方法恢复的森林，虽然与原生林相比有明显的差别，但在树冠的郁闭度、树干断面积和枝叶及腐殖质厚度等方面各方法之间相差不大，在这些方法中以混合乡土树种法效果最好，而经济树种混合法的效果最差。相对于原生林来说，无论是种植还是自然恢复的方法，其树种的密度都较低，其中直接播种的恢复方法要好于其他方法。

(2) 物种丰度　各种恢复方法场址中的树种丰度相差很大，作为参考的原生林有 39 科、157 种植物，混合种植乡土树种法恢复的场址有 38 科、141 种，而混合种植乡土树种法（失败）恢复的场址只有 22 科、47 种，混合种植经济树种的场址只有 21 科、40 种，直接播种的场址为 37 科、117 种，自然恢复的场址有 32 科、86 种，这些树种包括了人工种植的树种。

原生林中的很多科都出现在自然恢复、直接播种以及混合乡土树种恢复的场址上，如番荔枝科（Annonaceae）、金壳果科（Chrysobalanaceae）、樟科（Lauraceae）、棕榈科（Palmae）和山榄科（Sapotaceae）。每个样地的物种丰度，在各种处理方法之间有显著的差异：直接移植幼苗林是混合种植乡土林（失败）和混合种植经济林的两倍，自然恢复林和混合种植乡土林中为中等，原始林中乔灌木的丰度指数为 67.3 种/样地，多于直接移栽幼苗的两倍。人工种植的树种数量为混合经济林、直接移栽幼苗林和混合种植乡土林总数的 1/3 左右。

（3）恢复区域的优势物种 根据树干断面积的测量，在恢复方法不同的恢复区域内优势物种也是显著不同的。自然恢复林中，先锋物种伞树属（Cecropia sp.）、尼木属（Byrsonima sp.）、藤黄科的一种植物（Vismia guianensis）占据了所有树干断面积的50%，混合经济林中粗皮桉（Eucalyptus pellita），硬裂苏木属的一种植物（Sclerolobium paniculatum）以及相思木（Acacia mangium）等植物占了 64%，直接移栽幼苗林中硬裂苏木属的一种植物（S. paniculatum）占了 54%，混合种植乡土林中巴豆属（Croton sp.）等 5 属的植物占了 49%，混合种植乡土树种（失败）中腾黄科的一种植物（Vismia sp.）等占了 51%，而在原始林中，红变热美山龙眼木（Brosimum rubescens）、木鲁星果棕（Astrocaryum murumuru）和其他一些棕榈科植物占了 75% 左右。在这些恢复方法中，采用混合种植乡土树种的恢复方法恢复的场址与原生林的状态最接近。

（4）树种的树龄分布 把恢复区域内的树木按照树龄分类后，各种恢复方法之间存在着明显的差异。但在所有的恢复方法中，树木种类以及树木数量都随着树龄的增大所占比例呈减少的趋势，这与原生林情况恰好相反。在混合乡土树种恢复的区域中树龄较短的树种，特别是那些小于 20 年的树木，相对于采用其他方法恢复的区域来说其优势地位较小，因此在将来的生态演替中存在的风险也较小。

16.1.5 恢复经验总结

① 适当及时的调查研究：通过调查 MRN 可以制定出一个高效、最具经济效益的系统，以用于在缺乏基本森林生态学知识的情况下进行野生乡土物种的选育工作，并由此建立恢复多样的混合乡土树种的森林生态恢复和运行机制。

② 良好的场址前处理：尤其是种植前进行适当的表层土壤改良和恢复，这对于森林生态系统的建立十分必要；另外清除竞争性杂草和加快自然森林生态演替速率也很重要。

③ 其他恢复方法：除了标准的混合乡土树种恢复方法以外，可供选择的其他一些恢复方法以及自然恢复法等也是有效的森林植被恢复方法。

④ 经济性考虑：尽管一些花费较少的恢复方法（如种植经济林的方法、直接播种方法以及仅仅依靠自然恢复的方法等），相对于混合种植乡土树种的方法来说其生物产量更大，但是它们在恢复森林生物多样性方面则较差。

⑤ 野生动物的作用：采用自然恢复方法的地区，其森林物种丰度很大程度上取决于传播种子的野生动物，主要是一些鸟类、两栖类和哺乳类，因此对场址周围原生林的保护以及有效的禁止狩猎都会促进恢复的进程。

⑥ 原生林的种子库：采用混合乡土树种恢复法恢复的场址，在恢复 10 年后其中的树木密度和主要优势树种的种类，都受到与周围原生林距离大小的影响，而且还与种子的自然传

播以及种子成活率有关。

⑦ 综述：对 MRN 废弃的矾土矿进行研究表明，目前对废矿场址恢复方法的实践可以实现将废矿恢复成亚马孙热带雨林的长远目标。

16.2 波兰西里西亚高地采矿区的生态恢复与重建

16.2.1 项目背景

西里西亚高地（Silesian Upland）位于波兰南部，是一面积约为 4000km² 的自然地理区域（见图 16.2）。它具有复杂的地质和多样化的地貌，包括两个地貌区域，北部地区是单斜地质构造，特点是陡崖地貌（单面山），发育于中生代岩石（Mesozoic rocks）。最典型的地貌是中三叠世单面山（Middle Triassic cuesta），从奥得河谷附近的克拉普科维采（Krapkowice）一直延伸到东边的奥尔库什（Olkusz），该山由含锌和铅的白云岩和石灰岩组成。南部是由石炭纪时期的黑煤系岩石组成的构造地垒。

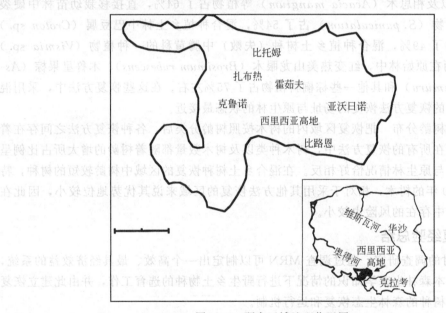

图 16.2　研究区域地理位置图

地质构造与矿产资源影响了西里西亚高地工业的发展。老工业区位于西里西亚高地北部和东部地区，工业发展始于中世纪的银、铅矿开采和冶炼。新工业区包括西里西亚高地的东部和中部，它们始于 19 世纪初，延续到 20 世纪，主要与煤炭开采以及铅锌冶炼有关。丰富的矿产资源，使得这个地区在人类活动的影响下发生了极大改变。除了由于各种内在和外在过程形成的原始地貌外，还有很多是由人类经济活动形成的人为地貌。人为地貌主要位于上西里西亚工业区，它是波兰工业厂房最为集中、人口密度最大的地区。

西里西亚丘陵地区生态遭到破坏，其特点是景观的各个要素都遭到了破坏。这种破坏是由长时间的工业发展造成的，主要是黑煤、锌和铅矿的开采和钢铁冶炼。地下开采引起了岩石圈、水圈、大气圈、生物圈和土壤覆盖的很多变化。在这些因工业引起的变化中，地貌改变最为显著。该地区人为地貌的特征分布表明西里西亚丘陵正处在人为地貌形成阶段，是重要的地理环境演变区。

人为地貌有两个类型：一类是人类有意造成的；另一类是人类活动无意造成的。第一类包括垃圾场、铁路筑堤以及挖掘；第二类包括在上述各种形式活动的基础上自然形成的地貌变化，以及开采导致的沉降洼地。在西里西亚高地，人类有意识的活动创造了三种地貌：凸地貌，如采矿后的废弃物堆放场；凹地貌，如采石场；人类活动无意识影响形成的地貌，如沉降洼地。

16.2.2 凸型地貌的恢复——废弃物堆放场

16.2.2.1 工程背景

在西里西亚，采矿和冶炼产生一个很重要的后果，就是在矿产资源开采及其加工、富集过程中产生了大量废弃物。1769—1995 年，在上西里西亚的含煤盆地中共开采 9.7×10^9 t 黑煤，其中约 1/3 产于第二次世界大战之前，2/3 在第二次世界大战之后。黑煤的提取有周期性特点。煤的破坏性开采贯穿了整个战后时期。1979 年，开采量达到了峰值 2.01×10^8 t。之后，由于经济衰退、政治体制转型以及波兰加入欧盟后的产业结构调整和适应，产量开始整体下降。在 1989 年，下降到 1.77×10^8 t，1998 年只有 1.16×10^8 t。煤炭开采导致了大量废弃物的产生——约 400kg/t。因此，我们可以计算出在这段时期约产生了 1.4×10^{10} t 的废弃物。其中不到 1/5 被重新填回矿井，其余就丢弃在地表，虽然有些物质也用于地面填平，但主要还是堆放在地面上。西里西亚高地的许多煤矿周围都堆满了废弃物，这些很难回收的废弃物被分离开，煤矸石用于其他经济目的。平整后的废弃物堆放区域通常用于工业及住宅楼宇、公园、运动场以及车库建设。

废弃物中的各种材料使土地耕作相当困难，有些废弃物对自然环境是危险的，它们影响了小气候条件，扰乱了水文关系和土壤覆盖，阻碍了自然或人工植被的生长，废弃物堆放区的侵蚀过程也很明显。

16.2.2.2 恢复效果

在西里西亚高地，对废弃物堆放区域的土地修复，最常见的方法是植树造林，虽然这需要长期的看护和专业的管理。但它相对比较便宜，大多数案例均取得了显著的效果。它增加了该地区的绿化面积，这对改善工业区的卫生和美观是非常重要的。目前，废弃物堆放后第一年就已经可以见到天然植被的演替。堆放场最初是被单一的先锋植物物种覆盖。在废弃物堆放区可以看到的植物多达 300 种。土壤修复主要通过技术或生物方法进行。在土地修复过程中，应该采用合适的方法对废弃物堆放场进行改善，在土壤剖面的上半部分创造一个松散的区域，这样有利于根系生长。地面以上的废弃物，需要防止其大规模的移动、水的侵蚀、盐分流入地表和地下水以及自燃。有实例表明，在西里西亚高地，废弃物堆放场经过生物治理后，可以重新融入到周围景观中。

（1）霍茹夫公园的建成　在这些实例当中，最壮观的是在霍茹夫（Chorzow）建立起来的一个占地 600hm² 的文化和娱乐公园，它位于上西里西亚城镇集聚区的中心，霍茹夫（Chorzow）与卡托维兹（Katowice）和希米亚诺维采（Siemianowicelaskie）的交界。该公园建立在工业废弃地上，它的建设者利用自然形成的地面，架设土方工程，创造了一个拥有优美的池塘和运河的庞大复杂系统。对此区域原有的"月形"景观也进行了平整，并适当地重塑和修复土地。公园内部经改造的地貌面积约有 259hm²，占整个地区的 45%。在 1952年之前，该地区全是废弃物堆放堆、垃圾填埋场、矿坑和塌陷洼地形成的人工蓄水区、原始的浅床黑煤。

修复工作是 50 年前开始的，包括水文条件调节、地面平整、改土造林。在最初几年内，约 $3.5 \times 10^6 m^3$ 土壤被移到了该处，并引入了约 $0.5 \times 10^6 m^3$ 的肥沃土壤，总共种植了 350 万株乔木和灌木（主要是杨树、柳树、桦树、稠李和欧洲接骨木）。目前，公园里生长了 200 多个品种的乔木和灌木。公园最基本的树木区系包括 15 个乡土乔木和灌木树种。不同的生态条件下生长的植被，使这里成为了一个研究破坏区域景观和植被重建的永久试验区。公园构成了一个兼有景观与自然的特殊地域，其中有大量的植物和动物物种。在西里西亚，它是一个真正的"绿岛"。公园里生活有夜莺、啄木鸟、鹧鸪和野兔等动物，这些在西里西亚的其他地方很少见到。公园里的树木可以很容易形成一个自然保护区。在这里可以找到杨树、桦树、柳树、稠李、红橡木、红豆杉、角树、落叶松、冷杉、金钟柏、接骨木、刺柏、玉兰、丝柏、伏牛花、山茱萸和茉莉花。

然而，公园不仅是一个"绿洲"，还包含了其他一些独特的地方，游乐园是波兰最大的固定游乐园；动物园面积达 $50 hm^2$，里面有 2800 只动物分属 400 个种生活在临时展出馆和岩石恐龙谷；西里西亚国家运动场可以容纳 75000 名球迷；上西里西亚（Upper Silesia）民族公园集中了上西里西亚的古老的乡村木制建筑；还有一个天文馆和天文观测台；以及一个种有数百种玫瑰的玫瑰园。该公园在西里西亚是一个特殊的场所，由于它的文化和娱乐设施，整个地区成为西里西亚居民休闲和娱乐的好地方。

(2) 废弃堆山丘的建造　第二个实例，是一个位于 Bierun 附近总面积约 $36 hm^2$ 的地方。从 19 世纪黑煤开采开始，之后 150 年的采矿对地面地貌的影响相对而言是比较小的（除了增加的废物堆外）。20 世纪 70 年代中期，当一个新的大型煤矿开始开采后，这种状况发生了剧烈的改变。带有泛洪淤泥的沉降盆地开始急剧的发展，矿山开始产生大量的采矿后废弃物。在地貌修复的第一阶段中，地面被整平并被抬高 $2 \sim 3m$。那些所谓的亚层废弃物填平了所有地面洼地。在地貌修复的第二阶段中，决定将这一地区开发用于娱乐，并建立一个地形多样化的公园，因此，废弃物用于建造 5 座山丘。为了修复该地区，即为了平整地面并构建这些山丘，使用了 $1.5 \times 10^6 m^3$ 的废弃物，占 Bierun 附近煤矿当时生产的废弃物的 46%。这些山丘就是所谓的高层废弃物堆。从南到北这五座山丘的相对高度分别为：28m、8.5m、19.5m、19m、24m。它们都是平顶圆锥形。其斜坡被道路分成了梯田状，这些道路从山脚到山顶呈螺旋状环绕着每座山丘。虽然这样的地形现在是一个值得考虑的形态特征，但已被当地人们所接受，因为这种地形能够体现出这些废弃物的价值。

16.2.3　凹型地貌的恢复——采石场

16.2.3.1　工程背景

在西里西亚丘陵地区有许多露天采矿形成的凹地貌。其大部分为大面积的采沙坑，还有少部分为采石场。挖掘造成了或多或少的斜坡近乎垂直的宽洼地。早期挖掘坑的底部通常是不规则的，而且部分被覆岩所覆盖。挖掘坑附近散落着大小不一的废弃物。具斜坡的采石场，通常是龛的形状，呈河谷或山体斜坡的阶梯状。

采矿多年后，挖掘坑成了废弃物填埋场，工业废弃物没有经过允许便堆放于此，从而引发了地下水污染的危险。随着时间的推移，在自然演替的作用下它们逐渐被植被所覆盖。目前正在研究的是如何对挖掘坑进行土地再利用，以使其适应不同的经济或景观用途，这取决于其地理位置、地质构造和水文地质条件。先前的试验表明，挖掘坑修复工程和计划的难点在于挖掘坑斜坡的稳定性较差。

16.2.3.2 恢复成果

（1）白云石体育谷（Dolomite Sport Valley） 通过将该采石场恢复为体育用地而解决了这里的问题，废弃物中的一些材料堆积起来形成一个斜坡以作为滑雪和骑车运动，同时重整了挖掘坑壁，并设计了一个人造斜坡。白云石体育谷是文化景观保护与市场活动相冲突的一个例子，因为它的建设破坏了部分18世纪的采石场，而且岩石碎片建成的圆丘以及几个世纪前银锌开采时建造的冶炼炉也都被夷为平地。

（2）赛盖特保护区（Segiet reserve） 在研究地点的附近，还有一个开采已结束多年的采石场，这里能明显看到喜钙植被的自然演替以及独特的光刺苞菊（*Carlina acaulis*）的生长。从历史和植物学的角度来看，该地区都是值得关注的，所以这里成为了塞盖特保护区。

塞盖特保护区包括最古老的铅银矿保护区，它具有独特的自然和文化价值。保护区位于一片树龄达300年的桦树林内，这里有古老的铅银矿开采的证据。这些地貌主要是由一种称为“warpie”（带有小型冶炼炉）的老式环形模式。建立保护区是矿区修复的一个实例。

（3）格罗代克潜水中心（Grodek） 挖掘坑底层修复的方法取决于水文条件，特别是地下水的位置。如果地下水位在某一采石场底层以上，就有可能形成水库，它可以作为邻近工厂的蓄水池。邻近城市群或休闲区的挖掘坑用于建设圆形剧场、音乐会场或体育综合设施（如露天体育场、体育馆）。这种用途的一个非常有名的例子是位于亚沃日诺（Jaworzno）的格罗代克（Grodek）采石场，由于水质纯净、透明，在充满水后成为一个潜水中心。

16.2.4 凹型地貌的自我修复——沉降洼地

16.2.4.1 工程背景

西里西亚最初的沉降洼地形成于19世纪末，主要是由于对黑煤的需求量增加导致其开采深度加大造成的。由于粗放型煤炭经济的发展，煤炭开采强度在20世纪60年代达到最高值。在雷布尼克（Rybnik）含煤盆地沉降预计可达33～35m。但由于20世纪90年代的一场经济危机，采矿业的受限和产业结构的调整导致实际沉降为20m，并没达到预测数值。

沉降洼地是由开采活动间接引起的，由于黑煤开采后形成的空洞没有填充，地下空洞逐渐塌陷导致沉降洼地形成。这个过程在多层次开采的厚层煤床地区尤为明显。洼地在充满水或演变成沼泽时观测最为明显。另一个显著的指标是居民区和经济基础设施等景观的破坏，如建筑物、地基被破坏，果园、房舍等被水淹没。

在西里西亚高地一些矿井相互连接的地方，重要区域的地貌发生了变化。在分水岭迁移的地方，集水区发生改变，径流也相应增加或减少，河流和溪涧的外形也发生了变化，淹水区域相应改变。位于扎布热（Zabrze）的Makoszowy-Knurów矿区就是一个例子，以前这里原始地貌和河流坡体比较单一、水网密集、地下水位较浅，并覆盖有一层非常厚的第四纪沉积物形成的不透水粉砂覆层。由于Makoszowy矿区对水文条件的干扰，近100hm^{2}的地面都充满了水，形成了许多深浅不一的蓄水区，这些蓄水区借助地表、地下水系、虹吸涵洞以及水泵排水，部分地区覆盖有碎石，在一些有河流流经的沉降洼地，修筑了保护性河堤和沟渠。

16.2.4.2 自然恢复效果

地下开采对环境要素的变化非常重要。这些变化主要表现在地貌、水文以及动植物群落方面。沉降洼地往往充满着水，形成了一个类似于天然水环境的，适合水鸟、爬行动物以及两栖动物生存的新型水生生境，这是自我修复的很好例证。

在大多数的研究中，由于采矿导致的动植物群落变化被视为物种的退化。更深入的分析表明，经过多年的沉降，洼地对于人类，尤其是对经济相当不利，但对于大自然来说并非如此。大自然通过演替过程和向新栖息地独立引入物种很容易适应新的环境条件。一般而言，许多含煤盆地开采区域的物种不断丰富使得这些区域的物种多样性达到最大化。

16.2.5　恢复评价

抛开煤炭开采引起的负面影响，诸如水的矿化，倾倒含有毒物质的碎矿石或炉火里生成的煤矸石，二次沉淀物的冲刷及风蚀，机器设备造成的破坏，加工过程比如流体浮选滤出的有毒物质，以及其他工业部门和市政部门的影响，沉降洼地实际上可视为有利于自然平衡，特别是对水生和湿生物种。在天然地表水不足的西里西亚高地，这一变化似乎是值得肯定的。

人类作为西里西亚高地最重要的地貌改变因素决定了并仍然在决定着未来的地貌变化。过去这些变化被视为物种的退化。如今，在经济的后工业化时期，这个地区通过对原来受破坏地形的积极管理取得了不少成果。其中有一些是与人类活动无关的自我修复的过程。相对于工业时期，西里西亚高地"正在改变"的人为地貌从审美的角度来看似乎更为独特；它不应该只被认为是一个生态恶化的地区，而应该是一个人类活动产生积极影响的试验区。虽然人为地貌的数量与初期相比稍微有所下降，但是经过有序的修复活动，西里西亚高地的景观肯定会给游客留下了深刻的印象。

16.3　中国山西孝义铝土矿矿区生态恢复

16.3.1　工程背景

山西省铝储量约占中国总铝储量的40%，是中国铝资源最丰富的省份之一。孝义铝土矿每年生产100万～800万吨铝土，是中国最大的铝土矿。它位于山西省孝义县境内黄土高原的陡峭地带，是晋中盆地和吕梁山区的过渡区域。孝义铝土矿面积约1158公顷，包括克俄矿区和西河底矿区。黏土岩层、石炭岩层以及沙粒是矿区带土壤的主要成分。其中1/3是第四纪淤积而成的黄土。现存的黏土抗侵蚀力较弱，抗冲洗力也较弱，这正是导致土壤侵蚀和矿带不稳定的因素之一。矿区的年降水量在450～550mm，60%的降雨集中在七～九月。该地区春季气候干燥，年蒸发量是年降水量的3～4倍。

16.3.2　生态恢复的技术措施

16.3.2.1　露天矿井恢复的一体化技术

为了增加矿区内工业土地的利用率，建立了采矿和土地改造综合系统。在克俄矿区使用卡车和推土机进行，而在西河底矿区，则使用了松土机和平土机。黄土层是上层岩层，构成了上层土壤带的1/3，是矿区改造的理想材料。这也为采矿和土地恢复的同时进行提供了可能。露天矿井恢复的一体化技术体系的特点包括：使用相同的机器来进行采矿和工程改造；采矿和土地改造紧密结合；以缩短土地占用周期和优先恢复荒地为耕作用地为原则来调整采矿区的工作计划。

16.3.2.2　土地恢复的材料

土地高产需要具备良好的土壤质地和易于施肥的土壤层结构。同时，回填和土壤改造的费用约占总花费的大约40%。因此，寻找最适宜的恢复材料和改良技术是非常重要的。

分析矿土（第四纪）的物理、化学和生物性质，同时进行盆栽试验。马兰地区的土壤，其上层为第四纪的黄土层，属于黄白色黏质中性土壤。它的渗透性很好，肥料和水可以很好地吸收，但是抗冲蚀性和抗腐蚀性较差，导致了适于耕种的土层较薄。较低级的理十十，要比马兰土薄，属于红色黏土，其总氮和活性氮含量是黄粉土的 1～2 倍，而且其维持水分和肥力的能力很强。因此，这种黏土对于孝义地区来说是一种很实用的土地恢复材料。不过，这种土的渗透性较差，并且很容易失水，这些负面性质使其不利于作物的种植和生长。这两类土壤性质恰好互补，因此考虑将它们混合起来作为土地恢复的材料。

盆栽试验表明，将红土和黄粉土以 7∶3 的比例混合效果最好。草类和豆类植物的成活率增加了 64%，种子发芽率增加了 120%，每个植株的干重增加了 160%。在矿井附带的碎煤层上进行了野外试验，该试验证实了这种混合比例有利于植物的成长，每亩高粱、谷子和豆类（豇豆、大豆和绿豆）的产量分别达到了 125kg、100kg 和 40kg。

为了保持水分，避免滑坡，每层梯田的地基都要保持一定的倾斜角度，一般情况下不大于 4°。同时地基要有 5°～10° 的横向坡度，以便遭遇暴风雨时地表径流可以流入泄洪系统中，从而避免梯田中滞留过多的雨水。为了保护斜面，沿着梯田的边缘构筑了脊状物，然后覆盖上厚度为 0.6～0.8m 的耕种土壤。

16.3.2.3　植物种类的挑选

将矿区土地的基本条件与适于耕种的土地相比，发现矿区土地和当地农场土地相比存在较大差距。矿区土地的土壤容重更大，海拔更高，土层更薄，土壤结构更差，微生物的活性更差。采矿地植被绝大部分为玉米、谷子、高粱、小麦、豆类、荞麦等几种作物。

（1）农作物的挑选　种植的各种植物，必须具有很强的抗环境压力的特性，像耐贫养、抗干旱、抗倒伏、抗病灾等。挑选种植植物包括以下几个阶段：首先进行实验室盆栽试验，然后要进行户外野生测试。从 96 个玉米品种中筛选出几株良种，它们具有很多优良特性，例如有很强的适应性，强抗旱性，接穗位置低，野外生存能力强等。户外野生测试的产量增加了 47.7%。24 个豆类作物品种测试的结果表明，一系列优良品种都可以用来保持土壤肥力和保护土壤。它们的共同特性包括强抗倒伏性，产量高，根系发达，主根更长，菌体更丰富。

（2）草本植物和木本植物的挑选　草本植物和木本植物的挑选方法包括：①进行抗旱试验，从实验室 15 种备选品种中找出根系覆盖良好的；②对它们实施野外测试。挑选出四季常绿的覆盖植物。

16.3.2.4　植被种植技术

① 抗旱保湿的耕作技术。在孝义地区，春耕季节以少雨、高蒸发、表层土不潮湿为特征。项目组对传统的农耕方法进行了调整，包括改春耕为在秋天以后犁耕，为改变耕作地区表层土粗糙状况进行交叉犁垄，创造条件保留住雪和湿气。通过春天少耕作，保持播种，吸收深层湿气这些办法，试验区的庄稼成活率增加了 85% 以上。

② 改变当地传统的种植法为合理密植，例如大豆和玉米的种植密度分别为 12000～14000 株/亩和 2500～3000 株/亩，可以高产并且庄稼没有出现倒伏现象。

③ 庄稼轮植和间作体系。在间作玉米和大豆的实验区域，玉米和大豆产量分别可达到 567kg 和 152kg。

16.3.2.5　增产技术

① 施肥方法　适当的使用化学肥料是有益处的。在孝义地区，尿素、硝酸铵和碳酸氢

铵是常用肥料。但是，这些对减轻土壤碱度并没有帮助。根据土壤营养平衡的原则，在改造后的地区，氮和磷两种元素复合的肥料被作为基础肥料。在磷缺乏的播种时期，可以一次性地加入充足的磷。通常，氮缺乏出现在庄稼生长的早中期。选择尿素作为基础肥料替代当地使用的碳酸氢铵，可以增强肥料的有效性。在庄稼生长的茂盛时期，改在叶上喷射肥料的方法为补充庄稼需要的微量元素如钼、锌、硼等。这种方法既减少了肥料用量又增强了对作物的效果，是一种既经济又增产的方法。

有机肥作为全面的营养肥料，能改善土壤肥力，增强化学肥料的效用。在矿区土地改造中，麦秆是很好的有机肥料的来源。

② 杆菌对作物产量的影响　杆菌可以改善植物的营养条件，同时通过微生物的活动可以对土壤肥力造成潜在的影响。在孝义铝土矿区 $240m^2$ 的试验地进行杆菌对作物产量影响的试验，选择大豆作为测试作物，使用的杆菌重量不超过作物种子重量的 5%。在播种后进行种子追肥，肥料的数量和土地管理办法等与其他区域相同。当作物收割后，进行样本采集。结果证明，使用杆菌的试验区内大豆产量增加了 48%。

16.3.2.6　菌根技术的应用

基于孝义铝土矿区土壤和岩石的特征，使用内部菌根来增加作物产量，加快土壤成熟度和缩短土地改造时间。试验由适合中国北方碱性土壤的四个菌株组成，VA-1 和 VA-2 被挑出增加到试验中，然后这些菌株跟土豆一起分别进行播种，试验于 1994 年的 8 月和 10 月进行。结果显示菌类药剂达到国外标准质量，能被运用到土地改造上。1994 年，VA-1 和 VA-2 被嫁接到大豆上，并于 1995 年移植到玉米上，取得了很好的效果。

16.3.3　工程成果

整个工程设计和生态恢复方法被运用到了孝义铝土矿的土地改造中。在 4～5 年的培养后，矿区土壤得到明显改善，并且达到当地成熟土壤的肥力标准，接近中国土壤肥力第四标准。土壤改造结果总结如下。

① 有机物有显著的增加，在可耕层有活跃的 P 和 K。

② 在耕作期间，由于将植被的根和落叶返回土壤以及酸性肥料的使用，土壤的 pH 值从 8.29 减少到 7.26，土壤容量从 $1.45g/cm^3$ 减少到 $1.23g/cm^3$。但是，土壤有孔性增加。在经过 3 年的改造后，一些粒状结构出现。

③ 在 3～5 年的培养时间后，细菌、真菌、放线菌的数量达到当地农业区域标准。

④ 在孝义铝土矿地区四年的改造后，可耕层土壤的肥沃程度达到当地农业区域中上水平。改造地区的作物产量同样接近或者超出当地区域的平均水平，大体上增加了约 10%。

⑤ 在对土壤流失地区进行土地恢复后，平坦地区的植被恢复率大于 90%，斜坡地区也达到了 50%～60%。由于斜坡灌木拥有发达的根系和良好的网状特性，它具有较强的保持土壤和保护胁迫功能。在对斜坡进行管理后，土壤流失的数量减少了 60%，土壤流失得到了有效的控制。

16.4　南非纳马夸兰矿区的生态恢复

16.4.1　项目背景

纳马夸兰位于南非偏远的西北角，是世界上最特别的地区和地球上最不寻常的沙漠之一。1850 年人们在斯普林博克发现了高品位的铜，1852 年开始开采，到 1925 年铜的开采渐近结束，人们开始在诺洛斯港附近地区开采金刚石矿，主要在海岸和河岸地带。从那时开始，纳马夸兰西海岸景观受到了严重破坏。随后，石膏和重金属矿的开采将纳马夸兰的景观退化扩大到了内陆地区。

与土地退化的漫长历史相比，纳马夸兰矿区的生态恢复起步较晚。从 1991 年《矿产第 50 号法案》开始生效时起，才从法律上规范约束矿主，引入开采许可证来恢复土地。2002 年颁布的《矿产和石油资源开发第 28 号法案》，更强调了立法对矿区生态恢复的重要作用。

16.4.2　恢复措施与技术方法

16.4.2.1　地貌美化

景观退化的最明显的标志是地貌变更。由于地表开采导致了大规模的土壤移出和重置，因此矿区生态恢复第一步要做的就是地貌美化，使之与周围地貌相一致，从而达到原有的自然状态。地貌美化的一种最基本的方法是进行矿区回填。在矿区回填的过程中应充分考虑美学价值和正确的地形因素。如斜坡和平坦的地面的处理方法是不同的。

在斜坡表面挖沟（仿照自然环境）可以减少水蚀风蚀，同时也提供了水、有机物和种子汇集的洼地。翻耕土壤可以改善机械采矿造成的土壤的紧实状态，改善土壤的通气条件。在临近地区所做试验证实，这种翻耕过的土壤更利于植被重建。在矿区的土壤重置和景观美化后立即进行翻耕效果会更好。

在空旷地带，为减少风蚀，试用过多种技术后得出：在纳马夸兰低地最成功的做法是使用垂直于风向放置的帘布。帘布的最适高度是 750mm，间距 6m。

16.4.2.2　土壤基质改良

经过长期的采矿活动后，纳马夸兰当地土壤的主要特征有两个：含盐量高、营养物质少。

（1）含盐量高的解决办法　使用耐盐植物：研究发现，耐盐植物如 *Atriplex lindleyi*（62%）和 *Cheiridopsis* sp.（81%）易在该土壤层上生长，其他 18 种植物萌芽率都低于 50%（大部分低于 15%）。除 *A. lindleyi* 外，盐水灌溉对其他物种的萌芽及生物量都有负面影响。

使用石膏-覆盖层联用技术：石膏可以减少地表土壤结块，加覆盖层可以增加盐分的渗透率。但是这种处理方法受土壤中黏土含量的影响。

（2）营养物质少的解决办法　通常的解决办法是对营养物质进行富集，在纳马夸兰地区，这种富集形式有三种。①"肥料岛"的形成：多年生植物和一系列在该地生长的植物根部形成"肥料岛"，微环境内营养物质得以循环。②白蚁的富集作用：多汁卡鲁（Succulent Karoo）地区除粗砂质土壤区域外，白蚁可从更广大地区搬运有机物至蚁穴下，将其富集至浅层土壤中。③砂质地区丛生植物的富集作用：在粗砂质地区广泛存在。这类植物群集中生长，且彼此间属不同种。

（3）表土的利用　在前述两种方法的基础上再辅以表土的使用，能够达到更好的效果。因为表土中含有植物群落的种子库、微生物和土壤动物。其中的真菌、藻类、蓝细菌以及无脉管植物形成一个"活性集团"，能够保持水分、营养物质的稳定，同时降低土壤受侵蚀的可能性。施用表土之后，随着时间的推移，物种的丰富程度及多样性都会得到增长。

对纳马夸兰海岸的研究表明，地面以下至 5cm 的土壤中含种子库的 90%。但是，移除这么薄的土壤在实际操作上具有一定难度。而且，生物活性强、营养物质丰富的土层深度远大于5cm。另外，根据澳大利亚半干旱地区的经验，分别移除种子库表层土和具备生物活性的下层土，然后再按照相应的顺序重新施用得出的最终的具体做法：用于储存的土堆深不超过1m，储存时间不超过1个月。

16.4.2.3　种子库、播种与移植

表土中的种子库大部分只含一年生植物的种子，待恢复区要想达到与周围环境相似的物种丰富度、组成、植被结构和生态系统功能，需要以某种方式引入多年生植物。播种是一种节省人力和财力的最有效方法。然而这只适用于能够产生种子的多年生植物对于不产生休眠种子的物种，移植是使其重现的很好方法。

某些情况下需要联合使用多种恢复方法，以使费用最少、效果最好。这可以通过以下两点实现：①将物种按照各自最有效的恢复方法分类，同时确定先锋植物。②应该树立这样的观念，建立植被的费用远远小于土壤重置和景观美化的费用。

16.4.3　未来展望

纳马夸兰地区生态恢复的实现存在多种方法，还须对此进行深入研究。①对多汁卡鲁（Succulent Karoo）地区生态系统动态的研究可以更精确地预测在不同条件下植被的变化。②生态恢复从初级生产者开始，动物和其他种群会伴随植物恢复而得以恢复；这个设想还没有得到足够的验证。③草食动物和高营养级动物的恢复条件还没有得到确定，而且对于土壤和无脉管植物种群的研究还未开展。④应当建立简单的指标体系以评价生态恢复程度和成功与否；缺少这样的指标，政府部门就无法很好地控制。⑤应当建立简单的指标体系以评价生态恢复程度和成功与否；缺少这样的指标，政府部门就无法很好地控制。⑥生态恢复需要具备前瞻性。致力于研究纳马夸兰地区低地生态系统的动态过程的研究机构应与该区域生态恢复管理部门相互交流，这样可以更好地了解对生态恢复起主导作用的自然力。

16.5　英国 Woolston 城市工业废弃地生态恢复

16.5.1　项目背景

Woolston 城市生态公园建在沃灵顿（Warrington）6.4hm^2 的工业废弃地上，这块废弃地包括一个旧式的卫生填埋场、一个废弃工业区和一段废弃运河，以及周围的一些居住区。作为经济中再生环境投资，由英格兰西北部发展机构和英国政府设立的"废物及资源行动计划"共同资助对棕地进行恢复，恢复后的棕地形成一个绿色廊道景观（见图16.3）。

其中长达400m的 Woolston 运河（Woolston New Cut Canal）恢复计划是 Woolston 城市生态公园恢复的一部分，也是土地恢复计划的子区域项目。Woolston 运河建设于1821年，它的建设是为了给工业和贸易提供运输通道，还可以使游船从利物浦港到曼彻斯特用河水潮汐导航，沿着运河的工业发展包括一个化工厂、火药厂、制革厂和屠宰场，由于长时间的船只和工厂生产排出的污染物质污染了运河的水质和沉积物。在1978年由于茂密草本植物入侵、河水不流通、水位下降约2m等因素，使运河停止运行，此外旱季的时候运河沉积物一直暴露在水位线之上。2002—2006年通过试验研究了植物恢复手段，研究表明通过一定的方法可以增强受污染淤泥的稳定性，重新引入河水。

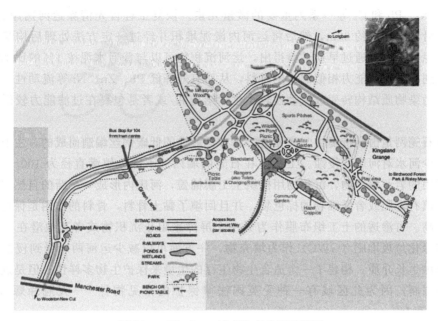

图 16.3 Woolston 城市生态公园平面图

16.5.2 恢复项目实施依据

缺乏维护、水位下降和植物密集等因素都促使考虑运河再利用的实施。由于沉积物一旦暴露在干燥环境中，它的化学性质就会发生变化，流动性增强，这样可能造成地下水污染。King 等通过长达 3 年的试验表明：沉积物经过疏浚，土壤流动性增强，而且种植植物后，随时间推移，成活率由大于 80%（第 8 个月）降低至小于 70%（第 32 个月）；其次，在垃圾填埋场处理这些受污染的沉积物，成本比较高。所以综合考虑，受污染沉积物原位修复技术是最可行的生态恢复方法。

在运河原位生态恢复中，生态网格发挥了很大的作用，它是一种新型材料结构，而且石笼网内填充物具有一定的空隙，石笼网可变形，增大了河岸的抗洪能力，加之后期适当覆土，营造了适合植物生长的条件，这样促使增加动植物区系，恢复生态系统。此外，可持续发展是恢复思路的一个标准，要求最大限度地对废弃物等资源进行再利用，因此研究者设计了一个稳定化处理，将处理后的淤泥转化为建设材料，同时减轻对未来环境造成的潜在影响。

由此可见，此工程通过原位生态恢复技术手段，并最大化地重新使用现场淤泥等废弃物和再生材料，使资源再利用。从长远来看处理成本比较低、节约资源，得到了显著的成本效益和环境效益。

16.5.3 恢复过程和技术方法

16.5.3.1 土壤基质固定工程

土壤基质工程固定与恢复重建是整个棕地生态恢复的基础。所以生态恢复的前期工作便是如何运用工程的手段把土壤基质固定好，减少水土流失与环境污染，为土壤恢复及随后的植物种植与生长提供基础。

运河由于土壤受到污染、植物入侵、河水干枯等因素废弃。工程初期通过现场采样对土壤性质作了调查，分析了土壤受污染情况，结果表明运河沉积物 1.5～1.7m 深，含有 Cu、

Zn、As、Ni、Pb 和 Cr 等一系列重要的微量元素。恢复工程首先清除运河两岸自生树木，用挖掘机沿着运河挖约 20m，然后将运河内淤泥堆积并经过一定方法处理后构筑生态石笼网墙。淤泥处理方法通过早期试验得出，运河沉积物可以与普通水泥按 1‰的比例混合，这样可以得到与硬黏土能力相似的稳定材料，从而有效降低 Pb、Zn、Ni 等流动性。这类型处理可以将污染物质结构转变成流动性较小化学结构和/或者是包裹在过滤能力较低的不溶性基质中。

生态石笼网是由高抗腐蚀、高强度、具有延展性的低碳钢丝编制而成的，主要用于加固河岸、减少河水对河岸的侵蚀。工程中在石笼网墙内的下部分填满直径为 100～150mm 的坚硬、耐用的岩石填充物，沉积物用机织土工膜铺盖，河床内形成一个新的自然水道。上部分放置充填有堆肥或者纤维卷的棕色袋，并且回填了黏土骨料，骨料的作用是保持营养成分不至于过高。可渗透的土工织布膜作为另一个屏障来阻止沉积物或者其他潜在污染物的流动。使用绿化垃圾堆肥（GWC）作为填充物，一方面可以减少运河两岸受到侵蚀等，其次为植物提供生长介质，构建了一个适合生物生存的生境来保护生物多样性。但是这项计划受到一定的限制，因为此区域有一种受英国法律保护的常见物种——大冠蝾螈（*Triturus cristatus*）存在。

16.5.3.2　植被恢复工程

退化生态系统的物理恢复是一个极为缓慢的过程。自然条件下棕地的土壤恢复往往要花费很长时间，因此通过人工措施来加快植被的生态恢复是棕地治理的必然选择。

通过人工措施对 Woolston 城市生态公园运河两岸植被进行恢复，首先将运河两岸稳定的沉积物用一个额外的土工布层覆盖，然后覆盖 300mm、适合植物恢复的低营养土壤混合物（其中包括碎砖、粉碎石灰石、细骨料和砂土），作为运河两岸不同地表野生植物群落的生长介质。就混合物和骨料而言，通过试验找到符合质量标准的材料，而且每一块土壤的重叠部分沿着运河放置，土壤工程完成后形成一个临时拼接的效果，随后在运河两岸土壤混合物中播种了野花、草等混合植物。

16.5.4　恢复效果评价

16.5.4.1　植物生长效果

经过技术手段，使水重新流回运河，运河生态环境得到了很大的改善。"绿色"生态石笼网墙的试验满足了项目建设的要求，建立了沿运河两岸的植物群落，而且生态工程建设的护岸，利用扦插的野生植物可以有效保护河岸以免多年后受到侵蚀。恢复后期效果表明，扦插入运河石笼网堆肥介质中的水生植物生长良好。研究者通过试验将植物种植在堆肥或纤维卷介质中，结果表明将水生植物种植在以堆肥作为介质的环境中，它的数量与长势明显比长在纤维卷中的好。所以从长远效益考虑，将堆肥、河岸固定与植物恢复结合在一起可以获得更大的成本效益。

16.5.4.2　生境恢复效果

从整体效果考虑，恢复后公园环境得到很大的改善，成了野生生物的"天堂"，其中包括 3 个典型的生境类型——湿地、林地和草地。池塘形成主要的湿地区域，它是一些植物和小型哺乳动物的主要栖息地，林地为生物提供了食物和避难场所；公园中大部分草地的长势比较高，且草地对昆虫和一些哺乳动物都有益。恢复生物栖息地的再利用资源部分来自于绿化垃圾，这样资源再利用得到了很好的体现，充分体现了可持续发展的理念。

16.5.4.3 再生材料评价

在英国，可持续城市排水系统（SUDS）、运河和河道两岸的生态恢复等许多工程都应用了石笼网技术，此外纤维卷技术也被广泛应用，一些公司生产纤维卷产品应用在湿地植被生态恢复中。Woolston运河生态恢复过程中，使用了废弃物等可再生材料，比如碎砖、粉碎石灰石、GWC等，试验证明植物在碎砖、堆肥等低营养成分的混合土壤中生长良好。由此可见，堆肥等资源存在潜在的市场，但在湿地生态恢复中，各成分应该按照一定比例配比，以免过量营养物质流入水中影响水质。

16.5.5 恢复经验总结

16.5.5.1 修复污染土壤

棕地的土壤污染是一个必须解决的问题，植物生长、景观营造，很大程度都依赖着土壤而进行。然而，棕地项目中的土地，都存在不同程度的污染、土壤贫瘠，缺乏钙、磷、钾、镁等营养元素，很难自我恢复或自然恢复需要很长一段时间，因此需要人工恢复。根据土壤污染的程度、生态恢复的速度及程度等因素，大致可采用几种恢复方法（见表16.1）。

表16.1　不同土壤恢复方法比较

治理方法	安全性
原位修复	安全
污染土运送到其他地方用化学方法修复,修复后回填	易造成二次污染
浅层受污染的土壤及污染严重的有毒物完全移除,采用新土壤恢复	易造成二次污染
在污染土壤上构造非污染土层,或采用微生物的方法吸收被污染土壤中的有毒物质改善土壤,消除污染物	污染依然存在

16.5.5.2 运用生态技术

运河修建，涉及边坡和河床的稳定，因此选用生物网格结构可以对河岸或河床起到永久保护作用。绿格石笼网用于边坡支护、边坡植物绿化等，因为填充介质后的石笼网存在较多的空隙，这样有利于孔隙水的排出，而且孔隙水为水体流动创造了条件，实现了水与土体的自然交换，使植被的自然生长成为现实。在此项工程中，"生态石笼"工艺在保护河岸的同时恢复了生态平衡，水体与土体间的水源得以循环，此外将GWC堆肥填充在石笼网内，为植物生长提供了营养物质。石笼网空隙为野生生物创造栖息地和活动廊道，使得动物、植物与人类和谐共生。

16.5.5.3 促进植被恢复

恢复被破坏的植被，先从改善植物生长环境入手，恢复土壤性能，改善环境因子，为植物生长创造良好的生长环境。根据不同的条件选择不同的恢复方式，如短时间不能恢复完好的土壤，可以选择适应性强的植物种植，通过生态演替，完成植被恢复。有些植物可以在盐碱地、含重金属离子或矿渣的土壤生长，并可以增加土壤肥力，多种植这些植物材料，可改良土壤，促进植被的恢复。

其次，植物应多选择当地的乡土树种，营造适应当地环境的植物群落。在恢复植被的同时，还要考虑植物景观的营造，植物群落的营造要与自然恢复的野生植被相融合，形成协调统一的植物景观，并适应周围的环境，保证生态平衡。

16.5.5.4 增加生物多样性

生物多样性能驱动退化生态系统及其植被的恢复和重建，生物多样性的增加有利于植被和生态系统的恢复和稳定以及群落生态功能的恢复。在生态恢复中，不仅要考虑增加物种多样性，同时还要根据条件选择物种种类，由于棕地的初期恢复中土壤肥力较低，存在许多污染物质，因此在恢复过程中结合土壤现状来确定初始群落的物种组成与数量是十分必要的。

植被恢复只是棕地生态恢复的一部分，除此之外还有动物、微生物多样性的恢复。棕地初始生态恢复所形成的生态系统，组成与结构都极为简单。后期随着当地物种的不断进入与定居，物种的多样性逐渐丰富起来，系统的食物链也不断变复杂，系统的稳定性逐步增加。因此棕地生态恢复的后期目标便是促进当地物种的进入，丰富生态系统的生物多样性，增加系统的稳定性与可持续性。

16.5.5.5 资源循环利用

棕地的形成，必带有资源的浪费与能源的破坏，在对棕地进行改造时，必须考虑到资源的再利用。在可持续发展的原则下，积极采取技术措施减少资源的使用，选择可再生、可降解、可循环利用的资源，避免产生过量的固体垃圾，浪费资源；提倡节能设计，尽量减少能量消耗，实现能源的循环利用。据估测，Woolston 城市生态公园每年有 25000t 的 GWC 用于棕地再利用，由此可见公园将资源循环再利用，符合节约和绿色的理念，达到了棕地可持续发展的要求。

16.5.5.6 后期管理维护

受污染的棕地不经改善，很难作为城市的其他用地使用。若将它们变成绿地，不仅能改善地区生态环境，还可以将被工业隔离的城市区域联系起来，同时担负着类似休闲绿地的角色，满足人们对绿色的需求，在绿地紧缺的城区，这对于缓解市民休闲娱乐的需要是行之有效的途径。由于棕地再生景观多为城市公共绿地或其他性质的游览用地，因此棕地在改造建设完成之后，项目并没有结束，后期的管理维护十分重要。一方面，棕地环境的生态恢复是一个长期的过程，需要通过管理保证再生环境的健康安全。另一方面，游人的进入，必然会为环境带来负担与压力，这就需要后期的管理与维护，保证再生景观保持美好的形象。另外，通过棕地的景观再生而带动的产业发展，也需要通过后期管理来实现。

参 考 文 献

[1] Parrotta. John A. Knowles. Oliver H. Restoring tropical forests on lands mined for bauxite: Examples from the Brazilian Amazon. Ecological Engineering 17 (2001) 219-239.

[2] JolantaPelka-Gosciniak. Restoring nature in mining areas of the Silesian Upland (Poland), Earth Surface Processes and Landforms. Landforms 31, 1685-1691 (2006).

[3] Gao Lin, Miao Zewei, Bai Zhongke, et al. A case study of ecological restoration at the Xiaoyi Bauxite Mine, Shanxi Province, China. Ecological Engineering 11 (1998): 221-229.

[4] Carrick P. J, Kruger. R. Restoring degraded landscapes in lowland Namaqualand: lessons from the mining experience and from regional ecological dynamics. Journal of Arid Environments, 2007, 70: 767-781.

[5] 王芳, 李洪远, 陈小奎. Woolston 城市生态公园棕地生态恢复的经验和启示, 现代园林, 2013, 10 (11): 11-18.

[6] Hartley, W, Dickinson N M, Riby P, Shutes B. Sustainable ecological restoration of brownfield sites through engi-

neering or managed natural attenuation? A case study from Northwest England [J] . EcologicalEngineering, 2012, 40: 70-79.

[7] CL: AIRE (Contaminated Land: Applications in Real Environments) . Subr: im Bulletin. The Use of Compost in the Regeneration of Brownfield Land. SUB 10, 2008.

neessing of managed natural attenuation:A case study from Northwest England [J]. EcologicalEngineng, 2012, 10, 78-132.

[1] C1, LAIRE, Guillerm AlexandresA Red Face Conterls..... and he Used Compost in the Regeneratine..

17 路域生态系统恢复案例

17.1 云南思小高速公路生态恢复工程

17.1.1 工程背景

云南思茅至小勐养高速公路是国道 213 线兰州-成都-昆明-磨憨公路中的一段，起于思茅市南部，止点位于景洪市小勐养镇，全长 96.67817km，路基宽 22.5m，设计行车速度 60km/h。思小高速公路属于昆曼国际大通道之一，也是国家立项的西部大开发的重大工程之一。

思小高速公路路线所经区域属无量山脉和恕山山脉余脉的南延部分，最低海拔 700m，最高海拔 1300m。路线所经区域属热带北缘至南亚热带气候类型，年平均气温 18～21.7℃，干湿季明显，夏秋（5～10月）多雨湿热，冬春（11～4月）少雨干燥；气候随海拔高度变化明显，是垂直分布特征。

思茅-小勐养高速公路是目前国内第一条穿越国家级森林保护区的高速公路，1/3 里程从小勐养国家自然保护区穿过。思茅至小勐养公路景观质量高低直接影响其独特的风光和生态。为此，有必要修复新修公路周边脆弱的生态环境，恢复毁坏的植被，塑造与周边自然协调的景观，建设一条可持续发展的生态公路。

17.1.2 工程特点

思小高速公路是中国目前唯一穿越热带雨林的高速公路，工程建设具有以下几方面的特点。

① 全线有 37.21km 从小勐养自然保护区边缘次生林带穿过，其中 18km 穿过自然保护区的试验区，沿线的生态保护成了思小高速公路建设的重中之重。

② 公路地处热带雨林区，高温多雨，全年平均降水量 1212.4～1540.9mm，降雨日数 170～195 日，占全年的 53%，可利用施工时间短。

③ 挖方数量少，桥隧比例大。思小高速公路平均每公里挖方 $9.21 \times 10^4 m^3$，路堑边坡垂直高度均控制在 40m 以内；全线桥梁、隧道累计长度为 25.8km，占路线总长的 26.4%。

④ 软基路段多，处治难度大。全线软土（软弱土）总长 20.59km，占路线总长的 21.3%。

⑤ 思小公路一方面系昆曼国际大通道的重要路段，同时位于国际著名风景旅游区和自然保护区内，因此自然保护区的特殊性对公路边坡防护在整体生态设计、物种选择、生物多样性保护及植被生态恢复等方面提出了更严格的要求。

17.1.3 恢复和保护措施

17.1.3.1 植物配置

思小高速公路作为目前国内第一条穿越国家自然保护区的高速公路，在植物品种筛选方面有两个问题必须解决：第一，物种的乡土化问题；第二，所选植物品种必须易于在公路边坡的特殊环境中生长，并及时绿化成功。

（1）上边坡植物选择原则

① 交通安全原则。上边坡第一台以草本及灌木为主，适当增加景观性开花植物。

② 生态安全原则。所有边坡入选植物以当地原生植被有大量分布的乡土植物为主。

③ 水土保持的功能性原则。上边坡仍普遍采用了狗牙根（*Cynodon dactylon*）、狼尾草（*Pennisetum alopecuroides*）等三种快速绿化草种以及猪屎豆（*Cajanus cajan*）等固氮型速生灌木作为群落的植物，且以灌木为主体。

④ 生态安全及生物多样性原则。尽可能构建种类多样、层次丰富的复合型植物群落，而且同一层次植物必须选用两种以上植物品种，且不同种类植物的生活习性和生态习性能互相补充。

⑤ 工程可实施性原则。边坡所选植物必须种源及苗源充足、造价合理且易于成活和管护，满足在短期内大面积施工的要求。

（2）下边坡植物选择原则　思小公路下边坡面积较小，又多在驾驭人员视线之外，因此下边坡绿化主要选用了猪屎豆等 6 种灌木，3 种配比，且因下边坡土壤条件好，外来杂草易侵入，所以未采用草本先锋植物，从交通安全原则考虑，下边坡亦未选用乔木。

（3）主要选用的植物种类　根据边坡植物选择的原则，可选择下列植物类型，见表 17.1。

表 17.1　思小高速公路边坡生态恢复工程中选择的植物种类

植物种类	名称	生态习性
乔木	凤凰木	热带常用绿化树种，树型优美，生长迅速，夏季开花，可作为迎面坡点缀植物种植
	云南樟	樟科常绿乔木，生长速度较快，思茅等地大量种植做行道树，袋苗移栽成活率较高
	铁刀木	俗称黑心树，版纳地区常用作行道树，树型好，四季常绿，秋季开黄花，在石灰岩质边坡能正常生长，适宜在较缓边坡或二台以上边坡种植
	羊蹄甲	落叶乔木，春节先花后叶，花白色，前期生长速度一般
灌木	鸭脚木	矮灌木，四季常绿，较耐旱，但生长速度慢，可在重点边坡少量使用，K72 试验边坡移栽成活率达 87% 以上
	虾子花	繁殖难度大，扦插的袋苗移栽成活率也较低，且生长速度较慢，可在重点边坡少量种植
	玉叶金花	水肥条件较好的边坡能正常生长，但生长速度较慢，边坡绿化移栽成活率不高
草本植物	狗牙根	俗称铁线草，耐热、较耐旱，绿叶期较长，是思小边坡绿化主要草本种类
	狼尾草	生长迅速，生命力强，耐干旱，种子成本较高，适宜与狗牙根按一定比例混播
	醉鱼草	多年生草本植物，生长速度较快，适合种植在沟谷林或水分条件稍好的边坡
藤本植物	葛藤	思小沿线常见藤本植物，生长速度快，但冬季部分落叶，施工时可以挖野生苗移栽
	首冠藤	原始森林树顶最多见的藤本植物，对水肥条件要求较高，耐旱能力一般，边坡可适量使用
竹	苏麻竹	丛生竹类，叶片面积大，种植点缀效果好，袋苗移栽成活率较高，可在坡顶坡侧适量种植

17.1.3.2　思小高速公路边坡景观绿化

思小高速公路生态边坡景观绿化设计的基调为带有浓厚的环境保护和自然生态恢复的色彩，具体表现为：恢复生态、和谐过渡、乔灌草的综合应用。

思小高速公路全长近百千米，跨越 2 个气候带及 500m 的高差，边坡条件千差万别，为了充分地发挥边坡景观绿化的工程、生态、景观效应，按沿线的气候、边坡类型、地形地貌、土质和位置，将边坡划分为不同的区段进行生态绿化设计。对所有的边坡按照不同的功能要求设计植被的组合。同时各区之间设置一定的过渡路段来保证景观的连续性，这对高速公路的安全性也极其重要。

思小高速公路边坡的形式很多，不同的边坡对工程防护及绿化技术要求也不一样，绿化既要满足生态、景观的要求，又能在经济上最合理、有效，这需要根据边坡的不同情况选择不同的绿化方法。其一，对于坡面低、坡度缓的土质挖、填边坡，直接采用植物绿化的方法。较短的边坡可种植灌木或藤本植物，较长的边坡则采用乔灌草的复层群落模式绿化。其二，对于坡面高、坡度陡的边坡，在保证安全的前提下，通常采用工程防护和植物防护相结合的方法。不同坡度和坡长的防护和绿化措施是不同的，具体如表 17.1 所示。其三，岩质边坡一般属于高陡边坡，无植物生长的条件，绿化时需要考虑特殊的绿化方法。思小高速公路对于特别高陡的岩质边坡，采用混凝土框架梁内植绿色植生袋的方法。对于低缓的岩质边坡，采用土工格室客土绿化的方法。

17.1.3.3　生态恢复工程

（1）K16 试验边坡　此试验边坡分前后两个坡面，面积约 3500m²。海拔 1040m；坡面为东北坡（半阳坡），坡比≥1：0.75，坡较陡。第一台为弱风化红色砂岩石质边坡，地质稳定，原设计为现浇拱形护坡，现取消直接进行生物防护。第二、三台为土质和土夹石边坡，土层浅（多为底土或母质层），为酸性砖红壤性红壤，坡面已做现浇拱形护坡，每拱面积约 10m²。

边坡外缘主要为竹阔混交的人工次生林，群落高 20～25m，竹类以苦龙竹为主，阔叶树以西南桦及壳斗科栎类，林下多见悬钩子、杭子梢、余甘子等，林缘见猪屎豆。

（2）两年后实际边坡植被　一台石质边坡采用了土工格室生物防护工艺，植被为缀花灌丛草坡，灌木主要有山毛豆、木蓝等，调查时马缨丹正是花期，草本层浓密，主要有狗牙根和狼尾草等，盖度 90% 以上。第二、三台为土夹石，植被类型为缀花常绿竹阔混交林，灌木层高约 2～5m，稀疏，盖度 30%，以棕叶芦占优（相对盖度 47.3%），伴生马鹿花、猪屎豆、黄葛树、红木荷，草本层盖度 60%，分布较均匀，平均高度约 25cm，以狼尾草占优（相对盖度 24.5%），同时还有紫茎泽兰、多花木蓝、狗牙根、野芭蕉等草本植物以及猪屎豆、山毛豆、红木荷的少量幼苗。由于邻接山顶竹阔混交林，相对其他地能够获得更多的种源，也就会有更多的物种侵入，推动群落顺向演替。

17.1.4　恢复效果评价

思小高速公路生态恢复工程针对边坡的生态特点，以生态效益最大化原则、生境可容性原则、工程可实施性原则为指导原则，选择适合恢复生态的植物进行植被恢复，在 K16 等几个试验边坡进行生态恢复工程。选择的植物类型有乔木凤凰木、云南樟、铁刀木、思茅松、山黄麻等，灌木猪屎豆、玉叶金花、虾子花、鸭脚木等，草本植物狗牙根、狼尾草、醉鱼草等，藤本植物葛藤、首冠藤，竹类有苏麻竹，通过对各试验边坡的地理环境、坡面地质、边坡周围植被以及两年后实际边坡植被的调查来看，结果都比较理想，符合生态恢复工程的要求。

在建成后的 3 年试运营期内，思小高速公路顺利通过了国家的环保、水保、档案专项验收和项目审计，顺利通过了竣工验收，在被评为交通运输部典型示范工程的同时，还获得了云南的省优工程一等奖和国家优质工程银奖的殊荣。2009 年评为 AA 级景区，成为全国第一个高速公路景区。目前，西双版纳州旅游局已经申报思小路为国家 AAA 级景区高速公路。

17.2 北京门头沟新城滨河森林公园道路边坡生态恢复

17.2.1 工程背景

门头沟新城滨河森林公园位于门头沟区定都峰一带浅山地区，西起桑峪村，东至新桥南大街，向北延伸至赵家洼村一带，南至艾洼村一带。公园以定都峰为中心景区，包括以该峰向外辐射至视线可及周围浅山地区。公园由龙口湖森林公园、新城中心公园以及冯村沟带状公园三部分组成，总占地面积约8800亩。

森林公园在初期开发建设过程中不可避免地会对原有山体进行改造，特别是修路、配套设施建设等都会对山体及植被造成大面积的创伤和破坏。创面及边坡若不及时进行处理，不仅景观效果会变差，还有可能造成水土流失、冲垮路基、损坏基础设施等后果，甚至造成滑石碎石滚落危害游客人身安全等严重安全隐患，因此需要采取生态恢复措施，恢复受损的道路及边坡。

17.2.2 存在问题

门头沟新城滨河森林公园定都峰景区内已建设有2条游路，定都峰阳坡游路长度约4.3km，定都峰阴坡游路长度约4km。游路依山而建，在开发过程中形成了大面积的裸露创面及渣坡，急需稳定治理。针对未治理的游路两侧创面及渣坡采取工程措施与植物措施相结合进行恢复，同时对游路两侧的平台空地进行绿化美化。

创面以土石质地居多，平均坡度60°~80°，个别地段甚至超过90°，局部坡面在雨季极易造成滑坡及水土流失等危害；渣坡为松散土石结构，坡面在雨季极易造成滑坡及水土流失等危害；游路两侧平台缺乏土壤，需要客土。为保证景观的完整性需要对路两侧进行绿化种植设计，使游路两侧景观层次更加丰富，植物群落更为多样，视野更加开阔。

17.2.3 恢复技术

景区道路周边坡面由于质地不同，坡度、坡长不一，稳定性差，在植被恢复前要采用工程措施进行坡面稳定性处理。采用的主要技术措施有：框架梁治理绿化技术、植生袋绿化技术、生态袋压播绿化技术、生态袋喷播绿化技术、挡土墙加植生袋修复技术、生态植被毯绿化技术等。

17.2.3.1 框架梁治理绿化技术

首先进行削坡放坡处理，确保坡体稳定平整。对坡面较大、稳定性较差的渣坡，进行适当修整边坡，清除表层松动岩体及局部削坡，确保坡比不陡于1:1；然后人工平整坡面，使坡面流畅平整。其次，使用锚杆格构梁加强边坡局部及整体稳定性。锚杆长8m，主筋为1根直径32cm的Ⅱ级钢筋。格构梁横、竖梁均为30cm×30cm。格构梁间采用麻袋装耕植土，耕植土拌和草籽。草籽选择以乡土草籽为主，并注重草灌结合。再次，坡顶周围设置截水沟，坡体平台及坡脚设置排水沟，过流尺寸30cm×30cm。格构梁间采用麻袋装耕植土，耕植土拌和草籽。草籽选择以乡土草籽为主，并注重草灌结合。再次，坡顶周围设置截水沟，坡体平台及坡脚设置排水沟，过流尺寸30cm×30cm，实现地表水有序截排。

17.2.3.2 植生袋绿化技术

植生袋是通过机械或人工方式将种子均匀地定植分布在营养膜上，从而实现快速建植的一项绿化技术。此次采用的植生袋规格为60cm×40cm，共分为5层，最外层及最内层为尼龙纤维网，次外层为加厚的无纺布，中层为植物种子、长效复合肥、生物菌肥等混合料，次内层为能在短期内自动分解的无纺棉纤维布。

此次改造工程中针对路基坡脚，外侧修建干砌石挡土墙或用生态袋挡土，挡土墙内侧回填客土，局部整地栽植绿化植物。绿化植物选择一些抗性强的植物，如侧柏、地锦、沙地柏等。攀岩植物首选地锦，地锦喜阴、耐旱、耐寒、耐贫瘠，对土壤及气候适应能力强，栽培管理简单，生长快，短期内就能收到较好的绿化、美化效果，入秋叶色变红，并且其攀缘能力强，成活率高，生长速度快，年生长可达 5m。需要注意的是植生袋内表面的植生带较脆弱，施工中要注意轻拿轻放，此外袋内一定要装干土先进行铺设，不能装带水的湿土。

17.2.3.3　生态袋压播绿化技术

对于坡度不大、稳定性相对较好的坡面采取生态袋绿化技术。路基外水沟外侧根据实际宽度种植 1～2 排小乔木或者灌木，不仅美观而且能够防止坡面被雨冲刷造成水土流失。坡脚处做土工石笼基础，块石喷浆外敷格宾网固定，规格为高 50cm×80cm，稳定边坡。坡面为生态袋防护，主要布置在道路两侧。

在施工中坡体底铺设一层 50cm×80cm 的土工石笼作为基层，一方面可以稳固生态袋系统的基层，使体系变得牢固，另一方面由于碎石间隙较大，水流才不会在底层囤积。土工石笼之上沿坡面顺序叠码生态袋，每层间隔部分用标准扣相连，确保生态袋系统的稳定性；每层码完后在袋子上放植紫穗槐，然后进行下一层生态袋工程，达到压播效果。

17.2.3.4　生态袋喷播绿化技术

生态袋喷播绿化技术是在生态袋铺设的基础上，再进行喷播处理，适用于一般坡度中坡面较大、较长的区域。具体施工分为三个步骤：首先是生态袋的布设。针对坡度稍陡、宽度较窄的坡面，采取坡脚土工石笼处理，坡面顺序叠码生态袋，每层间隔部分用标准扣相连。针对坡度一般、宽度较大的坡面，在生态袋表层设置格宾网固定，规格为高 50cm×80cm。其次是喷播准备。进行喷播绿化施工前应对生态袋表面进行如下处理，一为人工喷洒后水均匀渗入生态袋内种植土的深度为 10～15cm；二为人工用铁锹将袋内结块的土块拍碎，使工程生态袋的表面和袋内种植土不产生缝隙。再次是喷播。喷播分两次，第一次底层喷播混合有黏合剂和营养土的土壤，喷播厚度 8～10cm，第二次喷播的物质主要是黏合剂、按比例配方的各种灌木籽和草籽。最后是在表面加覆无纺布、遮阳网等遮罩。这些做法，一是可以保证在多雨季节，涂抹成形后生态袋表面的植物种子在生根前免受雨水冲刷；二是在寒冷季节，可以保护植物种子和幼苗免受冻伤害，促进植物生长。后期按绿化规范进行养护和管理。

17.2.3.5　挡土墙加植生袋修复技术

定都阁东北侧有坡度较陡、坡面较大的渣坡，无法种植乔木等，为稳定坡面设计修建了 9 道挡土墙，以确保坡面整体稳定性。在挡土墙建成的基础上，为了使景观效果与山体融为一体，对定都阁周边环境进行植生袋绿化渣坡。现状渣坡坡度陡，平均坡度高于 75°，施工机械无法进场，靠人力搬运材料。由于植生袋具有体积较小、运输方便、袋内可以混合草籽等优势，故选用植生袋对此渣坡进行绿化覆盖，绿化后可当年见效。具体治理步骤为：①对不稳定渣坡进行浮石清理和削坡处理；②对每道挡渣墙上下的沟槽进行弃渣回填和平整；③对平台里侧的渣坡人工搬运植生袋进行护坡。

17.2.3.6　生态植被毯绿化技术

对于坡度比较缓（小于 1:1）且坡面较小的创面，部分采用生态植被毯快速绿化技术，由于其抗冲刷能力强，更有利于山坡坡体的保护与植被恢复。本改造工程涉及的大部分坡体都处于稳定状态，即便有一小部分属于非稳定状态，对于主要由软性材料制成的生态植被毯而言，还能够适应地形的变化进行铺设。植被毯下能产生良好的微气候环境，有助于微生物、本地植物生长，从而降低病虫害的发生率。由于自带灌草种子，在平整坡面后铺设可尽快实现绿化。植被恢复后其本身材料可生物降解，避免造成环境污染。

17.2.4　恢复效果

采取框架梁治理绿化技术、植生袋绿化技术、生态袋压播绿化技术、生态袋喷播绿化技术、挡土墙加植生带修复技术、生态植被毯绿化技术等一系列坡面生态恢复技术措施，对门头沟新城滨河森林公园山体道路边坡快速绿化美化起到了非常好的作用，施工工艺成熟、时间成本较低、生态恢复效果较好。通过种植景观林，恢复生态景观，最终环绕水库形成万亩森林公园，将有效地改善门头沟新城的生态环境，带动周边地区休闲度假产业的发展。

17.3　青海省西塔高速公路生态恢复示范工程

17.3.1　工程背景

青海西宁至塔尔寺高速公路（西塔高速公路）是西久公路的一部分，是青海省会西宁通往贵德、大武、久治及四川阿坝地区的主要通道，更是通往佛教圣地塔尔寺的唯一快速通道。工程起点位于西宁市昆仑路与同仁路交叉口南350m处，位于南川河二级阶地上，全线采用全封闭高速公路标准，计算行车速度100km/h，路基宽度为26m。

该路段位于中温带半干旱高寒气候区，海拔高度2200m左右，昼夜温差很大，路线经过地区最低气温－23℃，最高气温39℃。多年平均降雨量为370mm左右，多集中在7~9月份，占全年降雨量的60%以上，多年平均蒸发量在1676mm左右。无霜期短，干旱严重，降水不足是制约本地生态恢复的主要气候影响因子。

示范工程全长1km。采用客土喷播、三维土工网、植生带、植生袋、人工播种、人工扦插、移栽等多种技术，开展边坡和中分带植被建植方法试验，监测植被恢复效果，筛选评价适宜当地推广应用的边坡植被建植技术；通过客土等方法实施土壤改良，构建适宜植被生长发育的土壤环境；选择耐旱、耐寒的草、灌植物，构建草本-灌木相结合的植物群落。

17.3.2　恢复方案设计

17.3.2.1　边坡植物群落方案

在调查当地自然植被的基础上，结合本路段的气候特征和边坡土壤特点，施工选用的物种和播种量如表17.2所示。

表17.2　西塔高速下边坡客土喷播绿化种子配比方案　　　　　　　　　单位：g

植物组成	老芒麦	披碱草	中华羊茅	碱茅	紫花苜蓿	柠条	总计
每平方米	0.6679	0.531	0.6536	1.4978	1.19829	54.233	58.7806
每立方米	20.0169	15.9313	19.6078	44.9346	35.9433	1626.98	1763.4228

17.3.2.2　边坡客土喷播方案

边坡客土喷播使用的客土由当地原生表土、过筛土、草炭土、有机纤维、保水剂、黏结剂、专用肥等构成，经过适量搭配并搅拌均匀使用。草炭：采用东北产草炭，各项指标见

表 17.3。

表 17.3　施工所用草炭基本组成分析

指标	全氮/%	全磷/%	全钾/%	有机质/%
数值	1.360	0.98	0.68	42.71

17.3.2.3　中央分隔带植物群落方案

从当地十几种矮乔木和花灌木中，选择祁连圆柏、紫丁香、珍珠梅、红刺玫作为中央分隔带绿篱的构建物种，并选用粗壮、高大的土球苗进行移栽，以保证其成活率。

17.3.2.4　中央分隔带土壤改良方案

中央分隔带采用换土的方法进行土壤改良，以阻隔、降低土壤中含有的盐碱对植物生长的影响。选择盐碱含量少的种植土，与草炭土和保水剂按不同比例搅拌混合后，置换中央分隔带内原有的回填土。改土方案及混合比例为：回填土＋草炭土（20%）＋保水剂、回填土＋草炭土（10%）＋保水剂、回填土＋草炭土（5%）＋保水剂。

17.3.3　恢复措施

17.3.3.1　边坡植被建植技术措施

（1）客土喷播　客土喷播施工时间是 2006 年 4 月 25—5 月 1 日，在东、西两侧边坡各选择 1200m² 进行客土喷播，施工总面积为 2400m²。由于坡面土质较好，坡度也不大，因此没有铺挂网材，直接在坡面上进行客土喷附。喷播前对坡面进行了简单的清坡处理，主要是去除杂草、石块和异物，鉴于施工时间为春季，坡面土壤含水量低，因此对坡面进行了浇水保墒，然后开始客土喷播。

客土喷播厚度为 3cm，采用干法喷播一次成型。使用的植物物种为：碱茅、中华羊茅、披碱草、老芒麦、紫花苜蓿、柠条等，播种量为 1200 粒/m²。

客土材料主要利用当地的黄壤土，掺入适量的有机质、植物纤维、肥料、保水剂和黏合剂。主要客土材料的配比为：黄壤土为 70%，有机质＋植物纤维为 30%。

施工设备采用叶轮式混凝土湿喷机、空压机和搅拌机。喷射时喷枪口与坡面基本保持垂直，距离坡面 80~100cm，自上而下均匀移动，喷附直径小于 10~14cm，尽量保持喷料的紧实度和附着力。

施工后 6~12h 进行浇水，然后覆盖无纺布保墒。从后期监测结果看，客土层干裂程度较低，没有发生脱落现象。

（2）三维土工网　在路堤南北两侧边坡上各铺设三维土工网 1000m²。铺设三维网之前进行了清坡处理，去除碎石、平整凹陷，并进行了底土改良，主要是翻松表土、施加有机肥。铺设三维网后采用人工覆土方式向三维网内向回填客土，回填厚度 3~4cm。使用的植物物种及比例为：草种占 60%~70%，灌木柠条占 30%~40%。其中紫花苜蓿、老芒麦、披碱草、中华羊茅和碱茅的比例为 3∶2∶2∶2∶1，单位面积播种量为 3000 粒/m²，整个施工于 2006 年 5 月 1 日开始，于 5 月 9 日完成。

（3）棉状网植生带　棉状网植生带总施工面积为 450m²，其中东坡 200m²，西坡 250m²。2006 年 4 月 22 日施工完毕。植生带内使用的植物物种为：碱茅、中华羊茅、披碱草、老芒麦、紫花苜蓿等，使用量为 2000 粒/m²。铺设施工前对坡面进行松土处理，并将底肥（有机肥料 25g/m²，复合肥 20g/m²）与土壤混合均匀撒在坡面上，然后平整坡面进行浇水保墒。

17.3.3.2 中央分隔带绿篱施工技术

（1）定点与放线 本段示范工程设计的是株距是 1m，树穴半径是 30cm，树穴深度为 60cm。利用较长的皮尺（至少 20m）沿中央分隔带布置，然后按照设计株距的要求用白灰精度确定植株种植点，再用白灰以植株种植点为圆心，按照树穴设计半径撒出树穴的开挖线。本段示范工程设计的所有植株株距离是 1m，数穴半径是 30cm，数穴深度为 60cm。

（2）树穴开挖 按照设计方案的要求进行开挖，树穴形状为圆柱体。开挖树穴底部尽量大，这样有利于树苗根系的生长、提高树苗的成活率。开挖的土必须堆放在中央分隔带内部，试验段开挖树穴共计 923 个。

（3）穴内施基肥 选用牛粪作为底肥，每个种植穴放入约 3～5cm 厚的牛粪，然后在牛粪上回填一层土壤，把植株根系与牛粪隔开以免烧伤树苗。

（4）土壤改良工艺 土壤改良是本次示范工程的一个重要技术环节。试验路段树穴的土壤改良材料主要是泥炭和保水剂。本次试验泥炭的配比分为 5%、10% 和 20%，共 3 个处理。每个处理均施用 10g 干粉保水剂，同时设无泥炭处理作为对照。

（5）苗木选调 植株树木规格是保证种植苗木成活率的一个基础，本次试验苗木选择特别精心，要求特别高。本工程设计中的乔木属于大规格苗，苗源地临近西宁市，便于短途运输，苗木规格统一，无病虫害，无机械损伤，具有带土移植的条件。

（6）栽植技术 先按照已经挖好的树穴排放即将种植的植株，在树坑回填少量的土，把苗木根系放在适当的位置，将树苗如坑、定向、定位、扶正后，撤出土球包装物、分层填土、分层压实，再填土、提苗，使苗木根系舒展，深浅适宜。压实土壤，并再次填土压实，整平地面，随后要做好树盘。

（7）抚育管理 苗木栽植后 10d 内必须浇水 3 次，还要对植株进行淋洒。首次灌木必须灌透树坑，灌透后要及时松土保墒，对于萌芽能力特别强的苗木，要及时除芽去叶，同时对于苗木出现的一些病害要及时治理。

（8）苗木修建、扶直 为了防止植株枝叶大量的蒸发消耗水分，提高植株的成活率，在栽植以后一般要对花灌木和阔叶树种进行修改。本次施工过程中主要是修剪至高度为 1m，在修剪的过程中一般把比较密的枝叶修剪掉，并疏除嫩枝、下部侧枝等。修剪工作主要是为了减少水分的消耗，提高植株的成活率。

植株扶直主要是由于灌溉引起了土壤的沉陷，导致一些植株基部发生移位、植株发生歪斜而采取的措施。

17.3.4 恢复效果评价

17.3.4.1 边坡客土喷播植被恢复效果

从表 17.4 和表 17.5 可以看出，客土喷播 4 个月后边坡草本植被平均盖度西坡为 69.2%、东坡为 55.4%。平均株高西坡为 33.5cm、东坡为 20.8cm。

表 17.4 西塔路路堤边坡客土喷播草本植被恢复效果表

物种分类	西坡		东坡	
	分盖度/%	株高/cm	分盖度/%	株高/cm
草本	69.2	33.5	55.4	20.8

表 17.5　西塔路路堤边坡客土喷播灌木植被恢复效果表

物种分类	西坡		东坡	
	密度/(株/m²)	平均高度/cm	密度/(株/m²)	平均高度/cm
灌木	17.6	9	44	11

灌木密度西坡为 17.6 株/m²，东坡为 44 株/m²，平均株高西坡为 9cm，东坡为 11cm，表明施工 4 个月后植被恢复状况良好。

17.3.4.2　边坡三维土工网植被恢复效果

从表 17.6 可以看出，坡面施工植被恢复 3 个月后（2006 年 8 月初调查），各个坡面现存总物种有所减少，主要是物种竞争的结果，属于正常的植被群落动态变化。有 4 种乡土植物逐渐侵入，表明公路坡面植被物种多样性有一定的增加。坡面植被平均覆盖度达到 45% 以上，坡面景观有了明显的改善，在调查期间坡面基本没有裸露。

表 17.6　路堤边坡三位土工网护坡施工效果

植物种类	西坡				东坡			
	密度/(株/m²)	株高/cm	分盖度/%	总盖度/%	密度/(株/m²)	株高/cm	分盖度/%	总盖度/%
苜蓿	720	10	29	50	500	12	27.5	45
柠条	100	5	9		290	8	8	
禾本科草本	970	10	21.5		800	10	13	
灰绿藜	14	5	1		14	35	<1	
油菜	4	20	<1		6	62	<1	
铁线莲	8	15	<1		12	12	<1	
野燕麦	4	12	<1		1	10	<1	

17.3.4.3　边坡棉网状植生带植被恢复效果

从表 17.7 可以看出，3 个月后，西坡草本平均株高 26cm，东坡草本平均株高 21cm，平均覆盖度达 47% 以上，说明边坡植被生长良好。

表 17.7　西塔路路堤边坡植生带护坡施工效果

物种分类	西坡			东坡		
	密度/(株/m²)	株高/cm	总盖度/%	密度/(株/m²)	株高/cm	总盖度/%
禾本科	212	38	35	936	42	60
豆科	72	18		148	13	
其他	20	12		8	7	

17.3.4.4　中央分隔带植被恢复效果

施工后第 2 年中央分隔带植被恢复状况良好。以 2005 年 5 月份观测的珍珠梅地径为背景值，从表 17.8 可以看出，截至 2006 年 9 月，珍珠梅的地径均高于对照。不同泥炭配比对应的植株地径明显不同，其中 10% 和 20% 泥炭配比的植株地径最大，说明泥炭对于促进植株的生长、提高植株的成活率有十分明显的作用。

表 17.8　西塔高速公路不同泥炭配比植株的生长情况（以珍珠梅为例）

时间	2005 年 5 月	2005 年 11 月	2006 年 6 月	2006 年 9 月
泥炭用量	地径/cm	地径/cm	地径/cm	地径/cm
5%	0.825	1.3032	1.3532	1.8008
10%	0.8132	1.5048	1.8676	2.4368
20%	0.9656	1.3884	2.296	2.4215
对照	0.802	1.184	1.132	1.516

17.4　日本神户综合运动公园的坡面绿化工程

17.4.1　项目背景

神户综合运动公园（面积 55.5hm²）位于神户市西神地区（见图 17.1）。其坡面是建造海滨人工岛时挖取填海用土而形成的。于 20 世纪 70 年代后半期开始建设。公园入口附近的山体被开垦后露出坡面部分，为了使该坡面与部分残留下来的山地之间形成景观上的连续性，人们开始尝试在该坡面上造林。在开垦的山体坡面上造林，从而与其他未被开垦的山地之间形成景观上的连续性。

图 17.1　神户综合运动公园地理位置图

17.4.2　恢复方法

坡面由呈碱性的神户层群软岩石组成，有效土层较薄，通气、透水性较差。因此，即使直接栽植树苗也不会长成预期的效果。为此，在坡面上铺置了 30cm 厚度以上的砂质客土，再在砂质土上铺盖平均 30cm 厚度的改良土，形成植被基盘。从残留的自然植被的构成种中选定常绿及落叶阔叶树的树苗，并于 1980 年开始以 1 棵/m² 的密度栽植。

为了了解绿化的演变过程，1992 年和 2000 年分别对每株植物（针对调查区内的胸高以上的树木，记录其树种、胸高直径、树高）及土壤的物理性质（土壤硬度、pH、土壤断面、土壤样本调查）、树林的形成过程进行了调查。

17.4.3　恢复效果调查

17.4.3.1　树林的形成

坡面的上、下段周围有栅栏基础和排水设施等，使客土层变得较薄，因此，选择夹竹桃、水蜡树、刺槐等即使在较薄土层上也能很好生长的树苗进行栽植，从而形成林缘。

与1992年相比，整体树木的棵数与坡面主体部分的棵数在2000年都有所减少。在坡面主体部分，A区由5959棵/hm² 减少至4950棵/hm²，B区由2100棵/hm² 减少至1700棵/hm²，与当初栽植树苗（10000棵/hm²）时相比，20年之内A区的减少率约为50%，B区约为80%。作为自然林，A区的树木密度仍然是较高的。

坡面主体部分的平均胸高直径在A、B两区均有增加的趋势，但由于标准偏差较大，故不是很确定。此外，2000年B区的坡面主体部分的平均胸高直径比A区的增加趋势要明显许多，研究者认为这与B区的树木密度比A区低有关。

2000年，A区的平均树高5.7m，B区6.8m，相差仅有5%。在各种树木中平均树高的最大的B区为枹栎（12m），A区为栗树（10.5m）。

通过上述分析，可以看到，B区的树木数量减少了，主要构成种的青冈、米槠、枹栎的树高、胸高直径都较大，逐渐形成一片树林。

17.4.3.2　群落结构

区分立面空间时，林冠部分设为1，虽然是林冠但被抑制的部分设为2，灌木层中位于1和2下面的部分设为3，3下面的部分设为4。不同树种的垂直高度的平均值越小，就属于越高的阶层。

在2000年的结果中，体现出三个层次的垂直结构，即以青冈、椎树、枹栎为代表的超过7m的乔木层，与其相连的乌冈栎亚乔木层，光叶石楠、野山茶等灌木层。

根据不同条件，乌冈栎和杨梅可以生长在乔木层和灌木层中。其中，山樱花在A、B两区，1992年均生长在乔木层，而在2000年就逐渐被抑制。

从1992—2000年，一些树种逐渐退化，而非栽植树种的柃木、光叶石楠、日本女贞、菝葜等灌木类、细竹类及虎杖等草本类植物开始入侵。

17.4.3.3　胸高断面积的变化

胸高断面积（简称BA）为树林形成的量化指标之一，可利用BA来研究树林的演变。

（1）调查区内树林群落的胸高断面积的变化　不包括林缘树木的坡面主体部分的BA作为主体部分值，包括林缘树木的整体的BA作为总值。A区的BA主体部分值为16.3m²/hm²，B区的BA主体部分值为16.8m²/hm²，虽然相差不大，但是从两区的增加率来看，A区为36%，B区为51%。包括林缘的整体中，A区BA总值为18m²/hm²，B区为19m²/hm²，A区的增加率为31%，B区为40%。通过上述分析，可以得知B区坡面主体部分的BA增加很大，如各项数据所显示，B区正在形成树林。

（2）不同种类胸高断面积的变化　通过1992年和2000年对主要树种BA的演变进行的调查，对A、B两区树林的树种构成以及今后的发展趋势进行了分析。图17.2和图17.3分别表示两年内A区和B区的主要树种在总BA中所占的比例。

A区在1992年BA值较大的主要树种有青冈、山樱花、乌冈栎、米槠。其中，米槠在2000年受到了天牛类的虫害，逐渐枯倒，最终导致灭亡。相反，青冈的BA大大增加，乌冈栎和米槠的枯损使得常绿树木的数量大大减少。落叶树木的主要构成种山樱花的BA也有

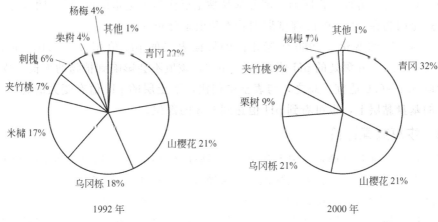

图 17.2 A区主要树种在总BA中所占比例之变化

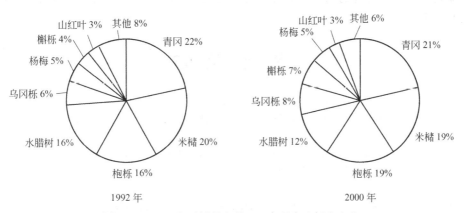

图 17.3 B区主要树种在总BA中所占比例之变化

所增加，但是同时也有枯损的树木，因此整体数量在减少。研究者预测，今后可能形成由青冈、乌冈栎等组成的常绿树林。如上所述，A区的树木密度较高，这可能是受到山樱花的影响。但是，该坡面位于公园入口处，为了达到修景效果，需要进行保全山樱花的密度管理。

B区的主要构成种为青冈、米槠、枹栎。观察B区BA的演变，看不出青冈、米槠有何增加，只是乌冈栎有微增。如上所述，B区树木密度较小，但构成树种较多，除了主要树种以外还可以看到其他树种BA的增加，呈现多样的林层景观，可以列为公园的坡面景观。预计今后将演变成以常绿树为主，落叶阔叶树为辅的树林景观。

17.4.3.4 土壤状况的改良

（1）土壤硬度的变化 对于绿化前的土壤硬度，若除去表层，则可观察到较硬部位与较软部位（直至较深处）混在一起，但硬部位较多，这说明神户层群的条件恶劣。1992年、2000年两次采用小型土壤硬度仪对土壤硬度的垂直分布进行了测定，并对客土前的土壤硬度作了比较。1992年，A、B两区直至40cm深处，N_4值均在约50以下的范围内，客土使其变得蓬松。2000年A、B两区在较浅处均是硬的，深度即使超过50cm，N_4值的范围也在20以下，较为膨松。其结果，可以看到2000年比1992年的土壤更加膨松。

（2）土壤断面的变化 2000年根系分布的深度在60~70cm。在2000年的调查中，试孔深度至神户层群的基盘黏土层。其结果，客土深度最高达到了90cm左右，在其周围看不到根系的分布。另一方面，B 区的一部分基盘黏土层作为不透水层而变得湿润，甚至存在积水部分。这是因为在 80～90cm 深度周围看不到根系分布的原因。

（3）土壤 pH 的变化　　1980 年绿化前的坡面表层的 pH 值超过了 9.0，而 1992 年和 2000 年的客土层 30cm 深处的 pH 值在 5.1～6.6，该值不会影响到植物的生长。故客土层的土壤酸度以 5.1～6.6 适宜。总之，与表土层相比，下土层的 pH 值有变大的趋势，在 90～120cm 深的基盘黏层上，也可看到 pH 值达到 9.3 的部位。

17.4.4　恢复效果评价

植被调查与土壤调查描述了栽植树苗 20 年后的树林的发展状况。形成植被基盘之后，土壤各性质也有所改善。改良客土基盘的土壤硬度变得更加膨松，根系分布也很广阔。树林的平均树高 5.7～6.8m，其胸高断面积 16m²/hm²，在树林周边的坡面植被，经过 20 年后，其胸高断面积达到了标准值，如今形成了良好的常绿、落叶阔叶树混交林。今后的发展趋势为以常绿阔叶树为优势种的树林。此外，对于受到虫害的米槠的枯损等突发变化，应当采取相应的监控手段。

参 考 文 献

[1]　张丽娟，刘玉艳，樊国盛．思小公路植物景观的规划设计．河北科技师范学院学报，2006，20（3）：51-56.
[2]　何丽斯，范贤熙，苏藤伟等．思小公路附属绿地建设景观植物资源研究．中国野生植物资源，2006，25（6）：29-31.
[3]　杨绍云．也谈思茅至小勐养高速公路环保问题．云南交通科技，1998，14（2）：20-22.
[4]　贺岳峰，罗宁波，郑亮．云南思小高速公路生态恢复工程研究．湖南环境生物职业技术学院学报，2009，15（1）：16-19.
[5]　马万权，沈康健，邓辅唐．客土喷播技术对石质边坡防护的运用．云南交通科技，2003，19（3）：7-11.
[6]　杨浩．门头沟新城滨河森林公园山体道路边坡生态恢复措施探讨．国土绿化，2013，12：36-37.
[7]　梁霞．基于青海半干旱地区公路生态恢复集成技术研究．北京：中国地质大学，2011.
[8]　沈毅，晏晓林．公路域区生态工程技术．北京：人民交通出版社，2009：15-19.
[9]　吉田博宣，牧野亜友美，松岡達郎，竹田敦夫．神戸市総合運動公園ののり面における樹林の再生．日本緑化工学会誌．2002，28（1）：3-7.

18 城市自然生态恢复案例

18.1 加拿大多伦多市汤米-汤普森公园的生境恢复

18.1.1 项目背景

多伦多（Toronto）紧邻安大略湖（Lake Ontario）（见图 18.1），是加拿大最大的城市。20 世纪以来，作为几大河流的交汇点，多伦多成为历史上五大湖运输的最重要的港口。20 世纪 50 年代末，多伦多决定扩大港口，增加货物的处理容量。港口建设始于 1959 年，主要采用填埋垃圾的方法。从建筑场所运来的砖块、沥青废弃物和混凝块等作为主要的填埋物，另外沙子以及从湖底疏浚所产生的淤泥也可以用于填埋。到了 20 世纪 60 年代中期，由于水上运输业开始衰落，港口扩张计划也就此搁置。但是，这里仍然作为一个建筑垃圾的填埋场，用于倾倒碎石瓦砾，因此在安大略湖附近形成了一个废弃场。当前公园的轮廓是由填湖和疏浚两项活动形成的。

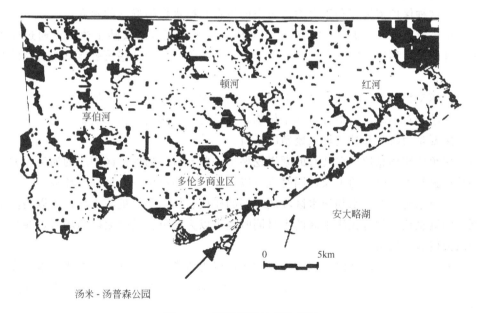

图 18.1 研究区域地理位置图

从填湖运动开始，经过长时间的自然演替过程，汤米-汤普森公园（Tommy Thompson Park，TTP）的大部分区域已有许多动植物群落生存。该区域作为安大略中心湖滨区最大的自然生境，给生境重建提供了最好的机会。1973 年，多伦多市政府打算将这块废弃场地恢复为公园，以便于它能形成公园系统的核心。这个公园设计包括增加诸如散步小路和游乐园等各种各样的娱乐设施。在 1989 年对这项规划又进行了重新的修订，目的在于保存该区域的生态系统，并将这个公园命名为汤米-汤普森公园（TTP）。

18.1.2　恢复目标

恢复目标主要包括四个方面：①保护重要物种；②保护环境重要区域；③增加水生和陆生生境；④增加公共娱乐机会。

TTP 生境建设的目标就是增加、重建陆生和水生生物的栖息地。栖息地建设总的指导思想是"生境多样性创造物种多样性"，即生境的多样性将给野生动物、鱼类等提供各种各样的生存条件（例如为幼小个体提供重要的摄食区域），通过改善庇护场所减少被捕食的机会。生境重建强调建设和强化"关键生境"，也就是提供野生物种在繁殖期、哺育、越冬、迁徙过程所需要的条件。

18.1.3　恢复过程和技术

为了实现上述目标，汤米-汤普森公园栖息地建设工程需要做到以下两点：其一，通过构建生境的多样性，来为鱼类和野生生物创造不同功能的栖息地；其二，种植形式多样的乡土湿地植物，促进各演替阶段植物群落的发展。

18.1.3.1　湾 B 生境恢复工程

最初的生境建设和恢复工作主要集中在湾 B。为了最大程度地实现生境多样性，工程设计中主要包括以下内容。

（1）为湖滨地带设立人工栅栏和浮床　对湾 B 结构上最大的改变就是在海湾设立人工的栅栏。这些设施的设立能够使重建的生境免受风浪的袭击，也能减缓遭受湖水淹没带来的温度变化。这种保护措施有利于海湾内鱼类的生存和挺水植物群落的建立。

（2）植被节点　在湾 B 关键位置建立多样的挺水、沉水以及陆生植被。通过播种、扦插、土壤种子库、移植等方法在关键位置建立植物群落，以便这些植被能够在自然演替下不断成长。

（3）两栖动物池塘　在人工栅栏形成的湖滨两端建造两个小型两栖动物池塘。这两个池塘与安大略湖相对隔离，塘中种植水生植物，并且堆放木块用以作为动物的庇护和采光。池塘的设计主要是为海龟和蛙类提供繁殖的场所。

（4）梭鱼产卵栖息地　在现有的湖岸挖掘出一些与海湾的保护区相连的通道，通道的深度足够维持狭叶水生植被的生长，同时也可以为梭鱼产卵提供一个良好的环境。

（5）木质结构　在深水和浅水区堆放成捆的树枝、枯木及树桩等木材，可以为温水鱼类提供漂浮的栖息地。放置在浅水区的木材同时也可以为海龟提供晒太阳的场所，减少沿岸植被遭受风浪侵袭的机会。

（6）木床结构　在海湾保护区内搭建木床可以为鱼类提供更好的漂浮栖息地。在木床中填入碎石和树枝可以为大口黑鲈鱼（*Largemouth bass*）、黄鲈（*Yellow perch*）等温水鱼类提供避难所。

（7）浅滩/礁石　通过提供多样的基底类型和状态可以建立漂浮生境。有计划地放置一些诸如岩石之类的沉水物质可以降低垂直高度，增加空隙，还能形成不规则的滨岸线。这些设计在不同的水深下可以分别模拟浅滩和暗礁。

（8）泥土平台　向海湾中填入沙土可以降低滨岸的水深，也可以产生初露水面的沙土平台。这些季节性暴露的区域可以为岸禽类提供迁徙过程中的觅食环境和中途停留场所。

18.1.3.2　陆域生境恢复工程

在完全陆地区域（填埋区）实施多种生境重建设计，以实现最大的生境多样性，同时要确保每一个设计都能在功能和完整性上促进其他设计。考虑到公园现有的自然特性和文化特性，在进行生境恢复和强化的同时完善已有的生境功能。

（1）地形和排水设计　湿度和坡度等各种设计参数需要依照光照和风向而定。在设计过程中采用了大量的土壤补充技术，包括堆肥、表土输入以及地面覆盖，从而得到不同营养程度的土壤。在设计中，现有的洼地带被保留下来，但其边界轮廓有所变动。

在第一阶段，采用分阶和填埋的方法改变了近 1/3 的地形结构，目的是通过强化微气候，提供不断变化的坡度和湿度格局来增加地形的多样性。第二阶段恢复活动主要是构建适合湿地和陆生植被生长的物理环境。最后是湿洼地带的边界变动，使得这些洼地能够最大程度地将各个季节性泛滥的池塘和相邻的生境连接起来。

（2）生境构建　通过土壤类型和环境的多样性来建立各类生境。有计划地堆放岩石、碎石、沙土以及填埋物可以在一定程度上改善坡度和覆盖层，也可以形成不规则的轮廓。成捆树枝、木堆等木质材料可以为小型哺乳类物种提供栖息地。具体的陆域野生生物栖息地工程主要包括：两个蛇类冬眠场所，一个大的地上岩石堆为小型哺乳动物提供避难场所；另外将沙土填充到木材和石头的缝隙中，在受西北风影响的坡面和堤岸沿线也堆放些沙土，目的是为爬行类动物提供晒太阳的场所，同时也为海龟提供可能的筑巢空间。

（3）关键生境　许多野生生物在其部分生命周期内需要特殊的生境特征。因此在工作中应当将重心放在关键生境的建设和强化上，以便能够为野生生物在其繁殖期、哺育期、越冬期以及迁徙及暂停期提供相应的环境。具体设计包括：为两栖动物创造季节性的洪水和受保护的池塘、为筑巢类的水禽提供平坦的开放空间，以及为越冬鸟类和哺乳动物提供避难的灌木丛和建立兽穴的场所。

（4）植被建立　在地形和排水改变结束之后，开始在关键节点和廊道种植大量的乡土陆域和湿地植被。种植方式主要有播种、扦插、土壤种子库、移植等，这些技术可以促进自然演替过程中植被覆盖区的进一步扩大。通过植物种类和种植位置的选择可以有效地为野生动物提供食物和栖息地。

18.1.3.3　湾 C 生境恢复工程

在湖堤堆放石块用以保护堤岸免受侵蚀，并将砾石填充到空隙中来增加底部基质的多样性，同时也可以为底栖的爬行动物提供浅滩。大块的石头按照一定的规则放置在湖中来模拟水下的礁石。另外，移除部分堤岸沿线的植被，减少现有的阶梯，用以促进洪水的淹没，进而使得堤岸边缘生境区域实现最大的多样性。在地形结构强化工程完成之后，便可以引入湿生植物。在湾 C 恢复过程中采用的所有植物均来自安大略省伯林顿市（Burlington City）皇家植物园，而且是安大略湖北部地区的乡土植物。具体设计包括以下两个方面。

（1）结构性生境　水生生境的多样化取决于基底类型和环境的多样化。岩石等沉水物质的堆放在一定程度上可以减缓垂直深度，增大孔隙度，这些物质在浅水区可以模拟浅滩，在深水区则可以模拟礁石。原木床、树枝捆等木质材料也可以用于深水区。这些结构也可以部分沉水并且固定在浅水和中等深度的水域，这样就可以为海龟和水禽类提供晒太阳的场所，同时也可以为受波浪影响的堤岸植被提供保护。

（2）堤岸植被　在湾 C 堤岸节点种植大量的挺水、沉水以及陆生植物。这些节点主要采用周围栅栏来减少其遭受过多波浪侵袭的机会。栅栏的存在不仅可以保护新种植的植物，也可以为湿地基底的扩大捕获碎石。植被的种植方式主要有播种、扦插和移植。节点种植方法的采用可以促进堤岸湿地生境的自然演替过程。

18.1.3.4　自然资源区域生境恢复工程

进行自然资源区域生境强化工程的目的是强化和恢复 TTP 内的环境管理区域，主要包括三个子工程：湾 C 梭鱼产卵栖息地建设工程、廊道和节点工程、三角塘栖息地强化工程。工程建设的总体目标是：以保护作为主要的设计原则，辅以具体的生境建设，在安大略湖滨区，尤其是 TTP 自然资源区域内建立起多样的、生态稳定的自然生境。

（1）廊道和节点工程　在公园狭长处建立合适的廊道，目的是增加野生生物栖息地和公园主体的连接度，提高区域内的生境质量。廊道起始于外部港口码头，位于公园西侧道路和水域之间。工程设计得到了参与者的支持，工程实施开始于 1997 年 3 月，到 4 月结束。经过一个夏天的努力，廊道区域已经被绿色所覆盖，种植的植物主要是湿地植物和各种陆生灌木、乔木和野花。经过自然演替，廊道区域已经能够为各种鱼类和野生生物提供栖息环境。

（2）湾 C 梭鱼产卵栖息地建设工程　工程位于湾 C 东部湖滨，建设始于 1997 年 2 月，在 4 月结束。梭鱼产卵通道的挖掘同湾 B 的通道挖掘类似。不同的是，湾 C 的通道还没有种植水生植物。由于通道土壤为砂质土，容易受侵蚀影响，使得植物的种植较为困难。另外，鲤鱼和其他的捕食者会吞食新生的植物，通常情况下也会破坏新生植被的根系。基于上述原因，设计者计划将植物移植到 Bogmats 基质上，Bogmats 基质是一种生物工程媒介，活的植物能够在其中生长。Bogmats 技术的采用可以降低侵蚀风险，同时也为植物根系提供保护屏障。尽管该区域并没有种植植物，但在 1998 年春天已经在通道中发现有梭鱼产卵。

（3）三角塘生境强化工程　三角塘强化工程所用到的技术主要包括：坡度和水深的多样化，湿地和湖滨植被的采用以及目标野生生物关键栖息地的建立。

设定坡度和深度：池塘的平均深度约为 1m，最大深度为 2m。这样的设计能够为湿地创造适宜的环境，其开放水面和挺水植被面积分别占 50%。三角塘底泥监测中发现，铅和铁含量过大，会对塘中生物产生严重影响。为了预防生物累计，对塘底表层基质进行更换，深度从 50cm～3m。具体工程实施为首先将塘中水抽干，然后对塘底进行基质更换和地形调整。由于塘底沉积物的不连续性，所有的重型机械施工都需要从池塘边缘开始，或者在塘中覆盖足够厚的土壤以支撑机械的重量。与其他工程相同，这些活动的进行也要在夏季和初秋暂停，以减少对岸禽类迁徙的影响。

结构性生境建设：主要包括 26 个岩石堆、39 个树桩和 4 个直立的树干为生物低通栖息场所，另外还有一些树枝捆、漂浮的晒太阳用的原木，倒下的树木以及人工鸟巢。工程设计中用到了砾石、沙土等多种沉水物质和基底物质。

植被群落的建立：包括湿地植被群落和湖滨植被群落两部分（见图 18.2），植物种植主要通过春季的移植完成，同时在水分充足的地段辅以播种。植物物种的选取主要是从为栖息生物和迁徙鸟类提供庇护场所和食物出发，以乡土植物为主，基本上为安大略省的乡土种或已经在公园范围内生长很好的物种，当然也有部分对土壤和填埋物环境耐受性较强的物种。

18.1.4　恢复效果评估

经过自然演替，植物群落长势较好，同时动物种类也逐渐增多。据观测，爬行类和两栖类对栖息地建设反应很好，随着栖息地自然环境的强化，湾 B 中的鱼类在种类和总生物量上都有所增加，发现的鱼类有大口黑鲈鱼（*largemouth bass*）、黄鲈（*yellow perch*）、北部梭鱼（*northern pike*）、鲑鱼（*chinook salmon*）以及其他种类的食草鱼类。许多鸟类在湾 B 觅食和筑巢，恢复工程中构造的平台上的鸟类数量也在不断增多。通常情况下，4 月中下旬

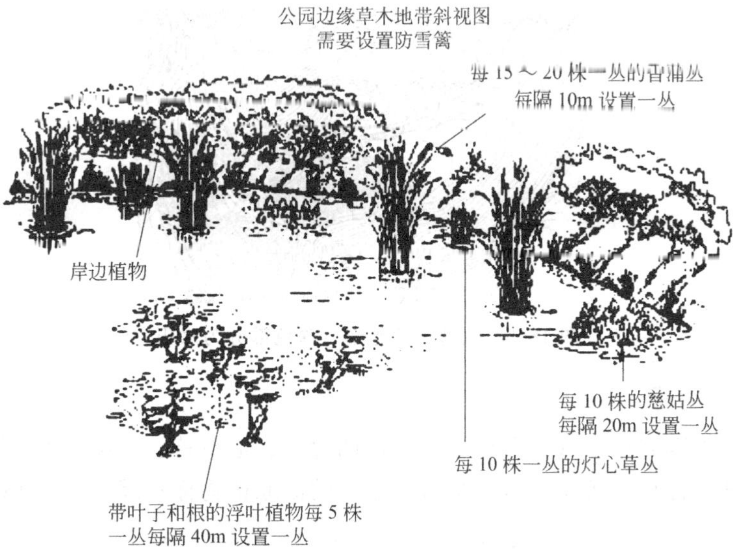

図 18.2　滨岸植被斜视图

和 7 月下旬到 9 月中旬这两个迁徙期内鸟类数量比较多，有滨鹬（*dunlin*）、半蹼矶鹬（*semipalmated sandpiper*）、喧鸻（*killdeer*）等，但喧鸻（*killdeer*）（小水鸟的一种，产于北美洲）是唯一在 TTP 繁殖的鸟类。另外还观测到郊狼（*Coyote*）（北美洲西部原野上的小狼）在公园内定居。

随着恢复工程的逐步完工，TTP 成为一个多样的生产力较高的生态系统。公园的建立增加了生物多样性，为多伦多市提供了一个观看野生生物的平台，提高了公众的环境意识，为多伦多地区创造了一个健康的环境。

TTP 的恢复规划主要是基于生态系统的自然性演替，而不是刻意保护公园中的某种目标物种或构建特定的生态系统。同时公园管理部门决定在鸟类筑巢期间也就是 5 月末到 7 月初限制游客进入公园。

18.2　日本冈山县自然保护中心湿原改造

18.2.1　项目背景

冈山县自然保护中心位于日本冈山县左伯町，是以两个池塘为中心，包括周围 100hm² 土地在内的自然观察地。人们通过与森林、草原、湿地等大自然的接触，能够树立自然保护意识。该地区原来是水田，水田的周边并不存在湿原植被，在稍远一点的地方有零星的湿原群落（见图 18.3），证明只要形成合适的水和地形条件就有可能形成湿原植被，湿原改造的规划用地就是扩大水田之后的场所。这是在日本最早改造成泉水湿地的案例。

该区域的谷地分为东西两侧，东北方向流下来的谷地（称为东谷）其集水区广阔，而西侧的谷地（称为西谷）其集水区狭窄，没有一个明确的流入水路。水田与水田之间有数米的落差，中间是一个斜坡。由于西谷的水资源短缺，因此放弃了对西谷上游稻田的开发。西部谷地上部的涌水属于贫营养状态，东部谷地的涌水的电导率稍微偏高。

调查结果表明，西谷只要能够确保水量，则形成湿地植被的可能性是存在的，而维持东谷的湿地植被是困难的。

图 18.3　改造区原地形（深色部分为水田）

18.2.2　改造目标

改造目标是在西谷中形成由贫营养水滋润的鹭草、毛毡苔、白狗草等湿原植被，在东谷形成以野花菖蒲、泽桔梗等草棵较高植被为中心的湿原植物标本园（见图 18.4）。

图 18.4　改造完成图

18.2.3　改造过程

18.2.3.1　原地形与植物配置的方针

（1）东谷　地表看不到水，水从地下流过。较好的运用作为原地形的稻田形状，建立了三段大型湿原，植物生长在良好的营养环境中，并按照预期的结果得到了较好的发育。该地区缺少移植的植被，种植稀疏，为此，将该地区视为珍稀物种保护区，并且种植该地区原来没有的湿原植被。

设想谷底存在地下水，并且考虑到整个湿原的水量不足，在谷头部分挖掘了一个池塘。从地表观测来看可能易于挖掘，但事实上，除去表土可以看到埋有很多巨岩，最终是用炸药将这些巨岩破坏去除掉的。在此基础上继续挖掘 3m 左右，会发现岩石间隙有地下水涌出，人们积存了这些泉水。从平成元年（1989 年）1 月开始蓄水，故命名为平成池。

此外，在东谷的流出部分建造了一个水深约 1m 左右的池塘。将该池的植被生长环境设定为中营养型，并且种植了日本萍蓬草。

（2）西谷　集水区狭窄，且缓慢倾斜，适合开发湿原。水质是湿原植被生长的限制因素，但通过管理也可以种植湿原植被。基于此，制定了在原有湿原地区开发湿原植被的方针，决定在最下游部分构建贫营养池。

谷头有贮水池，水量较少，但可以观察到泉水。稻田北侧的朝南斜面的山脚下也只有泉水，利用这些泉水才得以经营水稻，但水量不足现象较为严重，这也是西谷的最大问题。为了解决水量不足现象，人们尝试将朝南斜面底部的农业用道路旁边的沟渠水引向稻田。并且设置了氯乙烯制管，从东谷的平成池利用虹吸进行引水，但由于落差的关系，引过来的水只能供给内谷湿原下方 2/5 左右的区域，且仅是初期供给。此外，由于扩宽农业用道路、大型清扫，使得北侧斜面几乎看不到泉水，这是一个重大失误。

图 18.3 和图 18.4 分别为改造区原地形和改造完成地形。

18.2.3.2 基础地形的形成

基础地形的形成改变了稻田的地形。谷地的横断面为坡度很小的凹状断面，其结果使水集到了中央部分，这种断面形状是不适宜的，而应该是平坦的断面。土壤水分达到饱和时，倾斜度较大处有坍塌的危险，为了防止坍塌现象，向土壤内打进了松木桩。

基础地形整平后，铺上塑料布，在塑料布上覆盖了 50～60mm 厚的风化土，作为湿原的表面。设计当初原来是将土壤厚度定为 1m 左右的，但由于流入水量较少，土壤可能达不到饱和状态，因此将厚度减半了。土壤厚度变薄的结果，土壤厚度较薄处的塑料布下边集聚了沼气，减少了浮起，使得在之后的湿地管理中出现了一些问题。为防止集聚的沼气膨胀，在塑料布上开了一些洞，放出沼气。

18.2.3.3 植被的移植

植被的主要供给地是正在建设高尔夫球场的三处湿地。在开发区域内需要进行湿地保护，对不可避免要消亡的湿原植被，采取移植保护。被移植植被的采收和搬运作业，选在植物休眠的秋冬季进行。植被是用型铲采收，形如土砖，在土壤松散时，采用拔取的办法。湿原植被的根部没有延伸到深层，因此，通常将型铲插入深度 15cm 左右，便很容易挖取植被。将挖取的植被放入泡沫聚苯乙烯制的肥鲔鱼箱里搬运，肥鲔鱼箱底部没有孔。挖取植被时，可以确认大部分的蜻蜓幼虫，可能的话这些幼虫将与植被一起保存在肥鲔鱼箱内。采收的植被用轻轨车搬出。

18.2.3.4 植被的栽植

植被的栽植作业是在 1991 年 1～5 月进行的。为了防止坡面侵蚀，沿小间隔的等高线修成鱼鳞坑，进行栽植。为了形成大水苔的群落，在一些地方完全栽满了大水苔。鹭草是在 1990 年春天进行单株采收，在圈场培养一年后，取其根球栽种。在施工中形成的坡面，以及湿地的周围也都进行了栽植。

对于植被的栽植，原本打算是从上流向下流、从贫营养型转向中营养型进行排列的，但是由于被积压的肥鲔鱼箱较多，所以不得不放弃这一想法。植被的栽植并不繁密，而是像插秧一样扩大的种植。植被量与栽植面积相比显得很渺小，但是在以前的事例中这种方法取得了较好的结果。将植物零星栽植到新土地上，从而期望能够发展成适合当地的植被。栽植方法有下述两种途径。

① 散点栽植：将植被块分割成适当大小，以插秧的形式进行种植，没有把根埋入土中，只是单纯地把根贴在地面。栽植后，如果水绕行，则在适当的水位上就会看到树根。根尖不适合在水面以下，需要稍出水面。如果是散点栽，可以在广阔的面积上种植少量的植被，但是这种方法难以控制水流。各个地方的栽植应该是堤防状的，并且需要控制水流。这种栽植方法只适用于坡度较小的斜面和平地。

② 鳞状栽植：这是一种用砖型植被块连接小型池塘的栽植方法。湿原的水需要缓慢流动，但是水流一旦汇集就会形成流路，从而促进排水。为了防止排水的加速以及坡面的侵蚀，沿小间隔的等高线修成鱼鳞坑，进行栽植，使水流经整个湿原。水流易于集中，对于倾

斜地，除了这种栽植方法以外，很难种植植物。图 18.5 是鳞状栽植半年后的现状。

图 18.5　鳞状栽植半年后现状

18.2.3.5　木道设置

　　木道下的光强不足，湿原植被难以生长。因此，如果在斜面上顺着倾斜方向设置木道，则木道下方将被侵蚀，从而形成水路。为了防止这种侵蚀，在设置木道时尽量使其垂直于斜面的倾斜方向，但仍有不得不顺着斜面方向设置的地方。对于这种情况，木道下方不是作为湿地，而是作为堤防来进行设置。观察者较难发现，但实际上很多木道下方都已成为堤防，从而控制水流。

　　木道材料采用间伐材，锯掉圆木的两边，将断面做成鼓的形状，平坦加工间伐材的两侧，并注入防腐剂。虽然考虑到了自然性，但是因为没有统一规格，施工有些困难。为了使这个间伐木材不完全干燥，没有注入大量的防腐剂，到了第 5 年不得不改造时，该材料已经腐烂了。木道是根据现场地形进行的设置。完成后作了设计图。

18.2.3.6　维持管理及监测

　　自然保护中心的研究员都是植物学专家，担任管理和监测。包括水的管理、清除杂草、割草、湿地内的水渠维护等各种作业，要根据湿地的状态和每年的气象情况，采取适当的办法进行管理。同时要有湿地管理记录，对植被进行调查，注意观察植被和环境的变迁。根据监测的结果对问题进行分析，改进保护方法，寻求解决问题的对策。接受管理运营协议会委员中湿原植被专家的意见和指导，研究和改进管理方法和保护方法。

　　在移植后的第五年的 1995 年，对西谷移植后的植被进行了调查，确认在原被移植地的特有湿原植被群落发育良好，同时也发现了一些原来该地区没有的物种。调查结果表明，与原定的贫营养型湿原的目标还有一段距离，要形成原来的湿原面貌大概需要 10 年以上的时间。

18.2.4　恢复效果评估

　　最初尝试在完全不存在湿原的地方恢复湿原，是一项艰巨的工程，为此人们尝试了许多项目。其中既有失败的，也有得到意外的良好效果的项目。尽管不是非常圆满，但经过了10 年的岁月，也可以算是一个基本成功的案例。形成规模较大的湿原、向恢复区移植湿原植被以及专家对湿地进行管理和监测的经验等，对于湿地保护是很有借鉴意义的。

18.3 日本东京明治神宫的城市森林营造

18.3.1 项目概况

明治神宫位于东京涩谷区的中心（见图18.6），占地72hm²，森林西侧是代代木公园。为祭奠明治天皇和昭宪皇太后于1920年修建的，修建前除一部分是代代木庭园外，大部分是农田和杂草丛生的原野。明治天皇1912年驾崩，1915年组成营建局，由本多静六主持设计，上原敬二负责图纸修改。

图18.6 明治神宫森林鸟瞰图

明治神宫的森林经过90余年的营建和管理，已经成为拥有247种、168000棵树木，各种野鸟100种以上，天然更新、结构稳定、不用人工维护的城市森林，被认为是在城市中人工营建森林的典范。

18.3.2 营造过程

1921年制定的《明治神宫境内林苑计划》，以传统的"永远的森林"作为设计理念，以营造适合当地的气候、风土条件、即使不进行人工管理也能够维持生长的树林为目标。通过大量的调查，设计没有选日本神社常用的杉树，由于城市中的杉树比山区的杉树生长差，而选用了大量的乡土树种。

选择树种的原则是：①应是最适合本地气候，耐四周袭来的各种危害，能长久健全生长；②林苑建成后，尽可能不使用人工栽植和采伐也能永远维持森林景观的树种，能自然更新；③形成庄严森林景观，与神社林相称。选择树种的具体要求是：①主要树种为松、青冈栎、柯树、樟树、桧柏、花柏、榉树、矮小的杨桐、犬黄杨、桃叶珊瑚等；②献品树保持自然姿态，不得是庭园树形，且不得是园艺上的变种；③不接纳有华美花果树、观赏树或果树类；④不接纳外国产的树种。

工程开工之后，由于原有地区树木稀疏贫瘠，故营造局不仅购买了树木，更采取了从全国各地国民献纳树木的方法。这一号召得到各地响应，以此从全国各地汇集了95000株以上的树木，树种数量达到365种，树木数量占到神宫内苑树木的8成以上。同时约有11万的青年人加入到当时的义务植树造林中，工程得以顺利进行。

设计者设计的明治神宫的林栽植工程中有各种树木高度，由乔木、亚乔木、小乔木、灌木构成，可谓符合"多样性"。设计者设定的预想演变过程为"从林苑的创设开始到最后林相为止的演替顺序"的模型。

多层次栽植工程中考虑到与树木生长相关的光环境要素等生理、生态方面的特性，将对光照要求最高的赤松、黑松设置在第一层，桧柏、杉树设置在第二层，橡树、米槠为第三层，将常绿灌木设为第四层的下层林丛。整个森林的营造以原有红松和新栽黑松为中心，保持暂时景观，不久生长迅速的桧柏、花柏等针叶树占据林冠，最后阔叶常绿树占领林冠，最终形成天然林，需要约100年时间。整个森林的演替过程如下。

第一阶段：红松、黑松是暂时性存在的上层植物，不久桧柏、花柏、杉树、枞树等稍低些的与其交替，将来成为主林木的青冈栎、柯树、樟树等为下层，灌木类在最下。

第二阶段：松树类遭受桧柏、花柏等压迫，逐渐枯死，数十年后，桧柏、花柏替代松树，占据最上层，松树减少。

第三阶段：青冈栎、柯树、樟树处于优势成为主林木与枞树、花柏、桧柏、杉树混交，极少有黑松、榉树、糙叶树、银杏等大树混交。

第四阶段：继续生长100年后，青冈栎、柯树、樟树成为天然林。

18.3.3　营造效果评价

在50年后的1970年，上原敬二在著作中写道："50年后的分布图（现实）与75年后的分布图替换一下也没关系，因为森林的长势非常好。"据1971年调查，林中已有超过16万株树。90年后的现在，明治神宫森林已成为东京闹市区一片天然更新、不用人工维护的森林。

① 林中不用或极少用药剂。林中杜鹃曾发生介壳虫害，其他树也发生过几次虫害，但只依靠鸟类就治好了；只有御苑内菖蒲园和宝物殿前黑松除外，使用药物杀菌和除灭松材线虫。

② 将落叶收集倒入林中，一般不让人进入林区，清扫时只扫纸屑等垃圾，极少除草，只清除道路中央石缝中的杂草。

③ 每年有100多棵树死亡，都锯成段后集中处理存放。

④ 林中发现50多种鸟；许多植物靠种子天然更新。

神宫森林管理中也遇到过问题，如林中许多植物种子需要借助风自然传播，但林中靠风传播的条件受到限制。并且在浓阴之下，也限制了幼苗的生长，如银杏，每年落地很多种子，但不能正常长大，发芽后1～2年就死了。另外随着林中鸟类的增多，大群乌鸦在树上做巢损坏嫩芽，粪便清扫困难，乌鸦多则家鸽减少。不过对明治神宫森林管理最发愁和担心的是自然灾害，如雷电、大雪等。因此，以后森林应如何管理，如何保持其自然更新和自我维护还需要更深入的研究。

拥有大量树木的明治神宫森林，在现代性的诠释下，被赋予了新的意义和价值。在东京这样的国际大都市的中心区里，保持这样一片大面积的绿地和人工自然林，对其自然环境起了重要的作用，既给身居闹市的人们提供一个修养身心的场所，也可作为东京的一个参观旅游胜地。成立于1934年的"日本野鸟之会"，它的东京支部于1947年在明治神宫举行了日本最早的探鸟会，直到今日，每月一次的定期还在继续进行着。因而，明治神宫被用作自然保护团体的活动场所。把明治神宫与环境的美丽富饶联系起来，对此赋予现代性的环境保护的价值，具有类似这样想法的并不仅限于环境团体，在当地的一些相关人员中间也存在着同样的考虑。以明治神宫前繁华街上的商店和企业为主，结成了商店街振兴协会，在 2001 年 12 月，提出了以环境为主题的"ECO Avenue 宣言"，以推进不仅顾及商业振兴也顾及环境保护的街区建设。他们给予明治神宫以很高的评价：创造出大自然恩惠和人类睿智并存的世界史上绝无仅有的美丽的"悠久的森林"；创造出百年后所见证到的明治时代人们的洞察力的"永远的森林"——明治神宫，希望建设一个与明治神宫丰富的自然相联结的美丽的街区。市民、自然保护团体、政府等多样性的参与者，对东京的环境保护作出了贡献，同时明治神宫的森林的环保价值也得到了高度评价。

18.4 美国爱达荷州 Paradise 河流恢复工程

18.4.1 工程背景

该项目涉及美国爱达荷州莫斯科市 Paradise 河流部分河段的恢复（见图 18.7）。Paradise 河是流向帕卢斯河的一个小支流，流经爱达荷州西部拉塔县和华盛顿东部惠特曼县 90 平方公里。目前，大约有 20% 的河床被森林覆盖（主要在上游），55% 是农业用地，其 25% 在爱达荷州莫斯科市范围内。大部分流域位于帕卢斯地区的高易蚀性黄土（泥沙）地区（美国农业部 1979，1981）。Paradise 河整个下游河道显示，城市河流典型的水生和滨水生境多样性有所降低（Nunnally 和 Keller，1979；Brookes，1987）。许多地方的河岸功能失效，河道本身显示出形态学上砌制河道的典型特征（Schumm 等，1984）。由于流域面积较小，以及雨雪汛期水文特性，Paradise 河的排水呈涌流状态，这种情况迫切需要进行大范围的流域改造（Dunne 和 Leopold，1978）。

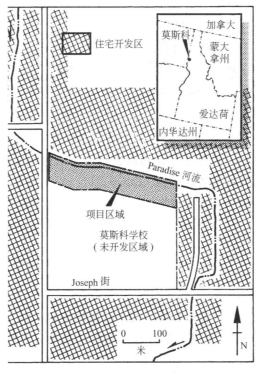

图 18.7 项目区地理位置图

项目工地恢复之前，一条几乎笔直的河道横穿谷物种植地的边缘。几十年前通过财产保证金重新安置河道，地产被"方格化"。由此造成河道过大，缺乏功能性漫滩，并出现了一个缺少木质植被的粗糙的梯形沟壑。

18.4.2　工程目标

工程目标是为了建造一个强化的河段廊道，作为为社区提供多重环境效益的示范项目。这些效益包括减少河岸侵蚀、调制河流温度、增加鱼类和野生动物栖息地、改善审美价值、增强娱乐和教育性。为了完成上述目标，概念设计包括：在挖掘的宽阔漫滩中含有一段蜿蜒的低流量河槽；在"软性"或环境敏感渠道建造弯曲护岸；以及在渠道边缘和漫滩上大面积种植本土滨水树木和灌木（见图 18.8）。

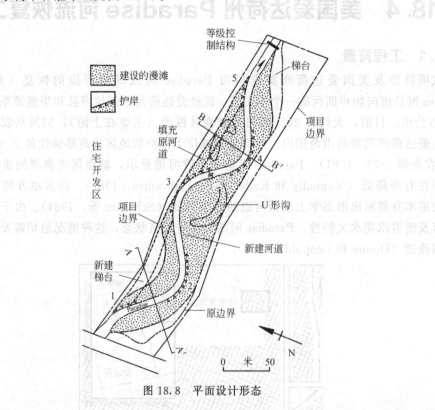

图 18.8　平面设计形态

目前城市环境给最终的设计带来了制约因素：最大工程宽度为 64m；横断面和平面渠道需要保持稳定；不能抬高洪水基础水位（Q_{100}）；以及对上游和下游的界限进行现有水平的平稳过渡。最终设计包括一个两级横断面，与流量运输和下游生境质量协调的下游渠道，自然交叉河段和蜿蜒断面形式，自然为主（生物技术）的护岸，并以特定流量设计挖掘漫滩。

18.4.3　施工过程

18.4.3.1　河漫滩和沟渠建设

河道下游界线要求放置泥沙保持结构。这个时候径流非常低（0.005cm³/s），因此建造简单的干草捆泥沙结构即可。河道中生长着大量香蒲植物，可作为细颗粒泥沙的天然过滤器。

在原河道的南面挖掘新河滩［见图 18.9(a)、(b)］，河滩开挖开始于现有河道的南面，

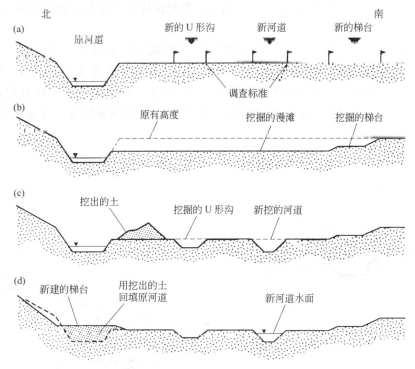

北　　　　　　　　　　　　　　　　　　　　　　　　　　南

图 18.9　设计要素和建造程序示意图

用两台自走式铲运机完成。挖掘出的淤泥撒布在此地南边其余 6hm² 的土地上，覆盖成一个薄层。河滩开挖后，在现有河道的南边开始建设新河道［见图 18.9(c)］。最初河道挖掘利用铲运机，达到约 1m 的深度。再用一个小推土机和履带式挖土机完成后面的挖掘工作。当接近最后的完工水平时，用作回填的土壤堆放在现有河道旁。

建设河道的关键连接顺序如下：当新的沟渠和南部部分河滩被挖掘后，将老河道的上游末端阻断，新开挖的河道（弯 2 和弯 4）被连接到现有河道的中心段（成为弯 3），连接到下游成为弯 5（见图 18.8）。当北边的河滩被挖掘时，旧河道被填埋。紧接着修建了梯形结构。

施工过程中大约移除 9200m³ 土壤，以建造新的河漫滩和渠道。其中大约有 3800m³ 是用来堵塞现有渠道的废弃段。回填时将土壤压实，并且要填得稍微溢出一点，以防止这个地区的塌陷［见图 18.9(d)］。所有挖掘和回填工作在 6 个工作日内完成。

围绕着是否"在潮湿的环境"中完成护岸的施工进行了相当多的讨论。最终，项目工程师决定放水。为了防止从建筑区域排放泥沙，另外在下游的弯 2 和弯 4 建了两个干草捆泥沙保持建筑物。在整个施工期间，对底层泥沙保持结构以下的径流中抬升的悬浮沙进行监测。

18.4.3.2　施工护岸

此工程规划了河道的四种护岸类型：①河岸覆盖/木笼护岸［见图 18.10(a)］；②石头和树根填料［见图 18.10(b)］；③堆叠干石料［见图 18.10(c)］；④堆放椰子纤维木［见图 18.10(d)］。

植被可以保护河岸，但在植被完全覆盖之前的许多年里，河岸极易受损。所以，在地被植物混合播种后，所有未做护岸的岸堤都要铺设 100% 可降解土工织物（geotextiles）。这里使用了两种类型的土工织物：①对大多数河道河岸编织的高强度椰子纤维（椰子壳）席；

②用于沉积（内弯）河岸的黄麻席。计划用土工织物保持易侵蚀土壤的稳定性，直到植被完全覆盖。

此外，还考虑了稳定五个河弯外岸的护岸。最终决定：上游和下游过渡弯（弯 1 和弯 5）采用堆放干石料护岸，弯 2 将采用木笼护岸，弯 3 用椰子纤维木结构，弯 4 用岩石和根填料护岸（见图 18.10）。这些治理措施极大节约了成本。护岸建造采用机械抛石和手工放置岩石相结合的方式。约 60m 长的护岸由一人操作履带挖掘机完成，总施工时间不到 10 小时。

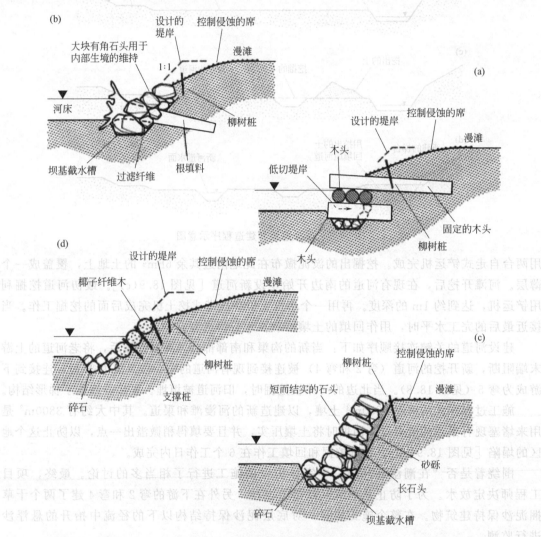

图 18.10　四种类型的护岸截面示意图

木笼护岸［见图 18.10(a)］，这是迄今为止最错综复杂和劳动密集型护岸建设项目。项目所需的所有原木都由当地木材公司捐赠。因此，决定用这个结构保护 60m 长的弯 2。此建筑的一个关键因素是底层原木必须细心放置。水面以上原木的高度以及平面布局至关重要，决定着护岸的功能，稳定性及外观。

石头/根填料护岸工程［见图 18.10(b)］是相对比较直观，先挖掘出 1 英尺的沟槽，填上岩石，然后用锄耕机挖掘出倾斜向下到岸边的坝基截水墙槽以填充根填料，这些沟渠的间隔大约为 3m，这个间距大小对于渠道的曲率和大小和根填料的大小来说比较合适。根填料预计不超过 1/4 渠道宽度，并用锄耕机作为起重机来安放这些填料。然后在岸上设上过滤性构造物，石块放在这些过滤性构造物和根填料之间，然后回填土壤。

弯 3 用椰子纤维木护岸 [见图 18.10(d)]。这种护岸安装比较简单，不需使用机械，进行得比较快。不过，这种治理不像木笼护岸或岩石/根填料护岸那样能提供复杂的生境。相邻的椰子纤维木通过椰壳纤维绳连接到一起。

所有没有护岸保护的河渠岸都衬有可生物降解的工工布。该工工布并没有像通常规定的那样固定。实际中，它们对土壤的保持力都比较弱，对儿童易接触到的地区来说这是潜在的危险。而保持力强并且可完全生物降解的固定装置是用木桩（30~60cm 长）做成的，当横向木桩被冲到地表时，这些固定装置可牢牢地附着在地表。

18.4.3.3 恢复乡土植物

该项目计划中提供了值得推荐的乡土植物名单。推荐植物中所有的物种都是乡土植物群落中的优势种，且这些植物物种的多样性表明了获取本土植物具有一定的困难（少数本地苗圃有这些植物）。建议在模仿自然群落中形成的密度和物种组合的自然恢复模式中种植木本植物。

鉴于新修复地区水文条件的不确定性，建议对植物进行分期栽种。但为控制水土流失，建设完成后马上在整个建设区域播撒合适的混合的草本地被植物种子。还有人建议，在河岸上尽快插上没有根的插条（主要是杨柳）和苗木。建设后第一年对河漫滩的其余部分不建议种植。这将提供一个整个的水文年（到下一个秋天），以便在种植昂贵和稀缺的乡土植物前评估河漫滩近地表地下水状况。在河漫滩和河岸上种植的植物的成活率将因此而能有所提高。

18.4.4 恢复效果评估

18.4.4.1 工程效果

将部分老渠道并入新渠道的模式对修复特征有着显著的影响，河流中段的梯度流发生变化，已修复渠道的下游部分比上游部分更加平坦。工程完成后发现如果将木笼护岸建在弯 4 而非弯 2，将发挥更大的作用。水量排放较小时，这个弯道位置在护岸的保护下将有更大的汇集深度。

从 1995—1997 年冬季的气候条件中可以看出这个设计和建设显然是不成熟的。这一时期至少经历了 6 次水灾导致该工程河段内水流漫溢，其中最严重的是 1996 年 2 月 7—9 日的洪水，从工程下游大约 3km 的测量站测得的峰值流量为 $25.1cm^3/s$。虽然沿着护岸后面的斜坡有大量的沉积物和冲刷物，但没有任何一项设施在洪水中遭到严重损坏。由于同样的原因，在这区域内建了一批小的污水管。在一次洪水事件中，土工布衬砌从很长的渠道中剥离。这起事件的原因是天堂河上结了一层厚厚的冰，冻结了渠道衬砌，而在很深的雪覆盖下的土壤没冻上。随着洪水和冰破裂，树桩从土壤中脱离。其他个案中，大的冰块甚至会弄破垫包。尽管有这些情况发生，对该渠道本身却没有多大的损害。

大部分的河漫滩在建设完工之后马上（1995 年 10 月—1995 年 11 月）就种上了树木和灌木。大部分种植的植物要么被洪水冲走要么被冲倒并被掩埋。那些存活的植物被清理干净并重新栽植，大部分已经恢复。1997 年 1 月又发生了一起洪水，然而，这一次是小冰块集结，对渠道衬砌产生的损坏微乎其微。漫滩水流冲走了河漫滩上的大部分地被植物种子，因此这些地区不得不重新播种。在材料、劳动力和季节都允许的情况下，继续在兴建的河岸走廊上种植树木和灌木。建造的 U 形湿地是一次成功的试验，这些地方比较容易贮水。

18.4.4.2　施工存在的问题

岩石/根填料护岸施工期间出现的主要问题与相关义工在护岸上错误地放置石头有关。志愿者往往倾倒岩石，而不是用手小心地放置。当发现基底岩石安置得不牢固时，有些部分要完全改建。一般来说，采用义工劳动的话，完成工作需要更长的时间。有效的协调和规划，以及对人员的选择性部署，是使用这种劳动力来源进行有效工作的关键。许多义工每次只能工作几个小时，当没有技术和/或机械支持时，这些义工往往对工作的性质和要求不了解。

建筑设备也是一个问题。河流恢复往往需要特殊的手动和电动工具，如汽油动力钻孔机、木材运输船，以及其他非现成的设备。该组织十分依赖无偿的设备，但如果要将这些设备都凑齐通常会比较晚。

18.4.4.3　恢复经验

或许完成这项工作最基本的经验是得出一个现实的时间框架体系。如果按照正确的顺序完成这项工作必须严谨地采用许多相关项目基础。除了项目资金债券外，这些还包括：①明确地描述项目目标；②确保所有社团投资者的参与（包括机构的和个人的）；③得出概念上的设计方案（在条款 a 和 b 的基础上）；④获取所有必需的权限许可（联邦的、州的和地方的）；⑤制定最后的设计规划和详细说明；⑥准备投标证明文件和成本评估；⑦选择承包人；⑧组织手工劳动以及获取原材料；⑨开始建设（允许在设计中对不可避免的情况进行适当调整）（Moses 等 1997）。接下来的工作也应该给出，这些包括监测和维护等，通常需要资源代理工作许可。后期建设维护可能会持续很多年，这是所有河道恢复项目最重要的组成部分。

18.5　日本大阪万博纪念公园近自然林的营造

18.5.1　项目背景

日本万国博览会于 1970 年 3—9 月，在日本大阪千里丘陵举办（见图 18.11），这是史上最大规模的、有 77 个国家参加、聚集了 6400 余万观光者的博览会，举办非常成功。为了纪念万国博览会，展览结束后，人们决定将该会场修建为"绿色文化公园"。于是，从 1971 年 12 月开始在原有的博览会会址上建设万博纪念公园。

万博纪念公园总面积 264.4hm²，其中铺设了一条东西走向的大阪悬挂式单轨电车，以它为界，南面有一个称为"万博乐园"的游乐园。单轨电车线的北面有日本式庭园，设有"千里庵"、"万里庵"等茶室，还有一年四季可观赏各种花卉的自然文化园。

作为基础设计和实施计划的对象，自然文化园地区总面积 104hm²，在万国博览会当时，这里曾经林立着国内外各大企业的展览馆。严格而言，自然文化园地区应该包括与其北侧相邻的日本庭园（26hm²），但在博览会当时日本庭园就已建成，故日本庭园不计入设计范围内。设计对象为拆去展览会馆后的场地，地形呈外高内低的"擂钵型"，面向中央人工池塘整体形成坡度较小的斜面。

18.5.2　营造理念

万博纪念公园的基本理念概括而言就是建造"绿色文化公园"，这是决定纪念公园特性

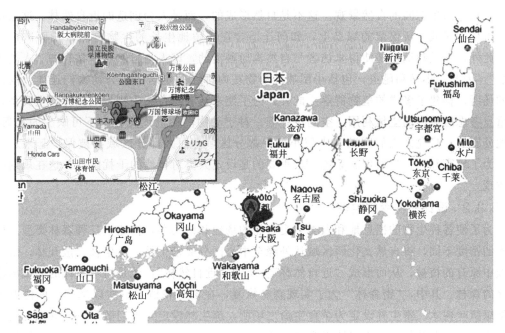

图 18.11　万博纪念公园地理位置图

的最核心部分，也是如何利用公园绿地来形成良好的城市环境的指针。具体展开有以下三个方面。

① 经过恳谈会对万博纪念公园进行宏观上的统一规划和整体利用研究，将其定义为"被绿色包围的文化公园"，即"绿色文化公园"。其基本方向为充分利用场地的良好布局和广阔空间，纪念以"人类的进步与和谐"为主题的万国博览会，创造出国际化的新国民财产。

② "绿色"是指，飞速的技术进步中被遗忘的、且正在消失的自然环境的总称。如今，不仅希望绿色能给人带来安慰，更希望它能维持人类的生存环境。人类活动与绿色自然环境需要拥有相互协调的共存关系，我们应该通过人类的智慧和技术恢复并维持濒临灭亡的自然生态系统，然而现在急需找到这种方法。为此，需要进行长期的试验研究。

③ 所谓"文化"，原本是指利用技术手段使自然作用于实现人类生活目标的各种行为和表现，是对应于"自然"的词语。而对于该项目中所指的"文化"，是从城市文明中逐渐提炼出所需的文化主题，去掉与其他事物之间的关系，在自然环境与人类之间的简单关系中，将专家们的各种行为和表现以人人都可参与并可体验的形式表达出来。为此，大阪地区不应仅仅局限于建设较少的文化设施，还应在其利用方面开发一片新天地。

18.5.3　营林措施

于 1992 年 4 月开始进行基本设计，直至 1997 年的 6 年期间，完成了从实施设计到管理等一系列项目，在人工化的博览会会场旧址上完全从零开始建造茂密的森林。

18.5.3.1　营造近自然林

自然文化园地区大体分为文化设施区域和自然生态区域，前者具有艺术、学术等文化设施的同时，还有森林、草地等与室外空间相连的开放空间，而后者为营造自然林的区域。

营造自然林的对象区域范围在大屋顶以西的展览会会址的约 1/2（50hm²）～2/3。该区域不像庭院和公园等近自然区域，而是开放的动物园、植物园、昆虫园，甚至可以称作水族馆，营造出生态园的自然景观。这不是自然形成的，而是人为创造的近自然林。这是在将被城市化的区域中所保留的绿岛上，如何让适合在丘陵地生长的生物自然生长而进行的试验。此外，该试验地也是使得来访者与自然沟通融洽的，即人与自然和谐共存的"人类生态系统"。因此，小鸟和昆虫，包括小型哺乳动物在内都在此定居，成为动物们迁徙、世代交替的场所，构建了多样的植物群落。此外，为了使来访者与自然生物景观保持共生关系，需要重点考虑区域内的土地利用、空间设计等。对于动物们的世代交替中不可缺少的水鸟池、湿地公园等，只允许人们踩踏其中很小的一部分区域，而大部分区域都被保护起来。就是说，为了培育和保护自然生态系统，最重要的是设定人类对自然的干扰限度，这在规划中有所体现。

18.5.3.2 设计三种森林类型

为了使各种生物的栖息地和人类享受自然的场地和谐共存，构建了三种森林类型。根据树木的密度不同，将自然文化园区域从外缘至中心区分成密生林、疏生林、散开林，恢复该区域中原有的植被，从而形成"近自然林"。所谓"近自然林"，就是指与多样的动植物稳定共存的森林。其中，"密森林"为了实现森林恢复，在该区栽植了一些以米槠、栎树类为主的常绿阔叶树木。密生林设定为孕育生命之场所，疏生林设定为人们散步时能够享受到四季变化之场所，散开林设定为以沐浴阳光的草坪为主之场所，将这三种森林从外缘开始依次以台地的形式进行布局。把人工河流与中央巨型人工池连接起来，并且设置了溪谷、瀑布、小池、湿地、沙洲等符合各种森林的水边景观，从而实现了三种森林的相互联系。此外，为了克服恶劣的土壤条件，填入了7～8m厚的新土壤。

"密生林"是指，以恢复自然森林为目标，经由四季营造出微暗的封闭空间的同时，具有掩盖外围道路带来的噪声、排气等功能的森林。

"疏生林"是指，自然文化园中散布的精彩空间中演绎出景观变化的森林。

"散开林"是指，以宽广的草坪为主，具有修景和绿荫效果的森林。

有关构建生态林的技术方面的例子很少，但是人们尝试了利用造林学和森林生态方面的种植方法。为此，今后需要探讨以何种手段、何种形式对人工建造的自然文化园森林施以人为手段，以及能否实现最初的规划"近自然林"的目标。目前，尚没有在城市中的人工基础上恢复近自然林的完整案例，为此，该研究需要随着树木的生长，进行长时间慎重的观察。

18.5.4 恢复效果评价

按照最初的计划，恢复了体现绿地量的森林。但是，尽管种植了多种常绿树，除了一部分树木之外其他树木的生长均较缓慢，从而最终形成了只有乔木层生长的单层林，亚乔木、灌木、草本层逐渐减退，森林的质量存在很大的问题。

以太阳塔为中心，将西侧建造为从森林到郊区林，东侧铺上草坪营造出一片平原景象。森林到平原，在几处设计了瀑布和水流，流经山谷，直至水车小屋，可以感受到曾经那随处可见的郊区景色。公园的象征——"太阳之塔"雕塑矗立在万博纪念公园的宽阔的绿地上。园内有水池、瀑布和潺潺流水，游人可在园内散步、观景，赏心悦目。采茶之乡，酿造郊区林的农村风景的茶田。每年的八十八夜（5月）前后，会在这里举办采茶大会。森林之舞台，直径42m的圆形草坪上，有12块石头，分别代表了12个动物。在自然林中能够感受到四季的变化。春天有油菜花和罂粟、秋天有大波斯菊盛开，会展开各种各样的集会。

参 考 文 献

[1] Makoto Yokohari, Marco Amati. Nature in the city, city in the nature: case studies of the restoration of urban nature in Tokyo, Japan and Toronto, Canada. Landscap eand Ecological Engineering, 2005, (1): 53-59.

[2] 工程文件《Tommy Thompson Park: PUBLIC URBAN WILDERNESS Habitat Creation and Enhancement Projects》 (1995—2000).

[3] http: //had0. big. ous. ac. jp.

[4] 刘树坤访日报告: 湿地生态系统的修复 (四). 海河水利, 2002, 4: 61-64.

[5] http: //www. meijijingu. or. jp/.

[6] 菅丰. 被置换了的森林——政治以及社会对日本信仰空间的影响. 文化遗产, 2010, 2: 124-129.

[7] Scott Morris, Todd Moses. Urban Stream Rehabilitation: A Design and Construction Case Study. Environmental Management, 1999, (2): 165-177.

[8] http: //www. expo70. or. jp/.

[9] http: //maps. google. com/map.

参考文献

[1] Makoto Yokohari, Marco Amati. Nature in the city: city in the nature: case studies of the restoration of urban nature in Tokyo, Japan and Toronto, Canada. Landscape and Ecological Engineering, 2005, (1): 53-59.

[2] 汤姆森公园 (Tommy Thompson Park). PUBLIC URBAN WILDERNESS Habitat Creation and Enhancement Projects (1995-2000).

[3] http://bade.his.osa-ac.jp.

[4] 河流的日本桥：恢复古老滨海的繁荣（四）. 滨河水利, 2002, 4: 51-61.

[5] http://www.teajiimn.or.jp/.

[6] 青木. 自然精工的经验——故乡回忆系列日本溪畔空间的规划. 文化遗产, 2010, 2: 124-129.

[7] Scott Morris, Todd Moses. Urban Stream Rehabilitation: A Design and Construction Case Study. Environmental Management, 1996, (2): 165-177.

[8] http://www.expo70.or.jp/.

[9] http://mapa.google.com/map.